Kosmologie für alle, die mehr wissen wollen

Delia Perlov · Alex Vilenkin

Kosmologie für alle, die mehr wissen wollen

 Springer

Delia Perlov
Tufts University
Medford, MA, USA

Alex Vilenkin
Physics and Astronomy
Tufts University
Medford, MA, USA

ISBN 978-3-030-63358-5   ISBN 978-3-030-63359-2   (eBook)
https://doi.org/10.1007/978-3-030-63359-2

Die Deutsche Nationalbibliothek verzeichnet diese Publikation in der Deutschen Nationalbibliografie; detaillierte bibliografische Daten sind im Internet über http://dnb.d-nb.de abrufbar.

© Springer Nature Switzerland AG 2021

Einbandabbildung: Fred Fokkelman, Shutterstock

Verantwortlich im Verlag: Margit Maly
Springer ist ein Imprint der eingetragenen Gesellschaft Springer Nature Switzerland AG und ist ein Teil von Springer Nature.
Die Anschrift der Gesellschaft ist: Gewerbestrasse 11, 6330 Cham, Switzerland

Zum Gedenken an Allen Everett und Leonard Schwartz

Danksagung

Wir möchten dem Springer-Verlagsteam, insbesondere Angela Lahee, unseren aufrichtigen Dank aussprechen. Angela Lahee war äußerst hilfsbereit, entgegenkommend und geduldig bei jedem Schritt des Weges. Wir möchten den folgenden Personen dafür danken, dass sie das Manuskript ganz oder teilweise gelesen und nützliches Feedback gegeben haben: Jose Blanco-Pillado, Peter Jackson, Jim Kernohan, Levon Pogosian, Michael Schneider und Brian Sinskie. Ein besonderer Dank gilt Ken Olum für seine ausführlichen Kommentare. Dank auch an Natalie Perlov für das Zeichnen mehrerer Abbildungen in dem Buch und an Gayle Grant und Caroline Merighi von der Tufts University für ihre administrative Hilfe. DP: Ich möchte meinem Ehemann Larry, meinen Kindern Natalie, Alexa und Chloe, meiner Mutter Glenda, meiner Schwester Heidi und meinem verstorbenen Vater Leonard für ihre anhaltende Unterstützung und ihr Interesse an diesem Projekt danken. AV: Ohne die Unterstützung meiner Frau Inna wäre es schwierig gewesen, dieses Projekt zu Ende zu führen. Ich danke ihr für ihre Geduld, ihren Rat und für die wunderbare Küche, die mich bei Laune gehalten hat.

Inhaltsverzeichnis

Teil I

Der Urknall und das beobachtbare Universum

1

Historischer Überblick

1.1 Die großen kosmischen Fragen

Kosmologie ist das Studium des Ursprungs, der Natur und der Entwicklung unseres Universums. Die Menschen, die sich damit beschäftigen, streben danach, die kosmische Historie quantitativ detailliert zu beschreiben, wobei sie sich der Sprache der modernen Physik und der abstrakten Mathematik bedienen. Doch im Kern ist unser kosmologisches Wissen die Antwort auf einige grundlegende Fragen. Waren Sie schon einmal tief in Gedanken versunken und haben sich gefragt: Ist das Universum endlich oder unendlich? Hat es schon immer existiert? Wenn nicht, wann und wie ist es entstanden? Wird es jemals enden? Wie passen wir Menschen in das große Schema der Dinge? Alle alten und modernen Kulturen haben Schöpfungsmythen entwickelt, in denen zumindest einige dieser Fragen behandelt wurden.

In einem der chinesischen Schöpfungsmythen beginnt das Universum als ein schwarzes Ei mit einem schlafenden Riesen namens Pan Gu. Er schlief 18.000 Jahre lang und wuchs, während er schlief. Dann wachte er auf und brach das Ei mit einer Axt auf. Der leichte Teil des Eies schwebte nach oben und bildete den Himmel, während der schwere Teil unten blieb und die Erde bildete. Pan Gu blieb in der Mitte und wuchs weiter, wodurch der Himmel und die Erde weiter auseinander gerückt wurden. Als Pan Gu starb, wurde sein Atem zum Wind, seine Augen zur Sonne und zum Mond, sein Schweiß verwandelte sich in Regen, und die Flöhe in seinem Haar verwandelten sich in die Menschen.

© Springer Nature Switzerland AG 2021
D. Perlov und A. Vilenkin, *Kosmologie für alle, die mehr wissen wollen*,
https://doi.org/10.1007/978-3-030-63359-2_1

Die Vorstellung, ein Nachfahre von Flöhen zu sein, mag schon nicht ganz befriedigen, aber vielleicht ist ein noch verwerflicherer Aspekt dieser Geschichte, dass sie die offensichtliche Frage nicht behandelt: „Woher ist das schwarze Ei überhaupt gekommen?" Ähnliche Fragen stellen sich auch im Zusammenhang mit der wissenschaftlichen Kosmologie. Selbst wenn wir behaupten zu wissen, was am Anfang des Universums geschah, kann man immer fragen: Und was geschah davor? Es gibt auch eine Grenze dafür, wie weit wir im Raum sehen können, wie können wir also wissen, was dahinter liegt?

Lange Zeit schien es, als würden wir die Antworten auf die „großen" kosmischen Fragen nie finden. Daher konzentrierten sich die Kosmologen hauptsächlich auf den Teil des Universums, der direkt beobachtet werden konnte, und überließen es den Philosophen und Theologen, über die großen Mysterien zu streiten. Wir werden jedoch feststellen, dass wir aufgrund der bemerkenswerten Entwicklungen in der Kosmologie in den letzten Jahrzehnten zu Recht annehmen können, zumindest auf einige der großen Fragen Antworten zu finden.

1.2 Ursprünge der wissenschaftlichen Kosmologie

Die Idee, dass das Universum rational verstanden werden kann, bildet die Grundlage aller wissenschaftlichen Erkenntnisse. Dieses Konzept ist heute gang und gäbe, aber im antiken Griechenland vor mehr als 20 Jahrhunderten war es eine gewagte Hypothese. Der griechische Philosoph Thales (6. Jh. v. Chr.) postulierte, dass die ganze Vielfalt der Natur von einigen wenigen Grundprinzipien aus verstanden werden könne, ohne das Eingreifen von Göttern. Er glaubte, dass das primäre Element der Materie das Wasser sei. Zwei Jahrhunderte später vertrat Demokrit die Ansicht, dass alle Materie aus winzigen, ewigen, unteilbaren Teilchen, den sogenannten Atomen, besteht, die sich im leeren Raum bewegen und miteinander kollidieren. Er erklärte: „Nichts existiert außer den Atomen und dem leeren Raum." Diese Denkweise wurde von Epikur (3. Jh. v. Chr.) weiterentwickelt, der argumentierte, dass sich komplexe Ordnungen, einschließlich lebender Organismen, auf natürliche Weise, durch zufällige Kollisionen und Umordnungen von Atomen, ohne jeden Zweck oder intelligenten Entwurf, entwickelten. Epikur behauptete, dass Atome gelegentlich kleine zufällige „Ausschläge" aus ihrer geradlinigen Bewegung erfahren. Er glaubte, dass diese Abweichungen vom strengen Determinismus notwendig seien, um die Existenz des freien Willens zu erklären, Epikur lehrte, dass das Universum unendlich ist und dass unsere Erde nur eine von zahllosen Welten ist, die ständig in einem unendlichen Raum entstehen und zerfallen (Abb. 1.1).

Eine weitere wichtige Denkrichtung geht auf Pythagoras (6. Jh. v. Chr.) zurück, der glaubte, dass mathematische Beziehungen im Zentrum aller physikalischen Phänomene stehen. Pythagoras war der erste, der den Himmel *Kosmos* nannte, was *Ordnung* bedeutet. Er postulierte, dass die Erde, die Sonne und andere Himmelskörper perfekte Kugeln sind und sich in perfekten Kreisen um ein zentrales Feuer bewegen, das für menschliche Augen nicht sichtbar ist. Denken Sie darüber nach, wie sehr sich dies von den zufälligen Ansammlungen von Atomen unterscheidet, die Epikur sich vorstellte!

Abb. 1.1 Epikur (341–270 v. Chr.) lehrte Philosophie im Garten seines Hauses in Athen, wo er sich regelmäßig mit einer kleinen Gruppe von Anhängern zu einer einfachen Mahlzeit traf. Zu dieser Gruppe gehörten Frauen und eine seiner Sklavinnen. Epikur war ein produktiver Schriftsteller, aber fast alle seine Schriften sind verschwunden. Die epikuräische Philosophie blühte mehrere Jahrhunderte lang im antiken Griechenland und Rom, wurde aber wegen ihres kompromisslosen Materialismus in der christlichen Welt verbannt. Ihre umfassendste Darstellung fand sich in dem großartigen Gedicht „Über die Natur der Dinge", das der römische Dichter Lucretius im 1. Jahrhundert n. Chr. schrieb. Das Gedicht war mehr als tausend Jahre lang verschollen und wurde 1417 in einem deutschen Kloster wiederentdeckt, gerade rechtzeitig, um während der Renaissance die Entwicklung der Vorstellungen zu beeinflussen

Im 4. Jahrhundert v. Chr. formulierten Platon und dann Aristoteles aufwendigere Varianten dieses Bildes, indem sie die Erde in den Mittelpunkt des Universums stellten, wobei die Planeten, die Sonne und die Sterne auf durchsichtigen, um das Zentrum rotierenden Kugeln befestigt waren. Dies war ein ausgesprochen endliches Universum, in dem die Sterne auf der äußersten Kugel platziert waren.

Die Griechen machten sehr genaue Beobachtungen der Planeten, und bereits im 3. Jahrhundert v. Chr. hatte sich gezeigt, dass das einfache Modell der konzentrischen Kugeln die beobachtete Bewegung der Planeten nicht ausreichend erklären konnte. Weitere Verfeinerungen des Modells wurden immer genauer, erhöhten aber die Kompliziertheit. Zunächst wurden die Zentren der Kugeln um bestimmte Beträge von der Erde weg verschoben. Dann kam die Idee der Epizykel auf: Jeder Planet bewegt sich um einen kleinen Kreis, dessen Mittelpunkt um einen großen Kreis rotiert (Abb. 1.2). Die Epizykel erklärten, warum sich die Planeten am Himmel rückwärts und vorwärts zu bewegen scheinen und warum sie während der Perioden der Rückwärtsbewegung heller aussehen.

In einigen Fällen mussten Epizykel auf andere Epizykel aufgesetzt werden. All diese Vorstellungen hat Claudius Ptolemäus in seinem Buch *Almagest* (Das Große System) im 2. Jahrhundert n. Chr. zusammengefasst.

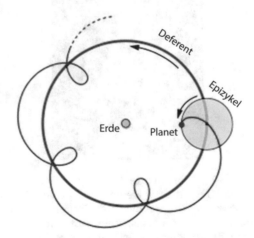

Abb. 1.2 Der Planet bewegt sich um einen *kleinen Kreis* (Epizykel), dessen Mittelpunkt sich um einen *großen Kreis* (Deferent) bewegt, der auf der Erde zentriert ist. Die daraus resultierende Flugbahn des Planeten ist hier *rot* dargestellt; die meiste Zeit bewegt sich der Planet relativ zu den Hintergrundsternen in „Vorwärts"- Richtung, aber für kurze Intervalle, wenn der Planet nahe an der Erde und daher am hellsten ist, kehrt sich seine Bewegungsrichtung relativ zu den Hintergrundsternen um. (*Mit freundlicher Genehmigung von* Daniel V. Schroeder)

Ptolemäus' mathematisches Modell des Universums überdauerte vierzehnhundert Jahre lang. Es berücksichtigte alle bekannten astronomischen Daten und machte recht genaue Vorhersagen.

Der Bedeutungsverlust des ptolemäischen Weltbildes begann im 16. Jahrhundert mit dem Werk von Nikolaus Kopernikus. Er wollte das Ideal der perfekten Kreisbewegung wiederherstellen, indem er die Sonne in den Mittelpunkt des Universums stellte und der Erde erlaubte, sich auf einer kreisförmigen Bahn um sie herum zu bewegen (diese Idee geht eigentlich auf Aristarchus im 3. Jahrhundert v. Chr. zurück). Da die Erde um die Sonne kreist, bewegen sich die Planeten scheinbar vorwärts und rückwärts über den Himmel, wodurch die „Notwendigkeit" von Epizykeln entfällt. Kopernikus widmete sein Leben der Berechnung heliozentrischer Umlaufbahnen und veröffentlichte seine Arbeit in dem Buch *Über die Umläufe der Himmelskugeln,* das 1543, kurz vor seinem Tod, erschien.

Trotz seines enormen Einflusses hat man nicht sofort erkannt, dass das kopernikanische System dem des Ptolemäus überlegen war. Kopernikus entdeckte, dass das einfache Modell der kreisförmigen Bahnen nicht gut genug zu den Daten passte. Letztendlich musste er auch Epizykel einführen, und selbst dann konnte er nicht mit der Genauigkeit von Ptolemäus' *Almagest* mithalten. Trotz dieser Rückschläge verdient es Kopernikus immer noch, für seine größte Errungenschaft – die Entfernung der Erde aus dem Zentrum des Universums – Unsterblichkeit zu erlangen. Seitdem ging es für die Erde bergab[1], aber dazu später mehr.

Der nächste große astronomische Durchbruch gelang Johannes Kepler im frühen 17. Jahrhundert. Nachdem er fast drei Jahrzehnte lang die von seinem exzentrischen Mentor Tycho Brahe gesammelten Daten studiert hatte, entdeckte Kepler, dass sich die Planeten tatsächlich auf elliptischen Bahnen bewegen. Er erkannte die Bedeutung seiner Arbeit, war aber dennoch sehr enttäuscht, weil er glaubte, dass Kreise perfekter sind als Ellipsen. Kepler hatte andere mystische Überzeugungen – als Antwort auf das Rätsel, warum jeder Planet seiner speziellen Umlaufbahn folgte, schlug er vor, dass der Planet dies mit seinem Verstand erfasst! (Abb. 1.3).

Dann kam Isaac Newton, der ganz andere Vorstellungen davon hatte, wie die Naturgesetze funktionieren. In seinem bahnbrechenden Buch *Philosophiae naturalis principia mathematica* (1687), jetzt bekannt als

---

[1]Tatsächlich wurde das Entfernen der Erde aus dem Zentrum des Universums nicht unbedingt als eine Herabstufung angesehen. Je weiter man sich damals vom Zentrum entfernte, desto näher kam man dem Reich des himmlischen Königs.

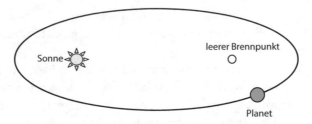

Abb. 1.3 Kepler entdeckte, dass Planetenbahnen Ellipsen sind. (Was ist eine Ellipse? Betrachten Sie zwei Punkte, die als Brennpunkte bezeichnet werden. Eine Ellipse ist der Ort von Punkten, für welche die Summe der Entfernungen zu jedem Brennpunkt konstant ist). Die Sonne befindet sich in einem der Brennpunkte der Ellipse, während der andere Fokus leer ist. Bei Planeten im Sonnensystem liegen die beiden Brennpunkte der Ellipse sehr nahe beieinander, sodass die Bahnen nahezu kreisförmig sind. In dieser Abbildung ist die Ellipse übertrieben dargestellt

die *Principia,* zeigte er, wie man die elliptischen Bahnen der Planeten aus seinen drei Bewegungsgesetzen und dem Gesetz der universellen Gravitation ableitet. Er postulierte, dass die Naturgesetze für alle Körper, an allen Orten und zu allen Zeiten gelten. Die Newton'schen Gesetze sind mathematische Gleichungen, die bestimmen, wie sich physikalische Körper von einem Moment zum nächsten bewegen, und beschreiben ein Universum, das wie ein gigantischer Uhrwerkmechanismus funktioniert. Um das Uhrwerk in Gang zu setzen, braucht man nur die Anfangsbedingungen zu spezifizieren – die Positionen und Geschwindigkeiten aller physikalischen Objekte zu einem bestimmten Anfangszeitpunkt. Newton glaubte, dass diese von Gott festgelegt waren. Wir werden noch einmal ausführlich auf Newton und seine Gesetze zurückkommen, aber für den Augenblick springen wir ein paar hundert Jahre vorwärts, um zu umreißen, was wir heute wissen.

1.3   Kosmologie heute

Trotz ihrer zeitlich weit zurückreichenden Wurzeln ist die wissenschaftliche Kosmologie eine relativ junge Wissenschaft. Das meiste von dem, was wir über das Universum wissen, haben wir in den letzten 100 Jahren gelernt. In groben Zügen haben wir entdeckt, dass unsere Sonne zu einem riesigen scheibenförmigen Konglomerat von etwa dreihundert Milliarden Sternen gehört, das wir als Milchstraße bezeichnen. Die Sonne ist nicht nur einer von Hunderten von Milliarden Sternen in unserer Galaxie, die Milchstraße selbst ist auch nur eine unter Hunderten von Milliarden Galaxien, die im beobachtbaren Universum verstreut sind. Darüber hinaus zeigte Edwin

Abb. 1.4 Die Andromeda-Galaxie ist einer unserer nächsten Nachbarn in etwa 2,5 Mio. Lichtjahren Entfernung. Sie hat etwa die gleiche Größe wie die Milchstraße. (*Mit freundlicher Genehmigung von* Robert Gendler)

Hubble (1929), dass diese weit entfernten Galaxien nicht einfach nur ruhig im Raum schweben. Vielmehr eilen sie mit sehr hohen Geschwindigkeiten von uns und voneinander weg, während sich das gesamte Universum ausdehnt (Abb. 1.4).

Wenn wir diese Ausdehnung in der Zeit rückwärts extrapolieren, stellen wir fest, dass das Universum einst viel dichter und viel heißer war. Tatsächlich glauben wir, dass das Universum, wie wir es kennen, vor etwa 14 Mrd. Jahren in einer großen Explosion, dem sogenannten *Urknall,* entstanden ist. Damals war der gesamte Weltraum von einem extrem heißen, dichten und sich schnell ausdehnenden „Feuerball" erfüllt – einer Mischung aus subatomaren Teilchen und Strahlung. Während er sich ausdehnte, kühlte der Feuerball ab und erzeugte dabei Atomkerne und Atome, Sterne und Galaxien, Sie und uns alle! 1965 entdeckten Arno Penzias und Robert Wilson einen schwachen Überrest dieses heißen Urzustands. Sie fanden heraus, dass das gesamte Universum von einem Meer von Mikrowellen niedriger Intensität durchdrungen ist, die als kosmische

Mikrowellen-Hintergrundstrahlung (*cosmic microwave background,* CMB)[2] bekannt sind. Obwohl die CMB von Theoretikern vorhergesagt worden war, stießen Penzias und Wilson zufällig auf sie, lieferten den Beweis für die Urknalltheorie und brachten sich damit einen Nobelpreis ein.

Die Urknallkosmologie hat ihre Wurzeln in Einsteins Gravitationstheorie – der Allgemeinen Relativitätstheorie (1915). Lösungen der Einstein'schen Gleichungen, die ein expandierendes Universum beschreiben, wurden von dem russischen Mathematiker Alexander Friedmann (1922) und davon unabhängig von dem belgischen Priester Georges Lemaître (1927) gefunden. Die Idee, dass das frühe Universum heiß war, wurde von dem aus Russland ausgewanderten George Gamow eingeführt. Gamow wollte die Häufigkeit der verschiedenen chemischen Elemente erklären, die wir heute im Universum beobachten. Er argumentierte, dass der heiße Ur-Feuerball der Ofen sei, in dem die Elemente durch Kernreaktionen geschmiedet wurden. Im Jahr 1948 berechneten Gamow und seine Kollegen Ralph Alpher und Robert Herman erfolgreich die Häufigkeiten von Wasserstoff und Helium, die während des Urknalls produziert wurden. Sie versuchten auch, die Häufigkeiten der schwereren Elemente im Periodensystem zu erklären, aber leider waren sie hier erfolglos. Es stellte sich heraus, dass schwere Elemente beim Urknall nicht synthetisiert wurden, sondern im Inneren von Sternen entstehen. Auf diesen Teil unserer frühen Historie gehen wir später noch einmal genauer ein. Aber es genügt zu sagen, dass Mitte der 1970er Jahre die wichtigsten Bestandteile des Bildes des heißen Urknalls klar umrissen waren (Abb. 1.5).

Vor nicht allzu langer Zeit galt die Kosmologie noch nicht als angesehener Zweig der Wissenschaft. Es gab nur sehr wenige Daten, um theoretische Modelle zu testen. Zwei mit dem Nobelpreis ausgezeichnete Physiker, Lev Landau und Ernest Rutherford, scherzten: „Kosmologen irren sich oft, aber sie zweifeln nie." und „Ich will niemanden erwischen, der in meinem Labor über das Universum spricht!" Die Einstellung änderte sich in den 1980er und 1990er Jahren erheblich, als eine Fülle von Daten neu zur Verfügung stand. Die Radio- und optische Astronomie blühte mit computergestützten Galaxievermessungen und Instrumenten wie den Very Large Array-Teleskopen (VLA) und dem Cosmic Background Explorer-Satelliten (COBE) auf. Es wurde eine detaillierte Karte der Verteilung von Galaxien

---

[2]Wir alle kennen Röntgenstrahlen, sichtbares Licht und Radiowellen aus unserem täglichen Leben. All dies sind Formen der elektromagnetischen Strahlung, auf die wir später noch eingehen werden. Mikrowellen sind eine Untergruppe der Radiowellen.

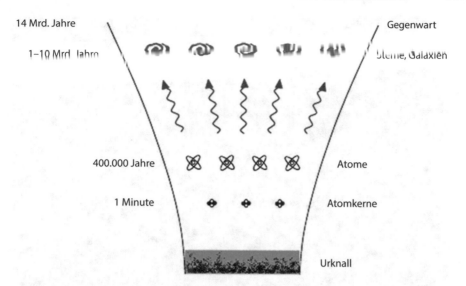

Abb. 1.5 Verkürzte Historie des Universums. Atomkerne entstanden wenige Minuten nach dem Urknall; vierhunderttausend Jahre später verbanden sie sich mit Elektronen zu Atomen. Zu diesem Zeitpunkt wurde das Universum für Licht durchsichtig, sodass wir sein Bild aus dieser frühen Ära in Form der kosmischen Mikrowellen-Hintergrundstrahlung sehen können. Galaxien zogen sich im Laufe von mehreren Milliarden Jahren durch die Schwerkraft zusammen, und wir sind erst in jüngster kosmischer Zeit auf der Bildfläche erschienen

im Weltraum erstellt, die bemerkenswerte großräumige Strukturen von Filamenten, Blättern und Hohlräumen zeigt. Das Hubble-Weltraumteleskop hat Bilder von Galaxien aufgenommen, die so weit entfernt sind, dass es einen Großteil des Alters des Universums brauchte, bis ihr Licht uns erreichte. Durch die Beobachtung dieser weit entfernten Galaxien können wir sehen, wie sich die kosmische Historie entfaltet. Um die Jahrhundertwende wurde der Wilkinson Microwave Anisotropy Probe-Satellit (WMAP) gestartet, um das Bild des frühen Universums, das in die kosmische Mikrowellen-Hintergrundstrahlung eingeprägt ist, weiter zu untersuchen. All diese (und auch weitere) Entwicklungen läuteten eine Ära beispielloser Präzision in der Kosmologie ein, und wir können uns glücklich schätzen, uns in diesem goldenen Zeitalter zu befinden (Abb. 1.6)!

Die Theorie des heißen Urknalls wird durch alle Beobachtungen gestützt, aber es bleiben zum Glück für die heutigen Kosmologen noch einige faszinierende Fragen offen. Diese Fragen rufen eine Kombination von Forschungsvorhaben in den größten vorstellbaren Maßstäben und neuen theoretischen Erkenntnissen der Teilchenphysik in den kleinsten

Abb. 1.6 Very Large Array-Radioteleskope in New Mexico. (*Quelle:* VLA, NRAO)

vorstellbaren Maßstäben hervor. Vom Mikrokosmos zum Makrokosmos, unsere Reise hat begonnen …

Fragen
Wie lauten Ihre Antworten (oder besten Mutmaßungen) auf die folgenden Fragen

1. Ist das Universum unendlich oder endlich? Wenn es endlich ist, hat es dann eine Grenze? Wenn ja, was liegt dahinter?
2. Hatte das Universum einen Anfang? Wenn ja, war es ein absoluter Anfang, oder existierte das Universum davor in einer anderen Form?
3. Wenn das Universum einen absoluten Anfang hätte, würde das einen übernatürlichen Eingriff erfordern?
4. Wird das Universum jemals enden? Wenn ja, wird das ein absolutes Ende sein, oder wird das Universum in eine andere Form verwandelt werden?
5. Wie sieht das Universum in weit entfernten Regionen aus, die wir nicht beobachten können? Ist es unserer kosmischen Nachbarschaft ähnlich? Ist unsere Lage im Universum in irgendeiner Weise besonders?
6. Glauben Sie, dass das Universum dazu bestimmt ist, intelligentes Leben zu beherbergen?

7. Glauben Sie, dass wir die einzige Lebensform im Universum sind?

8 Überrascht es Sie, dass wir in der Lage sind, das Universum zu verstehen? Finden Sie es überraschend, dass die Mathematik in der Lage ist, physikalische Phänomene (wie die elliptischen Bahnen der Planeten) zu erklären?

9. Glauben Sie, dass wir einen freien Willen haben? Wenn ja, wie kann er mit den deterministischen Gesetzen der Physik gemeinsam existieren? Geben die von Epikur postulierten „Ausschläge" der Atome eine zufriedenstellende Antwort?

Prüfen Sie nach, ob sich Ihre Antworten ändern, nachdem Sie dieses Buch gelesen haben!

2

Newtons Universum

In seiner monumentalen *Philosophiae Naturalis Principia Mathematica* formulierte Newton die allgemeinen Gesetze der Bewegung und das Gesetz der universellen Gravitation. Diese Gesetze wandte er dann u. a. zur Erklärung der Bewegung von Planeten und Kometen, der Flugbahnen von Geschossen und der Meeresgezeiten an. Dabei zeigte er, wie Naturphänomene mit Hilfe einer Handvoll physikalischer Gesetze verstanden werden können, die für den „himmlischen Mond" ebenso gut gelten wie für den „irdischen Apfel" (Abb. 2.1).

2.1 Die Newton'schen Bewegungsgesetze

Das erste Newton'sche Gesetz besagt, dass ein Körper, der in Ruhe ist, in Ruhe bleibt, und ein Körper, der sich mit konstanter Geschwindigkeit bewegt, diese konstante Geschwindigkeit beibehält, es sei denn, eine Kraft wirkt auf ihn ein.

Was bedeutet das? Stellen wir uns vor, wir befinden uns auf einer Eisbahn, und auf dem Eis liegt ein Hockey-Puck, der vorsichtig auf dem Eis abgelegt wurde. Jetzt stehen wir auf und beobachten den Puck. Was passiert dann? Laut Newton wird der Puck dort bleiben, wo er ist, es sei denn, jemand kommt vorbei und schiebt ihn, d. h. wendet eine Kraft an.[1]

---

[1]Auch ein bewegungsloser Puck auf reibungslosem Eis ist Kräften ausgesetzt. Die Schwerkraft zieht den Puck nach unten, aber die Oberfläche des Eises drückt mit gleicher und entgegengesetzter Kraft zurück, sodass die Gesamtkraft auf den Puck gleich null ist.

© Springer Nature Switzerland AG 2021
D. Perlov und A. Vilenkin, *Kosmologie für alle, die mehr wissen wollen*,
https://doi.org/10.1007/978-3-030-63359-2_2

Abb. 2.1 Isaac Newton (1642–1726) machte die meisten seiner wichtigsten Entdeckungen in den Jahren 1665–1667, kurz nachdem er seinen Bachelor-Abschluss an der Universität Cambridge erhalten hatte. Newton erhielt zwar für sein weiteres Studium finanzielle Unterstützung, doch die Universität schloss wegen der Pest, und er musste für 18 Monate in das Haus seiner Familie in Lincolnshire zurückkehren. Während dieser Zeit entdeckte er seine Theorie der Farben, das Gravitationsgesetz und die Analysis. In späteren Jahren widmete sich Newton neben seinen Forschungen in Physik und Mathematik auch der Alchemie und den Schriftstudien. Kopie eines Gemäldes von Sir Godfrey Kneller (1689), gemalt von Barrington Bramley

Nun stellen Sie sich vor, wir haben unserem kleinen Puck einen Schubs gegeben, sodass er über die Eisfläche gleitet. Wir gehen davon aus, dass unsere Eisbahn keine Reibung hat. Der Puck bewegt sich dann mit konstanter Geschwindigkeit weiter in dieselbe Richtung, es sei denn, er stößt auf seinem Weg gegen die Eisbahnwand oder gegen jemanden oder was auch immer. Diese Hindernisse würden eine Kraft bewirken, die den einheitlichen Bewegungszustand des Pucks verändern würde. Wenn unsere imaginäre reibungslose Eisbahn ebenfalls unendlich und frei von anderen Hindernissen wäre, würde der Puck mit der gleichen Geschwindigkeit bis in alle Ewigkeit dahingleiten.

Das erste Newton'sche Gesetz trägt auch *den* Namen *Trägheitsgesetz*[2]. Ein
Raumschiff das mit abgestellten Triebwerken im interstellaren Raum
reist, gleitet mit einer konstanten Geschwindigkeit dahin und liefert ein
weiteres Beispiel für einen Körper, der sich in einer inertialen („trägen")
Bewegung befindet.

Das zweite Newton'sche Gesetz besagt, dass wenn eine Kraft auf
einen Körper ausgeübt wird, der Körper sich beschleunigt, d. h. seine
Geschwindigkeit ändert. Das Gesetz lässt sich mathematisch wie folgt ausdrücken.

$$\vec{a} = \vec{F}/m, \tag{2.1}$$

wobei $\vec{a}$ die Beschleunigung des Körpers, m seine Masse und $\vec{F}$ die auf-
gewendete Kraft ist. Die Beschleunigung ist definiert als die Rate, mit der
sich die Geschwindigkeit ändert. Wenn sich zum Beispiel in einer Sekunde
die Geschwindigkeit um einen Meter pro Sekunde ändert, dann beträgt die
Beschleunigung einen Meter pro Sekunde pro Sekunde oder einen Meter
pro Sekunde zum Quadrat (m/s^2). Im Allgemeinen wird die Beschleunigung
in m/s^2 gemessen, wenn die Geschwindigkeit in m/s angegeben wird.

Die obenstehenden Pfeile zeigen an, dass Kraft und Beschleunigung
vektorielle Größen sind, d. h. sie haben jeweils eine Größe und eine
Richtung. Ein weiteres Beispiel für einen Vektor ist die Geschwindigkeit.
Die Größe der physikalischen Geschwindigkeit eines Fahrzeugs ist einfach
seine Geschwindigkeit, aber sehr oft müssen wir auch die Richtung kennen,
in die das Fahrzeug fährt. Wenn wir im ersten Newton'schen Gesetz sagen,
dass sich ein Körper in Abwesenheit von Kräften mit einer konstanten
Geschwindigkeit bewegt, bedeutet dies, dass sowohl die Größe als auch die
Richtung der Geschwindigkeit konstant bleiben. Wenn wir uns nur auf
den Zahlenwert einer Vektorgröße beziehen wollen, lassen wir den obenstehenden Pfeil weg. F ist die Größe von $\vec{F}$, und $a = F/m$ bedeutet, dass
die Größe der Beschleunigung gleich der Größe der Kraft geteilt durch die
Masse ist.

Wir können ein Experiment arrangieren, bei dem die gleiche Kraft
auf zwei verschiedene Massen ausgeübt wird. Gl. 2.1 sagt uns, dass
die Beschleunigung der größeren Masse geringer sein wird als die
Beschleunigung der kleineren Masse. Die Masse ist also ein Maß für den

---

[2]Das Trägheitsgesetz wurde tatsächlich von Galileo Galilei entdeckt und von Newton als eines seiner
Bewegungsgesetze übernommen.

Widerstand eines Körpers gegen die Beschleunigung. Massivere Objekte sind schwerer zu beschleunigen.

Eine Kraft wird in Newton gemessen, was in anderen Einheiten ausgedrückt werden kann als: $1 \, N = 1 \, kg \, m/s^2$. Ein Newton ist die Kraft, die zur Beschleunigung einer Masse von einem Kilogramm (1 kg) mit $1 \, m/s^2$ notwendig ist. Es ist wichtig, sich daran zu erinnern, dass physikalische Größen nur dann Bedeutung haben, wenn wir Maßeinheiten angeben. Wenn Sie zum Beispiel jemand fragt, wie alt Sie sind, und Sie antworten 240, würde man Sie für verrückt halten. Würden Sie jedoch 240 Monate sagen, würde man dies wahrscheinlich in 20 Jahre umrechnen und es etwas merkwürdig finden, dass Sie Ihr Alter in Monaten statt in Jahren angeben. Es ist auch wichtig, bei jeder Berechnung konsistente Einheiten zu verwenden.

Ein weit verbreiteter Irrglaube ist die Annahme, dass die Richtung einer angewandten Kraft immer mit der Bewegungsrichtung übereinstimmt. Wir dürfen nicht vergessen, dass eine Nettokraft, die auf ein Objekt wirkt, eine *Beschleunigung* in derselben Richtung wie die Kraft erzeugt, aber die *Geschwindigkeit* des Objekts könnte in eine andere Richtung gehen. Nehmen wir zum Beispiel an, Sie fahren in Ihrem Auto mit gleichbleibender Geschwindigkeit und betätigen dann die Bremsen. Die Kraft, die Ihre Bremsen dabei ausüben, wirkt in entgegengesetzter Richtung zur Bewegung, obwohl Ihre abnehmende Geschwindigkeit immer noch in der ursprünglichen Richtung verläuft.

Wir haben die Newton'schen Gesetze besprochen, wie sie die Bewegung von Objekten bestimmen[3]. Obwohl wir alle aufgrund unserer täglichen Erfahrung mit Geschwindigkeiten und Beschleunigungen vertraut sind, ist es wichtig, darauf hinzuweisen, dass wir, wenn wir sagen, dass sich ein Objekt bewegt, angeben müssen, in Bezug auf was es sich bewegt. Dies definiert einen „Bezugsrahmen". Zum Beispiel ist während des Abendessens im Flugzeug Ihr Tablett relativ zu Ihrem Schoß bewegungslos, wobei es sich relativ zum Boden genauso schnell bewegt wie das Flugzeug. Wir können Ihren Schoß als „Bezugsrahmen" bezeichnen (derjenige, in dem sich das Tablett noch befindet) und der Boden ist ein anderer, davon verschiedener Bezugsrahmen (relativ zu diesem Rahmen bewegt sich das Tablett

---

[3]Newton formulierte auch ein drittes Gesetz, das besagt, dass bei jeder Wechselwirkung zwischen zwei Körpern die Kraft, die der erste Körper auf den zweiten Körper ausübt, gleich und entgegengesetzt der Kraft ist, die der zweite Körper auf den ersten ausübt. Wenn Ihnen auf einer Eisbahn Ihre Freundin die Vorderseite zuwendet und Sie beginnen sie zu schieben, wird sie sich rückwärts bewegen, Sie aber auch.

sehr schnell). Ein Bezugsrahmen ist also ein Objekt, relativ zu dem wir die
Positionen und Bewegungen anderer Objekte messen.

Ein *Inertialsystem* (Trägheitsbezugssystem) ist ein Rahmen, der mit einem
Objekt verbunden ist, auf das keine Nettokraft wirkt und das sich durch
Trägheit bewegt. Sobald wir ein Inertialsystem festgelegt haben, ist jedes
andere System, das sich mit einer konstanten Geschwindigkeit relativ zum
gewählten System bewegt, ebenfalls ein Intertialsystem. Zum Beispiel ist der
Raum, in dem Sie sich jetzt befinden, ein Intertialsystem (ungefähr)[4]. Jeder
Zug außerhalb des Raums, der sich mit einer konstanten Geschwindigkeit
relativ zum Raum bewegt, ist ebenfalls ein Inertialsystem. Die Newton'schen
Gesetze gelten in allen Inertialsystemen, sodass jedes Experiment, das Sie in
Ihrem Raum durchführen, die gleichen Ergebnisse liefert wie das identische
Experiment, das von einem Freund in einem der Züge durchgeführt wird.

2.2   Die Newton'sche Schwerkraft

Jeden Tag erleben wir die Kraft der Gravitation. Die Schwerkraft ist eine
anziehende Kraft – sie bringt Objekte zusammen. Jedes Atom in unserem
Körper wird von der Erde angezogen. Außerdem wird jedes Atom in der
Erde von uns angezogen. Tatsächlich üben zwei beliebige Objekte im Universum eine Anziehungskraft aufeinander aus. Newton erkannte, dass die
gleiche Art von Kraft, die für den Fall eines Apfels vom Baum verantwortlich ist, auch die Drehung des Mondes um die Erde und der Erde um die
Sonne hervorruft (Abb. 2.2). Daher wird sein Gravitationsgesetz manchmal
auch *das Gesetz der universellen Gravitation* genannt, das sowohl für den
irdischen als auch für den himmlischen Bereich gilt.

Das Newton'sche Gravitationsgesetz besagt, dass zwei beliebige Objekte
durch eine Kraft zueinander hingezogen werden:

$$F = \frac{GMm}{r^2}, \tag{2.2}$$

wobei M und m die Massen der beiden Objekte sind und r der Abstand
zwischen ihnen. Die auf die Masse m wirkende Kraft ist auf die Masse M
gerichtet und umgekehrt (Abb. 2.3). Wir haben auch die Newton'sche

---

[4]Die Erde ist wegen ihrer Rotation um ihre Achse, die mit einem Foucaultschen Pendel beobachtet
werden kann, nicht gerade ein Inertialsystem.

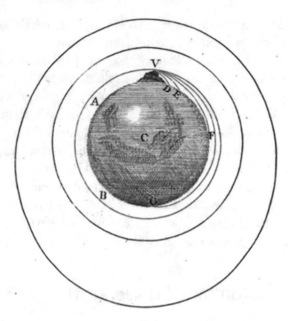

Abb. 2.2 Newtons Gedankenexperiment. Angenommen, eine Kanone wird auf einen Berg gesetzt und mit mäßiger Mündungsgeschwindigkeit abgefeuert. Was passiert dann mit dem Geschoss? Es fällt zu Boden (Punkt D). Wenn die Mündungsgeschwindigkeit erhöht wird, fällt es etwas weiter entfernt zu Boden, wie in den Punkten *E, F* und *B* dargestellt ist. Newton folgerte daraus, dass sich das Geschoss, wenn es mit immer höheren Geschwindigkeiten und schließlich genau mit der geeigneten Startgeschwindigkeit abgeschossen wird, auf einer Kreisbahn um die Erde herum bewegt und dabei immer auf die Erde zufällt, sie aber nie erreicht (Punkt *A*). Er erkannte auch, dass wenn die Startgeschwindigkeit höher wird, elliptische Umlaufbahnen möglich sind. (*Quelle:* Philosophae Naturalis Principia Mathematica)

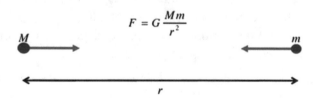

$$F = G \frac{Mm}{r^2}$$

Abb. 2.3 Gravitationskraft der Anziehung zwischen zwei Punktmassen mit dem Abstand r

Gravitationskonstante G eingeführt, die einen gemessenen Wert von $G = 6.67 \times 10^{-11}\,\mathrm{Nm^2/kg^2}$ besitzt.

Das Newton'sche Gravitationsgesetz ist ein „inverses Quadratgesetz", denn in Gl. 2.2 ist die Gravitationskraft umgekehrt proportional zum Quadrat des Abstands zwischen den beiden Objekten. Nehmen wir zum

Beispiel M als die Masse der Erde und m als die Masse des Mondes. Würde der Mond doppelt so weit von der Erde entfernt sein wie sein tatsächlicher Abstand, dann würde die Erde eine Gravitationskraft auf den Mond ausüben, die ein Viertel so stark ist wie derzeit.

Die Massen in Gl. 2.2 werden als „Punktmassen" angenommen, d. h. wir gehen davon aus, dass ihre Größe zu vernachlässigen ist, und wir können uns vorstellen, dass sich jede Masse in einem Punkt befindet. Dies ist eine gute Annäherung für das Erde-Mond-System: Die Größen der Erde und des Mondes sind viel kleiner als der Abstand zwischen ihnen, sodass sie als Punktmassen angenähert werden können, die sich in ihren Zentren befinden. Zur Berechnung der Gravitationskraft der Anziehung verwenden wir dann die Entfernung vom Erdmittelpunkt zum Mittelpunkt des Mondes. Dasselbe Prinzip gilt für die Erde, die die Sonne umkreist.

Darüber hinaus bewies Newton das „Schalentheorem", das zwei wichtige Tatsachen enthält: 1) Eine gleichmäßige kugelförmige Schale aus Materie zieht ein äußeres Objekt an, als ob die gesamte Masse der Schale in ihrem Zentrum konzentriert wäre. Dies gilt für jedes gleichförmige kugelsymmetrische Objekt, wie z. B. eine Festkugel, da man sich das Objekt als aus Schalen bestehend vorstellen kann. 2) Die Gravitationskraft, die auf ein Objekt ausgeübt wird, das sich *innerhalb* einer einheitlichen kugelsymmetrischen Schale aus Materie befindet, ist gleich null. Dieses Ergebnis ist überraschend. Das Objekt muss sich nicht einmal im Zentrum der Kugelschale befinden – es kann sich überall innerhalb der Schale befinden, und es wird trotzdem keine Kraft erfahren.[5]

Um die Schwerkraft zu ermitteln, die auf ein kleines Objekt in der Nähe der Erdoberfläche wirkt, können wir uns vorstellen, dass die Erde (die fast kugelförmig ist) aus einer großen Anzahl von dünnen konzentrischen Schalen besteht. Jede Schale wirkt so, als ob ihre gesamte Masse im Zentrum lokalisiert ist. Die Gesamtwirkung ist dann so, als ob die gesamte Masse der Erde in ihrem Zentrum lokalisiert ist. Beachten Sie, dass wir nicht davon ausgehen müssen, dass die Massendichte im gesamten Volumen gleichförmig ist: Jede einzelne Schale muss eine gleichförmige Dichte haben, aber die Dichte kann von einer Schale zur nächsten variieren. (Tatsächlich ist die Dichte der Erde in der Nähe des Zentrums viel größer als in der Nähe der Oberfläche) (Abb. 2.4).

---

[5]Um das Schalentheorem zu beweisen, stellte Newton die Schale als aus einer großen Anzahl von Punktmassen bestehend dar und addierte die von all diesen Massen erzeugten Kräfte. Zur Durchführung dieser Berechnung musste er die Analysis erfinden!

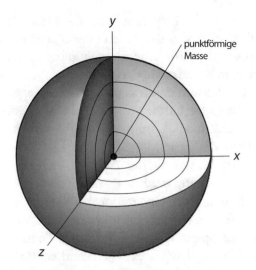

Abb. 2.4 In konzentrische Schalen unterteilte Kugel. Jede Schale verhält sich so, als ob sich ihre Masse im Zentrum befindet

2.3   Beschleunigung des freien Falls

Im Alltag verwechseln wir oft Gewicht und Masse. Wenn wir auf eine Waage steigen, messen wir unser Gewicht – das ist die Schwerkraft, die uns zum Mittelpunkt der Erde zieht. Für ein kleines Massenobjekt m nahe der Erdoberfläche ist das Gewicht gegeben durch

$$F = \frac{GM_E m}{r_E^2}, \tag{2.3}$$

wobei $M_E = 6 \times 10^{24}$kg die Masse der Erde und $r_E = 6.4 \times 10^6$m ihr Radius ist. Auf dem Mond würden wir etwa 1/6 unseres irdischen Gewichts wiegen, obwohl unsere Körper dort genau die gleiche Masse besitzen. Die Gravitationskraft, die auf jedes Objekt auf der Mondoberfläche wirkt, ist schwächer als die Gravitationskraft, die auf dasselbe Objekt auf der Erdoberfläche wirkt. Das liegt daran, dass die Erde so viel mehr Masse hat als der Mond, d. h. $\left(M/r^2\right)_{Earth} > \left(M/r^2\right)_{Moon}$, obwohl der Radius der Erde größer ist als der des Mondes.

Wir wollen nun überlegen, was passiert, wenn wir nahe der Erdoberfläche ein Massenobjekt *m* festhalten und es dann loslassen. Es fällt mit der
Beschleunigung $a = F/m$.. Mit Gl. 2.3 für F wird daraus

$$a = \frac{GM_E m}{r_E^2} \frac{1}{m} = \frac{GM_E}{r_E^2}.$$

(2.4)

Die Beschleunigung hängt nicht von der Masse m ab, was bedeutet, dass
alle Körper in der Nähe der Erdoberfläche unabhängig von ihrer Masse
mit der gleichen Beschleunigung fallen (solange wir den Luftwiderstand
ignorieren). Diese bemerkenswerte Tatsache wurde von Galileo Galilei festgestellt. Die Beschleunigung des freien Falls wird mit dem Buchstaben g bezeichnet; ihr gemessener Wert ist $g = 9{,}8$ m/s². Wenn wir
also einen Gegenstand von einem Gebäude fallen lassen, fällt er mit einer
Geschwindigkeit, die mit 9,8 m/s in jeder Sekunde zunimmt. Nach der
ersten Sekunde hat das Objekt also eine Geschwindigkeit von 9,8 m/s;
nach der zweiten Sekunde hat es eine Geschwindigkeit von 19,6 m/s und
so weiter (vorausgesetzt, das Objekt wird einfach losgelassen, mit einer
Anfangsgeschwindigkeit von null). Aus Gl. 2.4 erkennen wir, dass

$$g = \frac{GM_E}{r_E^2}.$$

(2.5)

Wenn man die Werte von M_E, r_E G (Newton'sche Gravitationskonstante)
einsetzt, erhält man $g = 9{,}8$ m/s².

2.4 Kreisbewegung und planetarische Bahnen

Die Geschwindigkeit charakterisiert, wie schnell sich die Position eines
Körpers in der Zeit ändert, und die Beschleunigung ist die Rate der
Änderung der Geschwindigkeit in der Zeit. Wenn wir uns mit einer
konstanten Geschwindigkeit und in einer konstanten Richtung bewegen,
ist unsere Beschleunigung gleich null. Was passiert, wenn wir uns mit
konstanter Geschwindigkeit auf einer großen Kreisbahn bewegen?
Beschleunigen wir dann? Ja, das ist der Fall. Auch wenn wir eine strikt
gleichförmige Geschwindigkeit beibehalten, müssen wir ständig die
Richtung ändern, in die wir uns bewegen. Diese Richtungsänderung zeigt
an, dass eine Beschleunigung stattfindet. Für eine gleichförmige Kreisbewegung beträgt die Größe der Beschleunigung

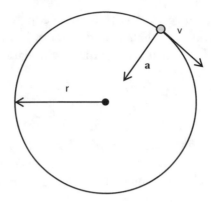

Abb. 2.5 Beschleunigungsrichtung bei gleichförmiger Kreisbewegung

$$a = \frac{v^2}{r}, \tag{2.6}$$

wobei v die Geschwindigkeit des Objekts ist, das der Bewegung unterliegt, und der Radius des Kreises ist r. Die Richtung der Beschleunigung zeigt radial nach innen, zum Mittelpunkt des Kreises (Abb. 2.5); sie wird Zentripetalbeschleunigung genannt[6]. Wenn Sie jemals einen Gegenstand, der an einer Schnur befestigt ist, über Ihrem Kopf gewirbelt haben, wissen Sie, dass die Spannung in der Schnur den Gegenstand daran hindert, tangential zu seiner Umlaufbahn wegzufliegen. Die Schnur überträgt also eine Kraft, die auf Ihre Hand gerichtet ist und dazu führt, dass das Objekt eine Zentripetalbeschleunigung erfährt.

Newton zeigte in seiner *Principia*, dass das inverse Quadratgesetz bedeutet, dass sich Himmelskörper wie Planeten und Kometen in elliptischen Bahnen bewegen, im Einklang mit den Kepler'schen Gesetzen steht. Während Kometen sich oft auf sehr exzentrischen Bahnen bewegen, fallen bei Planeten die beiden Brennpunkte der Ellipse fast zusammen, sodass die Bahn annähernd kreisförmig ist. Ist der Radius der Umlaufbahn r, so ist $2\pi r$ ihr Umfang, und die Geschwindigkeit des Planeten beträgt

$$v = \frac{2\pi r}{T}, \tag{2.7}$$

---

[6]Die Herleitung dieser Formel beruht auf einer einfachen Geometrie und ist in jedem Lehrbuch für physikalische Grundlagen zu finden.

wobei T die Zeit ist, die für einen vollständigen Umlauf erforderlich ist.

Wir können nun das, was wir über die Newtonschen Gesetze gelernt haben, anwenden, um die Sonne zu wiegen. Dann los!

Wir wissen, dass die Kraft, die die Erde um die Sonne in Bewegung hält, die Schwerkraft ist; daher gilt Gleichung 2.2 mit der Erdmasse m und der Sonnenmasse M. Wir wissen auch, dass die Erde die Sonne mit gleichförmiger Geschwindigkeit in guter Näherung kreisförmig umläuft und dabei eine Zentripetalbeschleunigung erfährt (die Schwerkraft ist die für diese Zentripetalbeschleunigung verantwortliche Kraft). Wenn man dann Gl. 2.6 in 2.1 einsetzt und diese mit Gl. 2.2 gleichsetzt, erhält man $F = m\frac{v^2}{r} = GmM/r^2$.

Bei Umformung der Gleichung ergibt sich die Masse der Sonne:

$$M = v^2 r/G \approx 2 \times 10^{30}\,\text{kg},\tag{2.8}$$

wobei die Bahngeschwindigkeit der Erde aus Gl. 2.7 berechnet werden kann $v \approx 30$ km/s. Dazu wissen wir, dass die Erde ein Jahr ($T \approx 3 \times 10^7\,\text{s}$) braucht, um eine Umlaufbahn in einer Entfernung von $r \approx 1{,}5 \times 10^8\,\text{km}$ zu vollenden. Diese Methode wird in der Astronomie oft verwendet, um die Massen von Sternen, Galaxien und sogar Galaxienhaufen zu messen.

2.5 Energieerhaltung und Fluchtgeschwindigkeit

Energie ist die ultimative Währung der Natur – sie kommt in verschiedenen Formen vor und kann von einer Form in eine andere umgewandelt werden. Um beispielsweise eine Rakete in den Weltraum zu bringen, muss chemische Energie in kinetische Bewegungsenergie umgewandelt werden. Im Allgemeinen ist die Erhaltung von Energie eines der grundlegendsten Naturgesetze.

Hier werden wir uns auf die mechanische Energie konzentrieren. Mechanische Energie kann in zwei Arten unterteilt werden: kinetische Energie und potenzielle Energie. Die kinetische Energie ist die Energie, die ein Objekt aufgrund seiner Bewegung besitzt. Ein Objekt, dessen Masse m sich mit der Geschwindigkeit v bewegt, hat die kinetische Energie

$$K = \frac{1}{2}mv^2.\tag{2.9}$$

Potenzielle Energie ist die Energie, die ein System aufgrund von Wechselwirkungen zwischen seinen einzelnen Teilen hat. Man kann sie sich als gespeicherte Energie vorstellen, die die Fähigkeit hat, freigesetzt und in kinetische Energie umgewandelt zu werden. Es gibt keine universelle Formel für die potenzielle Energie; sie hängt von der Art der Wechselwirkung ab. Im Fall der gravitativen Wechselwirkung zwischen zwei kugelförmigen Massen ist sie gegeben durch

$$U = -\frac{GMm}{r}, \tag{2.10}$$

wobei r der Abstand zwischen den Mittelpunkten der Kugeln ist[7]. Wenn es mehr als zwei Massen gibt, muss man einfach die potenziellen Energien für alle Paare addieren.

Für ein kleines Objekt in der Nähe der Erdoberfläche kann die potenzielle Energie (Gl. 2.10) durch die folgende nützliche Formel angenähert werden:

$$U = mgh + \text{const.} \tag{2.11}$$

Hier ist m die Masse des Objekts, h seine Höhe über dem Boden ($h = r - r_E$, wobei r der Abstand des Objekts vom Erdmittelpunkt und r_E der Radius der Erde ist), und für die Gravitationsbeschleunigung in der Nähe der Erdoberfläche gilt $g = 9.8\,\text{m/s}^2$.

Die Konstante in Gl. 2.11 ist $-GM_E m/r_E$, wobei M_E die Masse der Erde ist. Solche hinzugefügten konstanten Energien sind für die meisten Zwecke bedeutungslos und werden oft weggelassen.

Die Gesamtenergie des Systems ist die Summe seiner kinetischen und potenziellen Energien,

$$E = K + U. \tag{2.12}$$

In einem isolierten System, auf das keine äußeren Kräfte einwirken, bleibt die Gesamtenergie erhalten, d. h. sie ändert sich nicht mit der Zeit. Dies ist eine immens nützliche Eigenschaft, die die Lösung vieler Probleme viel einfacher macht, als es sonst der Fall wäre.

Eine Kugel mit der Masse m in einer reibungsfreien U-förmigen Bahn ist ein klassisches Beispiel für das Zusammenspiel von potenzieller und kinetischer Energie (Abb. 2.6). Legen wir die Kugel auf den linken

---

[7]Diese Formel kann auch für ein kleines Objekt (wie einen Menschen) angewendet werden, das mit einem großen kugelförmigen Körper (wie der Erde) interagiert. In diesem Fall muss das kleine Objekt nicht kugelförmig sein, und der Abstand r ist die Entfernung eines jeden Punkts des Objekts zum Erdmittelpunkt.

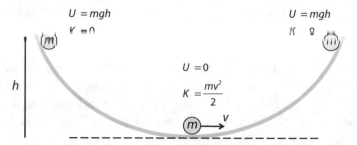

Abb. 2.6 Am *oberen Ende* der Bahn liegt die gesamte Energie in Form von potenzieller Energie vor. *Unten* ist die gesamte potenzielle Energie in kinetische Energie umgewandelt worden, und die Kugel hat ihre maximale Geschwindigkeit erreicht. Auf dem Weg nach oben oder unten in der Bahn gibt es eine Mischung aus potenzieller und kinetischer Energie, aber die gesamte mechanische Energie ist an jedem Punkt entlang der Bahn der Kugel gleich

Abschnitt der Bahn, sodass sie sich in einer Höhe h über dem tiefsten Punkt der Bahn befindet. Wir lassen die Kugel los, und sie beginnt zu rollen. Die Anfangsgeschwindigkeit der Kugel ist gleich null, aber wenn sie die Bahn hinunterrollt, nimmt sie an Geschwindigkeit zu und erreicht ihre maximale Geschwindigkeit am tiefsten Punkt der Bahn (technisch gesehen hat die Kugel zusätzlich zu ihrer Translationsgeschwindigkeit eine Rotations-geschwindigkeit, die wir hier aus Gründen der Übersichtlichkeit ignorieren. Mit anderen Worten, wir werden die Kugel so behandeln, als würde sie die Bahn „hinuntergleiten"). Sie wird sich dann im rechten Teil des „U" nach oben bewegen, bis sie eine maximale Höhe erreicht hat und vorübergehend zur Ruhe kommt, bevor sie auf der rechten Seite der Bahn wieder hinunter-rollt[8]. Wie hoch kommt sie im rechten Teil der Bahn?

Die Antwort ist einfach. Aufgrund der Energieerhaltung muss sie die gleiche Höhe h erreichen, mit der sie begonnen hat. Wenn sich die Kugel an ihrem Ausgangspunkt befindet, hat sie keine kinetische Energie (die Kugel wird aus dem Ruhezustand freigesetzt), aber sie hat eine potenzielle Gravitationsenergie $U = mgh$. Wenn die Kugel die maximale Position im rechten Abschnitt erreicht hat, hat sie auch keine kinetische Energie, da sie sich vorübergehend in Ruhe befindet. Sie muss demnach die gleiche Menge an potenzieller Energie haben, also die gleiche Höhe h erreichen.

---

[8]Sie erinnern sich wahrscheinlich daran, was passiert, wenn Sie, in einer Schaukel sitzend, hochgezogen und losgelassen werden: Sie starten aus der Ruhe, erreichen eine Höchstgeschwindigkeit am unteren Ende Ihrer Flugbahn und werden dann beim Hochschwingen langsamer, kommen kurzzeitig zur Ruhe, bevor Sie sich rückwärts bewegen, und so weiter.

Wie schnell wird sich die Kugel am unteren Ende des „U" bewegen? Am unteren Ende hat die Kugel keine potenzielle Energie, da sie keine Höhe über dem Bezugsniveau des tiefsten Bahnpunkts hat. Daher wird ihre gesamte anfängliche potenzielle Energie in kinetische Energie umgewandelt, und wir erhalten $\frac{1}{2}mv^2 = mgh$, was sich so auflösen lässt, dass sich die Geschwindigkeit am tiefsten Punkt ergibt, wenn h bekannt ist. Tatsächlich können wir die Geschwindigkeit der Kugel an jedem Punkt ihrer Bewegung ermitteln, wenn wir die Höhe an diesem Punkt kennen.

Ein ähnlicher Austausch zwischen kinetischen und potenziellen Energien findet statt, wenn sich Planeten um die Sonne bewegen. Der Ausdruck für die in diesem Fall zu verwendende potenzielle Energie U findet sich in Gl. 2.10. Diese Formel kann etwas knifflig zu handhaben sein, daher ist es sinnvoll, ein Diagramm von U gegen r zu betrachten (Abb. 2.7).

Wir sehen, dass sich U einem Maximalwert von null nähert, wenn zwei Objekte durch einen immer größeren Abstand voneinander getrennt sind. Da aber das Vorzeichen der potenziellen Energie negativ ist, nimmt die potenzielle Gravitationsenergie ab, wenn die Objekte näher zueinander gebracht werden (Vorsicht mit dem Minuszeichen!). Daher sollte die kinetische Energie zunehmen und die Objekte sollten sich schneller bewegen, wenn sie sich einander nähern. Ein Planet, der sich auf seiner elliptischen Umlaufbahn bewegt, wird schneller, wenn er sich der Sonne nähert, und langsamer, wenn er sich entfernt.

Die potenzielle Gravitationsenergie zwischen zwei kreisenden Körpern kann man sich als Bindungsenergie vorstellen. Je näher die beiden Körper einander sind, desto negativer ist die potenzielle Energie, und daher müssten wir härter arbeiten oder mehr Energie aufwenden, um sie zu trennen.

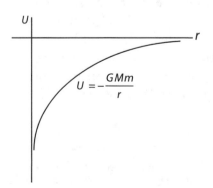

Abb. 2.7 Potenzielle Gravitationsenergie als Funktion der Entfernung

Da mechanische Energie die Summe aus kinetischer und potenzieller Energie ist, kann ein Paar umlaufender Objekte eine negative, null oder eine positive mechanische Gesamtenergie haben. Wenn die Gesamtenergie negativ ist, bedeutet dies einfach, dass das System weniger kinetische Energie hat als die Größe der potenziellen Gravitationsenergie. Dies ist in der Tat bei allen gebundenen Umlaufbahnen der Fall, wie dem Erde-Mond-System, den Kometen, die die Sonne umkreisen, oder sogar den künstlichen Satelliten, die die Erde umkreisen. Bahnen mit null oder positiver mechanischer Gesamtenergie gelten als ungebunden. Beispielsweise gibt es derzeit fünf Raumfahrzeuge, Voyager 1 und 2, Pioneer 10 und 11 sowie die Raumfahrzeuge von New Horizons, die unser Sonnensystem auf ungebundenen Bahnen (oder Fluchtbahnen) verlassen.

Sie fragen sich vielleicht, wie wir kontrollieren, ob ein von uns gestarteter Satellit in eine Umlaufbahn um die Erde oder ins Sonnensystem fliegt? Die Antwort ist sehr einfach. Es gibt eine minimale Anfangsgeschwindigkeit, die sogenannte Fluchtgeschwindigkeit, mit der das Objekt gestartet werden muss, damit es von der Erde entkommen kann. Wie also berechnen wir diese Fluchtgeschwindigkeit? Wir verwenden das Prinzip der Energieerhaltung und die Tatsache, dass die gesamte mechanische Energie des Objekts größer oder gleich null sein muss, damit es entkommen kann. Nehmen wir an, wir starten ein Raumfahrzeug mit der Masse m und der Geschwindigkeit v. Seine anfängliche mechanische Gesamtenergie beim Verlassen der Erde beträgt

$$E_i = \frac{1}{2}mv^2 - \frac{GM_E m}{r_E}, \tag{2.13}$$

die seiner gesamten Endenergie E_f entsprechen muss, wenn es entkommen ist.[9] Nimmt man den Grenzfall der Gesamtenergie null, so ist die Abschussgeschwindigkeit per Definition die Fluchtgeschwindigkeit, und wir haben

$$\frac{1}{2}mv_{esc}^2 - \frac{GM_E m}{r_E} = 0. \tag{2.14}$$

---

[9]Beachten Sie, dass die Endenergie rein kinetisch ist und daher positiv sein muss. Dies besagt, dass nur Objekte mit positiver (oder im Grenzfall null) Gesamtenergie entkommen können.

Dies kann aufgelöst werden, um die Fluchtgeschwindigkeit zu ermitteln:

$$v_{esc} = \sqrt{\frac{2GM_E}{r_E}}. \tag{2.15}$$

Wenn man für Masse und Radius die Werte der Erde einsetzt, finden wir $v_{esc} \approx 11,2$ km/s. Wenn wir also einen Satelliten mit einer etwas höheren Geschwindigkeit als 11,2 km/s starten, verlässt er die Gravitations-umklammerung der Erde. Wenn wir ihn mit einer geringeren Geschwindigkeit als mit dieser Geschwindigkeit starten, wird er auf die Erde zurückfallen. Und wenn wir ihn mit genau der Fluchtgeschwindig-keit starten, wird er kaum entkommen, da seine Geschwindigkeit immer geringer wird, je weiter er sich entfernt, und sich im Grenzbereich dem Wert null annähert.

Beachten Sie, dass, obwohl wir die Fluchtgeschwindigkeit für ein von der Erde gestartetes Objekt hergeleitet haben, diese Formel allgemein gilt, wobei die Masse und der Radius der Erde durch die Zahlenwerte für den betreffenden Körper ersetzt werden. In weiteren Kapiteln werden wir ähn-liche Überlegungen auf das gesamte Universum anwenden. Beachten Sie auch, dass das Fluchtergebnis (oder auch keines) nur von der Größe der Geschwindigkeit abhängt, nicht von ihrer Richtung.

2.6   Die Newton'sche Kosmologie

Newtons kosmologische Ideen entwickelten sich während eines Brief-wechsels mit dem Cambridge-Theologen Richard Bentley. Bentley bereitete sich darauf vor, öffentliche Vorträge mit dem Titel „Eine Widerlegung des Atheismus" zu halten, und schrieb an Newton und fragte ihn, wie seine Gravitationstheorie auf das Universum als Ganzes anwendbar sei. Im Winter 1692–93 sandte Newton nacheinander vier Briefe an Bentley, in denen er ein unendliches und statisches Universum beschrieb: „Die Fixsterne, die in allen Himmelsrichtungen gleichmäßig verteilt sind, heben ihre gegenseitige Anziehungskraft durch entgegengesetzte Anziehungskräfte auf."

Wie Newton jedoch sehr wohl wusste, gibt es ein Problem mit dieser Argumentationslinie. Wenn eine Region des Universums einen leichten Überschuss an Materie aufweist, dann wird diese Region beginnen, Material aus ihrer Umgebung anzuziehen. Die Region wird dichter, und sie wird immer mehr Materie anziehen. Daher ist eine gleichmäßige Verteilung von Sternen aufgrund der Schwerkraft instabil: Sie würde durch eine beliebig kleine Störung beseitigt werden. Newtons Lösung bestand darin, sich auf eine übernatürliche Intervention zu berufen, indem er erklärte: „… dieser Rahmen der Dinge könnte nicht immer ohne eine göttliche Kraft bestehen, die ihn bewahrt."

2.7 Olbers' Paradoxon

Wie würde die Sonne Ihrer Meinung nach aussehen, wenn sie doppelt so weit von der Erde entfernt wäre wie heute? Die Gesamthelligkeit der Sonne wäre viermal kleiner, weil die Helligkeit eines Objekts mit dem inversen Quadrat der Entfernung zum Objekt abnimmt[10]. Die Fläche der Sonnenscheibe am Himmel wäre ebenfalls viermal kleiner. Das bedeutet, dass die Helligkeit pro Flächeneinheit (Oberflächenhelligkeit genannt) gleich bleibt. Na und? Nun, in einem unendlichen Universum, das gleichmäßig mit Sternen besetzt ist, sollte jede Sichtlinie schließlich auf einen Stern treffen, und jeder Stern sollte ungefähr die gleiche Oberflächenhelligkeit wie die Sonne besitzen. Das bedeutet, dass der gesamte Himmel mit der gleichen Intensität leuchten sollte wie die Sonnenoberfläche. Warum ist der Himmel also nachts dunkel? Dies ist als Olbers' Paradoxon oder als „Paradoxon des dunklen Nachthimmels" bekannt. Es deutet darauf hin, dass Newtons Bild des Universums nicht richtig sein kann (Abb. 2.8).

Ein unendliches statisches Universum hat neben der gravitativen Instabilität und Olbers' Paradoxon noch andere Probleme. Wir werden auf dieses Thema in Kap. 5 zurückkommen. Vorerst sei nur angemerkt, dass die Probleme der Newton'schen Kosmologie einen Vorgeschmack auf das geben, was noch kommen wird: Es ist nicht so einfach, ein kosmologisches Modell zu entwerfen, das überhaupt einen Sinn ergibt.

Während Newton zeigte, dass sein universelles Gravitationsgesetz eine Vielzahl von Naturphänomenen erklären kann, war er nicht in der Lage zu erklären, wie es sein konnte, dass die Gravitationskraft augenblicklich, innerhalb jedes Teilchenpaars, über die Weite des Raums wirkt. Diese mysteriöse Fernwirkung befeuerte Newtons Kritiker. Am Ende seiner Principia gab Newton nach: *„Bis jetzt habe ich die Phänomene des Himmels und unseres Meeres durch die Schwerkraft erklärt, aber ich habe der Schwerkraft noch keine Ursache zugeordnet … Ich habe es noch nicht vermocht, aus den Phänomenen den Grund für diese Eigenschaften der Schwerkraft abzuleiten,*

---

[10]Dies wird in den Kap. 4 und 6 erörtert werden.

Abb. 2.8 Olbers' Paradoxon. Der gesamte Himmel sollte so hell wie die Sonne sein. Der Astronom Heinrich Wilhelm Olbers machte das Paradoxon bekannt, wobei er nicht der erste war, der es formulierte

und ich stelle keine Hypothesen auf", aber er fuhr dann fort zu erklären: *"Und es genügt, dass die Schwerkraft wirklich existiert und nach den Gesetzen agiert, die wir dargelegt haben, und es reicht aus, um alle Bewegungen der Himmelskörper und unseres Meeres zu erklären."* Trotz dieses Geraunes blieb Newtons Beschreibung der Schwerkraft zweihundert Jahre lang vorherrschend – bis Einsteins Allgemeine Relativitätstheorie unser Verständnis der Schwerkraft erneut revolutionierte, wie wir noch erfahren werden (Kap. 4).

Zusammenfassung

Die Newton'sche Mechanik bildet die Grundlage für unser Verständnis des physikalischen Universums. Wir haben Newtons Bewegungsgesetze und sein universelles Gravitationsgesetz angewendet, um Planetenbahnen, Energieerhaltung und Fluchtgeschwindigkeiten zu untersuchen. Dann haben wir Newtons kosmologisches Bild eines unendlichen statischen Universums besprochen, das gleichmäßig mit Sternen gefüllt ist. Neben anderen Problemen ist dieses Bild unvereinbar mit der Beobachtung eines dunklen Nachthimmels – dies ist als Olbers' Paradoxon bekannt. Die Probleme von Newtons statischem Universum geben uns eine Ahnung davon, wie schwierig es ist, eine vernünftige Kosmologie zu entwickeln.

Fragen

1. Können Sie ein Beispiel aus dem täglichen Leben (das im Text nicht erwähnt wird) nennen, bei dem die auf einen Gegenstand ausgeübte Kraft nicht in die Bewegungsrichtung zeigt?

2. Ist jeder Bezugsrahmen ein Inertialsystem?

3. Wie unterscheiden sich die Naturgesetze, etwa die Newton'schen Gesetze, von den Strafgesetzen?

4. Wenn Sie die gleiche Kraft auf zwei Kisten anwenden, von denen eine doppelt so schwer ist wie die andere, wie werden sich dann deren Beschleunigungen unterscheiden (angenommen, es gibt keine Reibung)?

5. Was würde mit der Kraft geschehen, die der Mond auf die Erde ausübt, wenn der Mond doppelt so weit entfernt wäre? Und wenn er nur auf ein Drittel seiner derzeitigen Entfernung gebracht würde? In welche Richtung zieht die Erde am Mond? In welche Richtung zieht der Mond an der Erde?

6. Angenommen, Sie wiegen 75 kg. Was würden Sie wiegen, wenn die Erde auf die Hälfte ihres derzeitigen Radius geschrumpft wäre (dafür nehmen wir an, dass Sie und die Erde vor und nach der Kontraktion die gleiche Masse haben).

7. Angenommen, wir graben einen Tunnel radial durch die Erde. Wenn Sie auf der Erdoberfläche 75 kg wiegen, wie hoch wäre Ihr Gewicht, wenn Sie die halbe Strecke zum Erdmittelpunkt hinabsteigen (nehmen wir an, dass die Erde über ihr gesamtes Volumen eine gleichmäßige Dichte hat. Hinweise: Das Volumen einer Kugel mit dem Radius r ist $V = \frac{4}{3}\pi r^3$, die Dichte ist $\rho = M/V$, wobei M die Masse und V das Volumen ist).

8. a) Ermitteln Sie die Entfernung Erde-Mond, wenn ein Funksignal 1,3 s benötigt, um zum Mond zu gelangen. Anmerkung: Funksignale bewegen sich mit der Lichtgeschwindigkeit c, die ungefähr 3×10^8 m/s beträgt.

   b) Es dauert etwa 27,3 Tage, bis der Mond die Erde einmal umkreist hat (siderischer Monat). Berechnen Sie die Geschwindigkeit des Mondes um die Erde.

   c) Verwenden Sie Ihre Ergebnisse, um die Masse der Erde zu berechnen.

9. Eine Raumsonde wird von der Erde aus mit der doppelten Fluchtgeschwindigkeit gestartet ($v = 2v_{esc}$). Wie hoch wird die Geschwindigkeit der Sonde sein, wenn sie sich weit von der Erde entfernt hat? Formulieren Sie Ihre Antwort in Form von v_{esc}.

10. Eine Kugel wird in einer Landschaft (Abb. 2.9) in der Höhe h losgelassen. Unter der Annahme, dass es keine Reibung gibt, wo wird

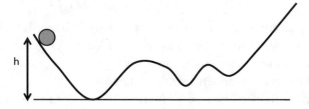

Abb. 2.9 Kugel in einer Landschaft

die Kugel ihre maximale Geschwindigkeit erreichen? Geben Sie in der Abbildung an, wo die Kugel vorübergehend zur Ruhe kommen wird.

11. Was ist Olbers' Paradoxon? Beweist es, dass das Universum nicht unendlich sein kann? Wenn nicht, was beweist es dann?

12. Um Olbers' Paradoxon zu erklären, argumentierten wir, dass die Helligkeit eines Sterns und die Fläche, die er am Himmel bedeckt, beide umgekehrt proportional zum Quadrat der Entfernung zu dem Stern sind. Können Sie diese Aussagen begründen?

13. Können Sie sich zwei mögliche Erklärungen für Olbers' Paradoxon vorstellen?

3

Die Spezielle Relativitätstheorie

3.1 Das Prinzip der Relativität

Obwohl das Wort „Relativitätstheorie" mit Albert Einstein gleichgesetzt wird, war Galileo Galilei der erste Wissenschaftler, der das formulierte, was wir heute „das Relativitätsprinzip" nennen. In seinem berühmten *Dialog* (1632) schlug Galilei seinen Lesern vor, sich in der Kabine eines Schiffes unter Deck einzuschließen, damit sie nicht sehen können, was draußen vor sich geht. Er argumentierte, dass sie nicht in der Lage sein würden zu erkennen, ob das Schiff stillsteht oder sich bewegt, solange die Bewegung gleichförmig (d. h. mit konstanter Geschwindigkeit) und in derselben Richtung ohne Wendemanöver erfolgt. Während zu Galileis Zeiten das Schiff das Fahrzeug der Wahl war, kann sich heute jeder von uns an eine ähnliche Erfahrung in einem Zug oder einem Flugzeug erinnern. Wenn die Fahrt glatt verläuft und man nicht nach draußen schaut, kann man nicht sagen, ob man sich bewegt oder nicht. Außerdem bewegen Sie sich in diesem Moment mit der Erde um die Sonne mit einer Geschwindigkeit von 30 km/s und mit dem gesamten Sonnensystem um das galaktische Zentrum mit etwa 230 km/s. Diese enormen Geschwindigkeiten haben keinerlei Auswirkungen auf das, was wir hier auf der Erde wahrnehmen (Abb. 3.1).

Das Relativitätsprinzip besagt, dass die Gesetze der Physik für alle Intertialbeobachter („Trägheitsbeobachter") gleichermaßen gelten. Wenn also ein Inertialbeobachter an einem anderen vorbeigleitet, ist es sinnlos zu fragen, welcher der beiden Beobachter in Ruhe ist und welcher sich bewegt.

© Springer Nature Switzerland AG 2021
D. Perlov und A. Vilenkin, *Kosmologie für alle, die mehr wissen wollen*,
https://doi.org/10.1007/978-3-030-63359-2_3

Abb. 3.1 Galileo Galilei (1564–1642) wird oft als der Vater der modernen Wissenschaft bezeichnet. Er experimentierte mit Kugeln, die er auf schiefen Ebenen herunterrollen ließ. Das brachte ihn dazu, das Trägheitsgesetz und auch das Gesetz des freien Falls herzuleiten, das besagt, dass alle Objekte, unabhängig von ihrer Masse, mit der gleichen Beschleunigung auf die Erde fallen. Galilei war auch der erste, der ein Teleskop auf den Himmel richtete und damit zeigte, dass es Tausende von Sternen gibt, die mit bloßem Auge nicht sichtbar sind, dass vier Monde den Jupiter umkreisen und dass die Venus wie der Mond sichelförmige und rundere Phasen durchläuft. Diese astronomischen Beobachtungen lieferten Beweise für das kopernikanische heliozentrische Weltbild, von dem er dann in seinem Buch *Dialog über die beiden hauptsächlichsten Weltsysteme* (*Dialogo sopra i due massimi sistemi del mondo*, Florenz 1632) die Welt zu überzeugen suchte. Das Buch lief dem offiziellen Dogma zuwider und wurde im folgenden Jahr von der Kirche verboten (Die Kirche erlaubte die Diskussion über das kopernikanische System, solange es als Theorie und nicht als Tatsache dargestellt wurde. Die wahre Natur des Universums musste aus der Heiligen Schrift abgeleitet werden, nicht aus astronomischen Beobachtungen). Im Alter von 70 Jahren wurde Galilei von der Inquisition vor Gericht gestellt, zum Widerruf gezwungen und dann für den Rest seines Lebens unter Hausarrest gestellt

Es gibt keine absolute Ruhe oder absolute Bewegung: Nur die relative Bewegung hat Bedeutung (Abb. 3.2).

All dies war seit der Zeit von Galilei und Newton Stand der allgemeingültigen Erkenntnis, mit Ausnahme eines ziemlich mysteriösen Problems, das gegen Ende des 19. Jahrhunderts plötzlich auftauchte. Das Problem betraf die Lichtgeschwindigkeit, die mit etwa 300.000 km/s gemessen

Abb. 3.2 Inertialbeobachter bewegen sich durch Trägheit, unbeeinflusst von irgend-welchen Kräften. Zum Beispiel ist ein Außerirdischer in einem Raumschiff, dessen Triebwerke abgeschaltet sind, während es durch den interstellaren Raum gleitet, ein Inertialbeobachter. Das Raumschiff ist ein Inertialsystem. Die Passagiere in Galileos Schiff sind ebenfalls Inertialbeobachter, und das Schiff selbst ist ein Inertialbezugs-rahmen. *Mit freundlicher Genehmigung von* Natalie Perlov

wurde. Die Frage war: Geschwindigkeit in Bezug auf was? Wenn wir sagen, dass die Schallgeschwindigkeit 300 m/s beträgt, versteht man, dass sich der Schall von seiner Quelle aus durch die Luft zum Beobachter ausbreitet. Daher wird ein Beobachter, der sich in Bezug auf die Luft in Ruhe befindet, diesen Wert für die Schallgeschwindigkeit messen.

Es wurde erwartet, dass die Situation bei Licht sehr ähnlich sein würde. Die Wissenschaftler waren überzeugt, dass es eine Substanz geben müsse, durch die sich das Licht ausbreitet, den sogenannten *Äther*. Wenn wir dann in Bezug auf den Äther in Ruhe sind, sollten wir feststellen, dass sich das Licht in alle Richtungen mit der gleichen Geschwindigkeit von km/s 300.000 ausbreitet (Abb. 3.3). Was aber, wenn wir uns mit einer Geschwindigkeit von z. B. 100.000 km/s durch den Äther bewegen? Dann wird sich ein Lichtimpuls, der sich in die gleiche Richtung ausbreitet, nur mit km/s 200.000 relativ zu uns bewegen, während sich ein Impuls, der sich in die entgegengesetzte Richtung ausbreitet, mit 400.000 km/s von uns weg bewegt. Die Lichtgeschwindigkeit in den zu unserer Bewegung ortho-gonalen Richtungen würde unverändert bei 300.000 km/s bleiben. In einem mit Äther gefüllten Raum sind also Inertialbeobachter, die sich mit unter-schiedlichen Geschwindigkeiten bewegen, nicht mehr gleichwertig. Sie werden beobachten, dass die Lichtgeschwindigkeit richtungsabhängig ist, und sie können daraus ihre eigene Geschwindigkeit in Bezug auf den Äther ableiten.

Eine geniale Apparatur zur Messung der Differenz zwischen den Licht-geschwindigkeiten in zwei senkrecht zueinander stehenden Richtungen wurde von Albert Michelson von der Case School in Cleveland und Edward

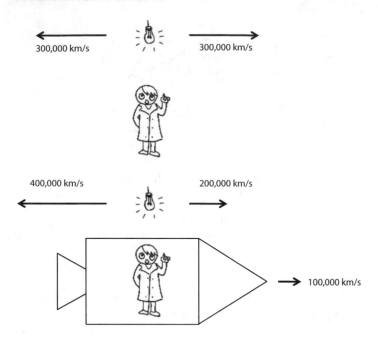

Abb. 3.3 Ein Beobachter würde einen anderen Wert für die Lichtgeschwindigkeit messen, je nachdem, ob er stationär ist oder sich relativ zum Äther bewegt. *Mit freundlicher Genehmigung von* Natalie Perlov

Morley vom benachbarten Western Reserve College entworfen. Sie wussten, wenn unsere Geschwindigkeit durch den Äther 100.000 km/s betragen würde, dann wäre die Richtungsabhängigkeit der Lichtgeschwindigkeit in früheren Experimenten bemerkt worden. Michelson und Morley erwarteten daher, einen viel geringeren Wert zu messen – was eine viel höhere Genauigkeit erforderte. Sie stellten sich vor, dass die Geschwindigkeit der Erde durch den Äther nicht viel kleiner sein sollte als die Geschwindigkeit auf ihrer Bahn um die Sonne, also 30 km/s. Glücklicherweise lag dies deutlich innerhalb der Messgenauigkeit ihres Instruments.

Michelson und Morley führten ihr Experiment im Juli 1887 durch. Das Ergebnis war verblüffend: Sie stellten keine Variation der Lichtgeschwindigkeit in verschiedenen Richtungen fest. Überhaupt keine. Um sicherzustellen, dass die Bewegung der Erde um die Sonne zum Zeitpunkt des Experiments nicht versehentlich durch die Bewegung des gesamten Sonnensystems durch den Äther in die entgegengesetzte Richtung kompensiert wurde, wiederholten Michelson und Morley das Experiment sechs Monate später. Zu diesem Zeitpunkt hatte die Erde bereits eine halbe Umdrehung vollendet und bewegte sich in die entgegengesetzte Richtung, sodass, wenn sich die beiden Geschwindigkeiten anfänglich aufhoben, sie sich nun addieren mussten und die Erde sich mit der Geschwindigkeit von 60 km/s durch den Äther bewegen würde Aber auch hier wurde kein Effekt gefunden.

Eine einfache Betrachtung ihrer Ergebnisse legte nahe, dass die Lichtgeschwindigkeit nicht von der Geschwindigkeit des Beobachters abhängt, der sie misst. Dies sah völlig absurd aus und stand nicht nur im Widerspruch zur Newton'schen Physik, sondern auch zum gesunden Menschenverstand. Daher entschieden sich die meisten Physiker einfach dafür, die Ergebnisse des Experiments zu ignorieren.

Die Auflösung des Paradoxons kam 1905 von einem sechsundzwanzigjährigen Angestellten, der im Patentamt in Bern arbeitete. Sein Name war Albert Einstein. Er akzeptierte die Invarianz der Lichtgeschwindigkeit als eine Tatsache und benutzte sie als Grundlage für eine Theorie von atemberaubender Schönheit. Was die Newton'sche Physik und den gesunden Menschenverstand betraf, sie wurden nicht mehr gebraucht. Dem Äther erging es genauso.

3.2 Lichtgeschwindigkeit und Elektromagnetismus

Tatsache ist, dass das Michelson-Morley-Experiment wenig dazu beigetragen hat, Einstein davon zu überzeugen, dass die Lichtgeschwindigkeit für alle Beobachter gleich ist. Um die Invarianz der Lichtgeschwindigkeit zu postulieren, gab es für ihn andere Gründe, die mit der von James Clerk Maxwell Mitte des 19. Jahrhunderts entwickelten Theorie des Elektromagnetismus zu tun hatten (Abb. 3.4).

Als Kind haben Sie wahrscheinlich gern mit Magneten gespielt und sich die Haare „aufgestellt", indem Sie Ihr kurz zuvor abgeriebenes Plastiklineal darüber gehalten haben. Damals dachten Sie wahrscheinlich an die magnetische und die elektrische Kraft als zwei völlig getrennte Phänomene. Aber heute wissen Sie vielleicht etwas, was selbst Kepler, Galilei und Newton nicht wussten: Elektrizität und Magnetismus sind zwei Seiten derselben „elektromagnetischen Münze".

Die Theorie des Elektromagnetismus beschreibt das Verhalten von elektrischen und magnetischen Feldern, die durch statische elektrische Ladungen und durch fließende elektrische Ladungen, sogenannte Ströme, erzeugt werden (Abb. 3.5 und 3.6). Zum Beispiel wird das Magnetfeld der

Abb. 3.4 James Clerk Maxwell (1831–1879) entwickelte eine einheitliche Beschreibung von elektrischen und magnetischen Phänomenen. Er führte das grundlegende Prinzip eines Feldes ein, das heute eine zentrale Rolle in der Physik spielt. Elektrische und magnetische Felder breiten sich im Raum als elektromagnetische Wellen aus, und Maxwell formulierte, dass Licht eine Form von elektromagnetischer Strahlung sein müsse. Nach den Worten des Nobelpreisträgers Max Planck „erreichte er eine Größe, die ihresgleichen sucht". Und doch wurde Maxwells Theorie nach ihrer Veröffentlichung mehr als 20 Jahre lang weitgehend ignoriert. Maxwell war ein schüchterner und sanfter Mensch. Er schrieb Gedichte und fühlte eine große Zuneigung für Tiere. Sein Schreiben war ein Vorbild an Klarheit, aber seine Gespräche und Vorträge waren eher verwirrend: Er sprang von einem Thema zum anderen, da seine Rede mit dem Tempo seiner **Gedanken** nicht Schritt halten konnte. Maxwell starb im Alter von 48 Jahren an Krebs, lange bevor seine Theorie allgemein anerkannt war

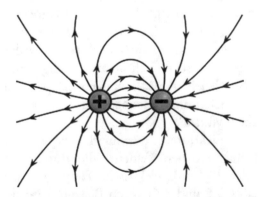

Abb. 3.5 Durch eine positive und negative Ladung erzeugtes elektrisches Feld

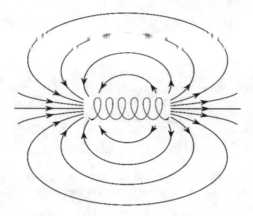

Abb. 3.6 Magnetisches Feld, das durch einen in einem gewickelten Draht fließenden Strom erzeugt wird

Erde durch die in ihrem Kern fließenden elektrischen Ströme erzeugt. Das Feld ist überall im Raum vorhanden und wird bemerkbar, wenn man einen Kompass verwendet. Die Kompassnadel zeigt in die Richtung des Feldes, und die Feldstärke kann daran gemessen werden, wie stark die Nadel in diese Richtung schwingt. In ähnlicher Weise durchdringt ein elektrisches Feld den Raum um Körper herum, die positive oder negative elektrische Ladungen tragen. Das elektrische Feld bewirkt eine Anziehung zwischen entgegengesetzten Ladungen und eine Abstoßung zwischen gleichnamigen Ladungen.

Maxwell drückte seine Theorie in Form von acht Gleichungen aus, die alle elektrischen und magnetischen Phänomene beschreiben. Die Theorie machte auch zwei sehr wichtige Vorhersagen:

1. Oszillierende elektrische und magnetische Felder breiten sich als elektromagnetische Wellen im Raum aus, und
2. Die Geschwindigkeit einer elektromagnetischen Welle beträgt 300.000 km/s.

Maxwell erkannte diese Geschwindigkeit natürlich als die Lichtgeschwindigkeit[1]. So kam er zu der bemerkenswerten Erkenntnis, dass es sich bei Licht um elektromagnetische Wellen handeln muss.

---

[1]Nach heutigen Messungen beträgt die Lichtgeschwindigkeit 299.792,458 km/s und es ist üblich, sie mit dem Buchstaben c zu bezeichnen.

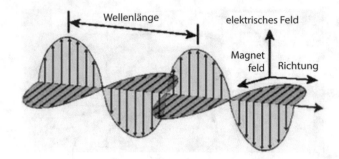

Abb. 3.7 Eine elektromagnetische Welle besteht aus elektrischen und magnetischen Feldern, die sich im Raum rechtwinklig zueinander ausbreiten. (*Quelle:* NASA)

Eine elektromagnetische Welle wird durch ihre *Wellenlänge* charakterisiert, die als Abstand von einem „Wellenkamm" der Welle zum nächsten definiert werden kann (Abb. 3.7). Ein weiteres wichtiges Merkmal ist die *Frequenz,* definiert als die Anzahl der Wellenberge, die pro Zeiteinheit (z. B. pro Sekunde) einen beliebigen Punkt durchlaufen. Die Wellenlänge λ und die Frequenz f sind durch eine einfache Gleichung miteinander verbunden.

$$f = \frac{c}{\lambda} \tag{3.1}$$

Dabei ist c die Lichtgeschwindigkeit. Je kürzer also die Wellenlänge, desto höher ist die Frequenz.

Es zeigt sich, dass sich elektromagnetische Wellen mit vielen verschiedenen Wellenlängen ausbreiten können. Sichtbares Licht entspricht einem engen Bereich von Wellenlängen im gesamten elektromagnetischen Spektrum (Abb. 3.8). Die Mikrowellen in Ihrer Küche haben längere Wellenlängen als das sichtbare Licht, während die Röntgenstrahlen in Ihrer Zahnarztpraxis kürzere Wellenlängen haben. Jede Art von elektromagnetischer Strahlung öffnet ein spezielles Fenster, durch das wir unser strahlendes Universum beobachten können.

Die Theorie des Lichts als elektromagnetische Welle ist ein Pfeiler der klassischen Physik. Unter bestimmten Umständen, z. B. wenn Licht mit Atomen in Wechselwirkung tritt, ist es jedoch notwendig, den Standpunkt der Quantenphysik einzunehmen, die Licht als aus Teilchen, den sogenannten Photonen, bestehend beschreibt. In diesem modernen Bild geht man davon aus, dass eine gewöhnliche Lichtwelle aus einer großen Anzahl von Photonen besteht, die sich zusammen bewegen. Jedes Photon

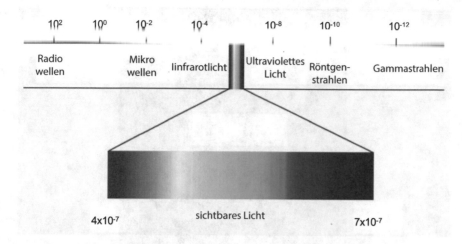

Abb. 3.8 Das elektromagnetische Spektrum. Alle Wellenlängen werden hier in Metern gemessen. Zum Vergleich: Die Breite eines menschlichen Haares beträgt 8×10^{-5} m

ist elektrisch neutral und hat eine messbare Energie und einen messbaren Impuls. Die Energie eines Photons ist mit seiner Wellenlänge verbunden. Blaue Lichtphotonen sind energiereicher als Photonen des langwelligeren roten Lichts. Und Gammastrahlenphotonen sind viel energiereicher als die Photonen des sichtbaren Lichts. Für den Rest dieses Kapitels können wir uns Licht als eine klassische elektromagnetische Welle vorstellen.

3.3 Einsteins Postulate

Im frühen 20. Jahrhundert begann Einstein sich zu fragen, was passieren würde, wenn er Galileis Rat folgte und sich in der Kabine eines Schiffes einschloss (Abb. 3.9). Wäre er in der Lage, die gleichförmige Bewegung des Schiffes zu erkennen, indem er Experimente mit elektrischen Ladungen und Strömen durchführte? Seine Intuition sagte „nein". Mit anderen Worten, er glaubte, dass die Maxwell'schen Gesetze des Elektromagnetismus sowohl in gleichförmig bewegten als auch in stationären Räumlichkeiten gleichermaßen gültig sind. Aber dann sollte auch die Lichtgeschwindigkeit gleich sein und 300.000 km/s betragen, wie es die Maxwell'sche Theorie verlangt.

In seiner gefeierten Publikation im Jahr 1905 *Zur Elektrodynamik bewegter Körper,* wo er erstmals seine Spezielle Relativitätstheorie vorstellt, postuliert Einstein zwei grundlegende Annahmen:

Abb. 3.9 Die Karriere von Albert Einstein in der Physik hatte einen holprigen Start. Nach seinem Abschluss am Zürcher Polytechnikum erhielt er keine Stellenangebote im akademischen Bereich und schätzte sich glücklich, eine Stelle als Angestellter im Patentamt in Bern zu finden. Positiv zu vermerken ist, dass die Aufgabe nicht sehr anspruchsvoll war und Einstein viel Zeit für seine Forschung und andere intellektuelle Betätigungen ließ. Er verbrachte Abende mit Freunden, spielte Geige, las Philosophie und diskutierte seine physikalischen Ideen. Während dieser Zeit hatte Einstein sein *annus mirabilis:* Im Jahr 1905 veröffentlichte er seine Spezielle Relativitätstheorie und seine bahnbrechenden Arbeiten zur Quantenmechanik. Zu diesem Zeitpunkt begann Einsteins Karriere, und innerhalb weniger Jahre hatte er Stellenangebote von mehreren großen Universitäten in Europa. Im Jahr 1919, als die von der Allgemeinen Relativitätstheorie vorhergesagte Lichtablenkung durch Beobachtungen bestätigt wurde, erreichte sein Ruhm das Niveau eines Popstars, und Einstein wurde ein bekannter Name. Er witzelte: „Zur Strafe für meine Autoritätsverachtung hat mich das Schicksal selbst zu einer Autorität gemacht." In seinen späteren Jahren berief sich Einstein oft auf Gott, um seine philosophischen Ansichten zum Ausdruck zu bringen. Er sagte zum Beispiel: „Jedenfalls bin ich überzeugt, dass der [Herrgott] nicht würfelt", wodurch er seine Zweifel an der probabilistischen Interpretation der Quantenmechanik zum Ausdruck brachte, und „Was mich eigentlich interessiert, ist, ob Gott die Welt hätte anders machen können; das heisst, ob die Forderung der logischen Einfachheit überhaupt eine Freiheit lässt." Er stellte jedoch klar: „Ich glaube an Spinozas Gott, der sich in der Harmonie des Seienden offenbart, nicht an einen Gott, der sich mit den Schicksalen und Handlungen der Menschen abgibt." (*Quelle:* Albert Einstein, Vortrag in Wien, 1921. Foto von Ferdinand Schmutzer)

1. Die Gesetze der Physik sind für alle Inertialbeobachter gleich. Dies ist Galileis *Relativitätsprinzip*.
2. Die von allen Inertialbeobachtern gemessene Lichtgeschwindigkeit ist konstant.

Aus dem zweiten Postulat folgt, dass es keinen Äther[2] gibt: Elektromagnetische Wellen breiten sich im leeren Raum aus. Beachten Sie auch, dass das zweite Postulat aus dem ersten folgt, wenn die Maxwell'sche Theorie in die Gesetze der Physik einbezogen wird.

Von diesen beiden einfachen Annahmen führte uns Einstein direkt zur Relativität der Gleichzeitigkeit, der Zeitdilatation, der Längenkontraktion und der Äquivalenz von Masse und Energie. Wir werden nacheinander auf jede dieser Annahmen eingehen.

3.4   Gleichzeitigkeit

Einstein führte gerne „Gedankenexperimente" durch – er dachte sich ein hypothetisches Experiment aus und leitete die Ergebnisse dann durch logisches Denken ab, anstatt Messungen vorzunehmen. An einem seiner berühmten Gedankenexperimente sind zwei Beobachter beteiligt, einer in einem fahrenden Zug und der andere stationär auf dem Bahnsteig.

Nehmen wir an, Jane steht in der Mitte eines fahrenden Eisenbahnwaggons und hält den Schalter einer Deckenlampe, die zunächst ausgeschaltet ist. Jetzt schaltet sie die Lampe ein, und das Licht breitet sich zur Vorder- und Rückwand des Waggons aus. Da sie sich in der Mitte befindet, erreicht das Licht die beiden Wände zur gleichen Zeit. Zumindest aus ihrer Sicht (Abb. 3.10).

Nehmen wir nun an, Ben beobachtet dieses Experiment auf dem Bahnsteig stehend. Er sieht, wie Jane die Glühbirne einschaltet, und das Licht breitet sich in beide Richtungen mit der gleichen Geschwindigkeit aus, die natürlich die Lichtgeschwindigkeit ist. Aber die Rückwand des Wagens bewegt sich auf den sich nähernden Lichtstrahl zu, während sich die Vorderwand vom Lichtstrahl wegbewegt, sodass Ben sieht, wie das Licht die Rückwand erreicht, bevor es die Vorderwand erreicht. Die Schlussfolgerung ist, dass *die Gleichzeitigkeit der Ereignisse keine absolute Bedeutung hat; sie hängt vom Bewegungszustand des Beobachters ab.*

---

[2]Andernfalls würde die Lichtgeschwindigkeit in Abhängigkeit von der Geschwindigkeit des Beobachters relativ zum Äther variieren.

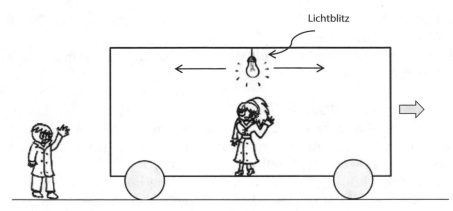

Abb. 3.10 Die Relativität der Gleichzeitigkeit. Zwei Ereignisse, die aus der Sicht des Beobachters in einem fahrenden Zug zur gleichen Zeit auftreten, treten aus der Sicht des Beobachters auf dem Bahnsteig zu unterschiedlichen Zeiten auf. Das Eintreffen von Licht an der Vorderwand oder an der Rückwand des Wagens ist ein „Ereignis". *Mit freundlicher Genehmigung von* Natalie Perlov

3.5 Zeitdilatation

In unserer alltäglichen Erfahrung ist eine Sekunde eine Sekunde, unabhängig davon, ob wir in der Schlange stehen, um an Bord eines Flugzeugs zu gehen, oder ob wir bereits mit Hunderten von Stundenkilometern in der Luft unterwegs sind. Laut Einstein ist diese offensichtliche „Tatsache" jedoch nicht wahr. Genauer gesagt, das Relativitätsprinzip und die Invarianz der Lichtgeschwindigkeit führen unweigerlich zu folgender Schlussfolgerung: *Bewegte Uhren laufen langsamer, als wenn sie von einem ruhenden Beobachter betrachtet werden.* Auch dies lässt sich mit Hilfe unserer Freunde Jane und Ben veranschaulichen.

Nehmen wir nun an, dass Jane, die sich in einem mit der hohen Geschwindigkeit v fahrenden Zug befindet, über eine Lichtquelle am Boden ihres Wagens und einen Spiegel in einem Abstand L direkt über der Lichtquelle verfügt (Abb. 3.11a). Ein Knopfdruck sendet einen Lichtimpuls von der Quelle zum Spiegel und wieder zurück. Der Hin- und Rückweg dauert eine bestimmte Zeit ($t_0 = 2L/c$), da sich das Licht mit der konstanten Geschwindigkeit c ausbreitet, wie von Jane gemessen wird.

Nun sieht Ben, der auf dem Bahnsteig steht, wie sich der Lichtimpuls auf einer diagonalen Bahn bewegt (Abb. 3.11b). Da die diagonale Weglänge D länger ist als die Entfernung L, wird er feststellen, dass es länger dauert ($t = 2D/c$), bis der Impuls den Rundkurs beendet hat. Daher ist das Zeitintervall zwischen denselben beiden Ereignissen (Aussenden und Rückkehr

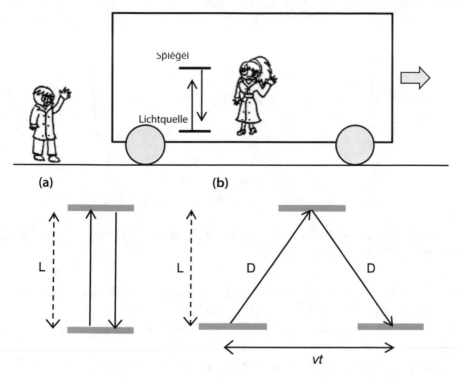

Abb. 3.11 Lichtimpuls-Rundkurs: **a** Ansicht von Jane. **b** Ansicht von Ben. Der Licht-impuls legt eine Strecke von 2 D zurück, der Zug eine Strecke von *vt*. (*Mit freund-licher Genehmigung von* Natalie Perlov)

des Lichtimpulses) unterschiedlich, wenn es von verschiedenen Beobachtern gemessen wird.

Insbesondere ist der Zusammenhang zwischen den Zeitintervallen, die Ben und Jane messen, durch die Zeitdilatationsformel gegeben:[3]

$$t = \gamma t_0 \tag{3.2}$$

Der relativistische Faktor γ (auch Lorentz-Faktor genannt, nach Hendrik Lorentz, der ihn zuerst einführte) ist definiert als

$$\gamma = \frac{1}{\sqrt{1 - v^2/c^2}} \tag{3.3}$$

---

[3]Die Herleitung dieser Gleichung findet sich am Ende des Kapitels.

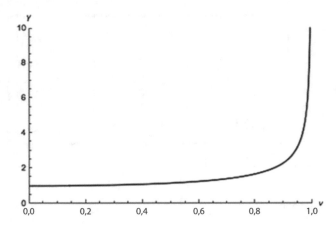

Abb. 3.12 Der Lorentz-Faktor γ als Funktion der Geschwindigkeit v (gemessen in Einheiten, bei denen $c = 1$)

Der Faktor γ ist gleich 1, wenn die relative Geschwindigkeit zwischen zwei Bezugsrahmen null ist ($v = 0$). Andernfalls ist er größer als 1 und wird beliebig groß, wenn sich die Geschwindigkeit v der Lichtgeschwindigkeit nähert.

Betrachten Sie den Plot von γ als eine Funktion der zunehmenden Geschwindigkeit v (Abb. 3.12). Zunächst nimmt γ nur sehr langsam zu. Wenn sich zum Beispiel der Zug von Jane mit 300 km/h bewegt, dann gilt $\gamma \approx 1 + 10^{-13}$. Das bedeutet, dass die Zeitdilatation, die Ben messen wird, etwa 1 s in einer Million Jahre beträgt. Das ist winzig. Es muss mit einem beträchtlichen Bruchteil der Lichtgeschwindigkeit gefahren werden, bevor γ merklich von 1 abweicht. Bei 99,5 % der Lichtgeschwindigkeit würde beispielsweise die Zeit im sich bewegenden Bezugsrahmen um den Faktor 10 langsamer vergehen als die Zeit auf dem Bahnsteig ($\gamma = 10$). Wenn Jane mit dieser Geschwindigkeit in einem Raumschiff wegfliegen würde, dann würde ihre Lebenserwartung aus der Sicht von uns hier auf der Erde etwa 800 Jahre betragen. Da aber alle Prozesse in ihrem Körper und Gehirn um den Faktor 10 verlangsamt wären, würde sie in ihrem Leben nicht unbedingt viel mehr erreichen als ein typischer Erdenbürger. In Janes Bezugssystem würde die Zeit im Raumschiff normal verlaufen, auf der Erde jedoch um den Faktor 10 verlangsamt.

Man sollte vielleicht denken, dass es möglich sein sollte, festzustellen, wer weniger gealtert ist, indem man zu einem bestimmten Zeitpunkt einfach Janes Alter mit dem ihrer Freunde auf der Erde vergleicht. Die Gleichzeitigkeit ist jedoch relativ, und verschiedene Beobachter werden unterschiedliche Vorstellungen über „denselben Zeitpunkt" haben. Jane könnte beschließen, dieses Problem ein für allemal zu lösen, indem sie mit ihrem Raumschiff umkehrt und zur Erde zurückkehrt. Leider wird sie feststellen, dass die Erdlinge Recht hatten. Wenn sie 10 Jahre lang wegging, werden auf der Erde 100 Jahre vergangen sein. Aber warum? Wenn Bewegung wirklich relativ ist, warum können wir Jane dann nicht als stationär betrachten, während die Erde sich entfernt? Wenn Jane die Triebwerke einschaltet und die Geschwindigkeit ihres Schiffes umkehrt, ist sie kein Inertialbeobachter mehr, sodass die Gesetze der Speziellen Relativitätstheorie in ihrem Bezugssystem nicht gelten.

3.6   Längenkontraktion

Wenn Sie verstanden haben, dass Zeit und Gleichzeitigkeit relativ sind, werden Sie wahrscheinlich nicht mehr überrascht sein, wenn Sie erfahren, dass auch der Raum relativ ist. Und in der Tat haben Einsteins Gedankenexperimente gezeigt, dass sich bewegte Objekte in der Bewegungsrichtung zusammenziehen.

Ist L_0 die Länge eines Objekts in Ruhe und bewegt sich das Objekt dann mit der Geschwindigkeit v an einem Beobachter vorbei, misst dieser die Länge des Objekts als[4]

$$L = L_0/\gamma, \tag{3.4}$$

wobei γ der in Gl. 3.3 definierte Lorentz-Faktor ist.

Wenn Jane die Länge ihres Raumschiffs mit 50 m misst und mit 99,5 % der Lichtgeschwindigkeit an der Erde vorbeifliegt, dann würden wir feststellen, dass ihr Schiff nur 5 m lang ist. Andererseits würde sie feststellen, dass die Erde und alle ihre Bewohner in ihrer Bewegungsrichtung um das Zehnfache zusammengedrückt werden (Abb. 3.13).

Beschleunigung von Myonen

So intellektuell schick es klingen mag, von Zeitdilatation, Längenkontraktion und so weiter zu sprechen, kann man nicht umhin, sich zu fragen, ob diese Phänomene hier auf der Erde messbare Auswirkungen haben. Nun, das haben sie!

---

[4]Die Herleitung der Längenkontraktion findet sich in den meisten Lehrbüchern für Grundlagenphysik (schon im Grundstudium).

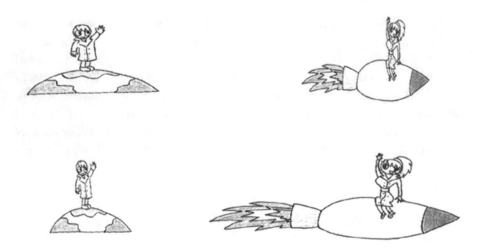

Abb. 3.13 Längenkontraktion. Für einen Beobachter auf der Erde sind Jane und ihr Raumschiff in Bewegungsrichtung kontrahiert. Aus der Sicht von Jane sind die Erde und ihre Bewohner kontrahiert. (*Mit freundlicher Genehmigung von* Natalie Perlov)

Wir alle sind mit dem Elektron vertraut, aber vielleicht etwas weniger vertraut mit seinem großen Vetter, dem Myon, das etwa 209-mal massiver ist. Das Myon ist ebenfalls negativ geladen, aber im Gegensatz zum Elektron ist es instabil und zerfällt im Ruhezustand in nur 2.2×10^{-6} s (2,2 μs) in andere Arten von Teilchen. Stellen wir uns nun ein Labor vor, das 4 km lang ist, mit einer Myonenquelle an einem Ende und einem Myonen-Detektor am anderen Ende. Wir nehmen auch an, dass unsere Myonen mit einer Geschwindigkeit von 99,5 % der Lichtgeschwindigkeit emittiert werden. *Wie weit fliegt ein Myon, bevor es in andere Teilchen zerfällt?*

„Nicht-relativistische" Antwort: etwa 0,66 km. Würden Sie also erwarten, dass der Detektor am Ende Ihres Labors das Myon nachweisen kann? Nein, das würden Sie nicht – es sollte zerfallen, bevor es eine Chance hat, die Länge des Labors zu durchqueren. Zur Überraschung der „nicht-relativistischen" Experimentatoren" werden solche Myonen jedoch tatsächlich nachgewiesen. Das Rätsel lässt sich lösen, wenn wir die Effekte der Zeitdilatation mit einbeziehen.

Für die Experimentatoren im Labor bewegt sich das Myon und somit verlangsamt sich seine Uhr um einen Faktor von $\gamma = 10$. Während das Myon also „denkt", es habe 2,2 μs gelebt, sehen es die Experimentatoren $10 \times 2.2 = 22$ μs lang leben. Während dieses Zeitintervalls kann das Myon tatsächlich eine Strecke von 6,6 km zurücklegen – mühelos bis zum Ende des Labors und zum Detektor! Eine derart verlängerte Lebensdauer von sich schnell bewegenden Teilchen wird heute ständig bei Teilchenphysikexperimenten beobachtet.

Aber was würde das Myon schlussfolgern, wenn es denken könnte? Dem Myon zufolge lebt es 2,2 µs lang und erwartet daher, dass es 0,66 km zurück legt, bevor es zerfällt. Es sieht jedoch ein Labor mit 99,5 % Lichtgeschwindigkeit vorbeirauschen. Das Myon denkt also nicht, dass das Labor 4 km lang ist, sondern nur $4/10 = 0,4$ km! Für das Myon besteht demnach kein Zweifel daran, dass es bis zum Ende des Labors gelangen kann, bevor es zerfällt.

Also werden sowohl das Myon als auch der Experimentator im Labor zustimmen, dass das Myon tatsächlich nachgewiesen wurde, wobei dies für den Beobachter auf die Zeitdilatation des sich bewegenden Myons zurückzuführen ist und vom Bezugssystem des Myons her auf die Längenkontraktion des sich bewegenden Labors.

Es gibt viele andere praktische Anwendungen der Speziellen Relativitätstheorie, die man im Internet suchen kann, wenn man das gerne möchte. Versuchen Sie doch mal herauszufinden, wie sich die Zeitdilatation auf GPS-Satelliten auswirkt …

3.7 $E = mc^2$

Wenige Monate nachdem Einstein seine erste Arbeit über die Relativitätstheorie veröffentlicht hatte, schürfte er ein weiteres Juwel aus den beiden Postulaten zutage: Energie und Masse stehen in einem fundamentalen Zusammenhang. Es dauerte weitere zwei Jahre, bevor er zu seiner berühmten Gleichung $E = mc^2$ gelangte, die er mutig und richtig so interpretierte, dass sie eine vollständige Äquivalenz von Masse und Energie beschreibt. Grob gesagt, *Masse kann in Energie und Energie in Masse umgewandelt werden.* Ein wichtiges Beispiel für die Umwandlung von Masse in Energie tritt bei Kernreaktionen und in den Kernen von Sternen auf (Abb. 3.14).

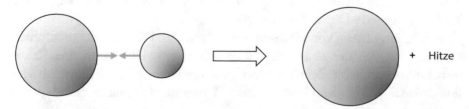

Abb. 3.14 Schematische Darstellung der Kernfusion. Zwei Kerne verbinden sich zu einem neuen, größeren Kern, dessen Masse kleiner ist als die Summe der Massen seiner Bestandteile. Die Massendifferenz wird in Form von Wärme- (und Licht-) Energie abgegeben

Für ein physikalisches Objekt, das sich als Ganzes mit der Geschwindigkeit v bewegt, kann Einsteins relativistische Energiebeziehung ausgedrückt werden als

$$E = mc^2 = \gamma m_0 c^2, \tag{3.5}$$

wobei γ der Lorentz-Faktor und m_0 die Masse des Objekts in Ruhe, seine sogenannte *Ruhemasse,* ist. Für Geschwindigkeiten, die viel kleiner als die Lichtgeschwindigkeit sind, wird diese Formel gut angenähert durch $E = m_0 c^2 + 1/2 m_0 v^2$. Dabei wird der erste Term als Ruheenergie des Objekts und der zweite als seine Newton'sche kinetische Energie bezeichnet.

Beachten Sie, dass die Energie eines ruhenden Objekts nicht verschwindet – sie ist die Ruhemasse m_0 (mal c^2). Die Idee, dass ein ruhendes Objekt aufgrund der Tatsache, dass es Masse besitzt, Energie besitzt, war ein völlig neues Prinzip, das Einstein da einführte. Eine weitere wichtige Eigenschaft der relativistischen Energie ist, dass sie zur Unendlichkeit tendiert, wenn sich die Geschwindigkeit eines Objekts der Lichtgeschwindigkeit nähert. Es bedarf immer größerer Energiemengen, um die Geschwindigkeit des Objekts immer näher an die Lichtgeschwindigkeit heranzuführen, aber die Grenze $v = c$ kann nie erreicht werden. Die Lichtgeschwindigkeit ist also die absolute Geschwindigkeitsgrenze im Universum.[5]

3.8 Von Raum und Zeit zur Raumzeit

Wir sagen, dass der Raum dreidimensional ist, weil es drei Zahlen braucht, um einen Ort im Raum anzugeben. Sie könnten zum Beispiel ein Treffen in einem Restaurant im 7. Stock des Gebäudes an der Ecke von 16th Street und 5th Avenue vereinbaren. Aber was ist, wenn Sie vergessen haben anzugeben, *wann* Sie sich treffen möchten? Ebenso wichtig wie der Ort ist es, die Zeit des vorgeschlagenen Treffens klar zu nennen. So können wir uns die Zeit als eine vierte Dimension vorstellen.

Wenn wir unsere Vorstellungen von Raum und Zeit zusammenführen, sprechen wir von der *Raumzeit.* Da es in unserem Universum drei Raumdimensionen und eine Zeitdimension gibt, sagen wir, dass die Raumzeit vierdimensional ist. In der Newton'schen Physik ist eine solche Kombination

---

[5]Diese Grenze wird nur von Teilchen mit einer Ruhemasse von null, wie dem Photon, erreicht.

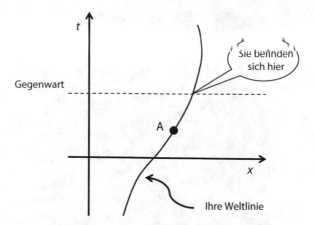

Abb. 3.15 Raumzeitdiagramm mit der Zeit auf der *senkrechten Achse* und einer räumlichen Dimension auf der *horizontalen Achse*. Es ist üblich, nur eine räumliche Dimension in das Raumzeitdiagramm zu zeichnen, da wir nicht alle drei räumlichen Dimensionen plus Zeit darstellen können. Die gegenwärtige Zeit wird in diesem Diagramm durch einen *„Schnitt"* mit konstanter Zeit angezeigt. Dargestellt ist auch die Historie einer punktförmigen Form Ihrer selbst – Ihrer Welt – und eines Ereignisses A, das in Ihrer Vergangenheit stattgefunden hat

künstlich, weil Raum und Zeit völlig unabhängig voneinander sind. In Einsteins Theorie ist dies jedoch sehr natürlich, sodass Raum und Zeit üblicherweise zusammen in einem Raumzeitdiagramm dargestellt werden (Abb. 3.15). Ein *Ereignis* ist ein Punkt in der Raumzeit. Es kann durch vier Informationen oder vier Koordinaten (t, x, y, z) angegeben werden, wobei die Koordinate t für die Zeit steht und die anderen Koordinaten dem Ort im Raum entsprechen. Die Historie eines punktförmigen Objekts wird durch eine Linie dargestellt, die man als seine *Weltlinie bezeichnet.* Die Weltlinie sagt uns, wo im Raum sich das Objekt zu jedem Zeitpunkt befindet. Wie sieht Ihrer Meinung nach die Weltlinie eines ruhenden Objekts aus?

Wenn die gesamte Raumzeit vor Ihnen ausgebreitet wäre, dann wüssten Sie alles über die Vergangenheit, Gegenwart und Zukunft des Universums. Sie wären in der Lage, die Weltlinie jedes Teilchens zu verfolgen und seinen Standort zu jedem Zeitpunkt zu bestimmen. Ein „Moment der Zeit" ist ein dreidimensionaler Schnitt durch die vierdimensionale Raumzeit. Alle Ereignisse auf diesem Schnitt geschehen aus der Sicht eines bestimmten Beobachters gleichzeitig. Ein anderer Beobachter, der eine andere Vorstellung von Gleichzeitigkeit hat, wird einen anderen Schnitt ziehen. Obwohl diese dreidimensionalen „Momentaufnahmen" des Universums unterschiedlich aussehen mögen, ist die zugrunde liegende vierdimensionale Raumzeit die gleiche.

Abb. 3.16 Hermann Minkowski war der Sohn litauischer Juden; er konvertierte zum Christentum, um seine Berufsaussichten zu verbessern. Er unterrichtete Einstein in Mathematik am Polytechnischen Institut Zürich. Als Student hielt Einstein nicht viel von Minkowskis Vorlesungen, während Minkowski sich an Einstein als „faulen Hund" erinnerte und nicht erwartete, dass er etwas Brauchbares zustandebringen würde. Es ist Minkowskis Verdienst, dass er seine Meinung schnell änderte, nachdem er Einsteins Aufsatz von 1905 gelesen hatte. Er leistete Pionierarbeit für das Prinzip einer vierdimensionalen Raumzeit und entwickelte daraus eine geometrische Formulierung der Speziellen Relativitätstheorie. Einstein war von seinem früheren Professor weiterhin unbeeindruckt und dachte, dass Minkowskis mathematisches Gefunkel nur die physikalische Bedeutung seiner Theorie verdunkelte. Doch schon bald war Einstein an der Reihe, seine Meinung zu ändern. Minkowskis vierdimensionale Raumzeit war für die Konstruktion von Einsteins Gravitationstheorie unentbehrlich

Der Begriff der vierdimensionalen Raumzeit wurde von Einsteins ehemaligem Mathematikprofessor Hermann Minkowski vertreten, der auch ihre zugrundliegende geometrische Struktur aufdeckte. In einer Vorlesung an der Universität Göttingen verkündete Minkowski: „Von Stund' an sollen Raum für sich und Zeit für sich völlig zu Schatten herabsinken und nur noch eine Art Union der beiden soll Selbständigkeit bewahren." (Abb. 3.16).

Minkowskis Erkenntnis lässt sich durch Analogie zur euklidischen Geometrie auf einer Ebene erklären. Angenommen, wir haben zwei Punkte auf einer Ebene, die durch eine gerade Linie (eine Strecke) verbunden sind. Wir können diese Strecke durch ihre Projektionen auf zwei rechtwinklig zueinander stehende Achsen x und y charakterisieren. Die Länge der Strecke

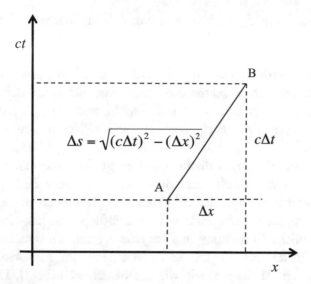

Abb. 3.17 Beobachter in verschiedenen Inertial-Bezugsrahmen würden das gleiche Raumzeitintervall zwischen *A* und *B* messen, aber sie würden unterschiedliche Werte für die vergangene Zeit und den räumlichen Abstand zwischen den Ereignissen erhalten

zum Quadrat ist nach dem Satz des Pythagoras gleich $\Delta x^2 + \Delta y^2$[26]. Wir können nun ein anderes Paar von Achsen wählen, das in Bezug auf das erste Achsenpaar gedreht ist. Die Projektionen unseres Segments auf die neuen Achsen werden dann unterschiedlich sein, aber die Summe ihrer Quadrate ist gleich und bleibt gleich der Streckenlänge zum Quadrat.

Minkowski erkannte, dass die Situation in Einsteins Theorie ähnlich ist. Bei zwei Ereignissen unterscheiden sich ihre räumlichen und zeitlichen Abstände für verschiedene Beobachter. Das liegt aber nur daran, dass die Ereignisse auf unterschiedliche Raum- und Zeitachsen projiziert werden. Minkowski fand heraus, dass sich alle Beobachter auf eine bestimmte Größe, das *Raumzeitintervall,* einigen können. Betrachten Sie die in Abb. 3.17 markierten Ereignisse A und B. Ihre räumlichen und zeitlichen Abstände sind mit Δx und Δt gekennzeichnet. Das Quadrat des Raumzeitintervalls kann dann ausgedrückt werden als

$$(\Delta s)^2 = (c\Delta t)^2 - (\Delta x)^2 \tag{3.6}$$

---

[6]Physiker verwenden oft den griechischen Buchstaben Δ, um die Veränderung einer bestimmten Größe zu bezeichnen. Im obigen Text bedeutet Δx zum Beispiel die Änderung des Wertes x von einem Ende der Strecke zum anderen.

Beachten Sie, dass dies, abgesehen vom Minuszeichen, dem Satz des Pythagoras sehr ähnlich ist, besonders wenn wir Einheiten mit $c = 1$ verwenden (siehe nächster Absatz). Da sich alle Inertialbeobachter' über den Wert des Raumzeitintervalls einigen werden, sagen wir, dass das Raumzeitintervall *invariant* ist. Beachten Sie auch, dass für ein Teilchen, das sich mit Lichtgeschwindigkeit bewegt (wie ein Photon), das Raumzeitintervall zwischen zwei beliebigen Ereignissen auf seiner Weltlinie null ist (können Sie das zeigen?).

Wann immer Sie physikalische Größen grafisch darstellen, ist es entscheidend zu wissen, welche Einheiten Sie verwenden. Es zeigt sich, dass es für Raumzeitdiagramme aufschlussreich ist, Einheiten zu verwenden, in denen die Lichtgeschwindigkeit $c = 1$ ist. Beispielsweise kann Zeit in Jahren und die räumliche Entfernung in *Lichtjahren* gemessen werden. Ein Lichtjahr ist die Entfernung, die das Licht in einem Jahr zurücklegt (ungefähr 10^{13} km, können Sie zeigen, wie wir das berechnet haben?). Da Licht pro Jahr eine Strecke von einem Lichtjahr zurücklegt, ist $c = 1$. Wenn wir die Weltlinie eines Lichtstrahls in einem Raumzeitdiagramm mit Jahren und Lichtjahren auf der senkrechten bzw. waagerechten Achse auftragen, erhalten wir eine Gerade, die in einem Winkel von 45° zu den Achsen steht (Abb. 3.18).

Abb. 3.18 zeigt auch die Weltlinie einer hypothetischen Reise, die Jane zu Alpha Centauri unternimmt, sowie die Weltlinien ihrer Freunde, die auf der Erde geblieben sind, und der Gastgeber auf Alpha Centauri, die darauf warten, Jane zu empfangen.

3.9   Kausalität in der Raumzeit

Mit Raum- und Zeitintervallen, die von einem Beobachter zum anderen variieren, haben Sie vielleicht das Gefühl, dass Ihnen die physi(kali) sche Realität entgleitet. Ist in Einsteins Welt alles relativ, oder gibt es eine objektive Realität, an der wir uns festhalten können? Besonders besorgniserregend ist die Beziehung zwischen Ursache und Wirkung. Ist es zum Beispiel möglich, dass einige Beobachter Jane auf Alpha Centauri ankommen sehen, *bevor* sie die Erde verlässt? Es ist beruhigend, dass die Spezielle Relativitätstheorie solche bizarren Vorkommnisse nicht zulässt.

Stellen Sie sich eine Explosion vor, die sich zu einem bestimmten Zeitpunkt und an einem bestimmten Ort ereignet. Nennen wir dieses Ereignis A (Abb. 3.19). Das Licht wird sich entlang der 45°-Linien nach außen ausbreiten. Da sich physikalische Einflüsse nicht schneller ausbreiten können

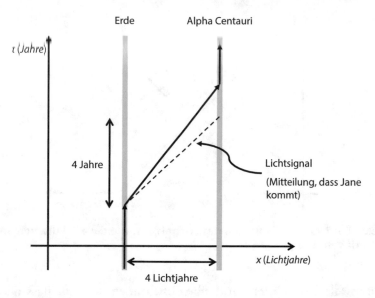

Abb. 3.18 Das Raumzeitdiagramm zeigt die Zeit auf der *senkrechten Achse* gemessen in Jahren und die Entfernung auf der *waagerechten Achse* gemessen in Lichtjahren. Lichtsignale werden in diesen Einheiten durch 45°-Linien dargestellt. Ebenfalls dargestellt sind die Weltlinie der Erde, von Alpha Centauri und die Weltlinie *(dünne schwarze Linie)* von Janes hypothetischer Reise in unsere nächste stellare Nachbarschaft. Beachten Sie, dass der Teil von Janes Weltlinie, der ihre Reise darstellt, in einem steileren Winkel als 45° zur *waagerechten Achse* steht. Dies ist sinnvoll, da sich massive Objekte langsamer als die Lichtgeschwindigkeit bewegen müssen

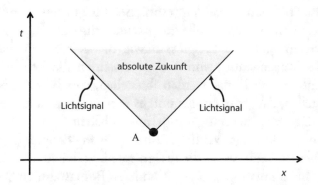

Abb. 3.19   Ein Raumzeitdiagramm, das Ereignis *A* und die absolute Zukunft von *A* darstellt

als Licht, werden sich die Materieteilchen der Explosion mit Geschwindigkeiten bewegen, die geringer sind als die des Lichts. Wenn wir also die Weltlinien solcher Teilchen verfolgen könnten, würden wir feststellen, dass sie nur im schattierten Bereich der Abbildung liegen. Einfache Mathematik

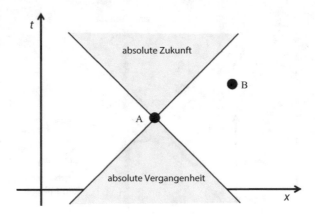

Abb. 3.20 Ein Raumzeitdiagramm, das Ereignis *A* sowie die absolute Vergangenheit und Zukunft von *A* zeigt

zeigt, dass alle Beobachter darin übereinstimmen werden, dass alle Ereignisse in dieser Region in der Zukunft von A liegen (Frage 12 am Ende dieses Kapitels). Deshalb wird diese Region als die *absolute* Zukunft des Ereignisses A bezeichnet.

Wir können auch fragen, welche Ereignisse das Ereignis A beeinflussen können. In Abb. 3.20 können Ereignisse, die in der Region liegen, die als „absolute Vergangenheit" bezeichnet wird, einen Einfluss auf Ereignis A haben. Gezeigt wird auch ein Ereignis B, das Ereignis A weder beeinflussen noch von ihm beeinflusst werden kann. Bei Ereignissen in der absoluten Vergangenheit von A werden alle Beobachter zustimmen, dass sie früher als A eingetreten sind. Bei Ereignissen wie B, die nicht in der absoluten Zukunft oder Vergangenheit von A liegen, werden die Beobachter jedoch anderer Meinung sein: Einige werden feststellen, dass B vor A liegt; andere werden feststellen, dass es später ist; und es wird einige geben, die feststellen, dass beide Ereignisse gleichzeitig stattgefunden haben.

Daraus folgt, dass die zeitliche Abfolge von Ereignissen nur dann umgekehrt werden kann, wenn die Ereignisse nicht in kausalem Zusammenhang stehen, indem man sich in einen anderen Bezugsrahmen begibt. Wenn Ereignis B durch Ereignis A verursacht wird, sind sich alle Beobachter einig, dass A vor B eingetreten ist.

In den zweidimensionalen Raumzeitdiagrammen der Abb. 3.19 und 3.20 bewegen sich die Lichtstrahlen entlang von 45°-Linien. Wenn wir eine weitere Raumdimension hinzufügen, sodass wir ein dreidimensionales Raumzeitdiagramm erhalten (Abb. 3.21), dann werden diese 45°-Linien

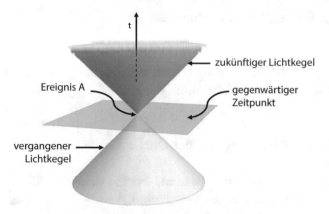

Abb. 3.21 Dreidimensionales Raumzeitdiagramm mit *Lichtkegeln*. Der zweidimensionale *Schnitt* der Gegenwart ist ebenfalls dargestellt

durch konische Flächen, Lichtkegel genannt, ersetzt. Alle Ereignisse, die innerhalb des *zukünftigen Lichtkegels* (oben) stattfinden, liegen in der Zukunft des Ereignisses A, und alle Ereignisse, die innerhalb des *vergangenen Lichtkegels* (unten) liegen, fanden in dessen Vergangenheit statt.

Einstein vollendete seine Spezielle Relativitätstheorie in weniger als sechs Wochen fieberhafter Arbeit. Ausgehend von zwei einfachen Postulaten wurde er von einer unerbittlichen Logik geleitet, um die Newton'schen Prinzipien des absoluten Raums und der absoluten Zeit niederzureißen und ein Universum zu eröffnen, in dem Beobachter in relativer Bewegung selbst bei den grundlegendsten Messungen von Masse, Länge und Zeit uneins sind. Diese der Intuition widersprechenden Unterschiede sind bedeutungslos, wenn die relativen Geschwindigkeiten der Beobachter im Vergleich zum Licht langsam sind. In diesem Grenzbereich reduziert sich Einsteins Theorie auf die der Newton'schen Physik. Mit anderen Worten: Einstein hat nicht bewiesen, dass Newton falsch lag. Er hat nur gezeigt, dass die Newton'sche Theorie einen begrenzten Gültigkeitsbereich hat und dass sie von der Speziellen Relativitätstheorie abgelöst wird, wenn die Relativgeschwindigkeiten nahe an die Lichtgeschwindigkeit heranreichen.

Das Wort „speziell" in der Speziellen Relativitätstheorie bezieht sich auf die Tatsache, dass diese Theorie nur unter besonderen Umständen gilt, wenn die Auswirkungen der Schwerkraft unwichtig sind. Diese Einschränkung wird in Einsteins Allgemeiner Relativitätstheorie, die im Wesentlichen eine Gravitationstheorie ist, aufgehoben.

Herleitung der Zeitdilatationsformel

Wir wollen nun Gl. 3.2 ableiten. Betrachten Sie wie bisher einen Beobachter, der mit einer Uhr ausgestattet ist, die aus einer Lichtquelle und einem Spiegel in der Entfernung L besteht (Abb. 3.11). Wenn die Uhr nicht bewegt wird, braucht ein Lichtimpuls die Zeit

$$t_0 = 2L/c, \tag{3.7}$$

um den Hin- und Rückweg von der Quelle zum Spiegel und wieder zurück zu vollenden.

Betrachten Sie nun, was passiert, wenn sich die Uhr relativ zum stationären Beobachter mit der Geschwindigkeit v bewegt. Der Beobachter wird sehen, wie sich der Lichtimpuls entlang einer diagonalen Bahn bewegt (Abb. 3.11). Die Länge $2D$ dieses diagonalen Weges kann mit Hilfe des Satzes von Pythagoras hergeleitet werden[7], also

$$D = \sqrt{\left(\frac{vt}{2}\right)^2 + L^2} = \sqrt{\left(\frac{vt}{2}\right)^2 + \left(\frac{ct_0}{2}\right)^2}, \tag{3.8}$$

wobei wir Gl. 3.7 verwenden, um L in t_0 auszudrücken, und wir definieren t als die vom stationären Beobachter gemessene Zeit, die der Lichtimpuls benötigt, um einen Rundweg zu vollenden. Damit ist $t/2$ die Zeit, die der Lichtimpuls benötigt, um von der Quelle zum Spiegel zu gelangen.

Da der Beobachter die Lichtgeschwindigkeit als c messen muss, wird er die Zeit messen, die für den Hin- und Rückweg benötigt wird:

$$t = 2D/c \tag{3.9}$$

Wenn wir also $D = tc/2$ in Gl. 3.8 substituieren und beide Seiten quadrieren, finden wir

$$\frac{t^2 c^2}{4} = \left(v^2 t^2 + c^2 t_0^2\right)/4 \tag{3.10}$$

Durch Neuordnung erhalten wir die Gleichung

$$t^2 = \frac{t_0^2}{\left(1 - v^2/c^2\right)} \tag{3.11}$$

---

[7]Zur Erinnerung: Der Satz $h^2 = a^2 + b^2$ gilt für ein rechtwinkliges Dreieck, wobei h die Länge der Hypotenuse und a und b die Längen der beiden anderen Seiten sind.

die bei Ziehen der Quadratwurzel die Zeitdilatationsformel Gl. 3.2 ergibt, wobei der Lorentz-Kontraktionsfaktor wie in Gl. 3.3 definiert ist.

Zusammenfassung

Die Spezielle Relativitätstheorie beruht auf zwei Postulaten: 1) Die physikalischen Gesetze sind für alle Inertialbeobachter gleich (dies ist das *Relativitätsprinzip), und* 2) die Lichtgeschwindigkeit im Vakuum ist für alle Inertialbeobachter gleich. Die Invarianz der Lichtgeschwindigkeit führte Einstein zu der Schlussfolgerung, dass Raum- und Zeitintervalle relativ sind: Sie hängen vom Bewegungszustand des Beobachters ab, der sie misst. Insbesondere zeigte Einstein, dass die Gleichzeitigkeit von Ereignissen beobachterabhängig ist; sich bewegende Uhren langsamer als Uhren in Ruhe laufen (Zeitdilatation); und sich bewegende Meterstäbe werden in Bewegungsrichtung verkürzt (Längenkontraktion). Er zeigte auch, dass Masse und Energie äquivalent sind, $E = mc^2$.

Fragen

1. Das Relativitätsprinzip besagt, dass die physikalischen Gesetze die gleichen sind für (wählen Sie eine Antwort aus):
   (a) alle Beobachter
   (b) alle Beobachter, die sich in einer geraden Linie bewegen
   (c) alle Beobachter, die sich in einer geraden Linie mit einer konstanten Geschwindigkeit relativ zu einem Inertialbezugssystem bewegen.
2. Sie befinden sich in einem Raum, der sich langsam um eine vertikale Achse dreht. Sind Sie ein träger Beobachter? Können Sie irgendein Experiment durchführen, um die Drehung des Raums festzustellen?
3. Wenn Sie in einem Zug fahren, der sich mit konstanter Geschwindigkeit auf einer geraden Strecke bewegt, und Sie lassen eine Kugel direkt über einem weißen Punkt auf dem Fußboden fallen, wo landet die Kugel relativ zu diesem Punkt?
4. Was unterscheidet die verschiedenen Anteile des elektromagnetischen Spektrums? Was haben ultraviolettes und infrarotes Licht gemeinsam?
5. Was sind die beiden Hauptpostulate von Einsteins Spezieller Relativitätstheorie? In welcher Weise folgt eines der Postulate aus dem anderen?
6. Ist es möglich, dass Ihre Mutter eine Weltraumreise unternimmt und jünger als Sie zurückkehrt? Ist es möglich, dass sie jünger zurückkehrt, als sie bei ihrer Abreise war?
7. Das Raumschiff Ihrer Zwillingsschwester bewegt sich mit 99,5 % der Lichtgeschwindigkeit. Wenn sie an Ihrem Geburtstag die Erde verließ und reiste, bis sie auf dem Schiff einen weiteren Geburtstag feierte,

bevor sie nach Hause zurückkehrte, wer wäre dann bei ihrer Rückkehr älter, und um wie viele Jahre? (Nehmen wir an, dass Ihre Zwillingsschwester unmittelbar nach ihrem Geburtstag mit der gleichen Geschwindigkeit nach Hause fliegt).

8. Ein Raumfahrer macht eine Hin- und Rückreise von der Erde zu einem fernen Planeten, wobei er sich mit 80 % der Lichtgeschwindigkeit bewegt, und kehrt, gemessen an seiner Uhr, in 30 Jahren zurück. Wie weit ist der Planet entfernt?

9. Um den Standort Ihres Autos genau zu bestimmen, muss die Uhr des GPS-Satelliten mit der Uhr auf der Erde synchronisiert werden, und zwar mit einer Genauigkeit von 3×10^{-8} s. Der Satellit bewegt sich mit einer Geschwindigkeit von 4 km/s um die Erde; dadurch läuft die Zeit auf dem Satelliten um den Faktor $\sqrt{1 - v^2/c^2} \approx 1 - 9 \times 10^{-11}$ langsamer. Dieser Faktor liegt sehr nahe bei 1, aber die Differenz akkumuliert sich im Laufe der Zeit. Wie groß wäre die Diskrepanz zwischen den Uhren auf dem Satelliten und auf der Erde nach einem Tag Betrieb[8]? Würde GPS funktionieren, wenn der Effekt der Zeitdilatation bei der Konstruktion der Uhr nicht berücksichtigt würde? Warum sagen wir, dass die Uhren auf einem Satelliten langsamer laufen als auf der Erde und nicht umgekehrt?

10. Wie schnell fliegt das Raumschiff Ihres außerirdischen Freundes an der Erde vorbei, wenn wir beobachten, dass es um 50 % geschrumpft ist? Um 99 %? Ist es möglich, dass das Raumschiff schnell genug fliegt, sodass es sich auf die Größe null zusammenzieht?

11. Warum nehmen wir im normalen Alltag Effekte der Speziellen Relativitätstheorie im Allgemeinen nicht wahr?

12. Welche Ereignisse können in diesem Raumzeitdiagramm das Ereignis A beeinflussen? Welche Ereignisse kann A beeinflussen? Kann Ereignis D irgendwelche anderen Ereignisse beeinflussen (Abb. 3.22)?

13. Betrachten Sie das folgende Raumzeitdiagramm. Welche Weltlinien (falls vorhanden) repräsentieren die Bewegung i) eines trägen Beobachters, ii) eines beschleunigten Beobachters, iii) eines ruhenden Inertialbeobachters in Bezug auf den hier gezeigten Koordinatenrahmen (Abb. 3.23)?

---

[8]Bei dieser Frage geht es uns nur um den speziellen relativistischen Effekt der Zeitdilatation, der die Satellitenuhr langsamer laufen lässt. Es gibt aber auch einen allgemeinen relativistischen Effekt, der die Zeit für den Satelliten schneller laufen lässt, weil er sich in einem schwächeren Gravitationsfeld befindet als eine Uhr auf der Erde (wir werden dies in Kap. 4 besprechen). Würden wir beide Effekte berücksichtigen, dann würden wir tatsächlich feststellen, dass die Satellitenuhr insgesamt schneller läuft.

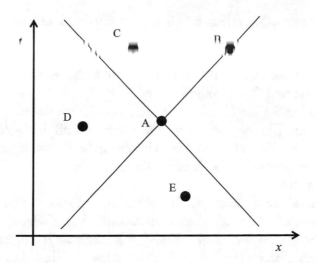

Abb. 3.22 Kausalität von Raum-Zeit-Ereignissen

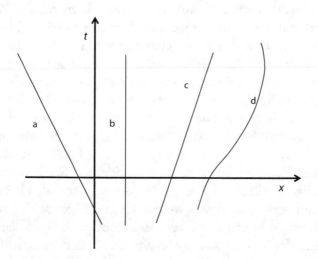

Abb. 3.23 Raum-Zeit-Diagramm mit mehreren Weltlinien

14. Was ist der Unterschied zwischen invarianten und relativen Größen? Können Sie zwei Größen beschreiben, die in der Newton'schen Mechanik invariant, aber in der Speziellen Relativitätstheorie relativ sind? Können Sie zwei Größen beschreiben, die in der Speziellen Relativitätstheorie invariant sind?

15. Angenommen, Sie reisen zu einem interstellaren Urlaubsort, der vier Lichtjahre entfernt ist. Angenommen, Sie kommen dort fünf Jahre später an, gemessen mit den Uhren Ihrer Freunde auf der Erde.
    (a) Finden Sie das Raumzeitintervall (in Lichtjahren) zwischen Ihrer Abreise und Ihrer Ankunft.
    (b) Wenden Sie die Invarianz des Raumzeitintervalls an, um mit Ihrer eigenen Uhr die zwischen Ihrer Abreise und Ihrer Ankunft verstrichene Zeit zu ermitteln. (Hinweis: in Ihrem eigenen Bezugsrahmen haben Sie sich nicht bewegt, daher ist der Raumabstand $\Delta x = 0$.)

16. Wenden Sie die Invarianz des Raumzeitintervalls an, um zu zeigen, dass wenn Ereignis B in der absoluten Zukunft von Ereignis A liegt, alle Beobachter darin übereinstimmen, dass B später als A eingetreten ist.

17. Ein interstellarer Händler erwägt die folgende Transaktion. Er kauft einige Waren hier auf der Erde, transportiert sie zu Barnards Stern (etwa sechs Lichtjahre entfernt), tauscht sie gegen barnardische Waren, fliegt sie zurück zur Erde und verkauft sie hier mit Gewinn. Normalerweise würde er diese Transaktion als gewinnbringend ansehen, wenn sie mehr Gewinn bringt, als die gleiche Kapitalinvestition zur gleichen Zeit zum geltenden Zinssatz einbringen würde. Aber jetzt ist er sich nicht sicher, welche Zeit er für diese Berechnung verwenden soll: Soll es die Zeit sein, die auf der Erde oder auf dem Raumschiff verstrichen ist, das die Rundreise zu Barnards Stern macht? Diese Zeiten sind ziemlich unterschiedlich, da das Raumschiff mit einer Geschwindigkeit reisen wird, die nahe bei der des Lichts liegt! Wie denken Sie darüber? Spielt es eine Rolle, ob der Kaufmann selbst die Reise macht oder auf der Erde bleibt?
    (Diese und verwandte Fragen werden in dem augenzwinkernden Artikel „The Theory of Interstellar Trade" des Nobelpreisträgers Paul Krugman diskutiert, der in der März-Ausgabe 2010 der Zeitschrift *Economic Inquiry* veröffentlicht wurde. Krugman bemerkte, dass sein Artikel „eine ernsthafte Analyse eines lächerlichen Themas ist, das natürlich das Gegenteil von dem ist, was in der Wirtschaft normalerweise geschieht").

4

Die Struktur von Raum und Zeit

Einsteins Spezielle Relativitätstheorie war ein großer Durchbruch für unser Verständnis der physikalischen Welt, aber sie stellte ein Problem dar: Sie war mit dem Newton'schen Gravitationsgesetz unvereinbar. Newton selbst und etwa zehn Generationen von Physikern und Astronomen, die nach ihm folgten, verwendeten dieses Gesetz, um die Bewegung der Planeten mit bemerkenswerter Genauigkeit zu beschreiben. Zugegeben, es gab eine winzige Diskrepanz in der berechneten Präzessionsrate der Merkur-Umlaufbahn, aber sie schien keinen Anlass zur Sorge zu geben. Schließlich stimmen Theorien selten mit allen Daten zu einem bestimmten Zeitpunkt überein. Einige der Daten können einfach falsch sein, und einige Diskrepanzen werden später mit einer sorgfältigeren theoretischen Analyse wegerklärt. So erschien Newtons Theorie felsenfest. Sie passte jedoch nicht in den Rahmen der Speziellen Relativitätstheorie.

Die Widersprüchlichkeit zwischen den beiden Theorien zeigt sich sehr einfach. Die Newton'sche Theorie besagt, dass die Kraft zwischen zwei Körpern umgekehrt proportional zum Quadrat des Abstands zwischen den Körpern zu einem bestimmten *Zeitpunkt* ist. Aber nach Einstein ist der Abstand (und der Begriff des „Zeitpunkts") für verschiedene Beobachter nicht derselbe. Wessen Abstand sollten wir also verwenden? Wenn das Newton'sche Gesetz im Bezugssystem eines bevorzugten Inertialbeobachters gültig ist, während es für andere Inertialbeobachter nicht gültig ist, dann wird das Relativitätsprinzip verletzt, weil es verlangt, dass die physikalischen Gesetze für alle Inertialbeobachter gleichermaßen gelten sollen. Also musste zweifellos entweder die Newton'sche Theorie oder die Relativitätstheorie weichen …

© Springer Nature Switzerland AG 2021
D. Perlov und A. Vilenkin, *Kosmologie für alle, die mehr wissen wollen*,
https://doi.org/10.1007/978-3-030-63359-2_4

4.1   Die erstaunliche Hypothese

In seinem *Dialog* argumentierte Galilei, dass die Bewegung von Objekten unter der Wirkung der Schwerkraft unabhängig von ihrer Masse, Größe oder anderen intrinsischen Eigenschaften ist, solange der Luftwiderstand und andere Nicht-Gravitationskräfte vernachlässigt werden können. Dies stand im Gegensatz zum damals anerkannten aristotelischen Standpunkt, der behauptete, dass schwerere Objekte schneller fallen. Tatsächlich fällt eine Kanonenkugel schneller als eine Feder, aber Galilei erkannte, dass der Unterschied nur auf den Luftwiderstand zurückzuführen war. Die Legende besagt, dass Galilei Steine unterschiedlicher Masse vom Schiefen Turm von Pisa fallen ließ, um zu sehen, ob sie zur gleichen Zeit auf dem Boden aufschlugen. Wir wissen, dass er mit Kugeln aus verschiedenen Materialien experimentierte, die er auf schiefen Ebenen herunterrollen ließ und dabei feststellte, dass die Bewegung unabhängig von der Masse ist. Er lieferte auch den folgenden theoretischen Beweis dafür, dass Aristoteles nicht Recht haben kann: Nehmen wir an, dass tatsächlich ein schwerer Stein schneller fällt als ein leichter Stein. Stellen Sie sich dann vor, sie würden mit einer sehr leichten Schnur zusammengebunden. Wie würde sich dies auf den Fall des schweren Steins auswirken? Einerseits sollte der sich langsamer bewegende leichte Stein den Fall des schweren Steins etwas langsamer machen als vorher. Andererseits bilden die beiden Felsen nun zusammen betrachtet ein Objekt, das massiver ist als der schwere Fels anfangs war, und daher sollte er schneller fallen. Dieser Widerspruch zeigt, dass Aristoteles' Theorie widersprüchlich ist (Abb. 4.1).

Galileis Experimente und theoretische Ableitungen ergaben also, dass alle Objekte unabhängig von ihrer Masse gleich schnell fallen. Als Einstein über diese eigentümliche Art der Bewegung nachdachte, die völlig unabhängig von dem sich bewegenden Objekt ist, erinnerte sie ihn an die Inertialbewegung. Denken wir daran, dass sich ein Objekt in Abwesenheit von Kräften mit einer konstanten Geschwindigkeit entlang einer geraden Linie in der Raumzeit bewegt, *unabhängig davon, woraus das Objekt besteht*. Es ist, als ob die Bahn des Objekts in Raum und Zeit eine Eigenschaft der Raumzeit selbst ist.

Die Analogie zwischen Bewegung im Gravitationsfeld und Inertialbewegung geht sogar noch weiter. Nehmen wir an, dass man sich statt in der Kabine eines Schiffes, wie von Galilei formuliert, in einem frei fallenden Aufzug einsperrt. (Dies ist natürlich nur als Gedankenexperiment zu empfehlen!) Alle Objekte im Aufzug und der Aufzug selbst fallen dann mit

Abb. 4.1 Galileis Gedankenexperiment

der gleichen Geschwindigkeit. Sie werden Ihr Gewicht nicht spüren, weil der Aufzugsboden unter Ihren Füßen ebenfalls fällt. Wenn Sie ein Objekt fallen lassen, wird es neben Ihnen schweben, genau so, wie wenn Sie ein Inertialbeobachter wären, der sich weit entfernt von allen gravitierenden Körpern befindet. Den gleichen Zustand der Schwerelosigkeit erleben Astronauten, wenn sich ihr Raumschiff mit ausgeschalteten Triebwerken im Gravitationsfeld (Schwerefeld) der Erde bewegt. Tatsächlich ist die Bewegung von Objekten im Gravitationsfeld der Inertialbewegung sehr ähnlich. Aber es gibt auch einen Unterschied: Die Gravitation bewirkt, dass Objekte zum Erdmittelpunkt hin beschleunigt werden, sodass ihre Welt-linien nicht mehr gerade sind … (Abb. 4.2).

Dieser Gedankengang führte Einstein zu einer erstaunlichen Hypothese: In Gegenwart der Schwerkraft bewegen sich Objekte immer noch entlang der geradesten Linien in der Raumzeit, *aber die Raumzeit selbst ist gekrümmt.* Die Idee ist, dass massive Körper die Raumzeit um sie herum krümmen. Zum Beispiel wird die Raumzeit in der Nähe der Sonne gekrümmt. Die Erde bewegt sich also nicht entlang einer geraden Linie mit konstanter Geschwindigkeit (wie in Abwesenheit gravitierender Körper), sondern sie bewegt sich um die Sonne. Die Weltlinie der Erde ist tatsächlich die geradeste Linie in dieser gekrümmten Raumzeit. (Solche Linien werden auch als geodätisch bezeichnet.) Beachten Sie, dass eine geodätische Linie in der *Raumzeit* nicht notwendigerweise der geradesten Flugbahn im *Raum* entspricht. Zum Beispiel ist die elliptische Umlaufbahn der Erde um die Sonne sicherlich nicht die geradeste mögliche Bahn (Abb. 4.3).

Die Verzerrung der Raumzeitgeometrie durch einen massiven Körper wird oft durch eine schwere Bowlingkugel veranschaulicht, die auf einem

Abb. 4.2 Schwerelosigkeit im Inneren eines frei fallenden Aufzugs

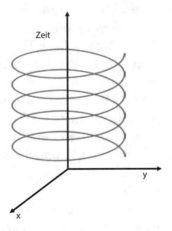

Abb. 4.3 Die Weltlinie der Erde, wie sie sich um die Sonne dreht

horizontal gespannten Gummituch ruht. Die Gummioberfläche verzieht sich in der Nähe der Kugel, genau wie die Raumzeit sich in der Nähe eines gravitierenden Körpers verzieht. Wenn Sie eine Kugel entlang der Gummioberfläche rollen, wird ihre Bahn aufgrund der Verformung des Tuchs

Abb. 4.4 Die Raumzeit krümmt sich um einen massiven Körper, so wie sich ein gespanntes Gummituch verzieht, wenn eine Bowlingkugel darauf gelegt wird

gekrümmt. Die Flugbahn der Murmel ist analog zu der von Lichtsignalen und kleinen Objekten. Beachten Sie jedoch, dass die Zeitdimension in diesem Bild ausgeblendet ist, sodass es nur die Krümmung des Raums und nicht der Raumzeit veranschaulicht (Abb. 4.4).

Eine gekrümmte vierdimensionale Raumzeit ist ein abstrakter Begriff; es ist sehr schwer, sich das bildlich vorzustellen. Wir werden nun einen Ausflug unternehmen, um eine gewisse Idee von der Krümmung der Raumzeit zu entwickeln, indem wir Analogien mit weniger Dimensionen verwenden. In einem ersten Schritt werden wir die Zeit beiseite lassen und uns einem einfacheren Thema zuwenden: Was bedeutet es, dass der Raum gekrümmt ist?

4.2 Die Geometrie des Raums

Euklidische Geometrie

Die Geometer des antiken Griechenlands widmeten der Erforschung der Eigenschaften des Raums große Anstrengungen. Eine schöne Darstellung ihrer Arbeit wurde um 300 v. Chr. von Euklid von Alexandria in seinem Buch *Elemente* zusammengestellt, das als der einflussreichste Text in der Geschichte der Mathematik gilt. Euklid begann mit fünf *Axiomen*. Dies sind selbstverständliche Aussagen, deren Wahrheit von keinem

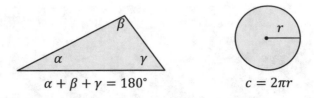

$$\alpha + \beta + \gamma = 180°$$

$$c = 2\pi r$$

Abb. 4.5 Euklidische Geometrie

vernünftigen Menschen bestritten wird. Die ersten beiden Axiome sind zum Beispiel „Wenn zwei beliebige Punkte gegeben sind, kann zwischen ihnen eine gerade Strecke gezogen werden", und „Jede gerade Strecke kann unbegrenzt in beide Richtungen ausgedehnt werden." Wenn Sie die fünf Axiome Euklids als gegeben anerkennen, haben Sie keine andere Wahl, als der unvermeidlichen Logik der Beweise von 465 Theoremen zu folgen, die verschiedene geometrische Tatsachen ausdrücken, darunter die folgenden (Abb. 4.5):

Die Summe der Winkel in jedem Dreieck beträgt 180°.

Der Umfang eines Kreises mit dem Radius r ist $C = 2\pi r$.

Die Oberfläche einer Kugel mit dem Radius r ist $A = 4\pi r^2$.

Das Volumen einer Kugel mit Radius r ist $V = \frac{4}{3}\pi r^3$.

Diese erstaunliche Erfindung der Griechen war so perfekt, dass ihr die Mathematiker mehr als 2000 Jahre lang folgten. Euklids Axiome wirkten offensichtlich und notwendig wie die Gesetze der Logik selbst. So schien es, als ließen sich die Eigenschaften des Raums aus der reinen Vernunft ableiten. Darüber hinaus schien die euklidische Geometrie die einzige Geometrie zu sein, die logisch möglich war (Abb. 4.6).

Gelegentlich wurden nur hinsichtlich des fünften Axioms von Euklid Zweifel geäußert, das besagt: „Bei jeder beliebigen Geraden kann man durch jeden Punkt in derselben Ebene eine und nur eine dazu parallele Gerade ziehen." (Dabei wird vorausgesetzt, dass der Punkt nicht auf der ersten Gerade liegt.) Betrachtet man Abb. 4.7, so erscheint diese Aussage recht plausibel, auch wenn sie vielleicht nicht so offensichtlich ist wie die anderen Axiome von Euklid. Es wurden zahlreiche Versuche unternommen, sie als Theorem zu beweisen (dies würde die Anzahl der Axiome auf vier reduzieren). Im Laufe der Jahrhunderte hat jedoch niemand die Möglichkeit in Betracht gezogen, dass das Axiom der parallelen Linie tatsächlich falsch sein könnte oder dass es durch etwas anderes ersetzt werden könnte, das frei von logischen Widersprüchen ist.

Unsere Intuition wurzelt in der euklidischen Geometrie, die die Eigenschaften des Raums sehr genau wiedergibt – zumindest in den Maßstäben

Abb. 4.6 Euklid von Alexandria. (*Foto:* Statue von Euklid im Museum für Natur-geschichte der Universität Oxford)

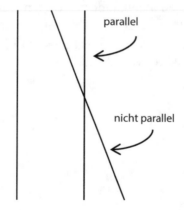

Abb. 4.7 *Parallele Linien* in der euklidischen Geometrie. Per Definition werden *Geraden* als *parallel* bezeichnet, wenn sie sich nicht schneiden

(Skalen), die den Menschen vertraut sind. Stellen Sie sich jedoch einen Moment lang vor, dass Sie Euklids fünftes Axiom experimentell testen wollen. Zuerst müssen Sie entscheiden, was Sie mit einer Geraden meinen. Natürlich können Sie mit einem Lineal eine Linie ziehen. Aber woher wissen Sie, dass Ihr Lineal gerade ist? Sie können es mit einem gespannten Faden überprüfen oder indem Sie es nahe an Ihr Auge halten und daran entlang blicken. Aber dann gehen Sie davon aus, dass der Faden gerade ist oder dass sich das Licht in einer geraden Linie ausbreitet. Es ist klar, dass Sie eine Klasse von Objekten auswählen und sie als gerade Linien beschreiben müssen, sonst haben Sie keinen Standard für Geradlinigkeit.

Für die weiteren Überlegungen nehmen wir an, Sie wählen Lichtstrahlen als Ihre Standardgeraden. Dann stellen Sie sich vor, zwei Lichtstrahlen aus zwei Projektoren auf eine entfernte Leinwand zu richten. Sie stellen sicher, dass die Strahlen in die gleiche Richtung ausstrahlen, rechtwinklig zu der Linie, die die Projektoren verbindet. Wenn Euklid Recht hat, dann sollte der Abstand zwischen den beiden Lichtpunkten auf der Leinwand gleich dem Abstand zwischen den Projektoren sein. Aber stellen Sie sich vor, dass die Lichtpunkte etwas weiter voneinander entfernt sind und dass dieser Abstand immer größer wird, je weiter Sie die Leinwand entfernen. Dies würde bedeuten, dass der Abstand zwischen den Lichtstrahlen mit der Entfernung wächst. Wenn Ihre geraden Linien diese Eigenschaft haben, sich irgendwie „wegzubiegen", dann ist es nicht schwer, sich vorzustellen, dass sie sich nicht kreuzen können, selbst wenn sie anfangs leicht aufeinander zulaufen. Mehrere verschiedene Linien könnten dann durch denselben Punkt verlaufen, ohne sich jemals mit einer gegebenen Linie zu schneiden (Abb. 4.8). Oder wenn sich die Linien aufeinander zu biegen würden, könnten sie sich immer kreuzen. Dies wird auch in Abb. 4.8 veranschaulicht. Wenn die Lichtstrahlen in unserer Welt solche Eigenschaften hätten, dann würden wir das fünfte Axiom des Euklid vielleicht nicht so offensichtlich finden.

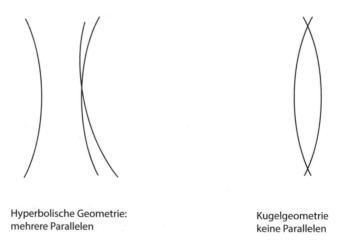

Hyperbolische Geometrie:
mehrere Parallelen

Kugelgeometrie
keine Parallelen

Abb. 4.8 *Mehrere parallele Linien* und *keine parallelen Linien* in nicht-euklidischer Geometrie

Nicht euklidische Geometrie

Der große deutsche Mathematiker Carl Friedrich Gauß war der Erste, der sich von dem euklidischen Dogma löste. Im frühen 19. Jahrhundert erforschte er eine Geometrie, in der das fünfte Axiom durch ein Postulat ersetzt wird, das mehrere parallele Linien durch denselben Punkt erlaubt, und er wurde sich darüber klar, dass es frei von logischen Widersprüchen ist. Er arbeitete die Eigenschaften der verschiedenen geometrischen Figuren aus und stellte fest, dass sie sich in vielerlei Hinsicht von denen in der bekannten euklidischen Geometrie unterschieden. Insbesondere war die Summe der Winkel in einem Dreieck immer kleiner als 180°. Diese Art von Geometrie wird heute als *hyperbolische* Geometrie bezeichnet.

Bei einem Durchbruch dieser Größenordnung könnte man sich vorstellen, dass Gauß durch die Straßen von Göttingen rannte und „Eureka!" rief, und dann sofort einen Artikel zur Veröffentlichung einreichte. Doch dies geschah nicht – Gauß hielt seine Arbeit geheim! Euklid herauszufordern, war zu seiner Zeit das, was man heute als „politisch inkorrekt" bezeichnen würde. Die euklidische Geometrie wurde ohne Frage von dem großen Newton übernommen und von dem bedeutenden deutschen Philosophen Immanuel Kant zu einer „unvermeidlichen Notwendigkeit des Denkens" erklärt. Es war nicht ungewöhnlich, dass Akademiker in lebenslange erbitterte Auseinandersetzungen verwickelt wurden, und Gauß war wahrscheinlich der Ansicht, dass der Verzicht auf eine Veröffentlichung ein angemessener Preis war, um Streitigkeiten zu vermeiden.

Die hyperbolische Geometrie wurde davon unabhängig in den 1820er Jahren von Nikolai Lobatschewski entdeckt, einem Professor der Mathematik in der russischen Provinzstadt Kasan, und ein paar Jahre später von einem ungarischen Artillerie-Offizier namens Janos Bolyai. Lobatschewski scheute sich nicht, das Risiko einzugehen, und reichte seine Arbeit zur Veröffentlichung bei der St. Petersburger Akademie der Wissenschaften ein. Seine Arbeit wurde jedoch abgelehnt und schließlich im obskuren *Kazan Messenger* veröffentlicht. Lobatschewskis Entdeckung fand zu Lebzeiten nicht viel Anerkennung, und im Alter von 54 Jahren wurde er plötzlich von seinem Posten an der Universität entlassen. Es wurde kein Grund genannt, aber das könnte durchaus etwas mit seinen unorthodoxen Ideen zu tun haben. Die hyperbolische Geometrie wird heute oft als Lobatschewski-Geometrie bezeichnet.

Die Geometrie, in der keine Linien parallel zu einer gegebenen Linie durch einen beliebigen Punkt gezogen werden können, wurde in den 1850er

Jahren von Bernhard Riemann untersucht, der später Gauß' Nachfolger als
Professor in Göttingen werden sollte. Aus Gründen, die bald klar werden,
wird sie manchmal auch Kugelgeometrie genannt.

4.3   Gekrümmter Raum

Abgesehen davon, dass Gauß seine Forschung über hyperbolische Geo-
metrie geheimhielt, entwickelte er eine andere, völlig unterschiedliche
Herangehensweise an das Problem. Diese Arbeit war wegen ihrer größeren
Allgemeingültigkeit noch bedeutender. Für uns hat die Arbeit den zusätz-
lichen Vorteil, dass sie sehr nützlich für die Visualisierung nicht euklidischer
Räume ist.

Die Krümmung von Oberflächen

Fast ein Jahrzehnt lang war Gauß an groß angelegten geodätischen
Messungen beteiligt. Die Bemühungen waren finanziell gut ausgestattet,
um genaue Karten zu erstellen, aber Gauß' eigenes Interesse war es, mehr
Informationen über die Form der Erde zu gewinnen. Die Form einer Oberfläche kann leicht erfasst werden, wenn man sie von außen betrachtet. Aber
Satellitenbilder der Erde waren noch nicht verfügbar, und Gauß konnte sich
nur auf Messungen an der Erdoberfläche stützen. So kam er dazu, über die
einer Oberfläche innewohnenden Eigenschaften nachzudenken (Abb. 4.9).

Gauß' wichtigste Erkenntnis war, dass eine Oberfläche als ein zweidimensionaler Raum in sich selbst betrachtet werden kann, als ob die
Außenwelt nicht existierte. Die Funktion einer geraden Linie, die zwei
Punkte in diesem Raum verbindet, führt die geodätische Linie aus, die
die kürzeste Linie zwischen zwei Punkten entlang der Oberfläche ist.
Während ein Dreieck auf einer ebenen Fläche Winkel hat, die sich zu 180°
summieren, ist dies bei einem Dreieck aus drei geodätischen Linien auf
einer nicht ebenen Fläche nicht der Fall. Gauß fand heraus, dass bei kleinen
Dreiecken die Abweichung von 180° mit der Fläche des Dreiecks zunimmt
und proportional zu einer Größe ist, die er die Krümmung des 2D-Raums
nannte. (Von nun an werden wir die Abkürzung 2D für „zweidimensional"
verwenden.) Die Krümmung kann positiv oder negativ sein, je nachdem, ob
die Summe der Winkel größer oder kleiner als 180° ist (Abb. 4.10).

Ein einfacher Prototyp einer gekrümmten Oberfläche ist die Kugel.
Die geodätischen Linien sind in diesem Fall Großkreise. Zum Beispiel

Abb. 4.9 Carl Friedrich Gauß (1777–1855) war ein Wunderkind, das von armen Eltern geboren wurde. Einem fürsorglichen Lehrer gelang es, Gauß' Vater davon zu überzeugen, den jungen Gauß von seiner Teilzeitbeschäftigung als Flachsspinner zu entschuldigen, damit er seine Ausbildung fortsetzen könne. Der Herzog von Braunschweig erfuhr von seinen Talenten und schickte ihn im Alter von 15 Jahren auf das Gymnasium und dann auf die Universität. Gauß machte große Entdeckungen in vielen Bereichen der Mathematik und Physik und galt schon zu Lebzeiten als einer der größten Mathematiker, der je gelebt hat. Sein Ruhm führte dazu, dass Napoleon das Kommando gab, Braunschweig zu verschonen, weil „der führendste Mathematiker aller Zeiten dort lebt"

sind Meridiane und der Äquatorialkreis Geodäten auf dem Globus. Zwei beliebige Großkreise schneiden sich notwendigerweise wie alle Meridiane am Nord- und Südpol, auch wenn sie in Äquatornähe parallel zu sein scheinen. Das bedeutet, dass es auf einer Kugel keine parallelen geodätischen Linien gibt, und somit gilt das fünfte Euklid-Axiom nicht. Auch Dreiecke, die aus Großkreissegmenten aufgebaut sind, haben Winkel, die sich zu mehr als 180° addieren (Abb. 4.11b). Gauß fand heraus, dass die Krümmung einer Kugel umgekehrt proportional zum Quadrat ihres Radius ist. Wenn man den Radius vergrößert, wird die Krümmung kleiner, und an der Grenze zum unendlichen Radius verschwindet die Krümmung und die innere Geometrie ist euklidisch. An dieser Grenze ist die Kugel nicht von einer Ebene unterscheidbar.

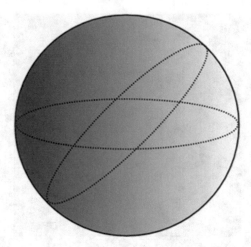

Abb. 4.10 Geodätische Linien auf einer *Kugel* sind *Großkreise*

(a)   (b)   (c)

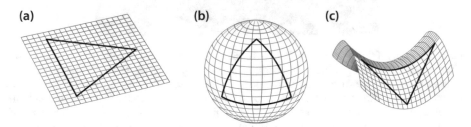

Abb. 4.11 Zweidimensionale Räume **a** flacher euklidischer Raum; **b** kugelförmiger Raum; **c** hyperbolischer Raum. Wie im Text erwähnt, können wir in unserem euklidischen 3D-Raum eigentlich keinen 2D-hyperbolischen Raum zeichnen; der Sattel ist ein Raum mit negativer Krümmung, der oft als „Stellvertreter" für eine hyperbolische Oberfläche verwendet wird (Springer Artist)

Eine 2D-Fläche mit negativer Krümmung kann als sattelförmige Fläche dargestellt werden (Abb. 4.11c). Im Allgemeinen können einige Bereiche einer gekrümmten Oberfläche eine positive und andere Bereiche eine negative Krümmung aufweisen. Der Fall einer Kugel ist aufgrund ihrer hohen Symmetrie eher speziell. Sie ist *homogen,* was bedeutet, dass sie unabhängig davon, wo man sich auf der Kugel befindet, immer gleich aussieht. Sie ist auch *isotrop,* was bedeutet, dass sie von jedem Punkt auf einer Kugel aus in alle Richtungen gleich aussieht. Ein homogener und isotroper 2D-Raum mit negativer Krümmung wird als Hyperboloid bezeichnet, und die innere Geometrie dieses Raums ist die hyperbolische Geometrie von Gauß und Lobatschewski. Wir hätten gerne ein Foto eines Hyperboloids in das Buch aufgenommen, aber leider kann diese Oberfläche nicht in einen euklidischen 3D-Raum eingebettet werden. Gauß' Arbeit über die innere Geometrie von Oberflächen wurde später von Riemann auf drei- und höherdimensionale Räume ausgedehnt.

Die Krümmung des dreidimensionalen Raums

Von besonderem Interesse sind die homogenen und isotropen 3D-Räume, in denen alle Orte gleichwertig sind und die in alle Richtungen gleich aussehen. Wie in den zwei Dimensionen gibt es nur drei Arten solcher Räume: *euklidische*, *kugelförmige* und *hyperbolische*. Der euklidische (oder flache) Raum ist der übliche Raum, mit dem wir am besten vertraut sind. Er hat keine Krümmung und ein unendliches Volumen – er reicht immer weiter und weiter bis ins Unendliche.

Der kugelförmige Raum (oder die 3D-Kugel) ist ein dreidimensionales Analogon einer 2D-Kugeloberfläche. Er ist ein geschlossener, endlicher Raum; seine geodätischen Linien sind Kreise mit der Länge $2\pi R$, und sein Volumen[1] ist $2\pi^2 R^3$. Der Parameter wird als Radius R der 3D-Kugel bezeichnet. Die Winkelsumme eines Dreiecks in diesem Raum ist größer als 180°. Da der Krümmungsradius R sehr groß wird, nähert sich der gekrümmte 3D-Raum dem euklidischen 3D-Raum an.

Unsere tägliche Erfahrung legt nahe, dass wir in einem euklidischen 3D-Raum leben. Was aber, wenn wir wirklich in einem kugelförmigen 3D-Raum mit einem astronomisch großen Krümmungsradius leben? Wären wir dann in der Lage, den Unterschied zu erkennen?

Es gibt eine Möglichkeit, durch Beobachtungen die Unterscheidung zu treffen, die von einer ungewöhnlichen Eigenschaft des Kugelraums abhängt. Betrachten wir, wie die Fläche einer 2D-Kugel, $A(r)$, von ihrem Radius in diesem Raum abhängt. Da wir einen gekrümmten 3D-Raum nicht visualisieren können, werden wir eine 2D-Analogie verwenden. Stellen Sie sich die Breitengrade auf der Erdoberfläche vor. Wir können sie uns als 1D-„Kugeln" vorstellen, die am Nordpol zentriert sind. Der Abstand r entlang der Erdoberfläche vom Nordpol bis zu einem gegebenen Breitengrad übernimmt die Rolle des Radius der 1D-„Kugel" (Abb. 4.12). Mit zunehmendem Radius nimmt der Umfang der Breitengrade von null

---

[1]Das *Volumen* eines kugelförmigen 3D-Raums entspricht der *Fläche* einer regulären 2D-Kugel. Beachten Sie, dass sich dieses Volumen von dem von einer Kugel eingeschlossenen Volumen $V_E = \frac{4}{3}\pi r^3$ im euklidischen 3D-Raum unterscheidet.

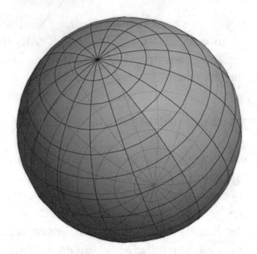

Abb. 4.12 Breitengrade kann man sich als „1D-Kugeln" in einem 2D-Kugelraum vorstellen. Die Entfernung vom Nordpol übernimmt die Rolle des Radius der „Kugeln". Der Umfang der „Kugeln" wächst mit dem Radius, erreicht sein Maximum am Äquator und nimmt dann ab, um am Südpol auf null zu schrumpfen

bis zum Maximalwert $c_{max} = 2\pi R$ zu, wobei R der Radius der Erde ist. Wenn wir jedoch den Radius über den Äquator hinaus weiter vergrößern, beginnt sich der Umfang zu verkleinern und erreicht am Südpol wieder den Wert null. In Analogie dazu erwarten wir, dass die Fläche einer 2D-Kugel in einem kugelförmigen Raum mit Radius R von null auf $A_{max} = 4\pi R^2$ zunimmt und dann wieder auf null zurückgeht.

Die Abhängigkeit der Fläche $A(r)$ vom Radius ist wichtig, weil sie bestimmt, wie die beobachtete Helligkeit einer Lichtquelle von der Entfernung der Quelle vom Beobachter abhängt. Die von der Quelle pro Zeiteinheit abgegebene Energie ist gleichmäßig über die Fläche der Kugel verteilt. Daher ist die beobachtete Helligkeit der Quelle umgekehrt proportional zu $A(r)$. Im flachen Raum gilt $A(r) = 4\pi r^2$, und die Helligkeit nimmt mit der Entfernung mit r^{-2} ab (inverses Quadratgesetz). In einem kugelförmigen Raum hingegen nimmt die Helligkeit zunächst mit der Entfernung ab, beginnt aber ab $r > \frac{\pi}{2}R$ wieder zuzunehmen und wird sehr groß, wenn sich r der maximalen Entfernung $r_{max} = \pi R$ (dem „Südpol") nähert. Wenn wir uns die Meridiane in Abb. 4.12 als Lichtstrahlen vorstellen, die von einer Quelle am Nordpol ausgehen, beginnen diese Strahlen nach der Überquerung des Äquators zu konvergieren und sich auf einen Punkt am Südpol zu konzentrieren. Ein Beobachter in der Nähe des Südpols wird daher ein sehr helles Bild der Lichtquelle sehen.

Ein hyperbolischer 3D-Raum ist ein Raum mit konstanter negativer Krümmung. Sein Volumen ist unendlich, und die Summe der Winkel in einem Dreieck beträgt weniger als 180°. Die Fläche einer Kugel nimmt schneller als r^2 zu, sodass Lichtquellen mit zunehmender Entfernung noch schneller dunkler werden als im flachen Raum. Die hyperbolische 3D-Geometrie ist noch schwieriger vorstellbar als die kugelförmig gekrümmte Geometrie, daher werden wir hier nicht weiter ins Detail gehen. Glücklicherweise lassen sich wie die euklidische Geometrie die hyperbolische und die Kugelgeometrie mathematisch einfach beschreiben.

Als sich gekrümmte nicht euklidische Räume zum ersten Mal als logisch konsistent erwiesen, versuchte Gauß etwas, das wie ein Beobachtungstest der Krümmung aussah. Mit einem von ihm selbst erfundenen Instrument für geodätische Messungen, dem Heliotrop, maß Gauß die drei Winkel in einem etwa 100 km großen Dreieck mit Scheitelpunkten auf den Berggipfeln Hohenhagen, Brocken und Inselsberg. Er erwähnte diese Messung in einer 1827 veröffentlichten Arbeit und sagte, dass sich die Winkel innerhalb der erwarteten Messfehler zu 180° addierten. Es bleibt dem Leser überlassen, zu entscheiden, ob dies nur ein Test der Genauigkeit des Heliotrops oder ein Test der euklidischen Raumgeometrie war. Wenn es sich um Letzteres handelte, kam Gauß' Versuch zu früh: Die Krümmung des Raums musste noch fast 100 Jahre lang auf ihre Entdeckung warten.

4.4   Die Allgemeine Relativitätstheorie

Nach diesem Streifzug durch die nicht euklidische Geometrie, kehren wir nun zu Einstein und seinem Kampf um das Verstehen der Schwerkraft zurück. Einstein brauchte fünf Jahre, um von Galileis Stichwort auf die Idee der gekrümmten Raumzeit zu kommen. Dies war ein gewaltiger Durchbruch, aber es war noch lange nicht das Ende der Reise. Die Idee musste noch mathematisch ausgedrückt werden: Wie genau wird die Krümmung der Raumzeit durch massive Körper bestimmt? Wie kann man eine gekrümmte vierdimensionale Raumzeit mathematisch charakterisieren? Einstein hatte keine Vorstellung davon.

Er wandte sich an seinen alten Klassenkameraden Marcel Grossmann, einen Mathematiker und Geometrieexperten. Nach einiger Zeit in der Bibliothek meldete sich Grossmann mit einer guten und einer schlechten Nachricht zurück. Die gute Nachricht war, dass es die Mathematik der gekrümmten Räume tatsächlich gibt. Sie war von Bernhard Riemann entwickelt worden, der Gauß' Arbeit über die nicht euklidische Geometrie gekrümmter Oberflächen auf Räume mit drei und höheren Dimensionen ausweitete. Die schlechte Nachricht war, dass diese Mathematik ein undurchdringliches Durcheinander war. Im Falle einer Fläche wird die Krümmung durch eine einzige Zahl (an jedem Punkt) charakterisiert, während sie in höheren Dimensionen durch ein Mehrkomponenten-Ungetüm, den Riemann-Tensor, beschrieben wird. Physiker wären gut beraten gewesen, sich davon fernzuhalten ...

Aber Einstein hatte diese Möglichkeit nicht. Mit Grossmanns Hilfe meisterte er den einschüchternden Formalismus der Riemannschen Geometrie und verwendete ihn bei der Formulierung seiner neuen Theorie der Schwerkraft. „... in meinem ganzen Leben", schrieb er in einem Brief an den deutschen Physiker Arnold Sommerfeld, „habe ich noch nie so hart gekämpft ... Verglichen mit diesem Problem ist die ursprüngliche Relativitätstheorie ein Kinderspiel." Einstein brauchte mehr als drei Jahre, um das Werk zu vollenden.

Die Gleichungen der neuen Theorie, die Einstein die „Allgemeine Relativitätstheorie" nannte, beziehen die Geometrie der Raumzeit auf den materiellen Inhalt des Universums (Abb. 4.13). Dies mag wie eine einzige Gleichung aussehen, aber die Indizes μ und ν nehmen vier mögliche Werte an: 0, 1, 2, 3, es handelt sich also in Wirklichkeit um eine kompakte Darstellung eines Systems von 16 Gleichungen. Die linke Seite der Gleichungen enthält Komponenten des Riemann-Tensors, die uns sagen, wie stark die Raumzeit in verschiedene Richtungen gekrümmt ist. Die rechte Seite

Abb. 4.13 Einsteinsche Gleichungen

enthält die Newton'sche Konstante G und den sogenannten Spannungs-energie-Tensor der Materie $T_{\mu\nu}$, zu dessen Komponenten die Energiedichte, der Energiefluss (der angibt, wie schnell und in welche Richtung Energie transportiert wird) und der Druck gehören.

Sie werden vielleicht überrascht sein, all diese unterschiedlichen Eigen-schaften der Materie zu sehen, denn in der Newton'schen Theorie wird die Gravitationskraft nur durch die Masse bestimmt. Aber der Unter-schied ist hier nicht so groß, wie es scheinen mag. Die Energiedichte ist im Wesentlichen dasselbe wie die Massendichte (erinnern Sie sich an $E = Mc^2$?), während die anderen Größen unter normalen Umständen wenig Einfluss auf die Gravitation haben. Der Energiefluss ist klein, wenn die Geschwindigkeiten gravitierender Körper weit unter der Licht-geschwindigkeit liegen, und der Druck ist normalerweise viel kleiner als die Energiedichte. Weiter hinten in diesem Buch werden wir exotischen Materiezuständen mit einem sehr hohen Druck begegnen, aber für bekannte astrophysikalische Objekte wie Sterne oder Planeten ist die Rolle des Drucks in der Gravitationsphysik vernachlässigbar.

Ein wesentliches Merkmal von Einsteins Theorie ist, dass sich Gravitationseffekte mit Lichtgeschwindigkeit ausbreiten. Würde man die Sonne plötzlich entfernen, wie von einem riesigen Golfschläger geschlagen, so würde sich die Raumzeitkrümmung zunächst nur in ihrer unmittel-baren Umgebung verändern. Der Effekt würde sich dann ausbreiten und die Erde in etwa acht Minuten erreichen (die Zeit, die das Licht braucht, um von der Sonne zur Erde zu gelangen). Die Schwerkraft wird also nicht mehr durch den augenblicklichen Abstand zwischen den Körpern bestimmt. Die Newton'sche unmittelbare Wechselwirkung ist jedoch eine sehr gute Annäherung, wenn die Bewegung der Körper im Vergleich zur Licht-geschwindigkeit langsam ist.

Einstein bestätigte, dass im Newton'schen System der langsamen Bewegungen und der schwachen Gravitationsfelder seine Theorie das Newton'sche Gesetz nachvollzieht, wobei die Gravitationskraft umgekehrt proportional zum Quadrat der Entfernung ist. Tatsächlich stellte er fest, dass der Unterschied zwischen den beiden Theorien für die Bewegung der Planeten im Sonnensystem völlig vernachlässigbar ist. Die einzige Ausnahme war Merkur, der Planet, der der Sonne am nächsten liegt. Vor Erscheinen der Allgemeinen Relativitätstheorie hat man gemessen, dass die Umlauf-bahn des Merkurs um die Sonne um etwa 2° pro Jahrhundert präzessiert (Abb. 4.14), anstatt perfekt elliptisch zu sein. Man ging davon aus, dass die anderen Planeten die Umlaufbahn des Merkurs störten, und die daraus resultierende Präzessionsrate konnte berechnet werden. Die genauesten

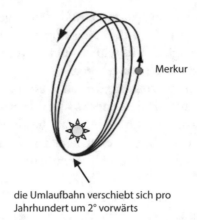

die Umlaufbahn verschiebt sich pro
Jahrhundert um 2° vorwärts

Abb. 4.14 Die Präzession der Merkur-Umlaufbahn (die Abbildung ist nicht maßstabsgetreu)

Newton'schen Berechnungen sagten jedoch eine Rate voraus, die etwa 1 % langsamer war als die beobachtete. Einstein war sich dieser Diskrepanz bewusst und zeigte, dass eine kleine Korrektur des Newton'schen Gesetzes aufgrund der allgemeinen Relativitätstheorie genau diese Differenz ausglich. Einstein brauchte keine weiteren Beweise: Zu diesem Zeitpunkt war er überzeugt, dass seine Theorie richtig war.

4.5   Vorhersagen und Überprüfung der Allgemeinen Relativitätstheorie

Lichtablenkung und Gravitationslinsen

Die erste neue Vorhersage der Allgemeinen Relativitätstheorie, die durch Beobachtungen überprüft wurde, war die Lichtablenkung bei der Ausbreitung des Lichts durch eine gekrümmte Raumzeitregion in der Nähe eines massiven Körpers. Wenn Licht von einem fernen Stern nahe an der Sonne vorbeigeht, sollte sich der Stern scheinbar an einer anderen Position befinden als an der, an der er sich normalerweise befindet. Einstein schlug vor, dass eine Sonnenfinsternis die perfekte Gelegenheit bieten würde, Sterne zu betrachten, die nahe der Sonne zu sehen sind. Ihre Positionen könnten dann gemessen und mit ihren bekannten Positionen verglichen werden, wenn die Sonne von der Erde aus „nicht in der Nähe ist".

1919 machten sich zwei britische Teams unter der Leitung von Arthur Eddington auf den Weg, um Einsteins Vorhersage zu testen. Eddingtons Ankündigung an die Welt, dass sie tatsächlich die Krümmung des Sternenlichts in völliger Übereinstimmung mit Einsteins Theorie gemessen hatten, machte Einsteins Namen augenblicklich bekannt. Was Einstein betrifft, so war er so zuversichtlich, dass er auf die Frage, was wäre, wenn Eddington die Theorie nicht bestätigen würde, antwortete: „Dann würde mir der liebe Gott leid tun!".

Eine verwandte Vorhersage ist die der Gravitationslinsen: Licht von einer entfernten Quelle wird gebeugt, wenn es an einem massiven Objekt, wie einer Galaxie, vorbeiläuft, was zu mehreren Bildern derselben Quelle führt (Abb. 4.15). Wenn die als Linse wirkende Galaxie zufällig auf der Sichtlinie zur Quelle zentriert ist, werden die Bilder zu einem kreisförmigen Band, einem so genannten Einstein-Ring, verzerrt (Abb. 4.16).

Gravitative Zeitdilatation

Einstein untersuchte auch, wie Uhren von der Schwerkraft beeinflusst werden, und stellte fest, dass eine Uhr langsamer läuft, je näher sie sich einem gravitierenden Körper nähert. Dieser Effekt ist als *gravitative Zeitdilatation* bekannt. Interessanterweise spielt er eine wichtige Rolle in

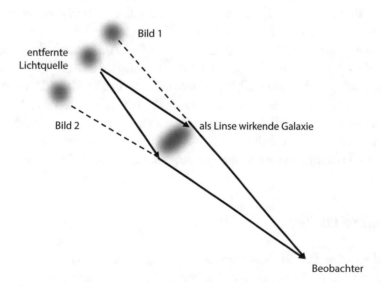

Abb. 4.15 Gravitationslinse

Abb. 4.16 Abhängig von der Ausrichtung von Beobachter, Linse und Quelle ist es möglich, dass das Bild der Quelle zu einem *Ring* um die Linsengalaxie verzerrt wird. (*Quelle:* NASA, ESA, A. Bolton [Harvard-Smithsonian CfA] und das SLACS-Team)

unserem von der Technik bestimmten Leben. Das GPS-System in Ihrem Auto und auch das von Flugzeugen verwendete System hängen von Informationen ab, die von Satelliten im Weltraum kommen. Die Positionsdaten, die diese Satelliten übermitteln, hängen davon ab, wie lange es dauert, bis Lichtsignale zu und von Ihrem Gerät gesendet werden. Aber wessen Zeit? Die Satelliten bewegen sich viel langsamer als die Lichtgeschwindigkeit, aber die Effekte der Speziellen Relativitätstheorie sind nicht zu vernachlässigen und führen dazu, dass die Uhren der Satelliten etwas langsamer laufen – um etwa 7 μs pro Tag. Andererseits befinden sich die Satelliten in einem schwächeren Gravitationsfeld als die Uhren auf der Erdoberfläche, sodass ihre Uhren durch die gravitative Zeitdilatation etwas schneller laufen – um etwa 45 μs pro Tag. Dadurch laufen die Uhren auf den Satelliten im Endeffekt um etwa 38 μs pro Tag schneller. Beide Effekte werden bei der Konstruktion von GPS-Satelliten berücksichtigt; andernfalls wären die Positionsbestimmungen so ungenau, dass es keinen Sinn machte, GPS zu nutzen!

Schwarze Löcher

Die Allgemeine Relativitätstheorie sagt die Existenz von kompakten, dichten Objekten voraus, die man als Schwarze Löcher bezeichnet. Vereinfacht ausgedrückt besteht die bestimmende Eigenschaft eines Schwarzen Lochs darin, dass eine riesige Menge an Masse in einer relativ winzigen Raumregion enthalten ist. Die Raumzeit in der Nähe der Masse ist so stark verzerrt, dass nicht einmal ein Lichtstrahl aus der Region entkommen kann.

Wir wollen dieses Modell quantifizieren. Betrachten wir ein Objekt mit der Masse M und dem Radius R. Wie aus Kap. 2 hervorgeht, kann die Fluchtgeschwindigkeit von der Oberfläche dieses Objekts unter der Bedingung berechnet werden, dass die gesamte mechanische Energie null ist: $E = \frac{1}{2}mv^2 - \frac{GMm}{R} = 0$, woraus sich ergibt:

$$v_{esc}^2 = \frac{2GM}{R}. \tag{4.1}$$

Wenn die Fluchtgeschwindigkeit gleich der Lichtgeschwindigkeit ist, also $v_{esc} = c$, dann ist das Objekt ein Schwarzes Loch. Der Radius, bei dem dies geschieht, ist der Schwarzschild-Radius,

$$R_s = \frac{2GM}{c^2}, \tag{4.2}$$

benannt nach dem deutschen Physiker Karl Schwarzschild, der die Lösung der Einsteinschen Gleichungen zur Beschreibung eines Schwarzen Lochs fand[2]. Für die Erde beträgt der Schwarzschild-Radius etwa 1 cm, weshalb ein Schwarzes Loch entstehen würde, wenn man die Erde in die Daumenspitze packt! Der Schwarzschild-Radius der Sonne beträgt 3 km (wie Sie mit Gl. 4.2 überprüfen können).

Die Kugeloberfläche mit dem Radius R_s, die das Schwarze Loch umschließt, wird als *Ereignishorizont* bezeichnet. Ein Beobachter außerhalb eines Schwarzen Lochs kann niemals über diese Oberfläche hinaussehen. Um einige ungewöhnliche Eigenschaften des Ereignishorizonts zu veranschaulichen, stellen Sie sich vor, Ihre Zwillingsschwester begibt sich auf eine gewagte Weltraummission in Richtung eines Schwarzen Lochs, während Sie sich außerhalb in sicherer Entfernung aufhalten. Ihr Raumschiff ist mit einem Gerät ausgestattet, das entsprechend der Uhr an Bord jede Sekunde einen Lichtimpuls aussendet. Sie werden feststellen, dass die Lichtimpulse immer weniger energiereich werden, je mehr sich das Raumschiff dem Horizont nähert. Das liegt daran, dass der Lichtimpuls Energie aufwenden muss, um aus dem starken Gravitationsfeld in der Nähe des

---

[2]Die Allgemeine Relativitätstheorie liefert für den Schwarzschild-Radius die gleiche Formel (Gl. 4.2) wie unsere Newton'sche Herleitung.

Schwarzen Lochs herauszukommen. Am Ereignishorizont wird das Licht das Gravitationsfeld überhaupt nicht mehr verlassen können.

Außerdem werden Sie feststellen, dass die Zeitintervalle zwischen aufeinanderfolgenden Impulsen immer größer werden. Dies ist auf die gravitative Zeitdilatation zurückzuführen. Wenn Ihre Schwester dem Ereignishorizont sehr nahe kommt, scheint ihre Uhr stehen zu bleiben, und sie erscheint am Ereignishorizont in der Zeit eingefroren. Sie werden also nie sehen, wie sie den Ereignishorizont „überquert" – egal, wie lange Sie warten.

Was Ihre Schwester betrifft, so wird sie nichts Besonderes bemerken, wenn sich ihr Raumschiff dem Horizont nähert. Solange sie noch draußen ist, ist es eine gute Idee, sich umzudrehen und umzukehren. Wenn sie wieder bei Ihnen ist, wird sie jünger sein als Sie. Wenn sie stattdessen den Kurs hält, wird sie den Horizont ereignislos überqueren, in einer endlichen Zeit nach ihrer Uhr. Aber das ist der Punkt, an dem es kein Zurück mehr gibt: Das Raumschiff wird nun unaufhaltsam auf das Zentrum des Schwarzen Lochs zufliegen. In der Nähe des Zentrums dehnen starke Gezeitenkräfte alle frei fallenden Objekte in eine Richtung und quetschen sie in andere Richtungen, sodass das Raumschiff und seine Ladung „spaghettifiziert" werden.

Wir werden auf die Besprechung Schwarzer Löcher in Kap. 12 zurückkommen, aber beachten Sie hier, dass es starke Beweise dafür gibt, dass sie tatsächlich existieren.

Gravitationswellen

Eine weitere wichtige Vorhersage der Allgemeinen Relativitätstheorie ist, dass die Beschleunigung massiver Körper kleine Verzerrungen (oder Wellen) in der Geometrie der Raumzeit, sogenannte *Gravitationswellen,* erzeugen, die sich mit Lichtgeschwindigkeit ausbreiten, ähnlich wie beschleunigte Ladungen elektromagnetische Wellen erzeugen. Gravitationswellen treten nur sehr schwach mit Materie in Wechselwirkung und sind daher extrem schwer zu entdecken. Dennoch sind *indirekte* Beweise für Gravitationswellen seit einiger Zeit bekannt. Die Allgemeine Relativitätstheorie sagt voraus, dass zwei Sterne, wenn sie sich gegenseitig umkreisen, Energie in Form von Gravitationswellen abgeben. Dieser Energieverlust führt dazu, dass sich die Sterne spiralförmig aufeinander zu bewegen, wodurch sich ihre Bahngeschwindigkeit erhöht und ihre Umlaufdauer verringert. 1974 wurde ein sich spiralförmig bewegendes Doppelsternpaar aus zwei Neutronensternen entdeckt. In den letzten Jahrzehnten hat sich die Umlaufdauer des

Paares in der von der Allgemeinen Relativitätstheorie genau vorhergesagten Weise verändern.[3]

Im September 2015 wurden in den USA Gravitationswellen *direkt* mit den beiden Detektoren des Laser Interferometer Gravitational Wave Observatory (LIGO) in Livingston (Louisiana) und Hanford (Washington) nachgewiesen. Die LIGO-Detektoren waren in der Lage, die Verzerrung der Raumzeit zu messen, die durch Gravitationswellen verursacht wird, die von einem Paar sich vereinigender Schwarzer Löcher ausgehen. Die Wissenschaftler folgerten, dass die beiden Schwarzen Löcher mit 29 und 36 Sonnenmassen kollidierten und ein größeres, sich drehendes Schwarzes Loch gebildet haben. Die Kollision fand vor etwa 1,3 Mrd. Jahren statt, dauerte nur den Bruchteil einer Sekunde und wandelte etwa drei Sonnenmassen Energie in Gravitationswellenstrahlung um, von denen ein Teil die Erde durchquerte. Die durch Gravitationswellen verursachte räumliche Verzerrung ist fast unmerklich klein: Jedes LIGO-Instrument hat zwei Arme, die etwa 4 km lang sind, und Veränderungen seiner Länge von etwa einem Zehntausendstel der Größe eines Protons sind messbar. Es ist ein riesiger experimenteller Erfolg, eine solch winzige Veränderung in der Apparatur messen zu können und so viel über die Eigenschaften des Systems, das die Gravitationsstrahlung erzeugt hat, ableiten zu können.

Der Nachweis von Gravitationswellen hat ein völlig neues, der elektromagnetischen Strahlung ähnliches Spektrum eingeführt, mit dem sich das Universum beobachten lässt. Mehrere andere Gravitationswellenobservatorien sollen in naher Zukunft in Betrieb genommen werden (Abb. 4.17).

Heute ist der wissenschaftliche Erfolg der Allgemeinen Relativitätstheorie (AR) unbestreitbar. Aber das vielleicht Bemerkenswerteste an der AR ist, wie wenig faktischen Input sie erforderte. Das Postulat, das Einstein als Grundlage der Theorie verwendete, dass die Bewegung von Objekten unter Einwirkung der Schwerkraft unabhängig von ihrer Masse ist, war bereits Galilei bekannt. Mit diesem minimalen Ausgangspunkt schuf er eine Theorie, die das Newton'sche Gesetz an der entsprechenden Grenze nachvollzieht und eine Abweichung von diesem Gesetz erklärt. Wenn man darüber nachdenkt, ist das Newton'sche Gesetz etwas willkürlich, denn es erklärt nicht, *warum* die Gravitationskraft umgekehrt proportional zur zweiten Potenz der Entfernung ist. Sie hätte proportional zu einer anderen Potenz sein können. Im Gegensatz dazu gibt Ihnen Einsteins Theorie keine Freiheit.

---

[3]Diese Entdeckung brachte Joseph H. Taylor und Russell A. Hulse 1993 den Nobelpreis für Physik ein.

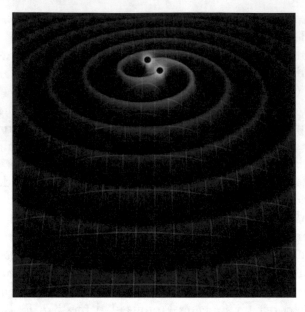

Abb. 4.17 Gravitationswellen: Darstellung zweier schwerer sich umkreisender Massen, die Wellen in der Raumzeit erzeugen. Es ist davon auszugehen, dass die Amplitude der Gravitationswellen viel kleiner ist als hier dargestellt. (*Quelle:* T. Carnahan [NASA GSFC])

Sein Bild der Schwerkraft als Krümmung der Raumzeit, kombiniert mit den Anforderungen des Relativitätsprinzips, führt unweigerlich zu Einsteins Gleichungen, die auf spezifische Weise das inverse Quadratgesetz vorhersagen. In diesem Sinne beschreibt die Allgemeine Relativitätstheorie nicht nur die Gravitation, sie *erklärt die Gravitation.*

Zusammenfassung

Die Schlüsselerkenntnis von Einsteins Allgemeiner Relativitätstheorie (AR) ist, dass die Gravitation eine Manifestation der Krümmung der Raumzeit ist. Massive Körper krümmen die Raumzeit um sich herum und bewirken, dass sich nahe Objekte auf gekrümmten Bahnen bewegen. Die AR sagt voraus, dass sich Gravitationseffekte mit Lichtgeschwindigkeit ausbreiten. Die Gravitationskraft wirkt also nicht mehr unmittelbar, wie Newton annehmen musste. Dennoch reduziert sich Einsteins Theorie für langsame Bewegungen und schwache Gravitationsfelder auf das inverse Quadratgesetz von Newton.

Seit ihren Anfängen wurde die Allgemeine Relativitätstheorie rigoros überprüft. Die allgemeine relativistische Berechnung der Präzession der

Merkur-Umlaufbahn steht in vollkommener Übereinstimmung mit astronomischen Beobachtungen. Die erste neue Vorhersage der Allgemeinen Relativitätstheorie, die durch Beobachtungen überprüft wurde, war die Ablenkung des Lichts bei seiner Ausbreitung durch eine gekrümmte Raumzeitregion in der Nähe eines massiven Körpers. Andere wichtige Vorhersagen umfassen Gravitationslinsen, Gravitationswellen, gravitative Zeitdilatation und Schwarze Löcher. All diese Effekte wurden beobachtet.

Fragen

1. a) Stellen Sie sich vor, Sie sind Sir Isaac Newton und Sie fragen sich, was mit der Flugbahn der Erde geschehen würde, wenn die Sonne innerhalb eines Augenblicks verschwinden würde. Bitte beschreiben Sie die Auswirkungen.

   b) Stellen Sie sich nun vor, Sie sind Albert Einstein und Sie fragen sich, was mit der Flugbahn der Erde geschehen würde, wenn die Sonne innerhalb eines Augenblicks verschwinden würde. Bitte beschreiben Sie die Auswirkungen.

2. Wo ist Newtons Gravitationstheorie grundsätzlich unvereinbar mit Einsteins Spezieller Relativitätstheorie?

3. Können Sie ein Beispiel für einen zweidimensionalen Raum nennen, der homogen, aber nicht isotrop ist?

4. Betrachten Sie einen Becher Eiscreme mit quadratischer Grundfläche. Wenn wir eine perfekte Eiskugel herausschöpfen, ist die Kugel dann ein Beispiel für einen dreidimensional gekrümmten Raum? (Tipp: Wie addieren sich die Winkel der Dreiecke im Inneren der Eiskugel?) Ist die Oberfläche der Eiskugel ein Beispiel für einen zweidimensional gekrümmten Raum?

5. Wie wir in diesem Kapitel erörtert haben, wird das fünfte Axiom des Euklid in kugelförmigen und hyperbolischen Räumen verletzt. Betrachten wir nun das zweite Axiom Euklids: „Jede gerade Strecke kann ohne Einschränkung in beide Richtungen verlängert werden." Gilt das auch im kugelförmigen oder hyperbolischen Raum?

6. In einem flachen Raum nimmt die scheinbare Größe von Objekten mit der Entfernung ab. Wie würde die scheinbare Größe von Objekten mit der Entfernung in einem kugelförmigen Raum variieren?

7. Angenommen, Sie befinden sich in einem geschlossenen kugelförmigen Universum, in dem die Sterne gleichmäßig über den Raum verteilt sind. Gibt es in einem solchen Universum ein Olbers'sches Paradoxon?

Welche Beobachtungen würden Sie machen, um die Hypothese zu überprüfen, dass Sie sich in einem kugelförmigen Universum befinden?

8. Stellen Sie sich eine GPS-Uhr im Orbit um die Erde vor. Sowohl
speziell relativistische als auch allgemeine relativistische Effekte werden
die Geschwindigkeit, mit der die Uhr tickt, verändern. Diese Effekte
wirken in entgegengesetzte Richtungen. Erklären Sie das.

9. Unter welchen Bedingungen wird Einsteins AR auf die Newton'sche
Gravitation reduziert? Ist es positiv oder negativ zu werten, dass die
AR unter den von Ihnen gerade genannten Bedingungen auf die
Newton'sche Gravitation reduziert wird? Warum?

10. Was ist eine Gravitationslinse?

11. Betrachten Sie einen frei fallenden Aufzug (Abb. 4.2). Wenn das
Gravitationsfeld vollkommen gleichförmig ist, werden alle Objekte im
Aufzug mit genau der gleichen Beschleunigung fallen.

a) Wenn der Beobachter nicht sehen kann, was draußen vor sich geht,
kann er dann irgendein Experiment durchführen, das den Unterschied zwischen dem Aufenthalt in einem frei fallenden Aufzug und
dem Aufenthalt in einem Inertialsystem ausmacht?

b) Nehmen wir nun an, der Aufzug fällt in das Gravitationsfeld der
Erde, das nicht vollkommen gleichmäßig ist. Welches Experiment
würden Sie vorschlagen, um das Vorhandensein dieses Gravitationsfeldes festzustellen?

12. Was ist eine Gravitationswelle? Mit welcher Geschwindigkeit breiten
sich Gravitationswellen aus? Sind solche Wellen nachgewiesen worden?

13. Warum nannte Einstein seine Theorien „Spezielle" und „Allgemeine"
Relativitätstheorie?

5

Ein expandierendes Universum

5.1 Einsteins statisches Universum

Kurz nach der Fertigstellung der Allgemeinen Relativitätstheorie wandte
Einstein seine neue Theorie auf das Universum als Ganzes an. Die Struktur
des Universums jenseits unserer Galaxie, der Milchstraße, war damals
völlig unbekannt, sodass Einstein einige Vermutungen anstellen musste. In
Anlehnung an Newton ging er davon aus, dass im Durchschnitt die Materie
im Kosmos gleichmäßig verteilt ist. Natürlich gibt es lokale Variationen,
wobei die Dichte der Sterne an einigen Stellen höher und an anderen
geringer ist. Allerdings ist das Universum im sehr großen Maßstab gut als
angenähert vollkommen homogen anzusehen.

Einstein nahm auch an, dass das Universum im Durchschnitt isotrop ist.
Das bedeutet, dass es in allen Richtungen mehr oder weniger gleich aussieht. Eine homogene und (im Mittel) isotrope Verteilung ist in Abb. 5.1a
dargestellt, wobei die Galaxien durch Punkte dargestellt sind. Ein Beispiel für eine homogene Verteilung, die nicht isotrop ist, ist in Abb. 5.1b
dargestellt, hier bilden die Galaxien (Punkte) ein regelmäßiges Gitter.
Diese Verteilung sieht von jeder Galaxie aus betrachtet gleich aus, aber sie
sieht in horizontaler, vertikaler und diagonaler Richtung unterschiedlich
aus. Die tatsächliche Verteilung der Galaxien, wie sie sich aus modernen
astronomischen Beobachtungen ergibt, ist komplizierter als die in Abb. 5.1a.
Einzelne Galaxien bilden Galaxienhaufen, die wiederum zu riesigen Superhaufen mit einem typischen Durchmesser von 150 Mio. Lichtjahren
gruppiert sind. Aber dort scheint die Hierarchie der kosmischen Struktur

© Springer Nature Switzerland AG 2021
D. Perlov und A. Vilenkin, *Kosmologie für alle, die mehr wissen wollen,*
https://doi.org/10.1007/978-3-030-63359-2_5

(a)   **(b)**

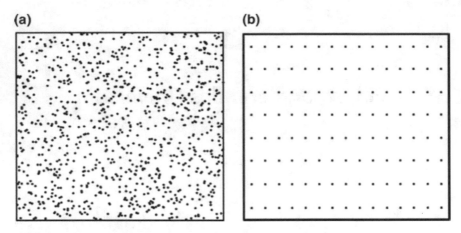

Abb. 5.1 **a** Homogene und isotrope (im Mittel) Verteilung der Galaxien. **b** Diese Verteilung ist homogen, aber nicht isotrop

zu enden. Wenn die Verteilung der Galaxien über Entfernungen von etwa 300 Mio. Lichtjahren gemittelt wird, scheint sie homogen und isotrop zu sein.

Das Universum kann nicht homogen und isotrop sein, wenn der Raum selbst diese Eigenschaften nicht hat. Die Krümmung des Raums sollte (im Durchschnitt) an allen Orten und in allen Richtungen gleich sein. Wie wir in Kap. 4 besprochen haben, gibt es nur drei Arten solcher Räume: einen flachen euklidischen Raum, einen geschlossenen kugelförmigen Raum und einen offenen hyperbolischen Raum. Ein homogenes und isotropes Universum sollte daher eine dieser drei Geometrien aufweisen.

Schließlich ging Einstein davon aus, dass sich die durchschnittlichen Eigenschaften des Universums, wie z. B. die durchschnittliche Dichte der Sterne, mit der Zeit nicht ändern. Sein Gesamtbild war also, dass das Universum an allen Orten, in allen Richtungen und zu allen Zeiten mehr oder weniger gleich aussieht. Einstein hatte nicht viele Beobachtungsdaten, um seine Annahmen zu untermauern, aber philosophisch fand er dieses Bild eines homogenen, isotropen, statischen Universums sehr reizvoll.

Es stellte sich jedoch heraus, dass die Gleichungen der Allgemeinen Relativitätstheorie keine Lösungen mit diesen Eigenschaften haben. Das Problem ist, dass die im Universum verteilten Massen durch die Schwerkraft zueinander gezogen werden und „sich weigern", in Ruhe zu bleiben. Die Theorie schien darauf hinzudeuten, dass das Universum nicht statisch sein kann. Doch das Vorurteil von einem ewigen, unveränderlichen Universum war zu tief verwurzelt. Widerstrebend kam Einstein zu dem Schluss, dass die Gleichungen der Allgemeinen Relativitätstheorie durch Hinzufügen eines zusätzlichen Terms modifiziert werden müssten, um die Existenz einer statischen Welt zu ermöglichen.

Der neue Term hatte zur Folge, dass das Vakuum, d. h. der leere Raum, mit Energie und Druck ausgestattet wurde. Das mag verrückt klingen, aber wir wissen, dass Einstein sich nicht davor scheute, der Intuition widersprechende Annahmen zu treffen und sie bis zu ihrem logischen Abschluss zu verfolgen. Nach den modifizierten Gleichungen ist die Energiedichte ρ_v des Vakuums überall konstant; Einstein nannte sie die *kosmologische* Konstante. Der Vakuumdruck P_v ist mit der Energiedichte ρ_v des Vakuums einfach wie folgt verbunden:

$$P_v = -\rho_v. \tag{5.1}$$

Wenn also ρ_v positiv ist, ist der Druck negativ. (Am Ende dieses Abschnitts findet sich eine Ableitung von Gl. 5.1 aus der Arbeit-Energie-Beziehung.)

Was bedeutet es, wenn der Druck negativ ist? Der übliche, positive Druck ist eine nach außen wirkende Kraft, wie der Luftdruck in einem Ballon. Unterdruck ist das, was wir gewöhnlich als *Spannung* bezeichnen. Er zieht nach innen, wie die Spannung in einem gedehnten Stück Gummi. Wenn das Vakuum also Spannung hat, warum saugt es sich dann nicht selbst an und schrumpft? Der Grund dafür ist, dass man, um eine Kraft zu erzeugen, einen Druckunterschied benötigt: Ein Ballon dehnt sich aus, wenn man den Druck in seinem Inneren erhöht, aber dies wird keine Wirkung haben, wenn der Druck von außen um den gleichen Betrag erhöht wird. Der Vakuumdruck ist überall gleich, und deshalb sollten wir keine Schrumpfung (oder Ausdehnung) erwarten. Die Energie des Vakuums ist ebenso schwer fassbar. Es gibt keine Möglichkeit, diese Energie zu extrahieren; leider können wir die Energiekrise der Welt nicht lösen, indem wir die Energie aus dem leeren Raum nutzbar machen. Die Energie und der Druck des Vakuums sind also völlig unbeobachtbar – abgesehen von ihren Gravitationseffekten.

Die Gravitationskraft in der Allgemeinen Relativitätstheorie hängt sowohl von der Energie- (oder Massen-)Dichte ρ als auch vom Druck P ab. Sie ist proportional zu

$$\rho + 3P. \tag{5.2}$$

Für gewöhnliche Materie ist der Druck vernachlässigbar, sodass wir daran gewöhnt sind, dass die Gravitation nur von der Masse abhängt. Für das Vakuum hat der Druck jedoch die gleiche Größe wie die Energiedichte

(Gl. 5.1), und wir stellen fest, dass die Gravitationskraft des Vakuums proportional ist zu

$$\rho_v + 3P_v = -2\rho_v. \tag{5.3}$$

Das negative Vorzeichen hier (im Gegensatz zum positiven Vorzeichen für reguläre Materie) zeigt an, dass die Schwerkraft des Vakuums *abstoßend* ist.

Einstein erkannte, dass er durch Hinzufügen einer kosmologischen Konstante zu seinen Gleichungen die gravitative Anziehungskraft der Materie mit der gravitativen Abstoßung des Vakuums ausgleichen konnte. Alles, was er brauchte, war eine Materiedichte mit $\rho_m = 2\rho_v$, um die Gravitationswirkung des in Gl. 5.3 angegebenen Vakuums perfekt auszubalancieren. Damit erhielt er eine Lösung, die ein statisches Universum beschreibt. Diese Lösung hat eine geschlossene, kugelförmige Geometrie, wobei der Radius durch die Materiedichte bestimmt wird. Für die durch neuere Messungen gegebene Dichte beträgt der entsprechende Umfang etwa 100 Mrd. Lichtjahre.

Die Raumzeit von Einsteins statischem Universum ist in Abb. 5.2 dargestellt, wobei zwei der drei Raumdimensionen nicht gezeigt sind. Es sieht

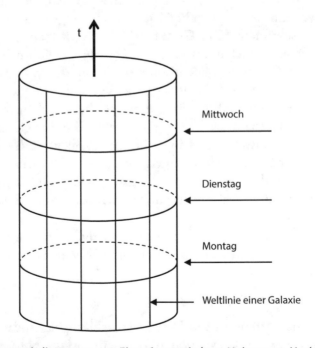

Abb. 5.2 Raumzeitdiagramm von Einsteins statischem Universum. Horizontale *Kreise* stellen jeweilige Momentaufnahmen des Universums dar. Zwei der drei Raumdimensionen sind nicht dargestellt

aus wie die Oberfläche eines Zylinders, der in einen dreidimensionalen Raum eingebettet ist, aber nur Punkte auf der Oberfläche gehören der Raumzeit an. Die Zeit verläuft in vertikaler Richtung, und horizontale Schnitte ergeben „Momentaufnahmen" des Universums zu verschiedenen Zeitpunkten. In der Abbildung sind diese Schnitte Kreise, aber in der vierdimensionalen Raumzeit wären die Schnitte dreidimensionale kugelförmige Räume. Die vertikalen Geraden sind die Weltlinien der Galaxien. In diesem Universum ändert sich nichts mit der Zeit, daher sind alle Momentaufnahmen identisch und die Positionen der Galaxien ändern sich nicht.

5.2 Probleme mit einem statischen Universum

Trotz seiner philosophischen Attraktivität stellt sich heraus, dass Einsteins statisches kosmologisches Modell keine Gültigkeit besitzt. Um zu erkennen, warum, denken Sie darüber nach, was mit der Materiedichte ρ_m und der Vakuumenergiedichte ρ_v geschehen würde, wenn der Radius des Universums nur etwas verringert würde. Man muss kein Einstein sein, um zu erkennen, dass die Dichte ρ_m zunehmen und ρ_v per Definition konstant bleiben würde. Dies führt dazu, dass das Gleichgewicht im „Gravitationskampf" zwischen der Anziehung der Materie und der Abstoßung des Vakuums kippt. Die Anziehung überwiegt und das Universum beginnt sich zusammenzuziehen. Während es sich zusammenzieht, wird die Materiedichte weiter erhöht, wodurch sich die Kontraktion beschleunigt.

In ähnlicher Weise können wir fragen: Was würde geschehen, wenn der Radius des Universums ein wenig vergrößert würde? In diesem Fall nimmt ρ_m ab, und die Gravitationsabstoßung des Vakuums gewinnt die Oberhand, wodurch sich das Universum bis ins Unendliche ausdehnen würde. Kleine Fluktuationen im Radius des Universums lassen sich nicht vermeiden, und so kann Einsteins Universum nicht unendlich lange statisch bleiben.

Ein weiteres Problem mit der Idee eines ewigen Universums ist, dass es mit einem der universellen Naturgesetze – dem zweiten Hauptsatz der Thermodynamik – in Konflikt steht. Dieses Gesetz besagt, dass sich ein isoliertes physikalisches System von stärker geordneten zu stärker ungeordneten Zuständen entwickelt[1]. Ein Windstoß hebt Papiere von Ihrem

---

[1]Falls Sie sich die Frage stellen: Der erste Hauptsatz der Thermodynamik ist nur eine Aussage zur Energieerhaltung, der verallgemeinert wurde, um thermische Prozesse einzubeziehen. Er besagt, dass die gesamte Energie eines isolierten Systems, einschließlich seiner Wärmeenergie, erhalten bleibt.

Schreibtisch und verstreut sie wahllos über den Boden, aber man sieht nie, dass der Wind Papiere vom Boden aufhebt und sie ordentlich auf dem Schreibtisch ordnet. Eine solche spontane Ordnung ist nicht prinzipiell unmöglich, aber sie ist so unwahrscheinlich, dass man sie nie sieht. Ein Buch, das auf dem Boden gleitet, kommt durch Reibung zum Stillstand, und die Energie seiner gerichteten, geordneten Bewegung verwandelt sich in Wärme, d. h. in die Energie der ungeordneten Bewegung von Molekülen. Der umgekehrte Prozess würde darin bestehen, dass sich das Buch abkühlt und beginnt, sich auf dem Boden zu bewegen. Dies ist durch den zweiten Hauptsatz der Thermodynamik verboten.

Ein mathematisches Maß für Unordnung wird *Entropie* genannt: Je mehr Entropie ein Objekt hat, desto ungeordneter ist es. Das zweite Gesetz besagt, dass die Entropie eines isolierten Systems nur zunehmen kann. Die Entwicklung von geordneten zu stärker ungeordneten Zuständen führt schließlich zum Zustand maximaler Entropie, dem sogenannten *thermischen Gleichgewicht*. In diesem Zustand hört jede geordnete Bewegung auf, alle Energie ist in Wärme umgewandelt, und es stellt sich eine einheitliche Temperatur im gesamten System ein.

Das Universum kann als ein isoliertes System betrachtet werden (da es nichts außerhalb des Universums gibt). Wenn es also für immer existieren würde, wäre das thermische Gleichgewicht bereits erreicht. Die Sterne wären vollständig ausgebrannt und auf die gleiche Temperatur wie der interstellare Raum abgekühlt, und es wäre kein Leben möglich[2]. Aber das ist nicht das, was man beobachtet, sodass das Universum nicht schon ewig existieren kann.

Es gibt jedoch einen Vorbehalt. Der österreichische Physiker Ludwig Boltzmann erkannte, dass selbst im thermischen Gleichgewicht spontane Verringerungen von Störungen gelegentlich zufällig auftreten. Man nennt sie *thermische Fluktuationen*. Um also den zweiten Hauptsatz der Thermodynamik in Einklang zu bringen mit einem Universum, das seit ewigen Zeiten existiert, und auch mit einem beobachtbaren Universum, das sich nicht im thermischen Gleichgewicht befindet, müssten wir schlussfolgern, dass wir in einer riesigen thermischen Fluktuation leben.

Sie machen sich vielleicht darüber Gedanken, dass eine so große Fluktuation äußerst unwahrscheinlich ist. Das stimmt. Aber wenn Leben nur in geordneten Teilen des Universums existieren kann, ließe sich

---

[2]Diese düstere Vorhersage wurde von dem deutschen Physiker Hermann von Helmholtz veröffentlicht. Er nannte sie den „Wärmetod" des Universums.

argumentieren, dass dies erklärt, warum wir ein so unglaublich seltenes Ereignis beobachten. Doch wenn wir diesen Ansatz wählen, können wir immer noch nicht erklären, warum wir uns nicht in einer viel kleineren und viel wahrscheinlicheren Fluktuation befinden. Es würde ausreichen, das Chaos in eine Ordnung in der Größenskala des Sonnensystems zu verwandeln, im Gegensatz zu weitaus größeren Maßstab des beobachtbaren Universums.

Herleitung von Gl. 5.1

Betrachten Sie eine Kammer mit dem Volumen V, die mit einem Vakuum der Energiedichte ρ_v und des Drucks P_v gefüllt ist. Das Volumen der Kammer kann durch die Bewegung eines Kolbens verändert werden (Abb. 5.3). Die Gesamtenergie des Vakuums beträgt

$$E = \rho_v V, \tag{5.4}$$

und die Kraft, die sie auf den Kolben ausübt, ist

$$F = AP_v, \tag{5.5}$$

wobei A die Oberfläche des Kolbens ist. (Erinnern Sie sich, dass Druck gleich einer Kraft pro Flächeneinheit ist, d. h. $P = F/A$.) Angenommen, der Kolben wird um einen Betrag Δx nach außen bewegt, sodass sich das Volumen vergrößert um

$$\Delta V = A\Delta x. \tag{5.6}$$

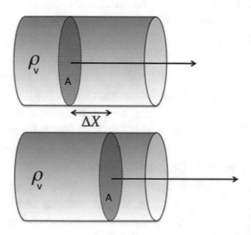

Abb. 5.3 Änderung des Volumens einer mit konstanter Energiedichte gefüllten Kammer

Sie erinnern sich vielleicht aus der Elementarphysik, dass die resultierende Energieänderung so lautet:

$$\Delta E = -\Delta W, \tag{5.7}$$

wobei ΔW die Arbeit ist, die definiert ist als

$$\Delta W = F\Delta x. \tag{5.8}$$

(Die Arbeit ist positiv, wenn die Kraft in der Bewegungsrichtung des Kolbens wirkt, ansonsten negativ.)

So können wir mit den Gl. 5.5, 5.6, 5.7 und 5.8 zeigen, dass für die Änderung der Energie des Vakuums gilt:

$$\Delta E = -F\Delta x = -P_v A\Delta x = -P_v\Delta V. \tag{5.9}$$

Unter Verwendung von $\Delta E = -P_v\Delta V$ aus Gl. 5.9 und $\Delta E = \rho_v\Delta V$ aus Gl. 5.4 ergibt sich, dass der Druck des Vakuums mit seiner Energiedichte in der Form $P_v = -\rho_v$ zusammenhängt.

5.3   Friedmanns expandierendes Universum

Die nächste bahnbrechende Entwicklung in der Kosmologie fand an einem eher unwahrscheinlichen Ort statt – im sowjetischen Petrograd, das vom Krieg und der russischen Revolution verwüstet worden war. Es dauerte mehrere Jahre, bis Einsteins Arbeiten über die Allgemeine Relativitätstheorie Russland erreichten. Als sie dort angekommen waren, beschäftigte sich der junge Mathematiker Alexander Friedmann unermüdlich mit der Theorie und konzentrierte sich dabei auf das, was er für ihr zentrales Problem hielt – die Struktur des Universums als Ganzes. Er übernahm Einsteins Annahmen, dass das Universum homogen und isotrop sei und dass es eine geschlossene Kugelgeometrie habe. Dann unternahm er einen radikalen Schritt: Er verlangte nicht, dass das Universum statisch ist (Abb. 5.4).

Nachdem er die Forderung nach einem statischen Universum aufgegeben hatte, stellte Friedmann fest, dass es für die Einstein-Gleichungen eine Lösung gibt. Die Lösung beschreibt ein kugelförmiges Universum mit einem zeitlich veränderlichen Radius und einer zeitlich veränderlichen Massendichte. Es beginnt mit dem Radius null, dehnt sich aus, kommt zum Stillstand und zieht sich dann wieder auf die Größe null zusammen. Wenn Sie als Beobachter in einer Galaxie in einem solchen Universum leben würden, dann würden Sie während der Expansionsphase sehen, wie sich alle anderen Galaxien von Ihrer Galaxie wegbewegen, während sich während der

Abb. 5.4 Der russische Mathematiker Alexander Friedmann (1888–1925) war der erste, der zeitabhängige Lösungen der Einstein'schen Gleichungen fand und damit einen sich entwickelnden Kosmos beschrieb. Während des Ersten Weltkriegs, als Einstein seine Allgemeine Relativitätstheorie fertigstellte, diente Friedmann als Bomberpilot in der russischen Luftwaffe. Er wurde mit einem Georgskreuz für Tapferkeit ausgezeichnet. Neben seiner Arbeit in der Kosmologie betrieb Friedmann bahnbrechende Forschungen in Hydrodynamik und Meteorologie. Er starb im Alter von 37 Jahren an Typhus

Kontraktion alle Galaxien Ihnen nähern würden. Es würde der Eindruck entstehen, Sie befänden sich in einem speziellen kosmischen Zentrum, aber Beobachter in allen anderen Galaxien würden dasselbe sehen.

Um zu verstehen, wie dies möglich ist, betrachten Sie die Oberfläche eines Ballons, die eine gute 2D-Analogie zu einer geschlossenen 3D-Kugelgeometrie ist. Stellen Sie sich vor, dass kleine Punkte, die den Galaxien entsprechen, auf den Ballon gemalt sind (Abb. 5.5). Wenn der Ballon aufgeblasen wird, bewegen sich alle Punkte mit zunehmender relativer Entfernung voneinander weg. Umgekehrt nähern sich alle Punkte beim Entleeren des Ballons einander an (Abb. 5.5). Es spielt keine Rolle, auf welchen Punkt wir uns konzentrieren, die Ansicht ist überall gleich.

Eine Einschränkung dieser 2D-Analogie ist, dass sich ein Ballon bei seiner Ausdehnung in das ihn umgebende Luftvolumen ausdehnt. Worin dehnt sich also Friedmanns Universum aus? In gar nichts. In der Analogie ist die Oberfläche des Ballons der gesamte 2D-Raum, den es gibt. Die Raummenge (die Fläche) wächst, wenn sich der Ballon ausdehnt – aber es gibt nichts

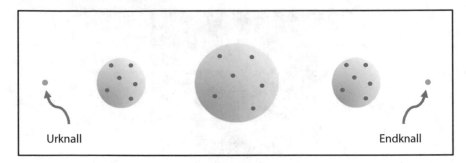

Abb. 5.5 Das Universum beginnt als Punkt und dehnt sich aus, bis die Schwerkraft die Expansion schließlich stoppt und das Universum wieder zu einem Punkt kollabiert

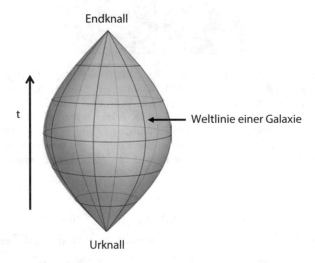

Abb. 5.6 Raumzeitdiagramm eines geschlossenen Universums. Horizontale *Kreise* sind Momentaufnahmen des Universums, und die „Meridian"-Linien sind Weltlinien von Galaxien

außerhalb oder innerhalb der Oberfläche. In ähnlicher Weise wächst das Gesamtvolumen eines 3D-Friedmann-Universums während der Expansion und nimmt während der Kontraktion ab.

Die Geschichte eines sich entwickelnden geschlossenen Universums ist in dem Raumzeitdiagramm in Abb. 5.6 zusammengefasst. Hier läuft die Zeit von unten nach oben, und horizontale Kreise stellen Momentaufnahmen des Universums dar (wobei zwei Raumdimensionen nicht dargestellt sind). Die Anfangs- und Endmomente wurden später, etwas respektlos, als *Urknall (Big Bang)* und *Endknall (Big Crunch)* bezeichnet. In diesen Momenten wird alle Materie in ein infinitesimales (unendlich kleines) Volumen (einen einzigen Punkt) komprimiert, sodass die Dichte unendlich ist. Dadurch sind die Einstein'schen Gleichungen mathematisch nicht mehr definiert, sodass die Raumzeit nicht über diese Punkte hinaus ausgedehnt werden kann. Solche Punkte bezeichnet man als *Raumzeitsingularitäten.*

Nach Friedmanns Lösung erfolgt die Expansion des Universums kurz nach dem Urknall sehr schnell. Dann wird die Expansion durch die Gravitationsanziehung zwischen den Galaxien verlangsamt und kommt schließlich zum Stillstand, gefolgt von einer Kontraktion. Dies ähnelt der Bewegung eines senkrecht nach oben geschossenen Projektils. Das Geschoss wird durch die Schwerkraft abgebremst, bis es eine gewisse maximale Höhe erreicht hat, und fällt dann wieder auf den Boden. Je größer die Anfangs-geschwindigkeit, desto höher fliegt es. In ähnlicher Weise wird sich ein Friedmann-Universum auf einen größeren Radius ausdehnen, wenn die Anfangsausdehnungsrate erhöht wird.

Friedmann stellte seine Lösung in einem Artikel vor, der 1922 in einer deutschen Physikzeitschrift veröffentlicht wurde. Zwei Jahre später ver-öffentlichte er einen Folgeartikel, in dem er ein unendliches (offenes) homo-genes und isotropes Universum mit hyperbolischer Geometrie beschrieb. Wieder einmal stellte er fest, dass sich ein solches Universum aus einer Singularität mit unendlicher Materiedichte ausdehnt. Die Ausdehnung verlangsamt sich anfangs, aber sie hört nie ganz auf, wobei sich die Flucht-geschwindigkeiten der Galaxien in späteren Zeiten konstanten Werten annähern. Dies ist analog zu einem Geschoss, das mit einer Geschwindigkeit abgeschossen wird, die die Fluchtgeschwindigkeit übersteigt (Kap. 2). Die Anziehungskraft der Erde ist nicht stark genug, um die Bewegungsrichtung umzukehren, und das Geschoss verlässt die Erde dauerhaft.

Der Grenzfall zwischen offenen und geschlossenen Lösungen ist ein „flaches" Universum mit euklidischer Geometrie. Ein solches Uni-versum dehnt sich für immer aus, aber mit immer geringer werdender Geschwindigkeit, wie ein Geschoss, das mit genau der Fluchtgeschwindig-keit abgeschossen wird[3]. Ein 2D-Analogon für ein expandierendes flaches Universum ist eine flache Gummifolie, die gleichmäßig in beide Richtungen gedehnt wird. Die Abstände zwischen allen „Galaxien" werden dann um den gleichen Faktor gedehnt (Abb. 5.7). Die Folie kann beliebig groß sein, und wir können uns vorstellen, dass sie unendlich groß ist. Wenn wir sagen, dass sich ein flaches Universum um einen bestimmten Faktor ausgedehnt hat,

---

[3]Friedmann hat diesen Grenzfall nicht in Betracht gezogen. Er wurde später von Einstein und Willem de Sitter untersucht.

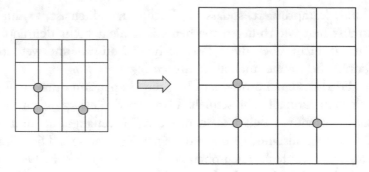

Abb. 5.7 2D-gestrecktes Gummituch mit durch *Punkte* dargestellten Galaxien

meinen wir damit, dass sich die Abstände zwischen allen Galaxien um diesen Faktor vergrößert haben.

Friedmann gab weder geschlossenen noch offenen Universumsmodellen den Vorzug. Er schrieb: „Die verfügbaren Daten sind für numerische Schätzungen völlig unzureichend, um herauszufinden, welche Art von Universum das unsere ist." Traurigerweise starb Friedmann 1925, bevor seine Arbeiten viel Aufmerksamkeit erregt hatten. Der belgische Priester Georges Lemaître entdeckte die Modelle des expandierenden Universums 1927 wieder, aber auch seine Arbeit blieb unbemerkt. All dies änderte sich 1929, als Edwin Hubble die wohl unerwartetste Entdeckung in der Geschichte der Wissenschaft machte: Er beobachtete, dass das Universum tatsächlich expandiert! Friedmann und Lemaître wurde ihr Ruhm nun zuteil (Abb. 5.8).

Da er sowohl ein katholischer Priester als auch ein renommierter Wissenschaftler war, sah Lemaître keinen Konflikt zwischen Wissenschaft und Religion. Er glaubte, dass die Religion in der geistigen Welt bleiben und die materielle Welt der Wissenschaft überlassen sollte.

Was Einstein anbelangt, so witzelte er angeblich, dass das Hinzufügen der kosmologischen Konstante zu seinen Gleichungen „der größte Fehler meines Lebens war". Aber auch wenn die kosmologische Konstante nach der beobachteten Expansion des Universums in Ungnade gefallen war, so ist sie inzwischen wieder an die Spitze der physikalischen Forschung zurückgekehrt, und wir werden in den weiteren Kapiteln noch viel mehr darüber zu sagen haben (etwa in Kap. 20).

Zusammenfassung

Als Einstein die Allgemeine Relativitätstheorie fertiggestellt hatte, wandte er sie auf das Universum als Ganzes an. Wie Newton glaubte Einstein daran,

Abb. 5.8 Georges Lemaître (1894–1966) unterbrach sein Grundstudium, um während des Ersten Weltkriegs in der belgischen Armee zu dienen. Nach dem Krieg ging er zurück an die Universität und promovierte 1920 in Mathematik. Danach studierte er weiter für das Priestertum und wurde 1923 zum Priester geweiht. Zu dieser Zeit entwickelte Lemaître Interesse an der Astronomie, dem er in Cambridge, in Harvard und dann am MIT nachging, wo er seinen zweiten Doktortitel erwarb. In seiner Doktorarbeit entdeckte Lemaître Friedmanns Lösungen der Einstein'schen Gleichungen zur Beschreibung eines expandierenden Universums wieder. Er zeigte auch, dass die Fluchtgeschwindigkeiten der Galaxien in einem solchen Universum dem heute als Hubble-Gesetz bekannten Gesetz gehorchen sollten – zwei Jahre vor der Entdeckung von Hubble. Lemaître erläuterte Einstein seine Ideen auf einer Konferenz in Brüssel im Jahr 1927, worauf Einstein antwortete: „Ihre Berechnungen sind korrekt, aber Ihr Verständnis der Physik ist abscheulich." Ein paar Jahre später änderte Einstein seine Meinung

dass das Universum statisch und ewig sei, aber er entdeckte bald, dass seine Theorie solche Lösungen nicht zulässt. Dann fügte er seinen Gleichungen einen zusätzlichen Term hinzu, die sogenannte kosmologische Konstante, der das Vakuum mit einer von null verschiedenen (positiven) Energiedichte versah. Gemäß der allgemeinen Relativitätstheorie erzeugt das Vakuum dann eine abstoßende Gravitationskraft, die die anziehende Schwerkraft der Materie ausgleichen kann. Die modifizierten Gleichungen hatten eine statische Lösung, die ein geschlossenes, kugelförmiges Universum beschrieb, aber dieses Modell war sehr fehlerhaft. Es war instabil gegenüber kleinen Störungen und widersprach einem der grundlegendsten Naturgesetze – dem zweiten Hauptsatz der Thermodynamik.

In der Zwischenzeit fand der russische Mathematiker Alexander Friedmann dynamische Lösungen von Einsteins Gleichungen, die sich entwickelnde Universen beschreiben, die sich von einem singulären Zustand unendlicher Dichte ausdehnen. Seine Lösung in geschlossener Geometrie beschreibt ein endliches Universum, das sich anfangs schnell ausdehnt, sich verlangsamt und schließlich umkehrt und zu kollabieren beginnt. Die Lösung mit offener Geometrie beschreibt ein unendliches Universum, das sich zu Beginn schnell ausdehnt, und obwohl sich die Ausdehnung verlangsamt, hört sie nie ganz auf. Flache expandierende Universen sind der Grenzfall zwischen der offenen und der geschlossenen Form. Sie sind unendlich und die Galaxien nähern sich einer Fluchtgeschwindigkeit von null.

Fragen

1. Als Einstein die Allgemeine Relativitätstheorie erstmals auf das Universum als Ganzes anwandte, ging er davon aus, dass das Universum homogen und isotrop ist. Dies wird als „kosmologisches Prinzip" bezeichnet. Ist dieses Prinzip konsistent mit einem Universum, das ein Zentrum oder eine Grenze hat?

2. Ist die Verteilung der Galaxien in Abb. 5.9 homogen? Ist sie in Bezug auf die Zentralgalaxie isotrop? Ist sie isotrop in Bezug auf jede andere Galaxie?

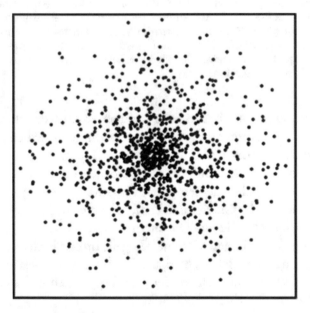

Abb. 5.9   Eine Verteilung von Galaxien

3. Wahr oder falsch: Wenn das Universum um jede Galaxie isotrop ist, muss es auch homogen sein.

4. Warum fügte Einstein seinen Gleichungen der Allgemeinen Relativitätstheorie eine kosmologische Konstante hinzu?

5. Einstein nahm eine positive kosmologische Konstante ($\rho_v > 0$) in seine Gleichungen auf. Was wäre passiert, wenn er eine negative kosmologische Konstante hinzugefügt hätte?

6. Einsteins kosmologische Konstante stattet das Vakuum mit Unterdruck aus. Unterdruck wirkt wie die Spannung in einem Stück Gummi. Warum saugt sich das Universum also nicht selbst an? Welchen Einfluss hat der Unterdruck auf die Expansionsrate des Universums?

7. Was meinen wir, wenn wir sagen, Einsteins statisches Modell des Universums sei instabil?

8. Ist die folgende Aussage in Bezug auf den zweiten Hauptsatzes der Thermodynamik richtig? „Jedes physikalische System entwickelt sich von geordneteren zu ungeordneteren Zuständen." Wenn nicht, warum nicht?

9. Warum steht Einsteins Modell des Universums im Konflikt mit dem zweiten Hauptsatz der Thermodynamik?

10. Skizzieren Sie in einem Raumzeitdiagramm für ein statisches Einstein-Universum, wie dem in Abb. 5.2, die Weltlinie eines von einer Galaxie ausgesandten Lichtblitzes, der um das Universum herum verläuft und in dieselbe Galaxie zurückkehrt.

11. Was ist für ein geschlossenes Friedmann-Universum die Dichte und der Radius des Universums bei $t=0$, dem Zeitpunkt des Urknalls? Sind die Gleichungen der Allgemeinen Relativitätstheorie bei $t=0$ gültig?

12. Was ist eine Raum-Zeit-Singularität?

13. Wir haben zweidimensionale Ballon- und Gummituch-Analogien verwendet, um geschlossene und flache expandierende Universumsmodelle zu visualisieren. Ist für ein offenes, hyperbolisches Universum eine ähnliche Visualisierung möglich?

14. Ist es möglich, in Einsteins Universum eine Inertialbewegung von Ruhe zu unterscheiden? Mit anderen Worten: Gibt es in einem solchen Universum eine besondere Klasse von Inertialbeobachtern, die man als ruhend bezeichnen kann?

15. Betrachten Sie zwei Zwillinge, die in Einsteins statischem, geschlossenem Universum leben. Einer der Zwillinge startet in einer Rakete und entfernt sich mit annähernder Lichtgeschwindigkeit von seinem Geschwister. Schließlich kehrt der reisende Zwilling aufgrund der Krümmung des Raums dorthin zurück, wo er gestartet ist. Als er an seinem Zwilling vorbeifliegt und ihn ansieht, wer von ihnen ist älter? (Man beachte, dass beide nur die Inertialbewegung beibehalten haben).

6

Beobachtende Kosmologie

Giordano Bruno wurde 1600 wegen seiner ketzerischen Ideen auf dem Scheiterhaufen verbrannt. Er glaubte, dass die Sterne wie unsere Sonne sind und nur aufgrund ihrer großen Entfernung von uns dunkler erscheinen. Dies war eine inspirierte Vermutung, aber wie können wir überprüfen, ob sie tatsächlich wahr ist? Wie weit sind die Sterne entfernt? Und woraus bestehen sie?

Diese Fragen plagten Isaac Newton. Er meinte, es gebe einen Unterschied zwischen der „luziden Materie" der Sterne und der „undurchsichtigen Materie" der Erde und der Planeten. In einem Brief an Richard Bentley, in dem er u. a. die Entstehung des Sonnensystems erörterte, schrieb Newton: „Aber wie sollte sich die Materie in zwei Arten teilen, und der Teil, der einen leuchtenden Körper bilden soll, sollte zu einer Masse zusammenfallen und eine Sonne bilden, und der Rest, der geeignet ist, einen undurchsichtigen Körper zu bilden, sollte zusammenfließen, nicht zu einem großen Körper, wie die leuchtende Materie, sondern zu vielen kleinen; oder wenn die Sonne anfangs ein undurchsichtiger Körper wie die Planeten wäre oder die Planeten luzide Körper wie die Sonne, wie sollte sie allein in einen leuchtenden Körper verwandelt werden, während alle diese Körper undurchsichtig bleiben, oder alle diese Körper in undurchsichtige verwandelt werden sollten, während er unverändert bleibt, so glaube ich nicht, dass dies durch rein natürliche Ursachen erklärbar ist, sondern bin gezwungen, dies dem Rat und der Erfindung eines willentlichen Agenten zuzuschreiben."

© Springer Nature Switzerland AG 2021
D. Perlov und A. Vilenkin, *Kosmologie für alle, die mehr wissen wollen*,
https://doi.org/10.1007/978-3-030-63359-2_6

Während Newton auf göttliche Intervention zurückgriff, um die Trennung des Sonnensystems in die luzide Sonne und undurchsichtige Planeten zu erklären, zeigten spektroskopische Experimente Mitte des 19. Jahrhunderts, dass die Sonne und die Sterne tatsächlich aus denselben chemischen Elementen bestehen, genauso wie die Erde und die Planeten[1]. In diesem Kapitel werden wir untersuchen, wie die Spektroskopie es uns ermöglicht, chemische Elemente zu identifizieren; sogar solche in fernen Sternen. Wir werden auch lernen, wie der Dopplereffekt zur Messung von Geschwindigkeiten kosmischer Körper genutzt wird und wie astronomische Entfernungen bestimmt werden.

6.1   Fingerabdrücke der Elemente

Das Licht, das von den Sternen zu uns kommt, bringt uns einen großen Schatz an Informationen. In Kap. 3 haben wir gelernt, dass Licht aus elektromagnetischen Wellen besteht, die ein breites Spektrum von Wellenlängen (oder Frequenzen) haben können. Beim sichtbaren Licht entsprechen verschiedene Wellenlängen verschiedenen Farben. Wenn ein weißer Lichtstrahl durch ein Prisma geht, tritt er auf der anderen Seite mit einem Farbkontinuum wie ein Regenbogen aus (Abb. 6.1a). Dieses *kontinuierliche Spektrum* zeigt, dass sich weißes Licht aus vielen Farben zusammensetzt, die von Rot bis Violett reichen.

Licht, das von einem heißen Gas emittiert wird, das auf ein Prisma auftrifft, zeigt ein Emissionsspektrum – ein Muster aus hellen Linien mit bestimmten Wellenlängen ist auf einem schwarzen Hintergrund zu sehen (Abb. 6.1b). Ein weiteres interessantes Phänomen tritt auf, wenn ein weißer Lichtstrahl durch kühles Gas geleitet wird, bevor er auf das Prisma trifft. Das Gas absorbiert Licht mit bestimmten Wellenlängen, und ein Muster schwarzer Linien, *Absorptionslinien* genannt, erscheint im Spektrum (Abb. 6.1c). Das Muster sowohl der Emissions- als auch der Absorptionslinien hängt von der Zusammensetzung des Gases ab. Atome eines bestimmten chemischen Elements können Licht nur bei bestimmten

---

[1]Die Entwicklung der Kernphysik hat zu einem detaillierten Verständnis darüber geführt, wie aus „undurchsichtiger Materie" unter den richtigen Bedingungen „luzide Materie" werden kann. Noch erstaunlicher ist, dass die meisten Elemente, aus denen wir bestehen, tatsächlich in den Sternen selbst erzeugt wurden (wie wir in Kap. 13 noch erörtern werden).

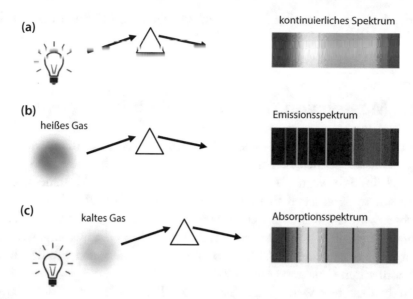

Abb. 6.1 a Wenn weißes Licht durch ein Prisma geht, breitet es sich zu einem Farb-
kontinuum aus. **b** Ein heißes Gas emittiert spezifische Wellenlängen, die sich als helle
Linien auf schwarzem Hintergrund zeigen. **c** Ein kaltes Gas absorbiert spezifische
Wellenlängen, die dann im kontinuierlichen Spektrum fehlen. Beachten Sie, dass die
Emissionslinien die gleichen Wellenlängen wie die Absorptionslinien haben (solange
das heiße und das kalte Gas vom gleichen Typ sind)

Wellenlängen emittieren und absorbieren[2], sodass das Emissions- oder
Absorptionsspektrum einen eindeutigen „Fingerabdruck" für jedes Element
liefert.

Licht, das von dem heißen Inneren eines Sterns ausgeht, hat ein
kontinuierliches Spektrum[3], das beim Durchgang durch die kühlere Stern-
atmosphäre Absorptionslinien entwickelt. Astronomen messen die Spektren
von Sternen, und durch den Vergleich mit den im Labor gemessenen
Absorptionslinien von Gasen können sie feststellen, ob Elemente wie
Wasserstoff, Helium, Kohlenstoff usw. in einem Stern vorhanden sind. Tatsächlich wurde Helium 1868 auf der Sonne entdeckt, lange bevor es 1895

---

[2]Diese Tatsache war bereits Mitte des 19. Jahrhunderts bekannt, wurde aber erst viel später durch die
Quantenmechanik erklärt.

[3]Obwohl das von den Atomen emittierte Licht ein Spektrum mit diskreten Linien hat, werden die
Atome im Inneren der Sterne in Elektronen und Kerne zerlegt, die das Licht wechselseitig streuen,
wodurch ein kontinuierliches Spektrum entsteht.

auf der Erde gefunden wurde. Die Spektroskopie von Sternen hat zweifels-
frei festgestellt, dass Sterne tatsächlich aus dem gleichen „Stoff" wie die Erde
bestehen.

6.2   Messen von Geschwindigkeiten

Für nahe gelegene Sterne, wie den Barnard-Stern, können wir direkt
berechnen, wie schnell sich der Stern in eine Richtung im rechten Winkel
zur Sichtlinie bewegt. Wir tun dies, indem wir die Verschiebung des
Sterns auf fotografischen Platten messen, die in bestimmten Zeitabständen
belichtet wurden. Weiter entfernte Sterne sind jedoch so weit weg, dass es
unmöglich ist, ihre Bewegung zu erfassen und ihre Geschwindigkeiten mit
dieser Methode zu messen. Wie also messen wir die Geschwindigkeit von
astronomischen Objekten (Abb. 6.2)?

Die beobachtete Wellenlänge (Farbe) des Lichts hängt von der relativen
Bewegung der Quelle und des Beobachters ab. Bewegt sich eine Lichtquelle
auf uns zu, wird die beobachtete Wellenlänge kürzer, d. h. sie verschiebt
sich in Richtung des blauen Endes des Spektrums. Bewegt sich umgekehrt
eine Quelle von uns weg, wird die beobachtete Wellenlänge länger, d. h. sie
verschiebt sich in Richtung des roten Endes des Spektrums. Wir sagen, die
Quelle ist nach blau- oder nach rot verschoben. Dieses Phänomen, das als
Dopplereffekt bekannt ist, tritt bei allen Arten von Wellen auf, einschließlich

Abb. 6.2   Der Barnard-Stern, hier zu zwei verschiedenen Zeitpunkten dargestellt, ist
etwa sechs Lichtjahre entfernt. (*Quelle:* © Schmidling Productions „Barnard's star"
[Encyclopædia Britannica Online. Web. 24 Dez. 2016])

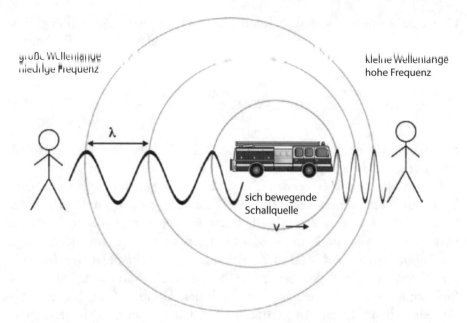

große Wellenlänge
niedrige Frequenz

kleine Wellenlänge
hohe Frequenz

λ

sich bewegende
Schallquelle

v →

Abb. 6.3 Dopplereffekt für Schall. Ein sich näherndes Martinshorn hat eine höhere Tonhöhe als ein sich entfernendes. (*Quelle:* „Imagine the Universe!" der NASA)

Schallwellen und Wellen auf der Wasseroberfläche. Sie haben bestimmt schon einmal erlebt, dass ein Signalhorn vorbeifährt: Ein sich näherndes Signalhorn hat eine höhere Tonhöhe (kürzere Wellenlänge) als ein sich entfernendes. Wie in Abb. 6.3 dargestellt, schieben sich die Wellenberge vor einer sich bewegenden (Schall-)Quelle zusammen und ziehen sich dahinter auseinander. Wenn man sich klar macht, dass die Wellenlänge der Abstand zwischen den Wellenbergen ist, kann man leicht erkennen, dass die Wellenlänge vor der Quelle kürzer und dahinter länger ist.

Quantitativ kann der Dopplereffekt für Licht durch eine einfache Formel ausgedrückt werden:

$$\frac{\Delta\lambda}{\lambda} = \frac{v}{c},$$
(6.1)

wobei λ die Wellenlänge, v die relative Geschwindigkeit von Quelle und Beobachter und c die Lichtgeschwindigkeit ist. Das Symbol Δ steht auch hier für „Veränderung", so ist $\Delta\lambda$ die Veränderung der Wellenlänge λ. Die Geschwindigkeit v wird im Vergleich zu c (nicht-relativistische Bewegung) als klein angenommen, und sie wird als negativ angenommen, wenn sich die

Quelle nähert, und als positiv, wenn diese sich entfernt. (Anmerkung: λ ist die emittierte Wellenlänge und $\Delta\lambda = \lambda_o - \lambda$, wobei λ_o die vom Beobachter gemessene Wellenlänge ist). Die *Rotverschiebung* ist z definiert als

$$z \equiv \frac{\Delta\lambda}{\lambda}. \qquad (6.2)$$

So stellen wir unter Verwendung von Gl. 6.1 fest, dass für die nicht-relativistische Bewegung $z = v/c$ gilt.

Bei einem sich bewegenden Stern wird das gesamte Spektrum nach blau oder rot verschoben, einschließlich der schwarzen Absorptions-linien. Astronomen identifizieren Linienmuster verschiedener Elemente und messen, wie stark diese Muster relativ zu einer ruhenden Probe im Labor verschoben sind. Gl. 6.1 kann dann verwendet werden, um die Geschwindigkeit des Sterns zu bestimmen[4]. Man kann die große Bedeutung, die die Spektroskopie und der Dopplereffekt bei unserem Bestreben besitzen, das Universum zu verstehen, kaum hoch genug ein-schätzen.

6.3   Messen von Entfernungen

Die Bestimmung von Entfernungen zu astronomischen Objekten ist offen-kundig schwierig und hat einen Großteil der Astronomie des zwanzigsten Jahrhunderts beherrscht. Heute verwenden Astronomen eine Vielzahl von Techniken, um Entfernungen zu messen – jede ist innerhalb eines bestimmten Bereichs am geeignetsten. Entfernungen zu nahen Sternen können durch Messung ihrer *Parallaxe* ermittelt werden, d. h. der schein-baren Bewegung des Sterns relativ zum Himmelshintergrund, wenn sich die Erde um die Sonne dreht (Abb. 6.4). Den Effekt der Parallaxe vorzuführen ist so einfach, dass es jedem möglich ist – Sie brauchen nicht einmal ein Teleskop! Wenn Sie Ihren Arm ausstrecken, den Daumen hochhalten und abwechselnd Ihr rechtes und linkes Auge schließen, werden Sie sehen, dass Ihr Daumen zwischen zwei verschiedenen Positionen relativ zur Zimmer-wand zu wechseln scheint. Mit einer einfachen Geometrie, bei der der

---

[4]Beachten Sie, dass der Dopplereffekt nur zur Messung von Geschwindigkeiten entlang der Sichtlinie, d. h. auf uns zu oder von uns weg, verwendet werden kann. Geschwindigkeiten in den dazu querver-laufenden Richtungen können auf diese Weise nicht gemessen werden.

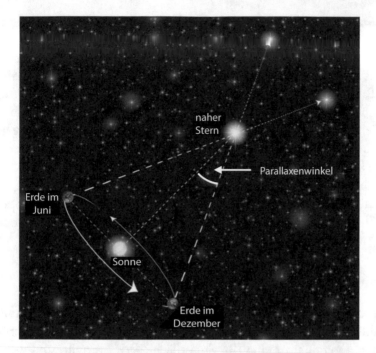

Abb. 6.4 Die scheinbare Positionsverschiebung eines nahen Sterns relativ zu sehr weit entfernten Hintergrundsternen erlaubt es uns, die Entfernung des nahen Sterns zu bestimmen. Der Durchmesser der Erdumlaufbahn kann als Basislinie verwendet werden, wenn wir den Stern zu Beginn und am Ende eines Zeitraums von sechs Monaten betrachten. In Wirklichkeit (anders als in der Abbildung) ist die Entfernung zu den Sternen viel größer als die Erdumlaufbahn, sodass der Parallaxenwinkel sehr klein ist. (*Quelle:* NASA, ESA und A. Feild [STScI])

Abstand zwischen Ihren Augen (die „Grundlinie") und die Winkelverschiebung Ihres Daumens (der doppelte Parallaxenwinkel) bekannt ist, können Sie den Abstand zu Ihrem Daumen bestimmen.

Die Parallaxe wird verwendet, um eine astronomische Entfernungseinheit zu definieren, die *Parsec* (pc) genannt wird. Ein Parsec ist die Entfernung, bei der ein Stern eine Parallaxe von 1″ hätte[5]; sie entspricht etwa 3,3 Lichtjahren. In diesem Buch werden wir Entfernungen normalerweise in Lichtjahren und nicht in Parsec ausdrücken. Da parallaktische Winkel sehr klein

---

[5]Eine Bogensekunde ist ein Maß für den Winkel. Es gibt 360° in einem Vollkreis, 60′ in einem Grad und 60″ in einer Bogenminute. Eine Bogensekunde ist ein winziges Winkelmaß (es handelt sich um den Winkel, den eine 4 km entfernte Münze abdeckt).

sind, wird es bei Objekten, die mehr als etwa 100 Lichtjahre entfernt sind, extrem schwierig, sie zu messen.

Während 100 Lichtjahre eine große Entfernung zu sein scheinen, ist unser nächster Nachbar, die Andromeda-Galaxie, 2,5 Mio. Lichtjahre entfernt. Parallaxenmessungen können also als erste Stufe der sogenannten kosmischen Entfernungsleiter angesehen werden. Astronomen verwenden eine Vielzahl von sogenannten *Standardkerzen,* um die Reichweite unserer Entfernungsmessungen zu erweitern. Obwohl keine von ihnen perfekt ist, arbeiten sie alle nach folgender Prämisse: Wenn wir wissen, wie leuchtkräftig eine Lichtquelle an sich ist, und wir messen, wie hell sie erscheint, können wir herausfinden, wie weit sie entfernt ist. Die entscheidende Beziehung ist dabei, dass die Helligkeit einer Lichtquelle mit dem Quadrat ihrer Entfernung abnimmt,

$$b = \frac{L}{4\pi d^2}. \tag{6.3}$$

Die Leuchtkraft L ist die Energie des von der Quelle pro Sekunde ausgestrahlten Lichts. Wenn das Licht eine Strecke d von der Quelle zurücklegt, wird diese Energie über eine Kugeloberfläche $4\pi d^2$ verteilt, und die scheinbare Helligkeit b nimmt entsprechend ab (Abb. 6.5 und 6.6).

Pulsierende Sterne, Cepheiden genannt, sind besonders gut geeignete Standardkerzen. Ihre Helligkeit variiert periodisch, wobei die Perioden von Tagen bis zu Monaten reichen. Eine bemerkenswerte Eigenschaft der Cepheiden, die 1912 von Henrietta Leavitt vom Harvard College-Observatorium entdeckt wurde, besteht darin, dass sie eine enge Beziehung zwischen ihrer Schwankungsperiode (die leicht zu messen ist) und ihrer Leuchtkraft aufweisen (Abb. 6.7). Aus der Messung der Periode können wir also die Helligkeit L ableiten. Wir können auch die scheinbare Helligkeit b

Abb. 6.5 Die von der Quelle emittierte Energie wird über eine *kugelförmige* Oberfläche verteilt, deren Fläche mit dem *Quadrat* der Entfernung von der Quelle wächst

Abb. 6.6 Henrietta Swan Leavitt (1868–1921) erhielt eine ausgezeichnete Ausbildung am Radcliff College, aber als Frau konnte sie nicht als offizielle Akademikerin arbeiten. Stattdessen fand sie Arbeit als „Human Computer" (zusammen mit vielen anderen Frauen) am Harvard College Observatory, wo sie den Lohn einer Bediensteten erhielt. Sie war eine ruhige, hart arbeitende Frau, deren bahnbrechende Entdeckung der Perioden-Leuchtkraft-Beziehung für Cepheidensterne es den Astronomen ermöglichte, das Universum zu vermessen. Trotz der Bedeutung ihrer Entdeckung erhielt Leavitt zu Lebzeiten fast keine Anerkennung. Ein Mitglied der Schwedischen Akademie der Wissenschaften versuchte 1924, sie für den Nobelpreis zu nominieren, erfuhr aber, dass sie drei Jahre zuvor im Alter von 53 Jahren an Krebs gestorben war

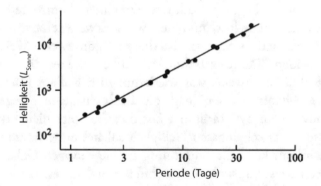

Abb. 6.7 Darstellung der Perioden-Leuchtkraft-Beziehung für die veränderlichen Cepheidensterne. (*Mit freundlicher Genehmigung von* Mark Whittle)

messen, und sobald wir L und b kennen, können wir Gl. 6.3 anwenden, um die Entfernung zu dem Stern zu bestimmen. Mit Cepheiden lassen sich Entfernungen bis zu etwa 10 Mio. Lichtjahren messen.

Heute verwenden Astronomen extrem starke Sternexplosionen, sogenannte *Supernovae,* als Standardkerzen. Obwohl es viele Arten von Supernovae mit unterschiedlichen Eigenschaften gibt, haben *Supernovae vom*

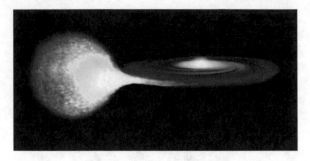

Abb. 6.8 Künstlerische Darstellung eines Weißen Zwergsterns, der Materie von einem Begleitstern akkumuliert. Wenn der Zwergstern eine bestimmte Massenschwelle erreicht, explodiert er und wird zu einer Supernova. (*Quelle:* NASA/CXC/M. Weiss)

Typ 1a eine sehr gleichförmige Leuchtkraft und sind daher ausgezeichnete Standardkerzen. Die Physik von Typ-1a-Supernovae ist noch nicht vollständig bekannt, aber die plausibelste Ursache ist eine thermonukleare Explosion eines Weißen Zwergsterns[6]. Es scheint zwei Mechanismen zur Auslösung der Explosion zu geben. Erstens, wenn ein Weißer Zwerg einen Begleitstern hat, von dem er Material abzieht, kann er so viel Masse gewinnen, dass die Schwerkraft die Druckkräfte überwindet und der Weiße Zwerg zu kollabieren beginnt. Dadurch wird eine unkontrollierbare thermonukleare Reaktion ausgelöst, und der Weiße Zwergstern wird vollständig zerstört. Ein alternatives Szenario ist die Kollision zweier Weißer Zwerge. Wenn die beiden Sterne verschmelzen, überschreitet ihre gemeinsame Masse die Stabilitätsschwelle, was wiederum zum Kollaps führt. Wie auch immer der Mechanismus sein mag, die Beobachtungen belegen deutlich, dass Supernovae vom Typ 1a immer fast dieselbe Spitzenleuchtkraft haben. Durch Messung der scheinbaren Helligkeit solcher Supernovae und Kenntnis der Leuchtkraft kann die Entfernung zur zugehörigen Galaxie bestimmt werden. Diese leistungsstarken Leuchtfeuer haben es den Astronomen ermöglicht, das Universum auf Milliarden von Lichtjahren zu vermessen (Abb. 6.8).

---

[6]Wenn ein gewöhnlicher Stern (mit einer Masse ähnlich der Sonne) seinen Kernbrennstoff verbraucht, wird er zu einem sehr dichten kompakten Weißen Zwergstern. Die Anziehungskraft der Schwerkraft in einem Weißen Zwerg wird durch den Druck der Materie im Inneren des Sterns ausgeglichen.

6.4 Die Anfänge der extragalaktischen Astronomie

Bis zum Beginn des 20. Jahrhunderts hatten Astronomen zwei Arten von Objekten außerhalb unseres Sonnensystems identifiziert – punktförmige Sterne und schwache, unscharfe, ausgedehnte Objekte, die *Nebel* genannt werden. Die große Frage lautete: *„Wie ist die Beschaffenheit der Nebel?"* Es gab zwei rivalisierende Theorien. Die erste Theorie vertrat die Ansicht, dass es jenseits unserer Galaxie nichts als leeren Raum gebe. Nebel galten als Objekte innerhalb der Galaxie, wahrscheinlich Orte der Sternentstehung. Die Gegenmeinung vertrat die Ansicht, dass Nebel entfernte „Inseluniversen" für sich genommen sind, ähnlich wie unsere Galaxie. Diese strittige Frage führte zu der „Großen Debatte" zwischen Harlow Shapley und Heber Curtis, die 1920 im Museum für Naturgeschichte in Washington stattfand. Die Debatte endete ergebnislos, aber die Frage wurde 1923 endgültig gelöst, als Edwin Hubble feststellte, dass es sich bei den Nebeln um andere Inseluniversen handelt, die von unserer Galaxie völlig getrennt sind (Abb. 6.9).

Hubble identifizierte variable Cepheidensterne im Andromeda-Nebel und in mehreren anderen Nebeln. Mit Hilfe von Leavitts Perioden-Leuchtkraft-Beziehung konnte er dann die Entfernungen zu diesen Nebeln bestimmen. Heute wissen wir, dass Andromeda etwa 2,5 Mio. Lichtjahre entfernt ist – etwa das 50fache des Radius der Milchstraße. Hubbles ursprüngliche

Abb. 6.9 Sterne und Nebel. (*Quelle:* NASA)

Abb. 6.10   Pinwheel-Galaxie. (*Quelle:* ESA und NASA)

Schätzung von 1,5 Mio. Lichtjahren war deutlich niedriger. Sie war jedoch immer noch groß genug, um zu zeigen, dass die Nebel Milliarden von Sternen umfassen müssen; und dass es sich tatsächlich um „Inseluniversen" handelt, die unserer eigenen Galaxie ähneln. Wir nennen sie jetzt Galaxien (Abb. 6.10).

Zusammenfassung

Jedes chemische Element zeigt ein charakteristisches Muster von Spektrallinien. Durch die Analyse der Lichtspektren von Sternen und Galaxien können wir ihre chemische Zusammensetzung bestimmen. Außerdem können die Spektrallinien relativ zu einer Laborprobe hier auf der Erde verschoben sein. Aus dieser Verschiebung können wir mit Hilfe des Dopplereffekts Geschwindigkeiten bestimmen. Entfernungen zu nahen Sternen können mit Hilfe der Sternparallaxe bestimmt werden, während Astronomen für weiter entfernte Objekte eine Vielzahl von „Standardkerzen" wie Cepheidensterne und Supernovae verwenden. Insbesondere Edwin Hubble verwendete Cepheiden, um festzustellen, dass die damals mysteriösen Spiralnebel nicht zu unserer Galaxie gehören, sondern separate, weit entfernte Galaxien sind.

Fragen

1. Was sind Emissions- und Absorptionsspektren?
2. Hat rotes Licht eine längere oder eine kürzere Wellenlänge als blaues Licht? Hat es eine höhere oder eine niedrigere Frequenz als blaues Licht?

| H_α (656.3 nm) | H_β (486.1 nm) | H_γ (434.1 nm) |
| H_α (655.0 nm) | H_β (485.1 nm) | H_γ (433.3 nm) |

Abb. 6.11 Wasserstoff-Emissionsspektren. (Die Wellenlängen werden in Nanometern gemessen)

3. Wenn sich uns ein Objekt nähert, sind dann seine Spektrallinien nach blau oder nach rot verschoben? Erklären Sie den Effekt.

4. In Abb. 6.11 sind ein unverschobenes (Labor-)Emissionslinienspektrum von reinem Wasserstoff (oben) und ein Emissionsspektrum von einem bewegten Objekt dargestellt. Berechnen Sie die Geschwindigkeit des sich bewegenden Objekts mit Hilfe der Dopplerformel Gl. 6.1. Bewegt es sich auf den Beobachter zu oder von ihm weg?

5. Die Entfernungen zu nahen Sternen werden durch Messung ihrer Parallaxe ermittelt. Wenn der Parallaxenwinkel von Stern A doppelt so groß ist wie der von Stern B, welcher der beiden Sterne ist dann näher bei uns? Um wie viel?

6. Was ist eine „Standardkerze" und wie benutzen Astronomen sie, um Entfernungen zu messen?

7. Stellen Sie sich vor, Sie haben die Entfernung zu einer Galaxie mit einer Standardkerze gemessen. Nachdem Sie Ihre Ergebnisse veröffentlicht haben, stellt sich heraus, dass Ihre Standardkerze doppelt so hell leuchtet, wie Sie gedacht hatten. Wie verändert sich die Entfernung zur Galaxie?

8. Eine 50-W-Glühbirne wird in einer Entfernung von 10 m und eine 100-W-Glühbirne in einer Entfernung von 20 m platziert. Welche der beiden Glühbirnen erscheint heller? Um wie viel?

9. Wie können wir die variablen Sterne der Cepheiden zur Entfernungsmessung verwenden?

7

Das Hubble-Gesetz und das expandierende Universum

Im frühen 20. Jahrhundert analysierte Vesto M. Slipher vom Lowell-Observatorium in Arizona die Spektren zahlreicher Spiralnebel. Er stellte fest, dass die meisten von ihnen seltsame Spektrallinien aufwiesen, die nach rot verschoben waren, was darauf hinwies, dass sie sich von der Erde weg bewegten, einige mit Geschwindigkeiten von bis zu 1000 km/s. Bewegungen mit hoher Geschwindigkeit sind im Kosmos nicht ungewöhnlich – die Sonne zum Beispiel bewegt sich mit 300 km/s um das Zentrum unserer Galaxie. Das Rätselhafte an Sliphers Ergebnis war, dass die Nebel sich anscheinend „verschworen" hatten, sich überwiegend von uns weg zu bewegen, wie in einer Art kosmischer Abstoßung (Abb. 7.1).

Hubble machte sich daran, Sliphers seltsame Erkenntnisse zu untersuchen. Er begann damit, innerhalb einer umfangreichen Auswahl von Nebeln, die jetzt als Galaxien erkannt wurden, deren Entfernungen zur Erde zu messen. Leider waren die Cepheiden zu schwach, um in allen außer den nächstgelegenen Galaxien beobachtet zu werden, sodass Hubble eine neue Standardkerze finden musste. Er bemerkte, dass die hellsten Sterne in den Galaxien, deren Entfernungen er (mit Cepheiden) messen konnte, ungefähr die gleiche Leuchtkraft hatten, also benutzte er sie als Standardkerzen und verlängerte damit die kosmische Entfernungsleiter. In der Zwischenzeit erweiterte Hubbles Assistent Milton Humason die Messungen der Rotverschiebung von Slipher auf eine größere Gruppe von Galaxien. Hubble zeichnete dann die von Slipher und Humason erhaltenen Rotverschiebungen im Vergleich zu seinen Entfernungsschätzungen auf. Er

© Springer Nature Switzerland AG 2021
D. Perlov und A. Vilenkin, *Kosmologie für alle, die mehr wissen wollen,*
https://doi.org/10.1007/978-3-030-63359-2_7

Abb. 7.1 Vesto Slipher hatte sich die mühsame Aufgabe vorgenommen, Spektren für verschiedene Spiralnebel zu bestimmen, weil er den Ursprung der Sonne und der Planeten verstehen wollte. Zu jener Zeit wurde allgemein angenommen, dass Spiralnebel andere Sonnensysteme sein könnten, die sich im Prozess der Bildung befinden

veröffentlichte seine Ergebnisse 1929 – und unsere Sicht auf das Universum hatte sich ein für allemal gewandelt (Abb. 7.2).

7.1   Ein expandierendes Universum

Hubble hat zwischen der Geschwindigkeit, mit der sich eine Galaxie von uns wegbewegt, und der Entfernung zur Galaxie eine sehr einfache Beziehung entdeckt[1]: Die Geschwindigkeit wächst proportional zur Entfernung. Je weiter die Galaxie von uns entfernt ist, desto größer ist ihre Geschwindigkeit. Wenn man die Entfernung verdoppelt, verdoppelt sich auch die Geschwindigkeit. Dies ist das berühmte Hubble-Gesetz (Abb. 7.3).

Mathematisch lässt sich das Hubble-Gesetz wie folgt formulieren:

$$v = H_0 d, \tag{7.1}$$

---

[1]Genauer gesagt, Hubble entdeckte eine lineare Beziehung zwischen der Rotverschiebung einer Galaxie und ihrer Entfernung. Die Rotverschiebung wird dann in eine Fluchtgeschwindigkeit umgerechnet.

Abb. 7.2 Edwin Hubble (1889–1953) machte einige der wichtigsten Entdeckungen in der modernen Astronomie. Er zeigte, dass unsere Milchstraße nur eine von einer Vielzahl von Galaxien ist, die im Kosmos verstreut sind. Seine größte Leistung war jedoch, dass er die Expansion des Universums entdeckte. Nach dem Abschluss seines Jurastudiums an der Universität Oxford und einer kurzen Zeit als Jurist und dann als Lehrer an einer High School promovierte Hubble 1917 an der Universität von Chicago in Astronomie. Ihm wurde eine Stelle am Mt. Wilson-Observatorium angeboten, die er aber erst annahm, nachdem er sich zunächst in der US-Armee zum Kampf gegen Deutschland verpflichtet hatte. Hubble war ein guter Sportler, der sich unter anderem in Leichtathletik und Boxen hervortat. Wäre er nicht im Alter von 63 Jahren plötzlich an einem Schlaganfall verstorben, hätte man ihm höchstwahrscheinlich den Nobelpreis verliehen, was zu Beginn seiner Karriere unmöglich war, da Astronomen damals nicht in Frage kamen. (*Quelle:* Hale Observatorien, mit freundlicher Genehmigung durch AIP Emilio Segre Visual Archives)

wobei v die Geschwindigkeit der Galaxie und d ihre Entfernung ist. Die Proportionalitätskonstante wird als Hubble-Parameter bezeichnet; ihr numerischer Wert ist[2]

$$H_0 = 2{,}2 \times 10^{-18}\,\mathrm{s}^{-1}. \tag{7.2}$$

---

[2]Wegen der Unsicherheiten bei den Entfernungsmessungen brauchten die Wissenschaftler mehr als ein halbes Jahrhundert, um sich auf diesen Wert zu einigen: Hubbles ursprüngliche Schätzung war viermal höher.

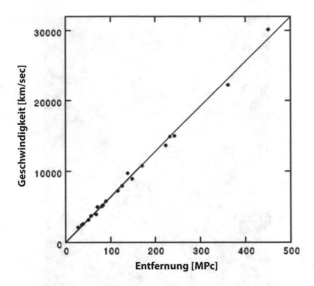

Abb. 7.3 Hubble-Gesetz mit Daten des High Redshift Supernova-Teams (1996). Die Fluchtgeschwindigkeit ist gegen die Entfernung in Megaparsecs (Mpc) (1 Mpc ≈ 3 × 10^6 Lichtjahre) aufgetragen. (*Quelle:* Ned Wright [UCLA] mit Daten von Riess, Press & Kirshner [1996, astro-ph/9604143])

Auf den ersten Blick mag es so erscheinen, das Hubble-Gesetz würde bedeuten, dass wir uns genau im Zentrum einer gigantischen Explosion befinden. Aber die Arbeiten von Friedmann und Lemaître haben gezeigt, dass die kosmische Expansion kein Zentrum haben muss. In einem homogenen und isotrop expandierenden Universum sehen alle Beobachter die umgebenden Galaxien zurückweichen. Außerdem ist nicht schwer zu verstehen, dass sie sich nach dem Hubble-Gesetz entfernen müssen.

Auch hier können wir uns ein expandierendes Universum mit Hilfe der Gummituch-Analogie vorstellen (Abb. 7.4). Die Folie wird gleichmäßig in beide Richtungen gedehnt, und die Punkte auf der Oberfläche der Folie stellen Galaxien dar. Nehmen wir zur Veranschaulichung an, dass die Folie in einer Sekunde auf das Doppelte ihrer ursprünglichen Größe gedehnt wurde. Die Punkte, die ursprünglich 1 cm voneinander entfernt waren, sind jetzt 2 cm voneinander entfernt, sodass sie sich mit einer Geschwindigkeit von 1 cm/s auseinanderbewegen. Gleichzeitig sind die Punkte, die ursprünglich 2 cm voneinander entfernt waren, jetzt 4 cm voneinander entfernt, sodass sie sich mit 2 cm/s auseinanderbewegen, also mit der doppelten Geschwindigkeit des ersten Punktpaares. Sie können sich leicht davon überzeugen, dass die Geschwindigkeit, mit der sich zwei beliebige Punkte trennen, proportional zum Abstand zwischen ihnen ist. Aber genau

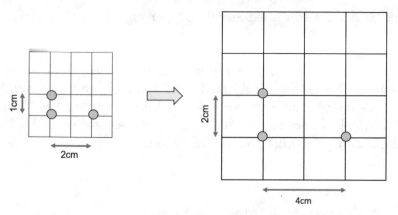

Abb. 7.4 Expandierendes „Gummituch"-Universum. In 1 s verdoppelt sich die Größe

das ist das Hubble-Gesetz. Demnach sieht es so aus, dass wir in einem expandierenden Universum leben.

7.2 Ein Anfang des Universums?

Die Auswirkungen von Hubbles Entdeckung waren wirklich unglaublich. Wenn die Abstände zwischen den Galaxien immer größer werden, müssen sie zu früheren Zeiten kleiner gewesen sein. Wenn wir die Bewegung der Galaxien in der Zeit zurückverfolgen, rücken sie immer näher zusammen, bis sie an einem bestimmten Zeitpunkt in der Vergangenheit alle miteinander verschmelzen. Das scheint darauf hinzudeuten, dass die Expansion des Universums einen Anfang gehabt haben muss. War das der Beginn unserer Welt?

Das Problem der Entstehung des Universums, das jahrhundertelang den Philosophen und Theologen vorbehalten war, hatte damit die Welt der Physiker und Astronomen erreicht. Friedmanns Modelle legten nahe, dass das gesamte Universum vor einer endlichen Zeit mit einem singulären Ereignis begann. Doch für viele war dies zu viel des Guten. „Philosophisch gesehen ist mir die Vorstellung eines Beginns der gegenwärtigen Ordnung der Natur abstoßend", schrieb Sir Arthur Eddington, ein bekannter britischer Astronom. „Als Wissenschaftler glaube ich einfach nicht daran, dass das Universum mit einem Knall begann." Einstein war ebenso beunruhigt. In einem Brief an den holländischen Astronom Willem de Sitter schrieb er: „Solchen Möglichkeiten zuzustimmen, erscheint unsinnig."

Und in der Tat schien ein kosmischer Anfang vor einer endlichen Zeit eine Reihe verwirrender Probleme aufzuwerfen. Was geschah tatsächlich am Anfang? Und wie kam es dazu? Was bestimmte den Anfangszustand des Universums? Auf Hubbles Entdeckung gab es keine offensichtlichen Antworten. Aber als diese Probleme ins Blickfeld geraten waren, wurde ein großer Teil des weiteren Fortschritts in der Kosmologie von den Versuchen angetrieben, die frühen Stadien der Expansion zu verstehen, was den Beginn der Expansion verursachte und schließlich, wie – und ob – das Universum entstanden ist.

7.3   Die Steady-State-Theorie

Die meisten Physiker hofften, dass die Entdeckung von Hubble irgendwie erklärt werden könnte, ohne postulieren zu müssen, dass das Universum einen Anfang hat. Der berüchtigtste Versuch dieser Art war die „Steady-State-Theorie", die 1948 von Fred Hoyle, Hermann Bondi und Thomas Gold, alle an der Universität Cambridge, formuliert wurde. Diese Theorie beruhte auf dem sogenannten „perfekten kosmologischen Prinzip", das besagt, dass das Universum zu allen Zeiten, an allen Orten und in allen Richtungen mehr oder weniger gleich aussieht. Eine offensichtliche Implikation ist, dass das Universum keinen Anfang in der Zeit hatte. Aber wie könnte dieses Bild mit der Tatsache in Einklang gebracht werden, dass das Universum bekanntlich expandiert? Sicherlich würden die Abstände zwischen den Galaxien zunehmen und die durchschnittliche Materiedichte würde sich verdünnen?

Um die Expansion auszugleichen, schlugen Hoyle, Bondi und Gold vor, dass die Materie kontinuierlich aus dem Vakuum heraus erzeugt wird, sodass die durchschnittliche Materiedichte konstant bleibt. Um dies zu erreichen, müssten nur wenige Atome pro Kubikkilometer und Jahrhundert materialisiert werden. Anstelle einer plötzlichen Erzeugung aller Materie müsste also eine sehr kleine Menge an Materie kontinuierlich erzeugt werden (Abb. 7.5).

Viele Physiker unterstützten das Steady-State-Modell aus philosophischen Gründen. Aber letztlich erwies es sich als falsch. Eine Steady-State-Vorhersage war, dass entfernte Galaxien, die wir so sehen, wie sie vor Milliarden von Jahren waren, mehr oder weniger genauso aussehen sollten wie Galaxien in unserer Nachbarschaft. Heute wissen wir, dass entfernte Galaxien kleiner sind, unregelmäßige Formen haben und von sehr hellen,

Abb. 7.5 Fred Hoyle (1915–2001) ist am besten bekannt für seinen Beitrag zur Theorie der stellaren Nukleosynthese, die erklärt, wie schwere Elemente im Inneren von Sternen entstanden sind. Er war auch der hauptsächliche Vertreter der Theorie des stationären Zustands und ein eifriger Gegner des Urknallmodells. Doch ironischerweise prägte er den Begriff „Urknall" (zum Spott) während einer Radiosendung für die BBC im Jahr 1949. (*Quelle:* Photo von Ramsey und Muspratt, mit freundlicher Genehmigung durch AIP Emilio Segre Visual Archives, Sammlung Physics Today)

kurzlebigen Sternen bevölkert sind. Im Gegensatz zu nahen Galaxien sind viele von ihnen starke Quellen von Radiowellen.

Das endgültige Ende der Steady-State-Theorie kam mit der Entdeckung der kosmischen Mikrowellen-Hintergrundstrahlung (*cosmic microwave background*, CMB) Mitte der 1960er Jahre. Die Entdeckung der CMB-Strahlung bewies, dass das frühe Universum sehr heiß war, und das Modell vom heißen Urknall entwickelte sich zum kosmologischen Standardmodell. Kosmologen mussten akzeptieren, dass die Beschäftigung mit dem Beginn des Universums zwangsläufig das Risiko mit sich brachte, die Arbeitsstelle zu verlieren!

7.4　Der Skalenfaktor

Wenn sich das Universum ausdehnt, werden die Abstände zwischen allen Galaxien um denselben Faktor gedehnt. Entsprechend verhält es sich, wenn wir in der Zeit zurückgehen: Dann werden alle Entfernungen um den gleichen Faktor verkürzt. Der Faktor, um den sich die Entfernungen ändern, wenn wir von der gegenwärtigen kosmischen Zeit t_0 in eine zukünftige oder vergangene Zeit t blicken, wird als *Skalenfaktor* $a(t)$ bezeichnet.

Wenn der Abstand zwischen zwei Galaxien gegenwärtig d_0 beträgt, dann ist ihr Abstand zu jedem anderen Zeitpunkt t

$$d = a(t)d_0. \tag{7.3}$$

Zum gegenwärtigen Zeitpunkt t_0 wird der Skalenfaktor normalerweise definiert als $a(t_0) = 0$, zu einem früheren Zeitpunkt als $a(t) < 1$, zu einem späteren Zeitpunkt als $a(t) > 1$ und beim Urknall als $a(t = 0) = 0$. Die relative Geschwindigkeit eines Galaxienpaares ist durch die Änderungsgeschwindigkeit ihrer Entfernung gegeben. Wir schreiben $v = d$, wobei ein obenstehender Punkt die physikalische Standardnotation für „die Änderungsrate" ist. (Wenn Sie mit der Analysis vertraut sind, werden Sie erkennen, dass d die Ableitung der Entfernung gegen die Zeit ist). Aus Gl. 7.3 erhalten wir

$$v = \dot{a}(t)d_0, \tag{7.4}$$

wobei $\dot{a}$ die Änderungsrate des Skalenfaktors ist[3]. Die relative Geschwindigkeit der Galaxien hängt also davon ab, wie schnell sich der Skalenfaktor mit der Zeit ändert. Der Hubble-Parameter kann nun aus $H = v/d$ hergeleitet werden und ergibt mit Gl. 7.3 und 7.4

$$H = \frac{\dot{a}(t)}{a(t)}. \tag{7.5}$$

Somit ist der Hubble-Parameter zu jedem Zeitpunkt gleich der Rate, mit der sich der Skalenfaktor ändert, geteilt durch den Skalenfaktor zu diesem Zeitpunkt. Dabei ist zu beachten, dass der Hubble-Parameter (oder die Hubble-Konstante, wie er manchmal genannt wird) im Raum konstant ist, sich aber mit der Zeit ändern kann.

---

[3]Wenn wir eine Variable mit einer Konstante multiplizieren, wird ihre Änderungsrate mit derselben Konstante multipliziert.

7.5   Kosmische Rotverschiebung

Bisher haben wir die beobachtete Rotverschiebung des Lichts durch den Dopplereffekt erklärt, der auf die Bewegung von Galaxien weg von uns zurückzuführen ist. Nun ist jedoch eine alternative Erklärung möglich, die noch dazu einfacher ist: Während die Lichtwellen zu uns gelangen, wird ihre Wellenlänge durch die kosmische Expansion gedehnt (Abb. 7.6).

Wenn Licht zu einem Zeitpunkt t eine entfernte Galaxie verlässt, beginnt dies mit einer bestimmten Wellenlänge λ. Bis es uns erreicht, hat sich das Universum um den Faktor $1/a(t)$, vergrößert, und die Wellenlänge des Lichts ist um den gleichen Faktor gedehnt. Die derzeit auf der Erde beobachtete Wellenlänge λ_0 kann hergeleitet werden aus

$$\frac{\lambda_0}{\lambda} = \frac{1}{a(t)}. \tag{7.6}$$

Die kosmische Rotverschiebung z ist definiert als die relative Änderung der Wellenlänge

$$z = \frac{\lambda_0 - \lambda}{\lambda} \tag{7.7}$$

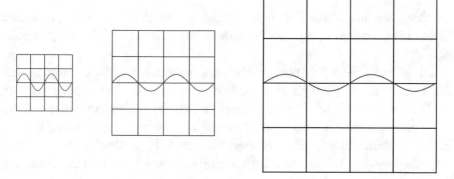

Abb. 7.6 Kosmische Rotverschiebung. Die Wellenlänge des Lichts wird gedehnt, weil sich der Raum selbst dehnt

und wir haben eine Beziehung zwischen Rotverschiebung und Skalenfaktor[4]:

$$z + 1 = \frac{\lambda_0}{\lambda} = \frac{1}{a(t)}. \tag{7.8}$$

Wenn wir also die Rotverschiebung von Licht messen, das von einer weit entfernten Galaxie kommt, wissen wir sofort, um wie viel sich das Universum seit der Emission des Lichts ausgedehnt hat.

7.6   Das Alter des Universums

Wenn das Universum vor einer endlichen Zeit begonnen hat, wie alt ist es dann? Um das herauszufinden, können wir die Bewegung von Galaxien in der Zeit zurückverfolgen und abschätzen, wie lange es dauert, bis sie beim Urknall verschmelzen. Für eine grobe Abschätzung vernachlässigen wir zunächst den Einfluss der Schwerkraft. Unter dieser Bedingung bewegt sich jedes beliebige Galaxienpaar mit einer konstanten Relativgeschwindigkeit. Betrachten wir zwei Galaxien in einem Abstand d voneinander. Nach dem Hubble-Gesetz bewegen sie sich mit der Geschwindigkeit $v = H_0 d$ auseinander. Wenn sie sich immer mit dieser Geschwindigkeit bewegt haben, dann ist die seit dem Urknall verstrichene Zeit

$$t_0 = d/v = d/H_0 d = 1/H_0 = 4{,}5 \times 10^{17}\,\text{s} \approx 14{,}4 \times 10^9\,\text{Jahre}. \tag{7.9}$$

Beachten Sie, dass diese Zeit unabhängig ist von der Entfernung d, sodass sie für alle Galaxienpaare gleich ist. Kosmologen nennen $1/H_0$ die „Hubble-Zeit".

Wir können diese Schätzung verbessern, indem wir berücksichtigen, dass das Universum tatsächlich eine zeitlich veränderliche Expansionsrate hat. Zu Beginn seiner Geschichte verlangsamte sich das Universum aufgrund der Schwerkraft, während später eine Periode beschleunigter Expansion begann (aus Gründen, die wir noch erörtern werden). Es stellt sich heraus, dass sich diese beiden Effekte fast gegenseitig aufheben. Die besten modernen

---

[4]Für Licht, das in einer frühen Phase emittiert wurde, als das Universum viel kleiner war als heute, gilt $a(t) \ll 1$ und $z \gg 1$. Beachten Sie, dass in diesem Fall Gl. 6.1 für die Dopplerverschiebung nicht verwendet werden kann. Sie gilt nur für Lichtquellen, die sich mit im Vergleich zur Lichtgeschwindigkeit geringen Geschwindigkeiten bewegen, d. h. nur bis $z \ll 1$. (Die Symbole „$\ll$" und „$\gg$" bedeuten „viel kleiner als" bzw. „viel größer als").

Schätzungen, die alle Details berücksichtigen, ergeben ein Alter von 13,77 Mrd. Jahren. Es ist ziemlich bemerkenswert, dass wir vor weniger als 100 Jahren noch nicht einmal wussten, dass das Universum andere Galaxien enthält, während wir heute das Alter des Universums auf ein halbes Prozent genau berechnen können.

7.7 Die Hubble-Entfernung und der kosmische Horizont

Das Hubble-Gesetz besagt, dass die Geschwindigkeiten von Galaxien proportional zu ihrer Entfernung anwachsen. Daraus folgt, dass die Geschwindigkeiten für ausreichend weit entfernte Galaxien beliebig groß werden können. Dies mag bedenklich klingen, da eine Bewegung schneller als Licht der Speziellen Relativitätstheorie zu widersprechen scheint. Tatsächlich gibt es aber keinen Widerspruch. Es ist wichtig zu erkennen, dass die Expansion des Universums eine Expansion des Raums ist, nicht eine Bewegung von Galaxien in einem bereits existierenden Raum. Die Relativitätstheorie verlangt, dass sich Objekte nicht schneller als mit Lichtgeschwindigkeit voneinander entfernen können, aber es gibt keine Grenze dafür, wie schnell sich der Raum zwischen Objekten ausdehnen kann. Die Entfernung, jenseits der sich Galaxien schneller als mit Lichtgeschwindigkeit von uns weg bewegen, wird als *Hubble-Entfernung* bezeichnet. Wir können sie herleiten, indem wir $v = c$ in Gl. 7.1 einsetzen und für d lösen; dies ergibt

$$d_H = \frac{c}{H_0} = 14{,}4 \times 10^9 \, \text{Lj.} \tag{7.10}$$

Eine weitere wichtige Entfernungsskala wird durch unseren kosmischen Horizont bestimmt. In einem Universum mit endlichem Alter gibt es eine Grenze dafür, wie weit wir in den Weltraum blicken können. Die Entfernung, die das Licht seit dem Urknall zurückgelegt hat, ist endlich, und Lichtquellen, die zu weit entfernt sind, können wir nicht sehen, weil ihr Licht die Erde noch nicht erreicht hat. Wir können uns vorstellen, dass wir uns im Zentrum einer gigantischen Kugel befinden – dem beobachtbaren Teil des Universums. Die Grenze dieser Kugel wird *Partikel- oder Beobachtungshorizont* genannt; ihr Radius d_{hor} ist die Entfernung zu den entferntesten Objekten („Partikel"), die wir möglicherweise beobachten können. Wir werden den Partikelhorizont einfach als „Horizont" bezeichnen und den Begriff „Partikelhorizont" nur dort verwenden, wo er mit einer anderen Art von Horizont verwechselt werden kann – dem *Ereignishorizont*, auf den wir an anderer Stelle stoßen werden (Abschn. 4.5.3).

Da das Alter des Universums $t_0 \approx 14 \times 10^9$ Jahre beträgt, könnte man meinen, die Horizontentfernung sei einfach $ct_0 \approx 14 \times 10^9$ Lj. Das wäre korrekt, wenn sich die Entfernung zwischen uns und den kosmischen Lichtquellen mit der Zeit nicht ändern würde. Aber in einem expandierenden Universum bewegt sich eine bestimmte Quelle von uns weg, während sich ihr Licht auf die Erde zubewegt. Zu dem Zeitpunkt, an dem wir die Quelle entdecken, befindet sie sich also in einer größeren Entfernung als zu dem Zeitpunkt, an dem ihr Licht ausgestrahlt wurde. Bei den am weitesten entfernten beobachtbaren Quellen liegt die Emissionszeit nahe am Urknall. Die Quelle war uns damals viel näher als heute, und ihre heutige Entfernung hängt von der gesamten Expansionsgeschichte des Universums vom Urknall bis zur Gegenwart ab. Berechnungen, die auf unserem heutigen Verständnis dieser Geschichte basieren, ergeben für die Horizontentfernung

$$d_{\text{hor}} \approx 46 \times 10^9 \, \text{Lj}, \tag{7.11}$$

das ist etwa dreimal größer als die unbedarfte Schätzung. In den folgenden Kapiteln werden wir erfahren, dass die Entwicklung des frühen Universums zunächst von der Strahlung, dann von der Materie und schließlich von der „dunklen Energie" dominiert wurde. Alle diese Komponenten führen dazu, dass der Horizont auf unterschiedliche Weise zunimmt (als die Strahlung dominierte, nahm der Horizont am langsamsten zu, und seit die dunkle Energie dominiert, nimmt der Horizont am schnellsten zu). Für ein von Materie dominiertes Universum mit einer flachen Geometrie gilt $d_{\text{hor}}(t) = 3ct$. Dies ergibt $d_{\text{hor}} \approx 42 \times 10^9$ Lichtjahre, etwas weniger als die in Gl. 7.11 angegebene tatsächliche Horizontentfernung. Für unsere Zwecke lässt sich eine Schätzung der Größenordnung für die Horizont- und Hubble-Entfernungen zu jedem kosmischen Zeitpunkt t herleiten aus der Beziehung

$$d_{\text{hor}}(t) \sim d_H(t) \sim ct. \tag{7.12}$$

Die Lichtausbreitung und der Horizont in einem expandierenden Universum sind in Abb. 7.7 in einem Raumzeitdiagramm dargestellt. Die Weltlinie unserer Galaxie verläuft entlang der vertikalen Achse, und die Weltlinien einiger weniger anderer Galaxien sind als blaue Kurven eingetragen. Die Galaxien nähern sich einander an, wenn wir in der Zeit zurückgehen und verschmelzen beim Urknall. Die Steigung der Kurven

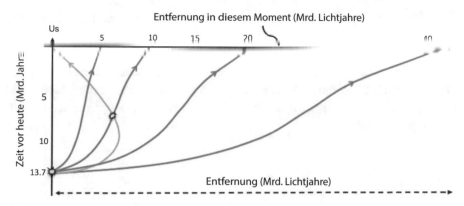

Abb. 7.7 Weltlinien von Galaxien *(blau)* und Lichtausbreitung *(grün)* in einem expandierenden Universum

sagt uns, wie schnell sich die Galaxien wegbewegen: Je steiler die Kurve nach oben ansteigt, desto langsamer ist die Fluchtgeschwindigkeit. Aus der Abbildung sehen wir, dass die Geschwindigkeit mit der Entfernung zunimmt, wie es das Hubble-Gesetz verlangt. Wir können auch erkennen, wie sich die Fluchtgeschwindigkeit für eine bestimmte Galaxie mit der Zeit verändert. Die Galaxien bewegen sich zunächst mit sehr hohen Geschwindigkeiten auseinander. Dann werden sie, wie man erwarten könnte, durch die Schwerkraft abgebremst. Aber vor etwa fünf Milliarden Jahren beginnt sich ihre Bewegung zu beschleunigen. Den Grund für dieses unerwartete Phänomen werden wir in Kap. 9 besprechen.

Die Lichtausbreitung wird im Diagramm durch eine grüne Linie angezeigt. Diese Linie markiert unseren Vergangenheitslichtkegel. Beachten Sie, dass sie sich von der geradlinigen Ausbreitung unter einem Winkel von 45° unterscheidet, die wir im flachen Raum haben würden. In einer frühen Phase nahe dem Urknall wird das Licht durch den sich ausdehnenden Raum mitgerissen, sodass sich das in unsere Richtung ausgestrahlte Licht zunächst von uns weg bewegt. Später dreht es sich um und nähert sich schließlich, während es sich durch den sich langsamer ausdehnenden Raum ausbreitet, unserer Galaxie entlang einer 45°-Linie.

Entfernte Galaxien sind heute so zu beobachten, wie sie zu früheren Zeiten aussahen; diese Zeiten lassen sich anhand der Schnittpunkte unseres vergangenen Lichtkegels (grüne Linie) mit den Weltlinien der Galaxien bestimmen. Zum Beispiel ereignete sich die in der Abbildung markierte Supernova vor etwa 7,5 Mrd. Jahren in einer Galaxie, die zu dieser Zeit etwa sieben Milliarden Lichtjahre) entfernt war. Die heutige Entfernung zu dieser Galaxie beträgt 10 Mrd. Lichtjahre. Wenn wir weiter entfernte Galaxien betrachten, erfolgt der Schnittpunkt zu immer früheren Zeiten, bis wir die Galaxie erreichen, deren Weltlinie beim Urknall gerade unseren vergangenen Lichtkegel berührt. Diese Galaxie ist jetzt ungefähr 46 Mrd. Lichtjahre von uns entfernt. Es gibt sicherlich weiter entfernte Galaxien, aber sie können nicht beobachtet werden, da ihre Weltlinie unseren vergangenen Lichtkegel nicht kreuzt. Demnach ist $d_{hor} \approx 46$ Mrd. Lichtjahre die Entfernung zum kosmischen Horizont.

7.8 Nicht alles expandiert

Da das Universum expandiert, fragen Sie sich vielleicht, ob das Sonnensystem, die Erde oder vielleicht sogar Sie selbst ebenfalls expandieren. Machen Sie sich keine Sorgen, Sie expandieren nicht! Objekte, die durch Kräfte miteinander verbunden sind, wie Atome, Planeten, Sterne, Galaxien und sogar Galaxiengruppen, erfahren keine Hubble-Expansion.

Wie bei der Analogie mit dem Gummituch können wir uns in einem expandierenden Universum Objekte vorstellen, die im Raum fixiert sind, während der Raum selbst durch die kosmische Expansion gedehnt wird. Wir werden solche Objekte als *„mitbewegt"* bezeichnen. Galaxien bewegen sich mit der Expansion, aber nur annähernd: Zusätzlich zur Hubble-Expansion bewegen sie sich unter der Einwirkung von Gravitationskräften. Es gibt viele schöne Aufnahmen von kollidierenden Galaxien (Abb. 7.8); in der Tat

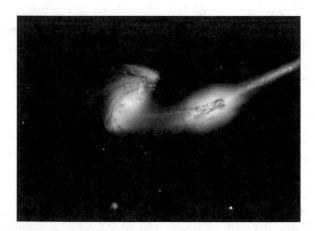

Abb. 7.8 Das Hubble-Gesetz gilt nicht für Galaxien, die durch Gravitationskräfte miteinander verbunden sind, wie die kollidierenden Galaxien in dieser Aufnahme. (*Quelle:* NASA, H. Ford [JHU], G. Illingworth [UCSC/LO], M. Clampin [STScI], G. Hartig [STScI], ACS Science Team und ESA-APOD 2004-06-12)

bewegen sich unsere Milchstraße und die Andromeda-Galaxie aufeinander zu und werden in etwa vier Milliarden Jahren kollidieren. Wenn wir jedoch diese relativ „lokalen" Bewegungen ignorieren, gehorcht auf den größten Skalen alle Materie dem Hubble-Gesetz. Beachten Sie, dass elektrische und magnetische Felder in elektromagnetischen Wellen nicht durch irgendeine Kraft aneinander gebunden sind; deshalb werden die Lichtwellen auch gedehnt.

Zusammenfassung

Entfernte Galaxien bewegen sich von der Milchstraße weg, was darauf hindeutet, dass sich das Universum ausdehnt. Edwin Hubble entdeckte 1929 eine einfache Beziehung zwischen der Geschwindigkeit, mit der sich eine Galaxie von uns wegbewegt, und der Entfernung zu dieser Galaxie: Die Geschwindigkeit nimmt proportional zur Entfernung zu. Dies ist heute als Hubble-Gesetz bekannt. Es legt nahe, dass es kein bevorzugtes Zentrum für die Expansion gibt. Alle Beobachter sehen, dass sich die Galaxien von ihrer eigenen Galaxie entfernen. Daher war das Universum in der Vergangenheit viel dichter als heute und es hat einen zeitlichen Anfang, den Urknall vor etwa 14 Mrd. Jahren.

Fragen

1. Stellen Sie das Hubble-Gesetz mathematisch dar und beschreiben Sie, was es bedeutet.
2. Nach dem Hubble-Gesetz sollten wir beobachten, dass entfernte Galaxien sich immer schneller von uns entfernen, je weiter wir hinausblicken. Bedeutet dies, dass wir uns im Zentrum des expandierenden Universums befinden?
3. Worin dehnt sich das Universum aus?
4. Nach der Speziellen Relativitätstheorie ist die Lichtgeschwindigkeit die ultimative Geschwindigkeitsgrenze. Gibt es eine Grenze, wie schnell die Entfernungen zu fernen Galaxien zunehmen können? Wie lässt sich das erklären?
5. Unterliegt alles im Universum einer „Hubble"-Expansion? Expandiert zum Beispiel die Entfernung zwischen Erde und Sonne? Was ist mit dem Abstand zwischen dem Kopf und den Zehen?
6. Die Andromeda-Galaxie bewegt sich auf uns zu. Widerlegt diese Tatsache das Hubble-Gesetz? Wie lässt sich das erklären?
7. Ein Universum, das nach dem Hubble-Gesetz mit $v = Hd$ expandiert, bleibt homogen und isotrop, wenn es von Anfang an homogen und isotrop war. In einem solchen Universum sehen Beobachter in jeder

Galaxie, wie sich die anderen Galaxien nach dem gleichen Gesetz entfernen. Würden diese Eigenschaften auch dann noch gelten, wenn anstelle des Hubble-Gesetzes die Fluchtgeschwindigkeiten der Galaxien proportional zum Quadrat ihrer Entfernung wären, also $v = Hd^2$?

8. Berechnen Sie mit Hilfe des Hubble-Gesetzes und der nicht-relativistischen Rotverschiebungsformel $z = v/c$ die Entfernung zu einer Galaxie, die eine gemessene Rotverschiebung von $z = 0{,}01$ aufweist (nehmen Sie dafür $H_0 = 2{,}2 \times 10^{-18}\,\mathrm{s}^{-1}$ und $c = 3 \times 10^8\,\mathrm{ms}^{-1}$ an).

9. Astronomen haben im Spektrum einer fernen Galaxie Kohlenstofflinien gemessen und festgestellt, dass ihre Wellenlängen 1,5-mal größer sind als die entsprechenden Wellenlängen im Kohlenstoffspektrum auf der Erde. Um wie viel hat sich das Universum seit der Aussendung dieses Lichts ausgedehnt?

10. Wenn die Expansion des Universums seit dem Urknall immer langsamer geworden ist, ist dann die Hubble-Zeit größer oder kleiner als das Alter des Universums? (Tipp: Angenommen, Sie und Ihr Freund laufen ein Rennen. Irgendwann holen Sie einander ein und haben für den Augenblick die gleiche Geschwindigkeit. Wenn Ihr Freund immer mit dieser konstanten Geschwindigkeit gelaufen ist und Sie mit höherer Geschwindigkeit gestartet sind und abgebremst haben, wer von Ihnen muss zuerst in das Rennen gestartet sein?)

11. Ein Lichtimpuls wird von einer Quelle in Richtung eines Beobachters ausgesandt, der sich in Bezug auf die Quelle zunächst in Ruhe befindet. Betrachten Sie die folgenden zwei Szenarien:

    a) Nachdem der Impuls ausgesendet wurde, beginnt der Beobachter, sich schnell von der Quelle zu entfernen. Er stoppt, wenn sich der Abstand zwischen ihm und der Quelle verdoppelt; kurz danach erreicht der Impuls den Beobachter. Das Universum expandiertin diesem Szenario nicht.

    b) Nachdem der Puls ausgesendet wurde, beginnt das Universum zu expandieren und dehnt sich um den Faktor 2 aus, sodass der Abstand zwischen dem Beobachter und der Quelle um den gleichen Faktor gedehnt wird. Nachdem die Expansion gestoppt ist, erreicht das Licht den Beobachter. Wird der Beobachter in einer dieser beiden Situationen eine Rotverschiebung feststellen?

12. Statische Modelle eines ewigen Universums stehen im Konflikt mit dem Zweiten Hauptsatz der Thermodynamik. Erklären Sie, warum in einem expandierenden Universum dieser Konflikt vermieden wird.

13. Modelle, die davon ausgehen, dass das Universum statisch und unendlich ist, kranken an Olbers' Paradoxon: Jede Sichtlinie trifft auf einen Stern, sodass der gesamte Himmel wie die Oberfläche der Sonne strahlen müsste. Erklären Sie, warum ein expandierendes Universum endlichen Alters dieses Problem nicht hat.

14. Die Theorie des stationären Zustands basiert auf dem „perfekten kosmologischen Prinzip", das besagt, dass das Universum im Durchschnitt an allen Orten, in allen Richtungen und zu allen Zeiten gleich aussieht. Welche Beobachtungen lassen sich mit der Steady-State-Theorie nicht erklären und warum?

15. Was ist der kosmische Horizont? Wenn das Alter des Universums t_0 ist, warum ist die Entfernung des Horizonts größer als ct_0 ?

8

Das Schicksal des Universums

Wird sich das Universum für immer weiter ausdehnen oder wird es schließlich zum Stillstand kommen und anfangen zu kollabieren? Wir werden sehen, dass diese Frage eine ziemlich einfache Antwort hat, die nur von der durchschnittlichen Dichte ρ des Universums abhängt[1]. Je größer die Dichte, desto stärker ist die Gravitationskraft, die die Expansion verlangsamt. Ist ρ größer als ein bestimmter kritischer Wert, ρ_c, folgt auf die Expansion eine Kontraktion, und das Universum endet in einem „großen Knirschen" („Big Crunch"). Andernfalls wird die Ausdehnung ewig weitergehen, und das Universum wird kälter und dunkler werden, da die Sterne ihren nuklearen Brennstoff erschöpfen und sich die Galaxien immer weiter auseinanderbewegen. Unser Ziel in diesem Kapitel ist es, die kritische Dichte ρ_c zu berechnen. Im folgenden Kapitel besprechen wir dann den gemessenen Wert der mittleren Dichte ρ und vergleichen ihn mit ρ_c.

8.1 Die Kritische Dichte

Es ist ein glücklicher Zufall, dass man nicht die volle mathematische Maschinerie der Allgemeinen Relativitätstheorie einsetzen muss, um die kritische Dichte zu bestimmen – eine Newton'sche Analyse wird zum

---

[1]In diesem Kapitel gehen wir davon aus, dass es im Universum keine kosmologische Konstante gibt. Wir werden noch einmal auf das Schicksal des Universums zurückkommen, wenn wir Beweise dafür finden, dass die kosmologische Konstante nicht null ist.

© Springer Nature Switzerland AG 2021
D. Perlov und A. Vilenkin, *Kosmologie für alle, die mehr wissen wollen*,
https://doi.org/10.1007/978-3-030-63359-2_8

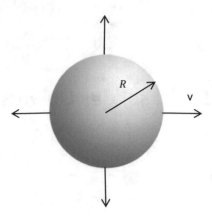

Abb. 8.1 Eine expandierende Kugel mit der Masse M und dem Radius R, die einen Teil des Universums repräsentiert

richtigen Ergebnis führen und hilfreiche Erkenntnisse auf dem Weg dorthin liefern. Beginnen wir also mit der Betrachtung einer expandierenden kugelförmigen Region mit dem Radius R, die einen Teil des expandierenden Universums darstellt (Abb. 8.1). Wir stellen uns vor, dass unsere hypothetische Kugel gleichmäßig mit Galaxien durchsetzt ist, die wir als „Partikel" bezeichnen wollen. Betrachten wir nun die Bewegung eines „Test"-Partikels, das an der Grenze der Kugel liegt. Die Gravitationswirkung des Rests der Kugel auf dieses Testpartikel ist dieselbe, als ob die Masse M der Kugel im Zentrum konzentriert wäre. Auch die Verteilung der Materie außerhalb der Kugel hat keinen Einfluss auf unser Testpartikel (oder irgendein anderes Partikel innerhalb der Kugel) (Kap. 2).

Wenn sich die Kugel ausdehnt, wird das Teilchen (und der Rest der Kugel) durch die Schwerkraft abgebremst und kommt entweder zum Stillstand und kollabiert oder dehnt sich immer weiter aus. Wie also bestimmen wir das Ergebnis? Wir wenden den Satz der Energieerhaltung an (dies ist genau dasselbe Prinzip, das wir bei der Berechnung der Fluchtgeschwindigkeit eines Projektils in Kap. 2 verwendet haben). Die Energie des Teilchens ist die Summe seiner kinetischen und gravitativen potenziellen Energie und ist gegeben durch

$$E = \frac{1}{2}mv^2 - \frac{GMm}{R} = constant. \tag{8.1}$$

Die Masse des Testteilchens ist m, seine Geschwindigkeit ist v, M ist die Masse der gesamten Kugel und R ist der Abstand des Teilchens vom Mittelpunkt der Kugel. Wie sich die Kugel verhält, hängt davon ab, ob die Gesamtenergie negativ, positiv oder null ist.

Wenn die Gesamtenergie negativ ist, bleibt das Teilchen stehen und fällt nach innen zurück. Tatsächlich wird die ganze Kugel kollabieren. Um zu verstehen, warum dies der Fall ist, betrachten Sie die beiden Terme, die zur Gesamtenergie beitragen. Wenn sich das Teilchen immer weiter entfernt, wird der Term der negativen potenziellen Energie immer kleiner, während der Term der kinetischen Energie immer positiv ist. Damit die Gesamtenergie erhalten bleibt, muss das Teilchen also anhalten und die Bewegung umkehren (wenn es ins Unendliche gelangt, wäre seine Gesamtenergie entweder null oder positiv, je nachdem, wie hoch die Restgeschwindigkeit im Unendlichen wäre). Ist die Gesamtenergie hingegen positiv, dann setzt sich die Expansion fort, und die Geschwindigkeit nähert sich einem konstanten Wert (können Sie bestimmen, wie hoch dieser Wert in Bezug auf E ist?). Es gibt eine dritte Möglichkeit – die Energie könnte den Wert null annehmen,

$$E = \frac{1}{2}mv^2 - \frac{GMm}{R} = 0.$$ (8.2)

Man nennt dies den kritischen Fall. Die Dichte wird in diesem Fall als kritische Dichte ρ_c bezeichnet.

Die Masse innerhalb der Kugel mit dem Radius R ist mit der durchschnittlichen Massendichte der Kugel über $M = \frac{4\pi}{3}R^3\rho$ verknüpft. Beachten Sie, dass sich die Kugel ausdehnt, sodass sowohl der Radius als auch die durchschnittliche Energiedichte Funktionen der Zeit sind, während die Masse konstant bleibt. Auch aus dem Hubble-Gesetz geht hervor, dass die Geschwindigkeit des Teilchens $v = HR$ ist.

Fügt man diese Ausdrücke für Geschwindigkeit und Masse in Gl. 8.2 ein, so erhält man $\frac{1}{2}H^2R^2 = G\frac{4\pi}{3}R^2\rho_c$. Dies lässt sich umformen zum Ausdruck für die kritische Dichte ρ_c in Abhängigkeit von der Hubble-Konstante H und der Newton-Konstante G:

$$\rho_c = \frac{3H^2}{8\pi G}.$$ (8.3)

Beachten Sie, dass ρ_c nicht vom willkürlichen Radius R der Kugel abhängt. Beachten Sie auch, dass ρ_c zeitabhängig ist, da H ebenfalls von der Zeit abhängt.

So haben wir mit Hilfe der Energieerhaltung herausgefunden, dass, wenn die Kugel (oder das Universum) die durch Gl. 8.3 gegebene kritische Dichte hat, die Ausdehnung ewig weitergeht, aber mit einer Geschwindigkeit, die sich dem Nullpunkt nähert (da die potenzielle Energie gegen null geht, so muss dies auch für die kinetische Energie und damit die Geschwindigkeit gelten). Wenn die mittlere Dichte $\rho > \rho_c$ erreicht ist, wird die Expansion zum Stillstand kommen, gefolgt von Kontraktion und Kollaps. Und wenn $\rho < \rho_c$, dann wird sich das Universum immer weiter ausdehnen.

Unter Verwendung des derzeit besten Schätzwerts für die Hubble-Konstante $H_0 = 2.2 \times 10^{-18} s^{-1}$ ergibt sich $\rho_{c,0} \approx 10^{-26} \text{kg/m}^3$ – was nur etwa sechs Protonen pro Kubikmeter entspricht[2]. Das reicht aus, um das Universum zum Kollaps zu bringen! Wenn wir nun die durchschnittliche Dichte ρ_0 messen, sollten wir in der Lage sein, das endgültige Schicksal des Universums vorherzusagen. Wir werden in Kap. 9 ρ_0 noch weiter besprechen, aber bevor wir dazu kommen, wollen wir einen damit eng verwandten Parameter einführen, der für Kosmologen unverzichtbar ist.

8.2 Der Dichteparameter

Der Dichteparameter ist definiert als das Verhältnis der tatsächlichen (durchschnittlichen) Dichte zur kritischen Dichte:

$$\Omega = \frac{\rho}{\rho_c}. \tag{8.4}$$

Wir können die Ergebnisse der vorangegangenen Abschnitte dieses Kapitels im Hinblick auf diesen Parameter neu formulieren. Wenn $\Omega > 1$, dann kollabiert das Universum schließlich; und wenn $\Omega \leq 1$, dehnt sich das Universum immer weiter aus (Abb. 8.2).

Unsere Berechnung der kritischen Dichte haben wir in einem Newton'schen Rahmen durchgeführt. Hätten wir die Allgemeine Relativitätstheorie angewendet, hätte sich genau die gleiche Beziehung zwischen dem Schicksal des Universums und dem Dichteparameter ergeben[3]. Darüber hinaus stellt sich heraus, dass der Wert des Dichteparameters auch die Geometrie des Universums bestimmt. Dieser geometrische Zusammenhang kann nur mit Hilfe der Allgemeinen Relativitätstheorie verstanden werden. In einem geschlossenen Friedmann-Universum, das wir in Kap. 5

---

[2]Die tiefgestellten Nullen von H_0 und ρ_0 zeigen an, das dies die in der gegenwärtigen kosmischen Zeit gemessenen Werte von H und ρ sind.

[3]Dies ist nicht nur ein glücklicher Zufall. Die Newton'sche Gravitation ist eine gute Annäherung an die Allgemeine Relativitätstheorie, wenn 1) das Gravitationsfeld schwach ist und 2) die Geschwindigkeiten klein sind im Vergleich zur Lichtgeschwindigkeit. Sind diese Bedingungen in unserer Berechnung erfüllt? Wenn der Radius der Kugel R ausreichend klein ist, trifft dies zu. Da R ein willkürlicher Parameter in unserer Berechnung ist, können wir ihn klein genug wählen, um sicherzustellen, dass die Newton'sche Approximation tatsächlich gültig ist.

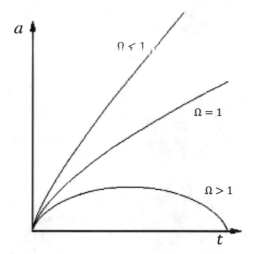

Abb. 8.2   Die Entwicklung des Skalenfaktors (und damit der Abstand innerhalb eines beliebigen Galaxienpaares) wird durch den Dichteparameter bestimmt. Für Galaxien mit $\Omega < 1$, deren Fluchtgeschwindigkeiten sich einem konstanten Wert nähern (dieser unterscheidet sich bei verschiedenen Galaxienpaaren); bei $\Omega = 1$ werden die Flucht-geschwindigkeiten mit der Zeit immer kleiner und nähern sich dem Wert null an; und Universen mit $\Omega > 1$ ziehen sich schließlich wieder zusammen

besprochen haben, ist $\Omega > 1$; in seinem offenen Modell ist $\Omega < 1$; und in einem flachen Universum ist $\Omega = 1$. Die Beziehung zwischen der Geometrie des Universums, seinem Schicksal und dem Dichteparameter ist in Abb. 8.3 zusammengefasst.

So scheint es, als ob wir nur Ω messen müssten, um das Schicksal des Universums zu bestimmen. Die Dinge sind jedoch nicht ganz so einfach – die Analyse in diesem Kapitel stützt sich auf bestimmte Annahmen über die Zusammensetzung des Universums; wir werden die Frage unseres kosmischen Schicksals in Kap. 9 wieder aufgreifen, wenn eine weitere wichtige Komponente des Universums eingeführt wird.

Zusammenfassung

Das Schicksal des Universums wird durch seine durchschnittliche Dichte ρ bestimmt. Ist ρ größer als ein bestimmter kritischer Wert ρ_c, verlangsamt die Schwerkraft die Expansion, bis sie zum Stillstand kommt; dann zieht sich das Universum zusammen und kollabiert zu einem „Endknall". Wenn $\rho < \rho_c$ ist, wird sich das Universum immer weiter ausdehnen, wobei die Galaxien schließlich konstante Fluchtgeschwindigkeiten erreichen. Ein Universum mit kritischer Dichte $\rho = \rho_c$ wird sich ebenfalls immer weiter ausdehnen, aber mit immer geringerer Geschwindigkeit. Diesen Schluss-

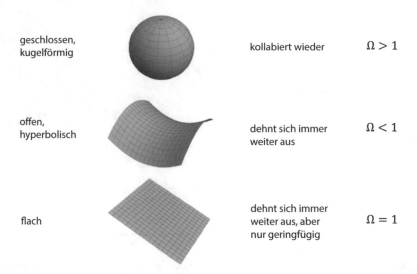

geschlossen,
kugelförmig

kollabiert wieder $\Omega > 1$

offen,
hyperbolisch

dehnt sich immer
weiter aus $\Omega < 1$

flach

dehnt sich immer
weiter aus, aber
nur geringfügig $\Omega = 1$

Abb. 8.3 Beziehung zwischen der Geometrie des Universums, seinem Schicksal und dem Dichteparameter

folgerungen liegen bestimmte Annahmen über die Zusammensetzung des Universums zugrunde; wir werden die Frage nach unserem kosmischen Schicksal in Kap. 9 erneut aufgreifen.

Die durchschnittliche Dichte bestimmt auch die Geometrie des Universums: Das Universum ist geschlossen, wenn $\rho > \rho_c$, offen (hyperbolisch), wenn $\rho < \rho_c$ und flach, wenn $\rho = \rho_c$ ist.

Diese Beziehung zwischen der mittleren Dichte und der Geometrie gilt unabhängig von der Zusammensetzung des Universums.

Fragen

1. Welche Eigenschaften des Universums bestimmen, ob es sich immer weiter ausdehnen wird oder nicht?
2. Welche Geschwindigkeit hat das Testpartikel in Bezug auf M und R *in* Gl. 8.2? Können Sie erklären, was diese Geschwindigkeit bedeutet? Wenn ein Testpartikel weniger als diese spezifische Geschwindigkeit hat, wird es sich weiter radial nach außen bewegen oder wieder nach innen stürzen?
3. Erklären Sie, warum die Energie des Gravitationspotenzials negativ ist. Tipp: Betrachten Sie zwei Objekte, die sich bei großer Entfernung zu Beginn aus dem Ruhezustand aufeinander zu bewegen, und bedenken Sie dabei die Energieerhaltung.
4. Wie ähnelt der Abschuss eines Projektils in den Weltraum der Expansion des Universums?

5. Zu früheren kosmischen Zeiten war der Hubble-Parameter H größer als heute. Können Sie erklären, warum?

6. Angenommen, Astronomen, die in einer früheren Zeit lebten, als der Hubble-Parameter H doppelt so groß war wie sein heutiger Wert H_0, machten sich daran, das Schicksal des Universums zu bestimmen. Sie wollen die Dichte des Universums messen und sie mit der kritischen Dichte ρ_c vergleichen. Ist der Wert von ρ_c zu jener Epoche derselbe wie heute? Wenn nicht, wie unterscheidet er sich?

7. Warum ist Ω ein so wichtiger Parameter?

8. Verändert sich der Dichteparameter Ω mit der Zeit? Wenn Ω zu einem bestimmten Zeitpunkt größer als eins ist, kann er dann zu einem späteren Zeitpunkt kleiner als eins werden?

9. Ist Ihnen, philosophisch betrachtet, ein Universum lieber, das im Feuer („Endknall") oder im Eis (bei ewiger Ausdehnung) endet?

9

Dunkle Materie und dunkle Energie

Die Zusammensetzung des Himmels war ein großes Rätsel, bis die spektroskopischen Entdeckungen Mitte des 19. Jahrhunderts zeigten, dass die chemischen Elemente in den Sternen die gleichen sind wie auf der Erde (Kap. 6). Doch heute stehen wir erneut vor einem großen Rätsel, das mit der Zusammensetzung des Universums zu tun hat. Wir haben nun guten Grund zu der Annahme, dass der größte Teil des Universums tatsächlich *nicht* aus gewöhnlicher atomarer Materie besteht.

Die Zusammensetzung des Universums zu kennen, ist an sich schon von großem Interesse. Darüber hinaus ist die Erfassung der gesamten Materie im Universum wichtig für die Vorhersage seiner zukünftigen Entwicklung. In Kap. 8 haben wir gelernt, dass das Schicksal des Universums und seiner großräumigen Geometrie davon abhängt, ob der Dichteparameter $\Omega = \frac{\rho}{\rho_c}$ kleiner, gleich oder größer als eins ist. Wir haben die kritische Massendichte ρ_c bereits berechnet, also wenden wir uns nun der Messung der mittleren Massendichte ρ zu. Wir werden feststellen, dass diese Bemühungen zur Entdeckung der dunklen Materie geführt haben. Wir werden auch das überraschende Aufkommen eines weiteren wichtigen Bestandteils des Universums besprechen, der als dunkle Energie bezeichnet wird.

© Springer Nature Switzerland AG 2021
D. Perlov und A. Vilenkin, *Kosmologie für alle, die mehr wissen wollen*,
https://doi.org/10.1007/978-3-030-63359-2_9

9.1   Die mittlere Massendichte des Universums und die dunkle Materie

Bei ausreichend großen Skalen sind die Galaxien ungefähr gleichmäßig im Raum verteilt. Um die *durchschnittliche Massendichte ρ* des Universums zu berechnen, erscheint es daher sinnvoll, die Massen einer großen Anzahl von Galaxien, die ein ausreichend großes Raumvolumen umfassen, zu addieren und dann durch dieses Volumen zu teilen. Wie also bestimmt man die Masse jeder Galaxie in unserem Probevolumen? Ein Ansatz basiert auf der galaktischen Leuchtkraft. Astronomen können die Lichtmenge und das Lichtspektrum einer Galaxie nutzen, um die Anzahl und Arten der Sterne abzuschätzen, aus denen sie besteht. Man kann dann die Sternenmassen addieren, wodurch sich die Masse der leuchtenden Materie in der Galaxie ergibt. Auf diese Weise erhält man $\Omega_{stars} \approx 0{,}005$. Dies ist viel kleiner als eins, aber wir sollten nicht zu schnell zu dem Schluss kommen, dass das Universum offen ist – es kann immer noch eine beträchtliche Menge an Masse vorhanden sein, die sich in stellaren Überresten (Weiße Zwerge, Neutronensterne und Schwarze Löcher), interstellarem Gas und Staub verbirgt. Wir müssen einen anderen Weg finden, um die Größe der Masse in einer Galaxie zu messen, die diese „unsichtbaren" Beiträge enthält.

Bequemerweise können wir Galaxien mit unseren Kenntnissen der Newton'schen Mechanik „wiegen", so wie wir die Sonne in Kap. 2 „wiegen" konnten: Wenn eine Masse M von einem Objekt mit einem Radius r und einer Geschwindigkeit v umkreist wird, dann ist es durch Messung des Radius und der Geschwindigkeit möglich, die Masse innerhalb der Umlaufbahn zu berechnen:

$$M = \frac{v^2 r}{G} \tag{9.1}$$

So lässt sich aus dem Radius und der Geschwindigkeit der Erdumlaufbahn die Masse der Sonne herleiten[1]. In ähnlicher Weise ergibt sich aus dem Radius der Umlaufbahn und der Geschwindigkeit eines Sterns um das

---

[1]Da die Planeten selbst so viel weniger Masse als die Sonne haben, können wir jeden beliebigen Planeten auswählen und seinen Abstand und seine Bahngeschwindigkeit zur Berechnung der Masse der Sonne verwenden. Es spielt keine Rolle, ob wir Merkur oder Neptun oder irgendeinen Planeten dazwischen auswählen, wir erhalten immer das gleiche Ergebnis für die Masse der Sonne.

Zentrum einer Galaxie die Masse der Galaxie (die innerhalb der Umlauf-bahn liegt).

Wenn Astronomen die Umlaufgeschwindigkeiten von Planeten (oder Sternen) gegen die Entfernung vom Zentrum des Sonnensystems (oder einer Galaxie) auftragen, erhalten sie eine „Rotationskurve". Es stellt sich heraus, dass die Rotationskurve für das Sonnensystem genau der theoretischen Vorhersage entspricht: Weiter außen liegende Planeten haben langsamere Umlaufgeschwindigkeiten (Abb. 9.1). Für viele Spiralgalaxien sind ebenfalls Rotationskurven gemessen worden (Abb. 9.2). Sie widersprechen jedoch den Vorhersagen. Wenn wir uns vom Zentrum entfernen, nimmt die Rotations-geschwindigkeit zu, da die Umlaufbahn mehr Materie enthält. Das Problem entsteht, wenn wir an den sichtbaren Rand der Galaxie gelangen. Man könnte erwarten, dass die Rotationskurven anfangen abzunehmen, wie sie es im Sonnensystem tun. Aber das ist nicht der Fall. In vielen Fällen bleibt die Rotationsgeschwindigkeit bis weit über den sichtbaren Rand hinaus etwa gleich oder nimmt sogar zu. Dies deutet darauf hin, dass es eine große Menge „dunkler Materie" jenseits der sichtbaren Verteilung der Sterne geben muss. Detaillierte Untersuchungen der Rotationskurven führen zu der Schlussfolgerung, dass leuchtende Galaxien in riesige Halos aus dunkler Materie eingebettet sind (Abb. 9.3).

Aber wie kann man die Rotationsgeschwindigkeiten für „unsichtbare" Objekte jenseits des sichtbaren Randes messen? Man hat festgestellt, dass

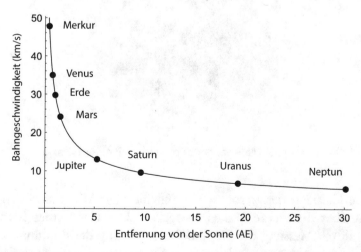

Abb. 9.1 Rotationskurve des Sonnensystems. Die Bahngeschwindigkeiten nehmen umgekehrt proportional zur Quadratwurzel der Entfernung von der Sonne ab. Dies wird auch als „Kepler'sche Abnahme der Bahngeschwindigkeit" bezeichnet und kann aus Gl. 9.1 abgeleitet werden

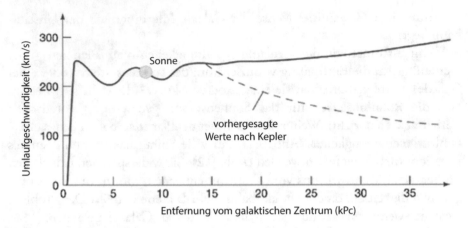

Abb. 9.2 Rotationskurve der Galaxie. Diese Kurve kann verwendet werden, um die Menge der Masse zu bestimmen, die innerhalb eines gegebenen Radius liegt. Die gestrichelte Kurve entspricht der Vorhersage, wenn die Masse in der Galaxie am sichtbaren Rand der Galaxie endet, etwa 14 kPc (oder 46.000 Lichtjahre) vom Zentrum entfernt. Die tatsächlichen Daten folgen nicht der Vorhersage, was darauf hindeutet, dass es jenseits des sichtbaren Rands noch eine unsichtbare Masse gibt. (Quelle: Eric Chaisson [aus Astronomy Today, Eric Chaisson, Stephen McMillan, Colombus (Ohio)])

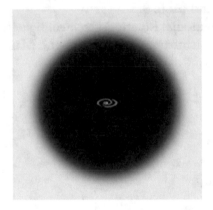

Abb. 9.3 Halo aus dunkler Materie, der den hellen Teil einer Galaxie umgibt

es um die Galaxien riesige rotierende Scheiben aus Wasserstoffgas gibt, die sich weit über die Sterne hinaus erstrecken. Das Gas sendet Radiowellen aus, und durch Messung der Doppler-Verschiebung der Strahlung kann die Rotationskurve erweitert werden. Diese Messungen deuten darauf hin, dass die Halos aus dunkler Materie etwa 50-mal massereicher sind als die Sterne.

Weitere Belege für diese spektakuläre Schlussfolgerung ergeben sich aus der Untersuchung von *Galaxienhaufen*[2]. Wie wir in Kap. 4 besprochen haben, kann Licht von einer weit entfernten Quelle durch eine Massenansammlung, die zwischen der Quelle und dem Beobachter liegt, gravitativ abgelenkt werden. Dies kann zu Mehrfachbildern der Quelle und zu einer Verstärkung und Verzerrung dieser Bilder führen. Wenn sich ein Galaxienhaufen zwischen uns und einer weiter entfernten Galaxie befindet, lässt sich anhand des Winkelabstands zwischen den Bildern der entfernten Galaxie am Himmel und dem Ausmaß der Verzerrung abschätzen, wie viel Masse in dem dazwischen liegenden Galaxienhaufen enthalten ist. Mit Hilfe solcher Gravitationslinsentechniken wurden Galaxienhaufen gewogen, und die Ergebnisse stimmen mit denen überein, die aus galaktischen Rotationskurven gewonnen wurden.

Der Schweizer Astronom Fritz Zwicky, der bereits in den 1930er Jahren die Existenz von dunkler Materie vorhersagte, verwendete eine andere Methode zur Wägung von Haufen. Er maß die Geschwindigkeiten, mit denen sich Galaxien in den Haufen bewegen, und stellte fest, dass die Geschwindigkeiten so hoch waren, dass die Galaxien davonfliegen müssten, es sei denn, es gäbe eine große Menge an unsichtbarer Materie, die sie an die Haufen bindet. Niemand nahm seine Idee ernst, bis Vera Rubin vier Jahrzehnte später beim Studium der galaktischen Rotationskurven entdeckte, dass das Universum eine große Menge an dunkler Materie beherbergt, die die Menge der leuchtenden Materie in den Sternen weit übersteigt. Heute wird sowohl Zwicky als auch Rubin die Entdeckung der dunklen Materie zugeschrieben.

Ein weiterer Beweis für dunkle Materie in Galaxienhaufen stammt von Röntgenteleskopen, mit denen sich zeigen ließ, dass die Haufen sehr heiße, dünne Atmosphären haben. Diese Atmosphären sind durch die Schwerkraft an ihre Haufen gebunden, so wie die Erdatmosphäre an die Erde gebunden ist. Messungen ihrer Temperatur und der Röntgenstrahlungsintensität liefern zwei wichtige Ergebnisse: a) Die Atmosphäre selbst ist um ein Vielfaches massereicher als die Sterne in dem Haufen; und b) dunkle Materie dominiert gegenüber normaler Materie (atmosphärisches Gas plus Sternenmasse) um einen Faktor von etwa fünf. Wie die Belege für dunkle Materie in den Galaxien, so sind auch die Belege für dunkle Materie in den Haufen sehr stark (Abb. 9.4 und 9.5).

---

[2]Ein Galaxienhaufen ist eine Ansammlung von Galaxien, die gravitativ aneinander gebunden sind.

Abb. 9.4 Der Schweizer Fritz Zwicky war Professor für Astronomie am California Institute of Technology. Zusätzlich zu seiner Entdeckung der dunklen Materie sagte Zwicky auch voraus, dass Neutronensterne in Supernova-Explosionen entstehen würden und dass man mit Hilfe von Gravitationslinsen Galaxien und Galaxienhaufen wiegen könnte. Trotz der Legenden über Zwickys streitbare Persönlichkeit (man sagt, er habe einige seiner Kollegen als „kugelförmige Bastarde" bezeichnet, denn wie auch immer man sie betrachte, sie seien weiterhin Bastarde!), wird in den Berichten über sein Mitgefühl und seine Großzügigkeit auch erwähnt, wie er und seine Frau nach dem Zweiten Weltkrieg eine Kampagne durchführten, um im kriegszerstörten Europa den Bestand von Bibliotheken zu fördern. Foto von Floyd Clark, mit freundlicher Genehmigung des Archivs, California Institute of Technology

Was ist also diese dunkle Materie? Wie wir bereits erwähnt haben, könnte sich ein Teil davon in dunklen Sternüberresten – Weißen Zwergen, Neutronensternen oder Schwarzen Löchern – befinden. Sie könnte auch „gescheiterte Sterne" umfassen – Objekte mit geringer Masse, die nicht groß genug sind, um Kernreaktionen auszulösen. Aber wie wir in Kap. 12 besprechen werden, kann keiner dieser Kandidaten die beobachtete Menge an dunkler Materie erklären. Wir werden feststellen, dass es gute Gründe für die Annahme gibt, dass dunkle Materie nicht die übliche atomare Materie sein kann, sondern stattdessen aus einigen exotischen, noch unentdeckten Teilchen bestehen sollte. Die Teilchen müssen stabil sein (damit sie die gesamte Lebensdauer des Universums überdauern können) und schwach wechselwirken (sonst wären sie leicht nachweisbar). Die Teilchenphysiker haben eine Reihe von hypothetischen Kandidaten für Teilchen aus dunkler

Abb. 9.5 In den 1970er Jahren fand Vera Rubin (1928–2016) durch die Untersuchung von Galaxienrotationskurven starke Hinweise darauf, dass dunkle Materie in Galaxien existiert. Rubin war 1965 die erste Frau, die die Instrumente des Palomar-Observatoriums benutzen durfte. Durch ihre geschlechtsspezifischen beruflichen Einschränkungen motiviert, setzte sich Rubin nachdrücklich dafür ein, dass junge Mädchen und Frauen ihre wissenschaftliche Laufbahn verfolgen konnten. Sie war Mutter von vier Kindern (die alle in den Naturwissenschaften promoviert haben) und auch eine gläubige Jüdin, die keinen Konflikt zwischen ihren religiösen Ansichten und ihren wissenschaftlichen Bemühungen sah. (Quelle: AIP Emilio Segre Visual Archives, Rubin Collection)

Materie postuliert, aber derzeit müssen wir noch die Tatsache akzeptieren, dass wir nicht wissen, woraus der größte Teil der Materie im Universum besteht.

Aktuelle Messungen der verschiedenen Beiträge zur mittleren Dichte des Universums ergeben $\Omega_{dm} \approx 0{,}26$ für die dunkle Materie und $\Omega_{at} \approx 0{,}05$ für die atomare Materie (Sterne und Gas). Der Gesamtdichteparameter, der sowohl die Beiträge der dunklen als auch der atomaren Materie einschließt, ist dann $\Omega_m = \Omega_{dm} + \Omega_{at} \approx 0{,}31$. Er ist kleiner als eins, was darauf hindeutet, dass das Universum eine offene hyperbolische Geometrie hat und sich für immer ausdehnen wird. Dies ist jedoch nicht das Ende der Geschichte.

9.2   Dunkle Energie

Wir wenden uns nun einem noch geheimnisvolleren Bestandteil des Universums zu, der in den späten 1990er Jahren von zwei Gruppen von Astronomen zufällig entdeckt wurde. Die beiden Teams, eines unter der Leitung von Saul Perlmutter und das andere unter der Leitung von Brian Schmidt, machten sich daran, die Expansionsgeschichte des Universums zu untersuchen, wobei sie Supernovae als Standardkerzen verwendeten. Die Astronomen verglichen die Rotverschiebungen von fernen Galaxien mit ihren Entfernungen, ähnlich wie Hubble, aber für Galaxien, die viel weiter entfernt sind. Die Rotverschiebungen wurden direkt aus der Verschiebung der Spektrallinien ermittelt, und die Entfernungen wurden durch Messung der scheinbaren Helligkeit von Supernovae vom Typ 1a bestimmt.

Die Rotverschiebung sagt uns, wie schnell sich die Galaxie zum Zeitpunkt der Lichtemission bewegte. Die aktuelle Geschwindigkeit der Galaxie kann aus ihrer Entfernung ermittelt werden. Man ging davon aus, dass die galaktischen Geschwindigkeiten zu früheren kosmischen Zeiten größer waren als heute – einfach deshalb, weil die Expansion des Universums durch die Schwerkraft gebremst wird. Daher kam es 1998 zu einer überraschenden Wende, als beide Teams entdeckten, dass sich die Galaxien heute *schneller* bewegen als früher.

Die Ergebnisse der Messungen sind in Abb. 9.6 dargestellt. Die violette Linie entspricht einem Universum ohne Schwerkraft, in dem sich die Galaxien mit konstanter Geschwindigkeit auseinander bewegen. In einem sich verlangsamenden Universum sollten die Datenpunkte oberhalb dieser Linie liegen, während sie sich in Wirklichkeit überwiegend unterhalb der Linie befinden. Die Expansion des Universums beschleunigt sich also (Abb. 9.6 und 9.7)!

Die Entfernungsmessungen durch die Rotverschiebung können dazu dienen, den Skalenfaktor als Funktion der kosmischen Zeit zu ermitteln, wodurch sich die Expansionsgeschichte des Universums direkt aufzeigen lässt. Die Daten deuten darauf hin, dass sich die Expansion in der Vergangenheit verlangsamt hat, aber in jüngerer Zeit begann sich die Expansion des Universums zu beschleunigen. Der Wendepunkt war vor etwa fünf Milliarden Jahren (etwa zur Zeit der Entstehung unseres Sonnensystems).

Was könnte die beobachtete beschleunigte Expansion verursachen? Und wie ließe sich der Übergang von der Verlangsamung zur Beschleunigung erklären? Es ist, als ob die anziehende Schwerkraft plötzlich umgedreht wird und abstoßend wirkt.

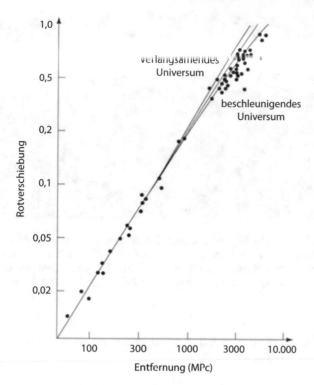

Abb. 9.6 Beziehung zwischen Rotverschiebung und Entfernung für weit entfernte Supernovae. Die *rote (obere)* und *schwarze (untere)* Linie entsprechen einem sich verlangsamenden bzw. einem beschleunigenden Universum. Die *violette Linie* (in der *Mitte*) steht für ein Universum ohne Schwerkraft, in dem sich Galaxien mit konstanter Geschwindigkeit bewegen. Die Daten deuten darauf hin, dass sich unser Universum beschleunigt. (Quelle Eric Chaisson [aus Astronomy Today, Eric Chaisson, Stephen McMillan, Colombus (Ohio)])

Wir sind bereits auf einen Fall gestoßen, in dem die Schwerkraft abstoßend sein kann: Erinnern Sie sich an die Energiedichte des Vakuums oder an die kosmologische Konstante? Nehmen wir an, das Vakuum hat eine Massendichte ρ_v ungleich null. Dies würde eine abstoßende Kraft erzeugen. Wenn ρ_v groß genug ist, wird diese Kraft die anziehende Schwerkraft der Materie überwinden. Das Ergebnis wird eine beschleunigte Expansion des Universums sein.

Die Vakuumdichte ρ_v bleibt in der Zeit konstant, während sich die Dichte ρ_m der Materie mit der Expansion des Universums ändert. Das Volumen einer beliebigen Region nimmt mit der dritten Potenz des Skalenfaktors

$$V(t) \propto a^3(t) \tag{9.2}$$

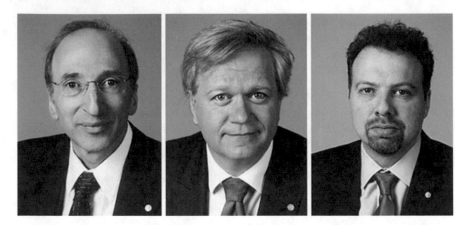

Abb. 9.7 Saul Perlmutter vom Lawrence Berkeley-Laboratorium, Brian Schmidt vom Mt. Stromlo-Observatorium in Australien und Adam Riess von der Johns Hopkins-Universität erhielten den Nobelpreis für Physik 2011 für ihren Beitrag zur Entdeckung der beschleunigten Expansion des Universums. (Quelle: © Nobel Media AB *Foto* Ulla Montan)

zu. Wenn die Masse der in der Region enthaltenen Materie M ist, dann ist die Dichte der Materie

$$\rho_m(t) = \frac{M}{V(t)} \propto \frac{1}{a^3(t)}. \tag{9.3}$$

So muss ρ_m in einer früheren Zeit, als der Skalenfaktor sehr klein war, viel größer gewesen sein als ρ_v. So überwindet die anziehende Schwerkraft der Materie die abstoßende Schwerkraft des Vakuums. Bei der Ausdehnung des Universums wird die Materiedichte jedoch verdünnt und sinkt schließlich unter die Vakuumdichte. An diesem Punkt beginnt die kosmische Beschleunigung. (Genauer gesagt beginnt die Beschleunigung, wenn $\rho_v > \rho_m/2$; Gl. 5.3 in Kap. 5).

Wenn ρ_v tatsächlich der Grund für die beschleunigte Expansion ist, so müssen wir feststellen, wie groß diese Dichte ist. Die beste Übereinstimmung mit den Daten erhält man für $\rho_v \approx 2.2\rho_{m0}$, wobei ρ_{m0} die gegenwärtige Materiedichte ist[3]. Der entsprechende Parameter der Vakuumdichte ist

$$\Omega_{vac} = \rho_v/\rho_c \approx 0,69. \tag{9.4}$$

---

[3]Beachten Sie, dass ρ_{m0} sowohl die dunkle als auch die atomare Materie umfasst.

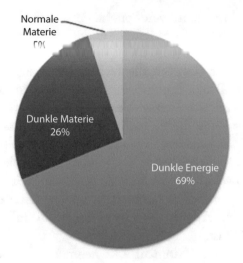

Normale
Materie
5%

Dunkle Materie
26%

Dunkle Energie
69%

Abb. 9.8 Die gegenwärtige Zusammensetzung des Universums

Die Vakuumenergie, die oft als „dunkle Energie" bezeichnet wird, ist somit die dominierende Komponente des Universums (Abb. 9.8). Eine interessante Folge von Gl. 9.4 ist, dass der Parameter Gesamtdichte sehr nahe an eins liegt: $\Omega_{tot} = \Omega_{vac} + \Omega_m \approx 1$. Es scheint, als befände sich das Universum auf der Grenze zwischen offen und geschlossen – es ist flach oder zumindest sehr angenähert flach[4].

9.3   Das Schicksal des Universums – noch einmal von vorn

Die dunkle Energie hat auch bedeutsame Auswirkungen auf die Zukunft des Universums. Die Friedmann-Beziehung zwischen dem Dichteparameter und dem Schicksal des Universums, die wir in Kap. 8 besprochen haben, gilt nur, wenn es keine Vakuumenergie gibt. (Wir weisen darauf hin, dass die Beziehung zwischen Ω und der *Geometrie* des Universums immer gültig ist). Sobald das Universum von der Vakuumenergie dominiert wird (was heute der Fall ist), wird es sich aufgrund der abstoßenden Schwerkraft unabhängig vom Wert von Ω immer weiter ausdehnen. Die Größe des Universums wird

---

[4]Mehrere andere unabhängige Messungen deuten ebenfalls darauf hin, dass das Universum flach ist, was der Vorstellung, dass das Universum mit dunkler Energie gefüllt ist, noch mehr Überzeugungskraft verleiht. Wir werden diese Ergebnisse in weiteren Kapiteln behandeln.

sich etwa alle 10 Mrd. Jahre verdoppeln. Auch die Geschwindigkeiten der Galaxien werden sich auf der gleichen Zeitskala verdoppeln.

Diese Art der Expansion wird als exponentiell bezeichnet. Da die Fluchtgeschwindigkeiten der Galaxien die Lichtgeschwindigkeit übersteigen, verlassen sie unseren Beobachtungsbereich und sind nicht mehr zu sehen. Das Universum wird also immer leerer werden, bis (in einigen Billionen Jahren) überhaupt keine Sterne mehr außerhalb unseres lokalen Galaxienhaufens zu sehen sein werden. Was die Sterne selbst betrifft, so werden sie schließlich ihre nuklearen Vorräte erschöpfen, und ihr letztes Funkeln wird in der eisigen Schwärze des Weltraums vergehen. Wir sollten uns freuen, dass wir in der gegenwärtigen kosmischen Epoche unter einem mit Juwelen geschmückten Himmel leben, der mit Hinweisen auf unsere kosmischen Ursprünge angefüllt ist.

Wir müssen uns einen Moment Zeit nehmen, um über eine sehr merkwürdige Eigenschaft unseres Universums nachzudenken. Die Energiedichte des Vakuums war im frühen Universum viel kleiner als die der Materie, und sie wird in Zukunft viel größer werden als die Materiedichte. Wir leben zufällig in einer ganz besonderen Zeit, in der diese beiden Dichten etwa gleich sind: $\rho_{vac} \approx 2\rho_{m0}$. Glauben Sie, dass dies einfach ein Zufall ist?

Zusammenfassung

Die Massendichte der Licht aussendenden Sterne umfasst nur einen kleinen Bruchteil der kritischen Dichte. Wenn wir die Rotationskurven von Galaxien sowie die Gravitationslinsen und die Galaxiengeschwindigkeiten in den Galaxienhaufen untersuchen, stellen wir fest, dass es, gemessen an der Masse, etwa fünfmal mehr dunkle Materie gibt, als die gesamte Materie in Form von Sternen und Gas ausmacht. Wir wissen nicht, woraus die dunkle Materie besteht, aber wir wissen jetzt, dass sie nicht wie gewöhnliche Materie aus Protonen, Neutronen und Elektronen besteht.

Selbst wenn man die dunkle Materie mit einbezieht, ist die Gesamtmateriedichte immer noch geringer als der kritische Wert. Jüngste Beobachtungen von Supernova-Explosionen haben jedoch gezeigt, dass das Universum neben der dunklen Materie noch eine weitere mysteriöse dunkle Komponente enthält. Die Beobachtungen deuten darauf hin, dass sich die Expansion des Universums mit der Zeit beschleunigt. Die wahrscheinlichste Ursache für diese Beschleunigung ist die Existenz einer raumfüllenden Vakuumenergie, der so genannten „dunklen Energie", die eine abstoßende Gravitationswirkung hat. Die Entdeckung der dunklen Energie verändert das anzunehmende Schicksal des Universums – es wird sich weiter ausdehnen, unabhängig davon, ob es offen oder geschlossen ist.

Fragen

1. Astronomen haben festgestellt, dass $\Omega_{stars} \approx 0{,}004$. Erklären Sie kurz, wie sie die Messung durchgeführt haben.

2. Wenn es in und um Galaxien herum Materie gibt, die kein Licht aussendet, wie können wir dann wissen, dass sie da ist?

3. Beschreiben Sie zwei Methoden, aus denen Astronomen den Schluss ziehen, dass es in Galaxien und Galaxienhaufen große Mengen dunkler Materie gibt.

4. Wäre ein elektrisch geladenes Teilchen ein guter Kandidat für die dunkle Materie? Und warum?

5. Betrachten Sie eine Galaxie mit Sternen, die in einem Radius $R_S = 25.000$ Lichtjahren vom galaktischen Zentrum konzentriert sind. Bei diesem Radius beobachtet man, dass die Sterne mit 200 km/s um das galaktische Zentrum rotieren. Ermitteln Sie die Gesamtmasse der in diesem Radius R_S enthaltenen Materie. Unter der Annahme, dass der größte Teil dieser Masse zu Sternen gehört, deren Masse mit der Sonnenmasse vergleichbar ist, schätzen Sie, wie viele Sterne sich in dieser Galaxie befinden.
Wenn für Wasserstoffgas bei einem Radius von 75.000 Lichtjahren die gleiche Geschwindigkeit gemessen wird, wie viel Masse ist dann in dieser größeren Umlaufbahn enthalten?

6. Finden Sie es beunruhigend, dass die normale atomare Materie nur einen kleinen Prozentsatz des gesamten Materieanteils im Universum ausmacht?

7. Wie hätte Einstein Ihrer Meinung nach auf die Entdeckung von 1998 reagiert, dass die kosmologische Konstante möglicherweise nicht null ist?

8. Heute befindet sich das Universum in einer beschleunigten Expansion. Wenn wir in der Zeit zurückgehen, gab es da jemals eine Periode, in der sich die Expansion des Universums verlangsamte?

9. Ungefähr wann hat das Universum begonnen, seine Expansion zu beschleunigen – im letzten Vierteljahrhundert, vor einigen tausend Jahren oder vor einigen Milliarden Jahren?

10. Im frühen Universum galt $\rho_v \ll \rho_m$, aber heute ist $\rho_v \approx 2\rho_m$. Erklären Sie kurz, wie die Energiedichte des Vakuums gegenüber der Materiedichte dominierte, indem Sie sich überlegen, wie sich ρ_v und ρ_m mit der Zeit verändern oder nicht verändern.

11. Wie unterscheidet sich die dunkle Materie von der dunklen Energie?
12. Zeigen Sie unter Verwendung von Gl. 5.2, dass jede „Substanz" mit einem negativen Druck, der einen absoluten Wert $|P| > \rho/3$ hat, gravitativ abstoßend wirken würde.
13. Verwenden Sie Gl. 5.1 und 5.2, um zu zeigen, dass die Expansion beschleunigt erfolgt, wenn $\rho_v > \rho_m/2$.

10

Die Quantenwelt

Die moderne Physik begann mit zwei Revolutionen an der Wende zum 20. Jahrhundert. Die erste Revolution, die unsere Vorstellungen von Raum und Zeit radikal veränderte, hat Einstein mit seiner Speziellen und seiner Allgemeinen Relativitätstheorie im Alleingang zustande gebracht. Die Entwicklung der Quantenmechanik durch eine Reihe von Physikern leitete die zweite Revolution ein, die die Grundlagen der Physik noch stärker erschütterte als die erste. Die Quantenmechanik wurde als Theorie der Mikrowelt entwickelt, aber wie wir feststellen werden, sind Quanteneffekte im frühen Universum von wesentlicher Bedeutung und spielen sogar auf den größten kosmischen Skalen eine Rolle.

10.1 Quanten als diskrete Objekte

Nach der Quantenmechanik bestehen elektromagnetische Wellen auf mikroskopischer Ebene aus *Photonen* – kleinen Bündeln (oder Quanten) elektromagnetischer Energie. Photonen bewegen sich immer mit Lichtgeschwindigkeit und haben keine Ruhemasse. Die Energie eines Photons ist umgekehrt proportional zu seiner Wellenlänge λ und ist gegeben durch

$$E = \frac{hc}{\lambda}, \tag{10.1}$$

© Springer Nature Switzerland AG 2021
D. Perlov und A. Vilenkin, *Kosmologie für alle, die mehr wissen wollen*,
https://doi.org/10.1007/978-3-030-63359-2_10

wobei h die Planck-Konstante ist, in SI-Einheiten ausgedrückt $h = 6.6 \times 10^{-34}$Js. Wissenschaftler verwenden oft die reduzierte Planck-Konstante $\hbar \equiv h/2\pi$ – wir werden beide verwenden. Weil h eine so winzige Zahl ist, trägt ein Photon zwangsläufig nur eine winzige Menge an Energie. Die klassische Wellenbeschreibung des Lichts trifft zu, wenn wir eine große Anzahl von Photonen haben; zum Beispiel erzeugt eine 100-W-Glühbirne etwa 10^{19} Photonen pro Sekunde.

Quanten als diskrete Objekte manifestieren sich auch in der atomaren Struktur. Das „planetarische" Atommodell des frühen 20. Jahrhunderts bestand aus negativ geladenen Elektronen, die einen positiv geladenen Kern umkreisten, ähnlich wie die Planeten die Sonne umkreisen. Die Maxwell'sche Theorie des Elektromagnetismus sagt jedoch voraus, dass geladene Teilchen, die sich auf gekrümmten Bahnen bewegen, elektromagnetische Wellen ausstrahlen. Daher war es für die Physiker rätselhaft, wie die Elektronen ihre stabilen Bahnen beibehalten und vermeiden können, ständig Energie abzustrahlen, um nicht auf einer spiralförmigen Bahn in den Kern zu stürzen (Abb. 10.1).

In der Quantentheorie dürfen die Elektronen der Atome nur eine Anzahl diskreter Bahnen besetzen, wobei jede Bahn eine bestimmte Energie hat. Ein Elektron kann ein Photon aussenden und auf eine niedrigere Umlaufbahn springen, wie in Abb. 10.2 schematisch dargestellt ist[1]. Bei diesem Prozess muss die Energie erhalten bleiben, sodass die Energie des Photons gleich der Energiedifferenz zwischen den beiden Bahnen sein muss. Der umgekehrte Prozess ist ebenfalls möglich – ein Elektron kann ein Photon absorbieren und auf eine Bahn mit höherer Energie springen. So können Atome nur Photonen mit bestimmten Energien (und Wellenlängen) emittieren und absorbieren. Die Existenz diskreter Energieniveaus ist wesentlich für spektroskopische Messungen, die einen Großteil der Informationen liefern, die wir über das Universum haben.

---

[1]Elektronenbahnen sind eigentlich etwas unscharf und werden durch Wellenfunktionen genauer beschrieben (Abschnitt 10.3).

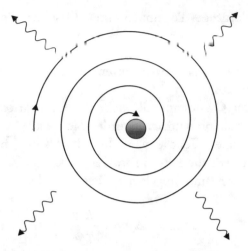

Abb. 10.1 Klassische Mechanik und Elektromagnetismus sagen voraus, dass umlaufende Elektronen elektromagnetische Wellen abstrahlen, Energie verlieren und sich spiralförmig zum Kern hin bewegen

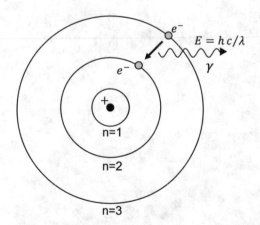

Abb. 10.2 Quantenmodell des Atoms. Bahnen mit größerem Durchmesser haben eine höhere Energie. $n=1$ ist das niedrigste Energieniveau des Atoms. In der Abbildung wird ein Photon emittiert, als ein Elektron vom $n=3$-Niveau auf das $n=2$-Niveau springt. Die Energie des Photons ist gleich der Energiedifferenz zwischen den Niveaus, sodass die Gesamtenergie erhalten bleibt

10.2 Nichtdeterminiertheit von Quanten

Die Quantenwelt ist von Grund auf unvorhersehbar. Wir können nie mit Sicherheit wissen, wo ein bestimmtes Teilchen sein wird oder wie schnell es sich bewegen wird; das Beste, was wir tun können, ist, Wahrscheinlichkeiten für mögliche zukünftige Positionen und Geschwindigkeiten vorherzu-sagen. Dies steht im Gegensatz zur klassischen Newton'schen Physik, wo die gesamte zukünftige Historie eines Teilchens aus seiner Position und Geschwindigkeit zu einem bestimmten Anfangszeitpunkt vorhergesagt werden kann (Abb. 10.3).

Im Zentrum der Quantenphysik steht die Unschärferelation, die 1927 von Werner Heisenberg entdeckt wurde. Sie besagt, dass Position und Geschwindigkeit eines Teilchens nicht gleichzeitig bestimmt werden können. Je genauer wir die Position messen, desto größer ist die Unschärfe in der Geschwindigkeit und umgekehrt. Dies ist in der Gleichung

$$\Delta x \cdot \Delta v > \frac{h}{4\pi m} \tag{10.2}$$

Abb. 10.3 Werner Heisenberg. (Quelle: AIP Emilio Segre Visual Archives, Schenkung von Jost Lemmerich)

kodiert, wobei Δx und Δv jeweils die Unsicherheit bei Position und Geschwindigkeit des Teilchens ausdrücken, und m ist die Masse des Teilchens (diese Gleichung gilt nur für nicht relativistische Teilchen). Wenn Δx sehr klein ist, dann wird Δv groß, in dem Sinn, je mehr wir versuchen, das Teilchen zu lokalisieren, desto mehr „versucht es zu entkommen". Ein Quantenteilchen ist also von Natur aus unscharf und kann nicht einer bestimmten Flugbahn zugeordnet werden.

Makroskopische Objekte, wie z. B. Planeten oder Billardkugeln, folgen ihren klassischen Flugbahnen mit sehr hoher Wahrscheinlichkeit, weshalb die Bewegung von Planeten für viele Jahrhunderte vorhergesagt werden kann. Aber bei kleinen Teilchen wie Elektronen können die Abweichungen von der klassischen Bewegung sehr groß sein. Solche unvorhersehbaren Abweichungen werden als *Quantenfluktuationen* bezeichnet.

Eines der markantesten Beispiele für Quantenfluktuationen ist in Abb. 10.4 dargestellt. Eine Kugel liegt an einem Tiefpunkt in einer eindimensionalen Landschaft, getrennt durch einen Hügel von einem noch tiefer gelegenen Tal. In der Welt der klassischen Physik würde die Kugel dort bleiben, wo sie ist, es sei denn, jemand tritt dagegen und liefert so die Energie, die notwendig ist, um über den Hügel zu gelangen. Aber in der Quantenwelt gibt es eine Wahrscheinlichkeit ungleich null, dass die Kugel plötzlich und diskontinuierlich auf der anderen Seite des Hügels auftaucht und anfängt, nach unten zu rollen. Dieser Vorgang wird „Quantentunnelung" genannt. Je größer die Energiebarriere (oder die Höhe und/oder Breite des Hügels), die überwunden werden muss, desto kleiner ist die Wahrscheinlichkeit für eine Tunnelung.

Das Tunneln mag zwar wie ein exotischer Quanteneffekt wirken, aber in der realen Welt ergeben sich dafür viele Folgen und Anwendungen. Er erklärt zum Beispiel das Phänomen der Alpha-Radioaktivität, bei der ein Alpha-Teilchen (bestehend aus zwei Protonen und zwei Neutronen) aus dem Inneren eines Kerns emittiert wird, trotz der Energiebarriere, die durch die anziehend wirkenden Kernkräfte erzeugt wird. Mit einem Rastertunnelmikroskop lassen sich auch einzelne Atome auf der Oberfläche

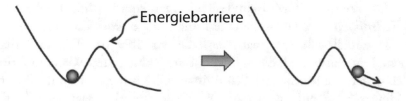

Abb. 10.4 Quantentunnelung durch eine Energiebarriere

Abb. 10.5 Erwin Schrödinger. Foto von Francis Simon, *mit freundlicher Genehmigung von* AIP Emilio Segre Visual Archives

eines Materials sichtbar machen. Wenn eine feine leitende Spitze über eine Oberfläche bewegt wird, variiert der Abstand zwischen der Spitze und der Oberfläche leicht, je nach Anordnung der Oberflächenatome. Wenn sich die Oberflächenatome näher an der Spitze befinden, ist es für die Elektronen einfacher, von der Oberfläche zur Sonde zu tunneln, sodass ein Stromfluss entsteht. Wenn man also die Geschwindigkeit misst, mit der Elektronen von der Oberfläche zur Sonde tunneln, kann man die einzelnen Erhebungen und Vertiefungen der Atome auf der Oberfläche abbilden (Abb. 10.5).

10.3 Die Wellenfunktion

In der Quantentheorie wird ein Teilchen mathematisch beschrieben durch eine *Wellenfunktion* $\psi(x, t)$, die eine Funktion der Position x und der Zeit t ist. Sie enthält alle Informationen, die wir über das Teilchen erhalten können. Die Form und die zeitliche Entwicklung der Wellenfunktionen werden durch die sogenannte Schrödinger-Gleichung bestimmt, die Erwin Schrödinger 1927 aufgestellt hat. Die Wellenfunktion sagt uns nicht, wo sich das Teilchen befindet; sie bestimmt nur die *Wahrscheinlichkeit,* es an

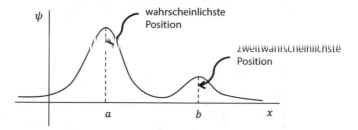

Abb. 10.6 Wellenfunktion eines Teilchens

dem einen oder anderen Ort zu finden[2]. Nehmen wir an, dass zu irgendeinem Zeitpunkt ein Elektron durch die in Abb. 10.6 gezeigte Wellenfunktion beschrieben wird. Wenn wir die Position des Elektrons messen, ist es am wahrscheinlichsten, dass wir es in der Nähe von Position a finden, an der die Wellenfunktion ψ den größten Wert annimmt. Am zweitwahrscheinlichsten ist es, das Elektron in der Nähe von Position b zu finden, und es besteht eine gewisse Wahrscheinlichkeit ungleich null, dass es sich an noch einem anderen Ort befindet, an dem die Wellenfunktion nicht null ist.

Wenn wir viele identische Messungen durchführen, verteilen sich ihre Ergebnisse entsprechend den durch die Wellenfunktion vorhergesagten Wahrscheinlichkeiten.

Vor einer Messung hat ein Elektron, das durch die Wellenfunktion in Abb. 10.6 beschrieben wird, keine bestimmte Position. Wir sagen, es befindet sich in einer Überlagerung von Zuständen, die verschiedenen Positionen entsprechen. Sobald wir eine Messung durchführen, wissen wir, wo sich das Elektron in diesem Moment befindet, sodass die Wellenfunktion um diesen Punkt herum zu einer Spitze (einem Peak) „kollabiert" (Abb. 10.7). Das Elektron wird im Allgemeinen nicht lokalisiert bleiben, und die Spitze der Wellenfunktion beginnt sofort, sich zu verbreitern. Auch hier kann seine zeitliche Entwicklung durch Lösen der Schrödinger-Gleichung ermittelt werden, und die resultierende Wellenfunktion kann zur Bestimmung der Wahrscheinlichkeiten zukünftiger Messungen dienen.

Wenn wir eine große Anzahl von Elektronen im gleichen Quantenzustand (beschrieben durch die gleiche Wellenfunktion) präparieren und identische Experimente zur Messung der Positionen der Elektronen durchführen, liefern die Datenpunkte ein Bild der Wahrscheinlichkeitsverteilung (Abb. 10.8).

---

[2]Genauer gesagt, die Wahrscheinlichkeitsverteilung ist durch das Quadrat der Wellenfunktion gegeben.

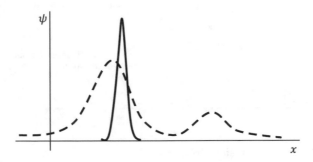

Abb. 10.7 Kollaps der Wellenfunktion. Die *durchgezogene Linie* stellt die Wellen-funktion nach der Messung dar

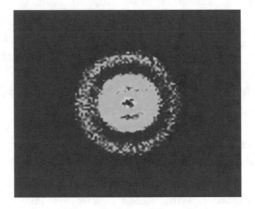

Abb. 10.8 Die gemessene Wahrscheinlichkeitsverteilung für eines der Energie-niveaus in einem Wasserstoffatom. Jeder *Punkt* auf diesem Bild stellt die gemessene Position eines Elektrons relativ zum Kern dar. Durch Verwendung einer großen Menge von Wasserstoffatomen, deren Elektronen sich alle auf demselben Energie-niveau befinden, stellt dieses Bild die Wahrscheinlichkeitsverteilung oder Wellen-funktion des Elektrons dar. (Quelle: Stodolna et al. Phys Rev Lett 110:213.001)

Die Beschreibung der Wellenfunktion ist nicht auf die Positionen der Teilchen beschränkt; sie kann auf jedes Quantensystem angewendet werden. Ein weiteres Beispiel ist ein radioaktives Atom, dessen Kern unter Aussendung eines Alphateilchens zerfallen kann. Der radioaktive Zerfall ist ein grundlegend zufälliger Prozess, sodass Sie den Zeitpunkt des Zerfalls nicht vorhersagen können. Sie können nur die Zerfallswahrscheinlichkeit pro Zeiteinheit (z. B. pro Stunde) bestimmen. Angenommen, Sie haben über-prüft, ob das Atom zu irgendeinem Zeitpunkt intakt ist, und geben es in ein versiegeltes Behältnis, sodass Sie es nicht beobachten können. Dann, zu einem späteren Zeitpunkt, wird die Wellenfunktion des Atoms eine

Überlagerung von zerfallenen und nicht zerfallenen Zuständen sein. So wie das Elektron im vorigen Beispiel keine bestimmte Position hatte, hat das Atom keinen bestimmten Zerfallszustand. Sie können den Kasten öffnen und das Atom untersuchen; dann wird die Wellenfunktion entweder in einen zerfallenen oder in einen nicht zerfallenen Zustand kollabieren, mit den Wahrscheinlichkeiten, die Sie berechnen können. Es scheint, dass sich das Atom im letzten Moment, wenn die Messung durchgeführt wird, „entscheidet".

Um zu verdeutlichen, wie bizarr dies ist, formulierte Erwin Schrödinger das folgende Gedankenexperiment. Stellen Sie sich vor, in einer perfekt versiegelten Kiste, die ein radioaktives Atom und einen Geigerzähler enthält, befindet sich eine Katze. In der Kiste befindet sich auch ein Fläschchen mit Cyanid. Wenn das radioaktive Atom zerfällt, registriert der Geigerzähler ein Signal, das einen Hammer auslöst, der die Giftflasche zerschlägt und die Katze sofort tötet. Wir können nun den gesamten Inhalt des Kastens durch eine Wellenfunktion beschreiben, und es wird eine Überlagerung von zwei Zuständen sein – ein intaktes Atom plus eine lebende Katze und ein zerfallenes Atom plus eine tote Katze. Die Katze befindet sich also in einer Überlagerung der Zustände „tot" und „lebendig"! Wenn wir den Kasten öffnen und hineinschauen, ist die Katze plötzlich entweder „lebendig" oder „tot" – ihre Wellenfunktion würde „kollabieren" (Abb. 10.9).

Wenn Sie sich jetzt am Kopf kratzen, seien Sie versichert, dass Sie nicht der Einzige sind. Die probabilistische Interpretation der Wellenfunktion,

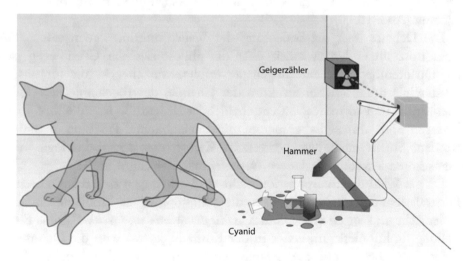

Abb. 10.9 Schrödingers Katze. (Quelle: Dhatfield, Wikipedia)

die wir oben skizziert haben, wurde von Max Born sowie von Niels Bohr und seinen Mitarbeitern an seinem Institut in Kopenhagen entwickelt; sie wird als Kopenhagener Deutung bezeichnet. Aber einige der Begründer der Quantenmechanik haben den Quantenindeterminismus nie akzeptiert. Am bemerkenswertesten unter ihnen war Einstein, der Witze machte: „Jedenfalls bin ich überzeugt, dass der [Herrgott] nicht würfelt."

10.4 Die Viele-Welten-Interpretation

1957 schlug ein Princeton-Absolvent, Hugh Everett, eine alternative Interpretation der Quantenmechanik vor. Diese postuliert, dass die Wellenfunktion niemals kollabiert. Stattdessen treten zwar alle möglichen Ergebnisse einer Messung auf, aber das geschieht in „parallelen" Universen, die keinen Kontakt miteinander haben.

Mit jeder Messung der Position eines Teilchens verzweigt sich das Universum in mehrere Kopien seiner selbst, wobei das Teilchen an allen möglichen Orten zu finden ist.

Der Verzweigungsvorgang wird durch die Schrödinger-Gleichung beschrieben und ist vollständig deterministisch. Aber wir können nicht vorhersagen, in welchem der Paralleluniversen wir uns befinden werden, und daher können die Ergebnisse *unserer* Messungen nach wie vor nur probabilistisch bestimmt werden. Everett zeigte, dass die Wahrscheinlichkeiten genau die gleichen sind wie bei Verwendung der Kopenhagener Deutung. Everetts Ansatz wird heute die „Viele-Welten-Interpretation" genannt (Abb. 10.10).

Die Debatte über die Bedeutung der Wellenfunktion dauert noch an. Aber trotz dieser Ungewissheit über die philosophischen Grundlagen ist die Quantenmechanik eine ungeheuer erfolgreiche Theorie, die für unser Verständnis der atomaren Struktur, der Chemie, der Biochemie, der Teilchenphysik und so weiter von entscheidender Bedeutung ist. Alle ihre Vorhersagen sind durch Experimente mit unglaublicher Präzision bestätigt worden. Sie ist auch das theoretische Gerüst, das der Technologie von Transistoren, Atomuhren, Lasern, Supraleitung usw. zugrunde liegt.

Da die Wahl der Interpretation nicht die Vorhersagen der Theorie beeinflusst, lassen die meisten Physiker die philosophischen Probleme einfach außer Acht und folgen dem Diktum *„Halt den Mund und rechne!"* Diese Einstellung funktioniert gut, außer in der Kosmologie, wo man die Quantentheorie womöglich auf das gesamte Universum anwenden möchte. Die Kopenhagener Deutung, die von einem externen Beobachter Messungen an

Abb. 10.10   Hugh Everett um 1964. *Mit freundlicher Genehmigung von* Mark Everett. Hugh Everett III Manuscript Archive, UCISpace@the Libraries Permanent url: https://hdl.handle.net/10575/1060

dem System verlangt, kann in diesem Fall nicht einmal formuliert werden: Es gibt keine Beobachter außerhalb des Universums. Kosmologen neigen daher dazu, die Viele-Welten-Interpretation zu bevorzugen.

Zusammenfassung

Die Physik der Mikrowelt wird von der in sich diskreten Quantenmechanik beherrscht. Insbesondere das klassische Bild der elektromagnetischen Wellen wird durch eine Quantenbeschreibung abgelöst, bei der Licht aus Photonen besteht, die diskrete Energiemengen besitzen. Auch die Elektronen der Atome haben quantisierte Energien, die durch Absorption oder Emission von Photonen nur um diskrete Beträge zu- oder abnehmen können. Daraus ergeben sich die spektroskopischen Absorptions- und Emissionslinien.

Im Gegensatz zum klassischen deterministischen Universum ist die Quantenwelt grundlegend unvorhersehbar. Selbst wenn wir vollständige Informationen über ein Quantensystem haben, können wir nur probabilistische Vorhersagen über seine zukünftige Entwicklung machen. Makroskopische Körper, wie Autos oder Tennisbälle, verhalten sich fast klassisch, aber in der Mikrowelt sind die unvorhersehbaren Abweichungen von der klassischen Bewegung, die sogenannten Quantenfluktuationen, üblicherweise groß.

In der Quantenphysik wird ein Teilchen durch eine *Wellenfunktion* beschrieben, die die Wahrscheinlichkeit bestimmt, mit der sich das Teilchen an verschiedenen Orten befindet. Gemäß der Kopenhagener Deutung der Quantenmechanik „kollabiert" die Wellenfunktion, sobald wir eine Messung durchführen, und das Teilchen hat in dem Augenblick die gemessene Position. Eine alternative Interpretation der Quantenmechanik, die als die „Viele-Welten-Interpretation" bezeichnet wird, stellt fest, dass alle möglichen Ergebnisse der Messung in unverbundenen „parallelen" Universen auftreten. Wir können nicht bestimmen, in welchem Universum wir uns befinden, daher können die zukünftigen Ereignisse, die wir erwarten zu beobachten, nur probabilistisch vorhergesagt werden. Unabhängig davon, wie wir die Quantenmechanik interpretieren, bleiben ihre Vorhersagen gleich.

Fragen

1. Einstein war einer der Begründer der Quantenmechanik. Dennoch war er sich immer noch unsicher über die probabilistische Natur der Quantenmechanik. Finden Sie die probabilistische Welt der Quantenmechanik attraktiver oder weniger attraktiv als das deterministische klassische Universum?

2. Epikur behauptete, dass sich Atome deterministisch bewegen, aber gelegentlich zufällige „Ausschläge" erfahren. Er dachte, dass diese Auslenkungen notwendig seien, um die Existenz des freien Willens zu erklären. Die Quantenmechanik scheint etwas sehr Ähnliches wie diese Auslenkungen zu liefern. Meinen Sie, dass dies zur Erklärung des freien Willens beitragen kann?

3. Fällt Ihnen ein Beispiel ein, in dem es besser ist, sich Licht als Welle oder Licht als Teilchen vorzustellen?

4. Können Sie erklären, warum Atome spezifische Absorptions- und Emissionsspektrallinien haben?

5. Glauben Sie, dass wir mit verbesserter Technologie in der Lage sein werden, die Heisenberg'sche Unschärferelation zu überwinden und die genaue Position und Geschwindigkeit eines Elektrons zu messen?

6. Könnte eine in einer Glasschale ruhig liegende Weintraube spontan außerhalb der Schale auftauchen? Vergleichen Sie die klassischen und quantenmechanischen „Antworten".

7. Was ist eine Quantenfluktuation?

8. Was meinen Physiker, wenn sie vom „Kollaps der Wellenfunktion" sprechen?

9. Erläutern und vergleichen Sie die Kopenhagener und die Viele-Welten-Interpretation der Quantenmechanik. Welche bevorzugen Sie?

10. Meinen Sie, dass die Viele-Welten-Interpretation jemals widerlegt werden kann?

11

Der heiße Urknall

In einem expandierenden Universum wird die Materie verdünnt, wenn das Volumen des Universums größer wird. Wenn wir umgekehrt die Expansion rückwärts in der Zeit verfolgen, stellen wir fest, dass das Universum in seiner Vergangenheit dichter war als heute. Tatsächlich nimmt die Dichte des Universums unbegrenzt zu, wenn wir die Uhr bis zum Urknall zurückdrehen. Außerdem steigt die Temperatur des Universums auf extrem hohe Werte an. Woher wissen wir das? Und was bedeutet dies für die Bedingungen des frühen Universums?

11.1 Nach der Expansion in der Zeit zurückgehen

Die Idee eines *heißen* Urknalls wurde von dem in Russland geborenen Physiker George Gamow in den späten 1940er Jahren entwickelt (Abb. 11.1). Sie beruhte auf der einfachen Beobachtung, dass sich Gase abkühlen, wenn sie sich ausdehnen, und sich umgekehrt erwärmen, wenn sie komprimiert werden. Die Temperatur eines Gases ist ein Maß für die durchschnittliche kinetische Energie seiner Bestandteile. Je schneller sich die Teilchen bewegen, desto höher ist die Temperatur. Betrachten wir also die Energetik von Teilchen, die in einem Kasten von den Wänden abprallen (Abb. 11.2). Wenn die Wand stationär ist, prallt jedes Teilchen mit der gleichen Geschwindigkeit ab, mit der es auf die Wand trifft. Es gibt keinen Verlust an kinetischer Energie. Wenn sich die Wand jedoch von dem

© Springer Nature Switzerland AG 2021
D. Perlov und A. Vilenkin, *Kosmologie für alle, die mehr wissen wollen*,
https://doi.org/10.1007/978-3-030-63359-2_11

Abb. 11.1 **Zu** den vielen bedeutenden Beiträgen von George Gamow (1904–1968) zur Physik gehört, dass er als Erster die Radioaktivität im Sinne der Quantenmechanik verstanden und die Grundlagen für die Kosmologie des heißen Urknalls gelegt hat. Er hat viel zur Popularität der Wissenschaft beigetragen und war für seinen Sinn für gewagten Humor bekannt. Im Jahr 1933 verließ er die Sowjetunion und zog 1934 er in die Vereinigten Staaten. (*Quelle:* AIP Emilio Segrè Visual Archives, Sammlung George Gamow)

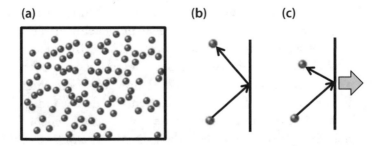

Abb. 11.2 **a** Teilchen in einem Kasten. **b** Teilchen, das von einer feststehenden Wand abprallt. **c** Teilchen, das von einer sich bewegenden Wand abprallt. Es prallt mit einer geringeren Geschwindigkeit ab als in **b**

Teilchen entfernt, dann prallt das Teilchen mit geringerer Geschwindigkeit zurück. So verliert in einem expandierenden Kasten ein Teilchen jedes Mal, wenn es mit einer sich entfernenden Wand kollidiert, kinetische Energie. Dieser Energieverlust äußert sich in einer Temperaturabnahme.

Der gleiche Abkühlungseffekt tritt in einem expandierenden Universum auf, selbst wenn dort keine Wände vorhanden sind. Um dies zu verstehen, wollen wir betrachten, wie sich die Geschwindigkeiten von Gasteilchen auf ihrem Weg durch das Universum verändern. Nehmen wir an, ein Teilchen fliegt mit der Geschwindigkeit v an der Galaxie A vorbei und bewegt sich auf eine entfernte Galaxie B zu. Die Galaxie B bewegt sich selbst mit einer Geschwindigkeit u von A weg, die mit Hilfe des Hubble-Gesetzes ermittelt wird. Wenn also das Teilchen die Galaxie B einholt, sehen die Beobachter in B, dass es sich mit der verringerten Geschwindigkeit $u - v$ bewegt. Galaxie C, die sich in größerer Entfernung von A befindet, bewegt sich mit größerer Geschwindigkeit weg, sodass, wenn das Teilchen schließlich C einholt, sich seine beobachtete Geschwindigkeit weiter verringert. Dies gilt für alle Teilchen und alle Beobachter in einem expandierenden Universum. Im Laufe der Zeit werden die Beobachter sehen, wie sich die Teilchen immer langsamer und langsamer bewegen – was bedeutet, dass sich alles Gas abkühlt, das das Universum ausfüllt.

Umgekehrt wird das Gas immer heißer und heißer, wenn wir in dem Universum in der Zeit rückwärts gehen. Wie wir später feststellen werden, ist die Temperatur $T \propto 1/a$ im frühen Universum umgekehrt proportional zum Skalenfaktor. So wird das Universum scheinbar unendlich heiß, wenn sich der Skalenfaktor beim Urknall dem Nullpunkt nähert. Was passiert mit dem Materiegehalt des Universums unter diesen extremen Bedingungen?

Alles um uns herum besteht aus Molekülen, die sich aus verschiedenen Arten von Atomen zusammensetzen, die wiederum durch chemische Bindungen zusammengehalten werden. Jedes Atom besteht aus Elektronen, die um einen Kern wirbeln, der wiederum aus Protonen und Neutronen besteht. Keiner dieser Bestandteile der Materie konnte in den Anfängen des entstehenden Universums existieren. Sie wären zerstört worden, da sie als energiereiche Teilchen bei extrem hohen Temperaturen aufeinander geprallt wären.

Die chemischen Bindungen, die die Atome in den Molekülen zusammenhalten, brechen bei etwa 500 K[1]; Atome spalten sich bei etwa 3000 K

---

[1]Ein Grad Kelvin entspricht einem Grad Celsius. Die Kelvin-Skala beginnt jedoch beim absoluten Nullpunkt (der tiefstmöglichen Temperatur), der $-273{,}15\,°C$ beträgt. Bei sehr hohen Temperaturen in der Nähe des Urknalls gibt es keinen großen Unterschied zwischen den beiden Skalen.

in Kerne und Elektronen auf; und Kerne spalten sich bei etwa 10^8 K. Bei noch höheren Temperaturen von 10^{12} K zerfallen Neutronen und Protonen (zusammen als Nukleonen bezeichnet) in ihre elementaren Bestandteile, die sogenannten *Quarks*. Alle komplexen Strukturen zerfallen mit zunehmender Temperatur. Folglich war der physikalische Zustand der Materie im frühen Universum viel einfacher als heute. Es handelte sich lediglich um eine heiße und dichte Mischung aus subatomaren Teilchen, die auch als der „heiße Urzustand" („*primeval fireball*") bezeichnet wird.

Wenn wir unsere Vorstellungen von diesem heißen Feuerball verfeinern, werden wir entdecken, dass er zusätzlich zu den Teilchen, aus denen die Atome bestehen, auch andere Teilchenspezies enthält, etwa die schwach wechselwirkenden Neutrinos. Am wichtigsten ist jedoch, dass der Feuerball von intensiver elektromagnetischer Strahlung durchdrungen war.

11.2 Wärmestrahlung

Erinnern wir uns zunächst daran, dass elektromagnetische Wellen auf mikroskopischer Ebene aus Photonen bestehen. Wichtig ist bei den Photonen, dass ihre Energie umgekehrt proportional zu ihrer Wellenlänge ist,

$$E = h\frac{c}{\lambda}, \tag{11.1}$$

und dass sie von elektrisch geladenen Teilchen emittiert und absorbiert werden können. Abb. 11.3a zeigt eine Kollision zweier Teilchen, die von der Emission zweier Photonen begleitet wird. In Abb. 11.3b absorbiert ein geladenes Teilchen ein Photon und emittiert dann ein anderes. Im

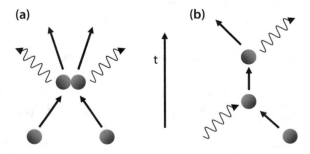

Abb. 11.3 **a** Photonen, die von kollidierenden geladenen Teilchen emittiert werden. **b** Ein geladenes Teilchen absorbiert ein Photon und emittiert danach ein anderes

superdichten frühen Universum laufen diese Emissions- und Absorptions-
prozesse mit einer extrem hohen Geschwindigkeit ab, und es stellt sich
schnell ein Gleichgewicht ein, wenn Photonen mit anderen Teilchen
gemischt und mit der gleichen Geschwindigkeit emittiert werden, mit der
sie absorbiert werden. Aus makroskopischer Sicht kann man sich dieses
Photonengas als elektromagnetische Strahlung vorstellen, die aus Wellen mit
unterschiedlichen Längen besteht.

Elektromagnetische Strahlung, die sich bei einer bestimmten Temperatur
im Gleichgewicht mit Materie befindet, wird als Wärmestrahlung
bezeichnet. Je höher die Temperatur, desto höher ist die Intensität (oder die
Energiedichte) der Strahlung. Quantitativ gesehen ist die Gesamtintensität
proportional zur vierten Potenz der Temperatur,

$$\rho \propto T^4. \tag{11.2}$$

Diese Intensität ist über einen Bereich von Wellenlängen verteilt, wobei die
Verteilung (oder das Spektrum) nur von der Temperatur abhängt; dies ist in
Abb. 11.4 für mehrere verschiedene Temperaturen dargestellt und wird als
thermisches Spektrum bezeichnet. Die Form dieser Verteilung wurde von

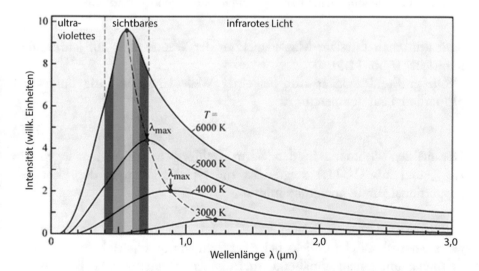

Abb. 11.4 Das Spektrum der Wärmestrahlung bei verschiedenen Temperaturen.
Die *Farbbänder* entsprechen den Wellenlängen des sichtbaren Lichts. ist λ_{max} die
Wellenlänge, die der maximalen Intensität für eine gegebene Temperatur ent-
spricht. (*Quelle:* „Physical Foundations of Solid State Devices", von E. Fred Schubert
[EFSchubert@rpi.edu], 275 Seiten, 2015, erhältlich im Google Play Store für US$ 8,00
[ISBN-13: 978-0-9863826-2-8])

Abb. 11.5 Max Planck leitete 1901 eine Formel für das Spektrum der Wärmestrahlung her und legte damit den Grundstein für die Quantenmechanik

dem deutschen Physiker Max Planck an der Wende zum 20. Jahrhundert hergeleitet (Abb. 11.5).

Die größte Intensität tritt bei einer Wellenlänge auf, die umgekehrt proportional zur Temperatur ist:

$$\lambda_{\text{peak}} \propto 1/T. \tag{11.3}$$

Die meisten Photonen in der Wärmestrahlung haben Wellenlängen um λ_{peak}, und aus Gl. 11.1 folgt, dass die typische Energie der Photonen proportional zur Temperatur zunimmt,

$$E \propto T. \tag{11.4}$$

Jedes makroskopische Objekt bei einer Temperatur ungleich null emittiert Strahlung mit einem annähernd thermischen Spektrum. Die Einzelheiten des Spektrums hängen vom Material des Objekts ab – insbesondere davon, wie es elektromagnetische Wellen absorbiert und reflektiert. Das Spektrum ist nur für einen idealen schwarzen Körper, der alle einfallende Strahlung absorbiert, genau thermisch[2]. Das thermische Spektrum wird daher manchmal als Schwarzkörperspektrum bezeichnet.

Ein idealer schwarzer Körper bei der Temperatur des absoluten Null punkts würde selbst dann schwarz aussehen, wenn man ihn mit Licht bestrahlen würde. Der Grund dafür ist, dass er kein einfallendes Licht reflektiert. Aber bei Temperaturen über dem absoluten Nullpunkt sind „schwarze Körper" nicht wirklich schwarz, da sie Wärmestrahlung abgeben. Sterne sind gute Beispiele für fast ideale schwarze Körper. Die Oberflächentemperatur der Sonne beträgt 6000 K, und die entsprechende Spitzenwellenlänge liegt genau in der Mitte des sichtbaren Spektrums[3]. Aus Gl. 11.2 und 11.3 können wir erkennen, dass ein Stern mit einer doppelt so heißen Oberfläche wie bei der Sonne eine 16-mal höhere Gesamtintensität und eine halb so hohe Spitzenwellenlänge hat. Bei der menschlichen Körpertemperatur (etwa 310 K) liegt die Spitze der Wärmestrahlung im Infrarotbereich, sodass Menschen und Tiere alle im Infrarotlicht „glühen". Bei den extremen Temperaturen des heißen Urzustands kurz nach dem Urknall waren die Photonenenergien viel höher und ihre Wellenlängen viel kürzer als die des sichtbaren Lichts.

11.3 Das Modell vom heißen Urknall

Ausgangspunkt des Modells vom heißen Urknall ist ein expandierender „Feuerball" aus Elementarteilchen und Photonen. Unter der Annahme, dass das Universum homogen und isotrop ist, füllt der Feuerball den gesamten Raum gleichmäßig aus. Eines der Hauptziele der Kosmologie ist es, zu erklären, wie sich das Universum von diesem einfachen Zustand zu dem, was es heute ist, entwickelt hat.

Während sich das Universum ausdehnt, verdünnt sich der Feuerball und kühlt sich ab, und es bilden sich komplexe Strukturen. Als das Universum etwa eine Minute alt ist, sinkt die Temperatur T auf 10^9 K, und Protonen und Neutronen beginnen, sich zu Atomkernen zu verbinden. Dies

---

[2]Dies ist anhand des folgenden Gedankenexperiments nicht schwer zu verstehen. Betrachten Sie einen schwarzen Körper im Gleichgewicht mit der Wärmestrahlung bei einer Temperatur T. Der schwarze Körper absorbiert alle einfallende Strahlung, und um das Gleichgewicht aufrechtzuerhalten, muss er Strahlung mit der gleichen Rate und mit dem gleichen Spektrum abgeben.

[3]Die Sonnenstrahlung hat bei allen Wellenlängen des sichtbaren Spektrums eine ähnliche Intensität. Dies sollte als weißes Licht wahrgenommen werden, und tatsächlich sieht die Sonne weiß aus, wenn man sie aus dem Weltraum betrachtet. Für Beobachter auf der Erde sieht die Sonne jedoch oft gelb aus. Dies liegt hauptsächlich daran, dass der blaue Teil des Spektrums von der Erdatmosphäre gestreut wird.

nennt man *Nukleosynthese* (Kap. 13). Als das Universum etwa 380.000 Jahre alt ist, kühlt die Temperatur auf $T = 3000$ K ab, und Elektronen verbinden sich mit den Atomkernen zu neutralen Atomen. Dieser Vorgang wird „Rekombination" genannt. Letztendlich werden Sterne, Galaxien und Galaxienhaufen durch die Schwerkraft zusammengezogen.

Heute sitzen wir in der ersten Reihe, wenn wir diese Historie betrachten: *Wenn wir weiter in das Universum hinausblicken, blicken wir auch in die Vergangenheit.* Wenn wir eine Supernova in 10 Mrd. Lichtjahren Entfernung betrachten, sehen wir sie so, wie sie vor 7,5 Mrd. Jahren war (Abschn. 7.7). Wenn wir weit genug schauen, sehen wir das Universum so, wie es war, als sich Galaxien und die ersten Sterne bildeten. Was ist, wenn wir noch weiter schauen, über die Galaxien hinaus, so weit unsere Teleskope reichen können? Wir werden den heißen Urzustand sehen. Er ist da, in allen Richtungen des Himmels.

Leider können wir nicht den ganzen Weg zurück zum Urknall blicken. In der sehr frühen Phase war das Universum undurchsichtig, weil Photonen häufig an geladenen Elektronen und Kernen gestreut wurden. Dies änderte sich jedoch bei der Rekombination, als sich neutrale Atome bildeten und das Universum für Strahlung durchlässig wurde. Photonen wechselwirken mit den Atomen viel schwächer als mit geladenen Teilchen, sodass sie im Wesentlichen frei sind, sich direkt vom heißen Urzustand durch das Universum und schließlich bis zu unseren Detektoren[4] auszubreiten. Wir sagen, dass sich die Photonen von der Materie abkoppeln. Wenn wir also so weit wie möglich in die Phase der Rekombination zurückblicken, sollten wir eine panoramische „Momentaufnahme" des Universums sehen, wie es war, als seine Temperatur 3000 K betrug. (Dieses Bild des noch sehr jungen Universums wird manchmal als „Oberfläche der letzten Streuung" bezeichnet, weil die Photonen, aus denen das Bild besteht, bei unseren Detektoren ankommen, nachdem sie sich seit ihrer letzten Streuung während der Rekombination auf einem geraden Weg durch den Raum bewegt haben.) Die Spitzenwellenlänge der Strahlung bei dieser Temperatur liegt in der Nähe des roten Endes des sichtbaren Spektrums, sodass ein 3000-K-„Feuerball" in intensivem roten Licht glühen sollte. Warum ist der Himmel also nicht rot?

---

[4]Dieser Vorgang ähnelt der Art und Weise, wie Photonen ihren Weg aus dem Inneren der Sonne zur Erde finden. Photonen, die sich im Inneren der Sonne (oder jedes anderen Sterns) befinden, werden ständig in zufällige Richtungen gestreut, und es kann Millionen von Jahren dauern, bis sie ihren Weg zur Oberfläche der Sonne finden. Sobald sie dort angekommen sind, werden sie nicht mehr gestreut und bewegen sich frei auf uns zu, wobei sie innerhalb von nur acht Minuten hier eintreffen.

Der Grund ist die kosmische Rotverschiebung. Wenn sich Photonen aus dem Feuerball zu uns hin ausbreiten, wird ihre Wellenlänge durch die Expansion des Universums gedehnt und weit aus dem sichtbaren Bereich heraus verschoben. Gleichzeitig nimmt die Dichte der Photonen durch die Ausdehnung ab, sodass die Strahlung stark nach rot verschoben und mit stark verminderter Intensität bei uns eintrifft. Wenn das frühe Universum tatsächlich homogen und isotrop war, müsste die Intensität dieser Reliktstrahlung in allen Himmelsrichtungen nahezu gleich sein.

11.4 Die Entdeckung des heißen Urzustands

Die Reliktstrahlung des heißen Urzustands wurde erstmals in den 1940er Jahren von Ralph Alpher und Robert Herman, den beiden jungen Mitarbeitern von George Gamow, vorhergesagt. Sie schätzten die gegenwärtige Temperatur der Strahlung auf etwa 5 K. Der Nachweis von Strahlung mit einer so niedrigen Temperatur war eine schwierige Aufgabe, und die meisten Beobachter waren damals der Meinung, dass dies nicht möglich sei. So wurde die Vorhersage fast nicht zur Kenntnis genommen (Abb. 11.6).

Abb. 11.6 Ralph Alpher *(rechts)* und Robert Herman *(links)* sagten voraus, dass Reststrahlung aus einer heißen frühen Phase unser Universum durchdringen sollte. Das Wort „Ylem" auf dem Flaschenetikett ist der von Gamow (hier als Flaschengeist dargestellt) und seinen Freunden erfundene Begriff für den heißen Urzustand

Mehr als ein Jahrzehnt später entwickelte Robert Dicke in Princeton die Vorstellung eines heißen Urzustands neu und erkannte, dass er die Vorhersage einer allgegenwärtigen kosmischen Strahlung ermöglicht. Dicke versammelte eine Gruppe von drei jungen Physikern und beauftragte einen von ihnen, Jim Peebles, mit der Ausarbeitung der Details der Theorie, und die beiden anderen, Peter Roll und David Wilkinson, mit dem Bau eines Detektors, der die Theorie auf die Probe stellen sollte. Peebles wusste nichts von der Arbeit von Gamows Gruppe, sodass er ganz von vorne anfangen musste. Er schloss die Berechnung Anfang 1965 ab und sagte Strahlung mit einem thermischen Schwarzkörperspektrum bei einer Temperatur von etwa 10 K voraus. Zu diesem Zeitpunkt war auch der Aufbau des Detektors fast abgeschlossen, sodass die Princeton-Gruppe bereit war, entweder den heißen Urzustand zu entdecken oder zu beweisen, dass er nie existiert hat.

In der Zwischenzeit testeten Arno Penzias und Robert Wilson in den Bell Telephone-Laboratorien in New Jersey, weniger als 50 km von Princeton entfernt, eine empfindliche Radioantenne, die sie für eine Studie über die Radiostrahlung aus der Milchstraße verwenden wollten. Zunächst mussten sie mögliche Störquellen berücksichtigen, wie z. B. Radiostrahlung aus der Erdatmosphäre und elektronisches Rauschen in ihrer Antenne. Aber nach einem halben Jahr Arbeit blieb immer noch ein anhaltendes Funkrauschen mit unerklärbarem Ursprung übrig. Penzias und Wilson maßen die charakteristische Temperatur des Rauschens bei etwa 3 K, was Mikrowellen mit einer Wellenlänge von 2 mm entspricht. Der „Lärm" war weder von der Tageszeit noch von der Himmelsrichtung abhängig, sodass die Atmosphäre als Quelle ausgeschlossen werden konnte. Sie schlossen auch elektronisches Rauschen und, ob Sie es glauben oder nicht, Taubenkot auf der Antenne aus! (Abb. 11.7).

Dicke und seine Gruppe in Princeton waren so weit, mit ihren Messungen zu beginnen, als sie von der misslichen Lage von Penzias und Wilson erfuhren. Sie wussten sofort, dass das mysteriöse Geräusch, dessen Ursprung Penzias und Wilson verwirrte, genau das Signal der Reststrahlung war, das sie zu entdecken hofften. Die beiden Teams publizierten nacheinander in derselben Zeitschrift. Penzias und Wilson beschrieben ihr Experiment, und die Princeton-Gruppe interpretierte es als eine Messung der kosmischen Strahlung, die vom Urknall übrig geblieben war[5]. Diese

---

[5]Der beobachtete Wert der CMB-Temperatur (3 K) liegt nahe an der theoretischen Vorhersage (5–10 K). Der Unterschied zwischen beiden Werten ist hauptsächlich auf die Unsicherheit bei der durchschnittlichen Materiedichte zurückzuführen, die in den Berechnungen verwendet wurde.

Abb. 11.7 Wilson *(links)* und Penzias *(rechts)* vor ihrer Radioantenne. *(Quelle:* AIP Emilio Segre Visual Archives, Sammlung Physics Today)

Strahlung wird heute als kosmische (Mikrowellen-)Hintergrundstrahlung (*cosmic microwave background,* CMB) bezeichnet.

Und was ist mit Gamows Gruppe? Zum Zeitpunkt der Entdeckung der CMB-Strahlung war keiner von ihnen aktiv in der Kosmologie tätig. Mitte der 1950er Jahre interessierte sich Gamow für Biologie, wo er wichtige Erkenntnisse über den genetischen Code gewinnen konnte, während Alpher und Herman in der Industrie Karriere machten. Penzias und Wilson wurden 1978 mit dem Nobelpreis ausgezeichnet. Für die Vorhersage des CMB wurde jedoch noch kein Preis vergeben.

Penzias und Wilson haben die Intensität des CMB bei nur einer Wellenlänge gemessen. Um festzustellen, ob diese Strahlung tatsächlich Teil eines thermischen Spektrums war, mussten die Kosmologen noch die Strahlungsintensität über ein Wellenspektrum messen. Diese Frage wurde in den folgenden Jahren in einer Reihe von Experimenten angegangen, die 1990 mit dem Start des NASA-Satelliten Cosmic Background Explorer (COBE) ihren Höhepunkt erreichten. COBE maß das Spektrum des

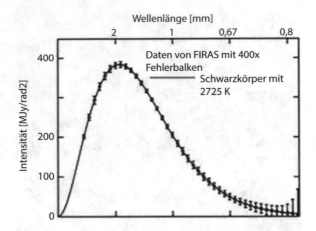

Abb. 11.8 Messung des Spektrums der kosmischen Hintergrundstrahlung durch COBE. Das theoretische Schwarzkörperspektrum *(durchgezogene Kurve)* wird den Datenpunkten überlagert. Die *Fehlerbalken* wurden 400-fach vergrößert, sodass sie sichtbar sind

CMB mit beispielloser Präzision und fand ein vollständiges thermisches Spektrum (wie von der Theorie vorhergesagt) mit $T = 2725$ K (Abb. 11.8). Darüber hinaus war die von COBE gemessene Strahlungsintensität in allen Richtungen nahezu gleich, mit Abweichungen von weniger als 1/1000. Somit war das frühe Universum tatsächlich sehr isotrop und homogen.

11.5 Bilder des sehr jungen Universums

Was sehen wir eigentlich in der CMB-Strahlung? Das hängt davon ab, wie genau wir die Strahlungstemperatur messen. Wenn die Genauigkeit weniger als ein Promille beträgt, dann können wir nur einen gleichmäßigen Strahlungshintergrund sehen (Abb. 11.9a). Hier wird der Himmel in Form der sogenannten Mollweide-Projektion dargestellt, die oft verwendet wird, um die Oberfläche des Globus auf einer flachen Karte darzustellen. Bei einer etwas höheren Genauigkeit entsteht ein „Yin-Yang"-Muster (Abb. 11.9b). Die rote Färbung entspricht einer höheren und die blaue einer niedrigeren als der Durchschnittstemperatur. Dieses sogenannte Dipolmuster ist auf die Bewegung unserer Milchstraße relativ zur CMB-Strahlung zurückzuführen. Die höchste Temperatur wird in unserer Bewegungsrichtung beobachtet, die niedrigste Temperatur in der entgegengesetzten Richtung. Dies ist nur der Dopplereffekt: Wenn wir uns auf die einfallende Strahlung zu bewegen, nimmt ihre Wellenlänge ab und die Temperatur steigt. Die Geschwindigkeit

Abb. 11.9 COBE-Temperaturmuster bei verschiedenen Empfindlichkeitsstufen. **a** Glatter Hintergrund, der anzeigt, dass das Universum homogen und isotrop ist. **b** Dipolmuster aufgrund unserer Bewegung relativ zur CMB-Strahlung. In der Richtung, in die wir uns bewegen, sind die CMB-Photonen etwas nach blau verschoben (daher ist ihre Temperatur höher; daher ist dieser Teil des Himmels in der Abbildung *rot* markiert, und in der entgegengesetzten Richtung sind sie *nach rot verschoben* [daher ist der entsprechende Teil des Himmels *blau*]. Diese Wahl der *Farbkodierung* kann verwirrend sein. Hier folgt man der alltäglichen Erfahrung, nach der *rot* „heiß" und *blau* „kalt" bedeutet, wie bei Wasserhähnen. Leider steht dies im Gegensatz zu der Tatsache, dass *nach blau verschobenes Licht* heißer und blauer ist). **c** Das *rote Band* stammt aus der Mikrowellenemission in unserer Galaxie. Die anderen Flecken weisen auf winzige Temperaturschwankungen der CMB-Strahlung hin, die auf das Vorhandensein kleiner Dichtefluktuationen zum Zeitpunkt der Emission der CMB-Photonen zurückzuführen sind

unserer Bewegung durch den CMB beträgt etwa 600 km/s; sie kann auf die gravitative Anziehung einer großen Massenkonzentration in Richtung des Virgo-Superhaufens zurückgeführt werden (Abb. 11.10).

Die Dipolkomponente kann einfach von der CMB-Temperaturkarte subtrahiert werden. Dies zeigt ein Muster von Bereichen mit höheren und niedrigeren Temperaturen (Abb. 11.9c). Das rote „äquatoriale" Band stammt von der Mikrowellenemission unserer Galaxie. In der übrigen Karte beträgt die typische Temperaturschwankung zwischen roten und blauen Regionen nur etwa 1/100.000. Diese winzigen Schwankungen spiegeln Schwankungen in der Dichte wider. Regionen mit höherer Dichte werden sich später zu Galaxien und Galaxienhaufen entwickeln (Kap. 12).

Die Temperaturkarte in Abb. 11.9c wurde 1992 vom COBE-Satelliten nach zweijähriger Datenaufnahme erstellt. Sie zeigte zum ersten Mal, dass das frühe Universum kleine Dichtefluktuationen aufwies. Die Auflösung von COBE war jedoch eher begrenzt, und es blieb noch viel Arbeit zu tun, um die riesige Menge an kosmologischen Informationen, die in der CMB-Strahlung enthalten sind, auch nutzen zu können. So wurde 2001 der NASA-Satellit[6] Wilkinson Microwave Anisotropy Probe (WMAP) als Nachfolger von COBE gestartet. Während die Auflösung von COBE 7° betrug

---

[6]Der Satellit wurde nach David Wilkinson benannt, der eine wichtige Rolle in der CMB-Forschung spielte. (Zur Erinnerung: Wilkinson war einer der jungen Stipendiaten, die Robert Dicke in den 1960er Jahren mit dem Bau eines CMB-Detektors beauftragte).

Abb. 11.10 Die COBE-Teamleiter John Mather *(links)* und George Smoot *(rechts)* erhielten für diese Arbeit 2006 den Nobelpreis für Physik. (*Quelle* [Foto von John Mather]: NASA, mit freundlicher Genehmigung von AIP Emilio Segre Visual Archives, W. F. Meggers Gallery of Nobel Laureates. Dieses Bild ist auch bei der NASA erhältlich). (*Quelle* [Foto von George Smoot]: Fotografie von Jerry Bauer, mit freundlicher Genehmigung von AIP Emilio Segre Visual Archives, W. F. Meggers Gallery of Nobel Laureates)

(man beachte die Winkelgröße des Vollmondes von 0,5°), hatte WMAP eine 33-mal höhere Auflösung und war 45-mal empfindlicher. WMAP arbeitete neun Jahre lang erfolgreich und lieferte Präzisionsdaten, die zu einer genauen Bestimmung des Alters, der Zusammensetzung und der Geometrie des Universums führten. WMAP wurde durch den Satelliten *Planck* abgelöst, der eine dreifach höhere Auflösung hatte und zehnmal empfindlicher war. Mit zunehmender Verbesserung der Auflösung wurde das Bild des sehr jungen Universums immer genauer (Abb. 11.11 und 11.12). Dieses Bild enthält wichtige Informationen über physikalische Phänomene, die weit vor der Phase der Rekombination stattfanden. Das werden wir weiter unten noch genauer besprechen.

Abb. 11.11 Die Satelliten COBE (1989 gestartet), WMAP (2001 gestartet) und Planck (2009 gestartet). (*Quelle:* GSFC/NASA, NASA/WMAP Wissenschaftsteam und ESA)

Abb. 11.12 CMB-Temperaturkarten mit zunehmender Auflösung, erstellt vom **a** COBE-, **b** WMAP- und **c** Planck-Satellit. (*Quelle:* **a** COBE, **b** NASA/WMAP Wissenschaftsteam, **c** Copyright ESA und Planck-Gesellschaft)

11.6 CMB heute und in früheren Zeitphasen

CMB-Photonen sind überall um uns herum, in sehr großer Zahl. Ihre numerische Dichte (d. h. die Anzahl der Photonen pro Kubikmeter) beträgt $n_y \approx 4 \times 10^8 \, \mathrm{m}^{-3}$[7]. Dies ist vergleichbar mit der Dichte der Photonen, die von einem Vollmond auf die Erde abgestrahlt werden. Wenn unsere Augen für Mikrowellen empfindlich wären, könnten wir vielleicht im kosmischen Licht sehen!

Wir können n^r mit der durchschnittlichen numerischen Nukleonendichte $n_n \approx 0.24 \, \mathrm{m}^{-3}$ vergleichen. Das Verhältnis Nukleonen zu Photonen ist

$$\frac{n_n}{n_\gamma} \approx 6 \times 10^{-10}, \tag{11.5}$$

---

[7]Der griechische Buchstabe Gamma (γ) wird oft zur Bezeichnung von Photonen verwendet.

was bedeutet, dass es für jedes Nukleon im Universum mehr als eine Milliarde Photonen gibt.

Mikrowellenphotonen sind zwar viel zahlreicher als Nukleonen, aber die Energie (und die äquivalente Masse) jedes Photons ist im Vergleich zu der eines Nukleons sehr klein. Infolgedessen ist die Massendichte der CMB-Strahlung viel kleiner als die Dichte der heute vorhandenen Materie:

$$\frac{\rho_{\gamma 0}}{\rho_{m0}} \approx 1.7 \times 10^{-4}. \tag{11.6}$$

Wir betrachten nun, wie sich die kosmische Hintergrundstrahlung mit der Zeit entwickelt. Während sich das Universum ausdehnt, wächst die Wellenlänge der CMB-Photonen proportional zum Skalenfaktor $\lambda \propto a$, und ihre Energie $E \propto 1/a$ nimmt mit der Ausdehnung des Universums ab. Da die Wellenlängen aller Photonen um den gleichen Faktor $a(t)$ gedehnt werden, bleibt die thermische Form des Strahlungsspektrums erhalten. Die Strahlungstemperatur T ist proportional zur durchschnittlichen Energie der Photonen; daher gilt

$$T \propto 1/a. \tag{11.7}$$

Aus Gl. 11.7 geht hervor, dass

$$\frac{T}{T_0} = \frac{1}{a}. \tag{11.8}$$

Hier ist $T_0 \approx 3\,\mathrm{K}$ die gegenwärtige CMB-Temperatur, und wir legen fest, dass der Skalenfaktor zum gegenwärtigen Zeitpunkt $a_0 = 1$ ist. Mit dieser nützlichen Formel können wir bestimmen, wie stark sich das Universum seit der Zeit, in der es die Temperatur T hatte, ausgedehnt hat. Zum Beispiel ist $T_{\mathrm{rec}} \approx 3000\,\mathrm{K}$ die Temperatur bei der Rekombination, und wir leiten aus Gl. 11.8 ab, dass der Skalenfaktor zu dieser Zeit $a_{\mathrm{rec}} \approx 10^{-3}$ war. Dies bedeutet, dass sich das Universum seit dem Zeitpunkt der Rekombination um den Faktor 1000 ausgedehnt hat. Die entsprechende Rotverschiebung ist $z_{\mathrm{rec}} \approx 1000$.

Die kosmische Zeit t_{rec} bei der Rekombination kann man durch Lösung der Friedmann-Gleichung für den Skalenfaktor $a(t)$ herleiten. Dies ergibt $t_{\mathrm{rec}} = 380.000\,\mathrm{Jahre}$. Die CMB-Strahlung liefert somit ein Bild des Universums von 380.000 Jahren nach seiner Entstehung – eine sehr frühe Zeitphase, etwa im Vergleich mit dem heutigen kosmischen Alter von etwa 14 Mrd. Jahren.

Im Verlauf der kosmischen Expansion wird die numerische Dichte der Photonen verdünnt zu

$$n_\gamma \propto \frac{1}{V} \propto a^{-3},$$ (11.9)

wobei $V \propto a^3$ das Volumen einer expandierenden Region ist. Gleichzeitig nimmt die Energie $E \propto a^{-1}$ jedes einzelnen Photons aufgrund der Rotverschiebung ab. Der Gesamteffekt ist, dass die Energiedichte der Strahlung proportional ist zu

$$\rho_\gamma \propto a^{-4}.$$ (11.10)

11.7 Die drei kosmischen Phasen

Die Energiedichte des Universums wird heute von der dunklen Energie (69 %) dominiert, und es hat einen ansehnlichen Materieanteil (dunkle Materie 26 % und 5 % in Form von Atomen) sowie geringe Mengen an Strahlung. Die drei Energiekomponenten entwickeln sich jedoch auf unterschiedliche Weise: Die Materie- und Strahlungsdichte nimmt jeweils ab mit $\rho_m \propto a^{-3}$ und $\rho_\gamma \propto a^{-4}$ solange die Energiedichte des Vakuums konstant bleibt. Infolgedessen war die Zusammensetzung des Universums zu früheren Zeiten deutlich anders als heute (Abb. 11.13).

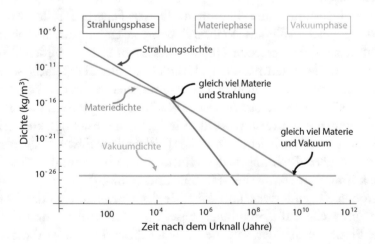

Abb. 11.13 Die Entwicklung der Energiedichte für jede kosmische Komponente

Auch wenn ρ_γ viel kleiner ist als ρ_m heute, so nimmt die Strahlungsdichte schneller zu als die Materiedichte, wenn wir die kosmische Entwicklung in der Zeit zurückverfolgen, und bei $t_{eq} \approx 60.000$ Jahren werden
die beiden Dichten gleich groß (siehe Anhang). In einer früheren Phase war
die Strahlungsdichte größer als die Dichte der Materie und der dunklen
Energie. Diese Phase wird daher als Strahlungsphase bezeichnet. Später
dominiert die Materiedichte gegenüber der Dichte von Strahlung und
dunkler Energie. Diese Materiephase dauert mehrere Milliarden Jahre. Vor
etwa fünf Milliarden Jahren schließlich wurde die Materiedichte kleiner als
die Energiedichte des Vakuums, und das Universum trat in seine heutige
vakuumdominierte Phase ein.

Während der Strahlungs- und Materiephase nimmt der Skalenfaktor mit
$a(t) \propto \sqrt{t}$ bzw. $a(t) \propto t^{2/3}$ zu (siehe Anhang). In beiden Phasen nimmt die
Horizontentfernung linear mit der Zeit zu ($d_{hor} \sim t$), und zwar schneller als
$a(t)$, sodass mit der Zeit immer mehr vom Universum sichtbar wird. Anders
verhält es sich jedoch in der Vakuumphase, in der der Skalenfaktor schneller
zunimmt als der Horizont. In diesem Fall verschwindet immer mehr des
beobachtbaren Universums aus unseren Horizont, und immer weniger
des Universums wird mit der Zeit sichtbar (wir werden darauf in Kap. 16
zurückkommen).

Zusammenfassung

Wenn wir die Ausdehnung des Universums in der Zeit rückwärts verfolgen,
nehmen Dichte und Temperatur unbegrenzt zu. Alle Strukturen lösen sich
bei hohen Temperaturen auf; so beginnt das frühe Universum als ein Feuerball, der aus den grundlegendsten Teilchen besteht, darunter Elektronen,
Protonen, Neutronen und Photonen. Dieser Feuerball füllt das gesamte
Universum gleichmäßig aus. Während sich das Universum ausdehnt, kühlt
es ab, und zusammengesetzte Objekte beginnen sich zu bilden. Innerhalb
der ersten drei Minuten nach dem Urknall fällt die Temperatur so weit ab,
dass Protonen und Neutronen sich zu Atomkernen verbinden können. Nach
etwa 380.000 Jahren verbanden sich Elektronen und Kerne zu neutralen
Atomen, und das Universum wurde für Licht durchsichtig. Heute können
wir die Strahlung nachweisen, die der Feuerball in dieser Phase ausstrahlt
und die aus allen Richtungen des Himmels zu uns kommt. Diese nennen
wir die kosmische Mikrowellen-Hintergrundstrahlung.

In groben Zügen lässt sich die Historie des Universums in drei kosmische
Phasen unterteilen: die Strahlungsphase, die Materiephase und die gegenwärtige Phase der dunklen Energie. In jeder dieser Phasen wird die Energiedichte jeweils von Strahlung, Materie bzw. dunkler Energie dominiert.

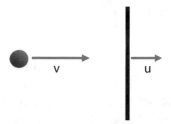

Abb. 11.14   Teilchen und eine sich entfernende Wand

Fragen

1. Wenn wir das Universum in der Zeit rückwärts verfolgen, was passiert mit seiner Temperatur T und seiner Dichte ρ, wenn wir uns dem Urknall nähern?
2. Was passiert mit der Temperatur von Gasen, wenn sie sich ausdehnen oder wenn sie komprimiert werden?
3. Betrachten Sie ein Teilchen, das sich mit der Geschwindigkeit v auf eine Wand zu bewegt, die sich mit der Geschwindigkeit $u < v$ in derselben Richtung entfernt (Abb. 11.14). Wie hoch wird die Geschwindigkeit des Teilchens sein, nachdem es von der Wand abgeprallt ist (Tipp: Betrachten Sie, wie dieser Vorgang für einen Beobachter aussieht, der sich mit der Wand bewegt und das Teilchen mit der gleichen Geschwindigkeit zurückprallen sieht, mit der es ankommt).
4. Heute ist das Universum mit komplexen Strukturen wie Atomen und Molekülen angefüllt. Was passiert mit diesen Strukturen, wenn wir weit in das heiße frühe Universum zurückgehen?
5. Ist es möglich, Atomkerne in einzelne Protonen und Neutronen zu zerlegen? Würde dies bei einer höheren oder niedrigeren Temperatur geschehen als bei der Ionisierung von Wasserstoff? (Ein Wasserstoffatom wird „ionisiert", wenn sein Elektron vom Kern getrennt wird).
6. Wenn das Photon A die doppelte Wellenlänge wie das Photon B hat, um wie viel ist seine Energie größer oder kleiner als die des Photons B?
7. Erläutern Sie kurz die Beziehung zwischen der Rate der Photonenemission und -absorption für ein System, das sich im thermischen Gleichgewicht befindet.
8. Die Sonne ist eine thermische Emissionsquelle mit einer Oberflächentemperatur von 6000 K. Wenn sich die Temperatur der Sonnenoberfläche verdoppeln würde, was würde mit der Intensität der Sonnenstrahlung geschehen?

9. Die maximale Intensität der Sonnenstrahlung liegt genau in der Mitte des sichtbaren Teils des Spektrums. Glauben Sie, dass dies nur ein Zufall ist?

10. Ist der heiße Urzustand in den leeren Raum explodiert? Wie lässt sich das erklären?

11. Was ist Rekombination? Was ist die „Oberfläche der letzten Streuung"?

12. Wenn wir entfernte Objekte im Universum beobachten, sehen wir sie dann so, wie sie heute sind oder wie sie irgendwann in der Vergangenheit waren? Und warum? Hilft oder hindert uns das in unserem Bestreben, die Entwicklung des Universums zu verstehen?

13. Warum können wir nicht bis zum Urknall zurückblicken?

14. Die Mikrowellen-Hintergrundstrahlung wurde ausgesendet, als die Temperatur des Universums 3000 K betrug. Objekte, die sich bei dieser Temperatur im thermischen Gleichgewicht befinden, glühen rot, warum sind wir also von Mikrowellenphotonen umgeben anstatt von roten Photonen?

15. Was passiert mit der Wellenlänge der Photonen, wenn sie sich in einem expandierenden Universum ausbreiten?

16. Gibt es eine Möglichkeit, die CMB-Strahlung mit der Steady-State-Theorie in Einklang zu bringen?

17. Variiert die Form des CMB-Spektrums (die durchgezogene Kurve in Abb. 11.8) am Himmel in verschiedenen Richtungen? Ändert sie sich mit der Entwicklung des Universums? Warum?

18. Erklären Sie, in welchem Sinne die CMB-Strahlung ein Bild des Universums 380.000 Jahre nach dem Urknall liefert.

19. Was stellen die Farbunterschiede auf den CMB-Karten in Abb. 11.12 dar?

20. Wenn jemand behaupten würde, eine Galaxie mit einer Rotverschiebung von 2000 entdeckt zu haben, würden Sie das glauben? Warum/warum nicht?

21. Warum ist die CMB-Strahlung in der einen Hälfte des Himmels etwas heißer als in der anderen?

22. Betrachten wir eine Galaxie mit einer Rotverschiebung von $z = 1$. Wie war die durchschnittliche Materiedichte zu der Zeit, als das Licht die Galaxie verließ, im Vergleich zu heute? Wie war die durchschnittliche Energiedichte der Strahlung damals im Vergleich zu heute? Wie hoch war damals die Temperatur der CMB-Strahlung?

23. Um wie viel hat die Größe des Universums seit der Zeit zugenommen, als Materie- und Strahlungsdichte gleich groß waren? (Tipp: Sie können den gegenwärtigen Wert des Verhältnisses $\frac{\rho_r}{\rho_m}$ in Gl. 11.6 verwenden und herausfinden, wie dieses Verhältnis vom Skalenfaktor abhängt). Wie hoch war die Temperatur des Universums zur Zeit gleicher Materie- und Strahlungsdichte?

24. Wenn es in einer halben Billion Jahre in der Zukunft Beobachter gibt, werden sie dann in der Lage sein, andere Galaxien zu sehen? Werden sie die CMB-Strahlung sehen? Wenn ja, wie würde sich diese Strahlung von dem unterscheiden, was wir heute beobachten?

12

Strukturbildung

Das Universum wird von Sternen erhellt, die im Raum verstreut sind und eine Hierarchie der Strukturen bilden. Sterne sammeln sich in Galaxien, und Galaxien werden in Haufen gruppiert, die wiederum noch größere Strukturen, die so genannten Superhaufen, bilden. Die Entstehung kosmischer Strukturen ist ein aktives Forschungsgebiet, und wir glauben jetzt eine gute Vorstellung davon zu haben, wie sie entstanden sind.

12.1 Kosmische Struktur

Galaxien gibt es in drei Haupttypen: spiralförmige, elliptische und unregelmäßige Galaxien (Abb. 12.1). Die Hauptbestandteile einer Spiralgalaxie sind der zentrale Bulge, die abgeflachte Scheibe mit Spiralarmen und ein riesiger Halo aus dunkler Materie. Die Scheibe unserer Milchstraße hat einen Durchmesser von etwa 100.000 Lichtjahren und ist etwa 10.000 Lichtjahre dick. Der Halo ist fast kugelförmig, mit einem Durchmesser, der etwa zehnmal größer ist als der der Scheibe. Die Sonne befindet sich in der Scheibe etwa 25.000 Lichtjahre vom galaktischen Zentrum entfernt. Große Galaxien wie die Milchstraße enthalten etwa 100 Mrd. Sterne. Der typische Abstand zwischen den Sternen in einer Galaxie beträgt einige Lichtjahre; dies ist viel mehr als die Größe eines Sterns. Wenn man sich die Sonne erbsengroß vorstellt, wäre der nächste Stern 160 km entfernt! Galaxien sind also größtenteils leer.

© Springer Nature Switzerland AG 2021
D. Perlov und A. Vilenkin, *Kosmologie für alle, die mehr wissen wollen*,
https://doi.org/10.1007/978-3-030-63359-2_12

Abb. 12.1 Spiralförmige, elliptische und irreguläre Galaxie. Spiralform (NGC 6814), *Quelle:* ESA/Hubble & NASA; Mit freundlicher Genehmigung von *Judy* Schmidt (Geckzilla). Ellipsenform (M87), *Quelle:* Kanada-Frankreich-Hawaii-Teleskop, J.-C. Cuillandre (CFHT), Coelum. Unregelmäßige Form (NGC 1427 A), *Quelle:* NASA, ESA und das Hubble Heritage Team (STScI/AURA)

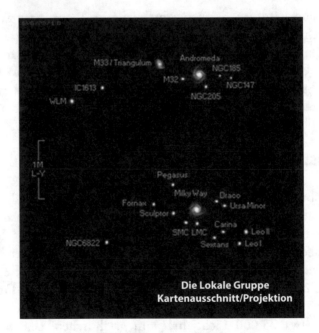

Abb. 12.2   Die Lokale Gruppe. (*Quelle:* www.wikipedia.org)

Galaxien gruppieren sich zu Galaxienhaufen. Die Milchstraße gehört zu einem kleinen Haufen, der als Lokale Gruppe bezeichnet wird (Abb. 12.2). Die Andromeda-Galaxie befindet sich ebenfalls in der Lokalen Gruppe und ist etwa 2,5 Mio. Lichtjahre entfernt. Die Lokale Gruppe umfasst weniger als 40 Galaxien, aber einige große Galaxienhaufen enthalten Tausende von Galaxien. Der der Lokalen Gruppe am nächsten gelegene Haufen ist der

Virgo-Haufen, der etwa 60 Mio. Lichtjahre entfernt liegt und über tausend Galaxien enthält (Abb. 12.3).

Galaxienhaufen sind weiter zu Superhaufen gruppiert, von denen einige Hunderte von Haufen enthalten (die Lokale Gruppe ist Teil des Lokalen Superhaufens). Automatisierte Durchmusterungen von Galaxien, die zuerst in den späten 1980er Jahren am Harvard Center for Astrophysics (CfA) durchgeführt wurden, zeigten auch, dass die Galaxienverteilung eine schaumige Beschaffenheit besitzt, mit Filamenten und schicht-förmigen Wänden von Galaxien, die riesige Leerräume (*voids*) umspannen (Abb. 12.4).

Was geschieht in noch größerem Maßstab? Wächst die Hierarchie der Struktur weiter, gruppieren sich Superhaufen zusammen und so weiter? Oder wird die Verteilung der Galaxien ab einem bestimmten Maßstab ein-heitlich? Das britisch-australische Projekt „Two Degree Field (2dF) Galaxy Redshift Survey" und das „Sloan Digital Sky Survey (SDSS)"-Projekt machten sich daran, diese Fragen zu beantworten. Diese enormen Durch-musterungen, die sich auf zwei Milliarden Lichtjahre erstrecken, zeigen, dass die großräumige Verteilung der Galaxien eine netzartige Struktur mit Filamenten, Wänden, Haufen und Leerräumen aufweist (Abb. 12.5). In Übereinstimmung mit den CfA-Ergebnissen sind die größten Strukturen etwa 300 Mio. Lichtjahre groß und haben eine Masse von etwa 10^{17}

Abb. 12.3 Der Virgo-Galaxienhaufen (durch das Hubble-Weltraumteleskop). (Quelle: NASA/ESA)

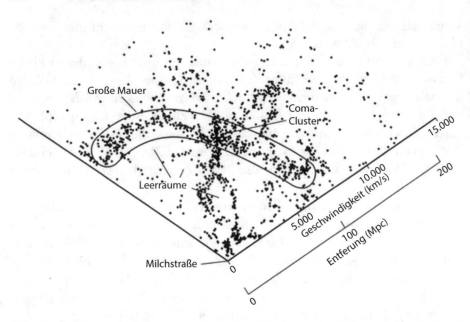

Abb. 12.4 CfA-Karte eines dünnen Schnitts (6°) durch das Universum. Jeder *Punkt* steht für eine Galaxie. Einige der scheinbar filamentartigen Strukturen in der Karte sind in Wirklichkeit schichtförmige Wände mit Öffnungen darin. Eine solche Wand ist die auf der Karte *rot* eingezeichnete „Große Mauer". (*Quelle* Smithsonian Astrophysical Observatory. De Lapparent V, Geller MJ, Huchra JP (1986) A slice of the universe. The Astrophysical Journal 302: L1)

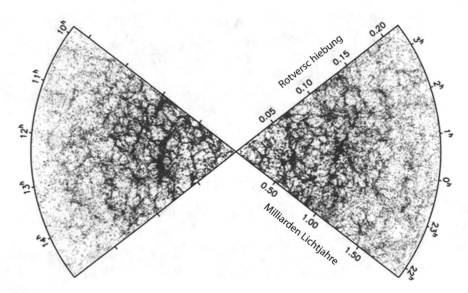

Abb. 12.5 Die großräumige Verteilung der Galaxien, wie sie bei der 2dF-Durchmusterung (2002) beobachtet wurde. (*Quelle:* 2dF Galaxy Redshift Survey)

Sonnenmassen (oder 10^5 galaktischen Massen). Bei noch größeren Skalen ist das Universum homogen. Es gibt keine „Super-Superhaufen". Würde also die Materieverteilung über Entfernungen von 300 Mio. Lichtjahren gemittelt, wäre das Universum homogen und isotrop, wie in den Friedmann-Modellen angenommen.

12.2 Aufbau der Struktur

Nun, da wir mit der hierarchischen Struktur des Universums vertraut sind, stehen wir vor einer unausweichlichen Frage: *Wie sind all diese Strukturen entstanden?* Wir wissen, dass das Universum sehr homogen war, als die CMB-Strahlung zum Zeitpunkt $t_{rec} = 380.000$ Jahre freigesetzt wurde. Wenn es vollkommen homogen wäre, überall die gleiche Dichte hätte, dann würde es für immer so bleiben. Aber wir wissen von den Beobachtungen der CMB-Strahlung, dass es winzige Abweichungen von einer vollkommenen Homogenität gab (etwa eins zu hunderttausend). Das ist alles, was nötig war, um die Strukturbildung anzustoßen.

Eine Region, die dichter als der Durchschnitt ist, wird Materie gravitativ aus ihrer Umgebung anziehen. Dadurch wird sie im Vergleich zum Durchschnitt noch dichter, und ihre Anziehungskraft wird stärker, wodurch noch mehr Materie angezogen wird. Eine übermäßig dichte, sich ausdehnende Region dehnt sich zunächst weiter aus, aber schließlich dreht sich die Richtung um und die Region kollabiert in sich selbst, sodass ein gravitativ zusammengehaltenes Objekt entsteht. Dieser Effekt wird als *Gravitationsinstabilität* bezeichnet; er führt dazu, dass die Materieverteilung immer „klumpiger" wird. Es ist nur eine winzige Fluktuation erforderlich, um den Prozess in Gang zu setzen.

Die Grundidee ist einfach, aber wie so oft sind die Details ziemlich kompliziert. Es hat mehrere Jahrzehnte gedauert, sie zu klären, schließlich hat sich folgendes Bild ergeben:

- Die gravitative Instabilität ist nur dann wirksam, wenn die Expansion des Universums ausreichend langsam erfolgt. Während der Strahlungsphase expandiert das Universum zu schnell, sodass die Zunahme der Dichtefluktuationen erst bei $(t_{eq} \approx 60,000)$ Jahre tatsächlich beginnen kann, wenn die Materiephase beginnt.
- Die Clusterbildung der atomaren Materie entwickelt sich anders als die der dunklen Materie. Das heiße Atomgas steht unter hohem Druck, der verhindert, dass es sich zu Klumpen zusammenziehen kann, die weniger massereich sind als etwa 10^6 Sonnenmassen. Bei größeren Massenzahlen

überwiegt die Schwerkraft, und der Druck spielt keine wichtige Rolle. Dunkle Materie hingegen wird nur von der Schwerkraft beeinflusst[1], sodass ihre Clusterbildung gleich nach t_{eq} beginnt (hier gehen wir davon aus, dass die dunkle Materie „kalt" ist, in dem Sinne, dass ihre Teilchen sich langsam bewegen und der Gravitationskraft der entstehenden Klumpen nicht entkommen können). Dies ist natürlich erfüllt, wenn die Teilchen der dunklen Materie ausreichend massereich sind).

- Kleinere Cluster benötigen eine kürzere Zeit, um sich zu bilden; daher verläuft die Strukturbildung hierarchisch von unten nach oben. Sie beginnt mit der Bildung von kleinen Clustern aus dunkler Materie, die dann zu immer größeren Strukturen verschmelzen. Die atomare Materie beginnt bei etwa 0,5 Mrd. Jahren ABB[2] (*After Big Bang*, nach dem Urknall) in Dunkle-Materie-Cluster zu fallen, wenn die typische Masse eines Clusters 10^6 Sonnenmassen überschreitet. Zu diesem Zeitpunkt entstehen die ersten Sterne. Ihr Licht erhellt das Universum und beendet das dunkle Zeitalter des Kosmos.

- Eine kugelförmige überverdichtete Region könnte zu einem lokalisierten gravitativ zusammengehaltenen Objekt kollabieren. Aber eine typische überdichte Region ähnelt eher einem Ellipsoid, das entlang dreier aufeinander senkrecht stehender Achsen unterschiedliche Längen aufweist. Es kollabiert zunächst entlang seiner kürzesten Achse, um eine annähernd zweidimensionale Schicht zu bilden. Die Schicht kollabiert dann zu einem Filament, und schließlich kollabiert das Filament zu einem lokalisierten Halo. Bei den beobachteten Galaxien und Galaxienhaufen handelt es sich um gut lokalisierte, gravitativ zusammengehaltene Objekte, während sich die Superhaufen noch in ihrem Entstehungsprozess befinden. Einige von ihnen ähneln Filamenten oder Schichten, während andere ein eher unregelmäßiges Aussehen haben.

- Vor etwa fünf Milliarden Jahren, als die Materiephase von der heutigen vakuumdominierten Phase abgelöst wurde, begann sich die Expansion des Universums zu beschleunigen, wodurch die weitere gravitative Clusterbildung abnahm. Deshalb wird es nie kosmische Strukturen geben, die größer als Superhaufen sind.

---

[1]Ein weiterer Unterschied zwischen atomarem Gas und dunkler Materie besteht darin, dass Gasteilchen oft kollidieren und dabei Photonen aussenden. Infolgedessen verliert das Gas Energie, kühlt ab und bewegt sich weiter in Richtung der Zentren der Cluster der dunklen Materie. Dieser Abkühlungsprozess ist wichtig bei galaktischen Massen, bis hin zu 10^{12} Sonnenmassen. Dunkle-Materie-Teilchen dagegen wechselwirken sehr schwach und verlieren bei Kollisionen fast keine Energie. Dies erklärt, warum Sterne und Gas in der Nähe der Zentren von Halos aus dunkler Materie lokalisiert sind.

[2]Im weiteren Verlauf des Buches werden wir die Notation ABB ("After Big Bang") für „nach dem Urknall" verwenden.

Interessant ist, dass die dunkle Materie bei der Strukturbildung eine entscheidende Rolle spielte. Ohne dunkle Materie würde die Zunahme der Dichtefluktuationen erst viel später als bei t_{eq} beginnen. Diese Zunahme, die bis zum Beginn der Vakuumphase auftreten könnte, wäre dann für die Bildung stabiler Strukturen nicht ausreichend. Ohne die dunkle Materie wäre das Universum heute also fast frei von Galaxien.

12.3 Beobachtung der Entwicklung kosmischer Strukturen

Das hierarchische Szenario der Strukturbildung wurde durch direkte Beobachtung entfernter Galaxien nachgeprüft. Wir können sehen, wie frühe Galaxien aussahen, indem wir Galaxienbilder mit immer höheren Rotverschiebungen aufnehmen, das heißt, indem wir immer tiefer in den Weltraum blicken. Das Bild in Abb. 12.6 entstand, indem man das Hubble-Weltraumteleskop auf einen völlig leeren Fleck am Himmel richtete und sehr lange belichtete. Dies ist als das Hubble Ultra Deep Field bekannt. Es zeigt eine Vielzahl von frühen Galaxien – einige von ihnen stammen aus einer Zeit von weniger als einer Milliarde Jahre ABB.

Diese sehr jungen Galaxien unterscheiden sich in vielerlei Hinsicht von den heutigen Galaxien. Sie sind viel kleiner, mit einer typischen Größe von

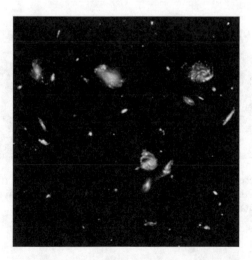

Abb. 12.6 Das Hubble Ultra Deep Field. (*Quelle:* NASA; ESA; G. Illingworth, D. Magee, und P. Oesch, Universität von Kalifornien, Santa Cruz; R. Bouwens, Universität Leiden; sowie das HUDF09-Team)

10.000 Lichtjahren im Durchmesser, und sie scheinen im Allgemeinen chaotisch und unregelmäßig zu sein. Darüber hinaus kollidieren fast alle diese jungen Galaxien oder wechselwirken gravitativ mit ihren Nachbarn (Abb. 12.7), während heute nur noch etwa 2 % kollidieren. All diese Merkmale deuten stark darauf hin, dass heutige Galaxien durch Kollisionen und Verschmelzungen von kleineren frühen Galaxien entstanden sind.

Eine andere Möglichkeit, die Entstehung kosmischer Strukturen sichtbar zu machen, ist die Verwendung einer Computersimulation. Einige Einzelbilder aus einer solchen Simulation sind in Abb. 12.8 zu sehen. Die Simulation verfolgt die Geschichte eines großen kubischen Volumens, während es sich auf die heutige Größe von 160 Mio. Lichtjahren ausdehnt. Es beginnt mit einer nahezu gleichmäßigen Verteilung der Teilchen in dem Volumen und berücksichtigt nur die gravitativen Wechselwirkungen der Teilchen und die Gravitationswirkung der dunklen Energie. Dies ist eine gute Annäherung an den größten Maßstab (Galaxienhaufen und darüber), in dem die Gravitation die dominierende Kraft ist. Die netzförmige Verteilung der Materie im letzten Bild ähnelt sehr der heute beobachteten großräumigen Galaxienverteilung.

Im galaktischen und kleineren Maßstab darf die komplizierte Dynamik des atomaren Gases nicht vernachlässigt werden. Kosmologen machen bei der Simulation dieser Dynamik am Computer Fortschritte, aber einige Details der Galaxien- und Sternentstehung sind immer noch nicht vollständig geklärt. Dies ist jetzt ein aktives Forschungsgebiet.

Abb. 12.7 Kollidierende frühe Galaxien. (*Quelle:* NASA, ESA, die Hubble Heritage (STScI/AURA)-ESA/Hubble Collaboration und A. Evans [University of Virginia, Charlottesville/NRAO/Stony Brook University])

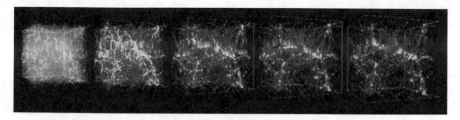

Abb. 12.8 Computersimulation der Strukturbildung. Die Entwicklung eines kubischen Volumens wird von 0,5 Mrd. Jahren ABB ($z=10$) bis in die heutige Zeit verfolgt. Der Würfel dehnt sich mit dem Universum aus (um den Faktor 11), aber die Ausdehnung ist in der Abbildung nicht berücksichtigt, sodass alle „Momentaufnahmen" des Würfels die gleiche scheinbare Größe haben. Die Momentaufnahmen erfolgen bei den Rotverschiebungen 10, 4, 1, 0,5 und 0 (Diese Simulation wurde von A. Kravtsov und A. Klypin am National Center for Supercomputer Applications an der Universität von Chicago durchgeführt)

12.4 Primordiale Dichtefluktuationen

Die Vorstellung von der Strukturbildung durch gravitative Instabilität beruht auf der Existenz kleiner primordialer Dichtefluktuationen. Die Größe dieser Fluktuationen kann für Regionen unterschiedlicher Größe (oder Masse) unterschiedlich sein. Um die Fluktuationen vollständig zu charakterisieren, muss man ihr *Spektrum* angeben, d. h. die typische Stärke der Fluktuation als Funktion der Masse. Wenn das Spektrum bei einer bestimmten Masse sein Maximum erreicht hat, dann haben die ersten gebundenen Objekte, die sich hier bilden, wahrscheinlich diese Masse[3]. Die Entwicklung der Struktur im Universum hängt also von der Form des ursprünglichen Fluktuationsspektrums ab.

Das in diesem Kapitel skizzierte Strukturbildungsszenario und Computersimulationen (Abb. 12.8) gehen davon aus, dass die Fluktuationsstärke für alle relevanten Massenskalen annähernd gleich ist. Dies wird als *skaleninvariantes* Fluktuationsspektrum bezeichnet. *Aber was ist der Ursprung der primordialen Fluktuationen? Und was bestimmte ihr Spektrum?* Diesen Fragen geht die Theorie der kosmischen Inflation nach. Wir werden in Kap. 17 feststellen, dass das von dieser Theorie vorhergesagte Fluktuationsspektrum tatsächlich nahezu skaleninvariant ist. Außerdem werden wir sehen, dass diese Form des Spektrums durch Beobachtungen gestützt wird.

---

[3]Es gibt einige zusätzliche Faktoren, die die Masse (oder Größe) der ersten kollabierten Objekte bestimmen; wir brauchen hier nicht näher darauf einzugehen.

12.5 Supermassereiche Schwarze Löcher und aktive Galaxien

Die Allgemeine Relativitätstheorie sagt voraus, dass wir ein Schwarzes Loch erzeugen können, wenn wir eine genügend große Masse in ein genügend kleines Volumen zwingen (Kap. 4). Schwarze Löcher mit der Masse eines Sterns können sich in den letzten Stadien der Sternentwicklung bilden. Aufgrund von Beobachtungen gibt es auch starke Hinweise für die Existenz riesiger, supermassereicher Schwarzer Löcher mit Massen von Millionen und sogar Milliarden Sonnenmassen. Die Geschwindigkeiten von Sternen und Gas in der Nähe der galaktischen Zentren wurden mit Hilfe von Doppler-Verschiebungen gemessen. Diese Messungen zeigen das Vorhandensein extrem massereicher, kompakter Objekte, die im Zentrum der meisten Galaxien lauern – es sind Schwarze Löcher! Das Schwarze Loch im Zentrum unserer Milchstraße hat eine Masse von etwa 3,7 Mio. Sonnenmassen, während Schwarze Löcher in einigen anderen Galaxien mehr als eine Milliarde Sonnenmassen enthalten.

Diese monströsen Schwarzen Löcher liegen die meiste Zeit in einem Dornröschenschlaf. Aber wenn sich in der Nähe des galaktischen Zentrums etwas Gas befindet, fällt es in das Schwarze Loch. Das Gas heizt sich auf und gibt riesige Mengen an Strahlung ab, während es sich spiralförmig auf das Loch zu bewegt. Die Strahlung setzt sich fort, bis der Gasvorrat erschöpft ist. Während ihrer explosiven Phasen sind supermassereiche Schwarze Löcher die leuchtkräftigsten Objekte im Universum. Abhängig von der freigesetzten Energiemenge und der Art der Strahlung nennen wir sie Quasare oder aktive Galaxienkerne (Abb. 12.9).

Galaxienkollisionen verändern die Gasverteilung in den Galaxien und lösen die „Fütterung" von Schwarzen Löcher aus. Daher hätten die Aktivitäten Schwarzer Löcher im jungen Universum häufiger auftreten müssen, als die Kollisionsrate hoch war. Beobachtungen von Quasaren stützen diese Hypothese. Die von uns beobachteten Quasare sind sehr weit entfernt und daher sehr alt. Die Quasarbildungsraten erreichten ihren Höhepunkt bei etwa zwei bis drei Milliarden Jahren ABB. Sie stellen ein frühes Stadium in der Entwicklung der Galaxien dar.

Zusammenfassung

Die Entstehung von Galaxien lässt sich auf winzige Inhomogenitäten im heißen Urzustand zurückführen. Einige Regionen des heißen Urzustands hatten eine etwas höhere Dichte als andere. Die Masse dieser Regionen

Abb. 12.9 Künstlerische Darstellung eines supermassereichen Schwarzen Lochs. Einströmendes Gas bildet eine dünne Akkretionsscheibe, während es sich spiralförmig in das Loch hineinbewegt. Von der Umgebung des Schwarzen Lochs gehen starke Gasstrahlen senkrecht zur Scheibe aus. Solche Jets werden oft in aktiven galaktischen Kernen beobachtet, aber der Mechanismus ihrer Entstehung ist noch ziemlich unklar. (*Quelle:* NASA / Dana Berry, SkyWorks Digital)

nahm zu, da sie Materie aus dem umgebenden Raum anzogen, und im Laufe von Milliarden von Jahren entwickelten sie sich zu Galaxien und größeren Strukturen.

Das Szenario der Strukturbildung, das aufgrund von mathematischen Analysen und Simulationen postuliert wurde, besagt, dass die ersten Sterne rund 0,5 Mrd. Jahre nach dem Urknall entstanden sind, gefolgt von der Bildung früher irregulärer Galaxien. Große Galaxien entstanden durch hierarchische Formierung aus der Verschmelzung kleinerer Galaxien. Galaxien verdichteten sich dann zu Galaxienhaufen, die sich weiter zu Superhaufen gruppierten. Im größten Maßstab weist das Universum eine netzförmige Struktur mit Filamenten, Wänden und Leerräumen auf, die bis zu Größenordnungen von etwa 300 Mio. Lichtjahren reichen. Bei noch größeren Skalen verringert sich das Wachstum der Strukturen durch Gravitationsabstoßung aufgrund der dunklen Energie, sodass es keine weitere Clusterbildung gibt und das Universum homogen ist.

Fragen

1. Die größten Strukturen im Universum haben eine Ausdehnung von etwa 300 Mio. Lichtjahren. Wie sieht das Universum im noch größeren Maßstab aus? Wie sieht die Galaxienverteilung im kleineren Maßstab aus?
2. Was ist gravitative Instabilität? Beschreiben Sie, wie dadurch aus kleinen Dichtefluktuationen Strukturen wie Sterne und Galaxien entstehen können.

3. Beschreiben Sie, wie sich die gravitative Instabilität für dunkle Materie und für atomares Gas unterscheidet.

4. Was ist hierarchisches Clustering?

5. Können Sie erklären, warum die großräumige Verteilung von Galaxien ein netzförmiges Aussehen hat, mit Filamenten, Wänden und Leerräumen?

6. Welche Beobachtungen liefern Hinweise auf die Bildung hierarchischer Strukturen?

7. Wenn der Radius eines Schwarzen Lochs mit einer Sonnenmasse 3 km beträgt, wie groß ist dann der Radius eines supermassereichen Schwarzen Loches mit einer Milliarde Sonnenmassen? Vergleichen Sie diesen mit dem Radius der Erdumlaufbahn um die Sonne (1.5×10^{11} m; denken Sie an die Formel für den Schwarzschild-Radius in Kap. 4).

8. Stellen Sie sich vor, Sie leben in einer früheren kosmischen Zeit, als die Galaxien viel jünger waren als heute. Wie würden sich die Galaxien, die Sie beobachten, von den heutigen Galaxien unterscheiden? Wären sie größer, kleiner oder etwa gleich groß? Würden sie einander näher oder weiter voneinander entfernt sein? Welche weiteren Unterschiede würden Sie erwarten?

9. Was ist ein Quasar? Warum werden die meisten Quasare in einer frühen kosmischen Zeit beobachtet?

10. Wie stellen wir fest, dass es im Zentrum einer Galaxie ein supermassereiches Schwarzes Loch gibt? Wie messen wir die Masse von Schwarzen Löchern?

11. Wie kartografieren Kosmologen die dreidimensionale Verteilung der Galaxien aus dem am Himmel beobachteten zweidimensionalen Muster?

13

Häufigkeit der Elemente

Die chemische Zusammensetzung des Universums ist recht einfach. Ungefähr 75 % (nach der Masse) der atomaren Materie liegt in Form von Wasserstoff vor und fast der ganze Rest in Form von Helium. Alle anderen chemischen Elemente machen weniger als 2 % der Masse der Atome aus. *Wie kommt es, dass einige Elemente in größerer Menge vorhanden sind als andere? Und wo kommen die Elemente überhaupt her?* Diese Fragen lassen sich nicht umgehen, denn Atome und sogar Atomkerne konnten in den ersten Momenten nach dem Urknall nicht existieren. Die Herausforderung besteht also darin, zu verstehen, wie die Elemente durch physikalische Prozesse im Laufe der kosmischen Evolution entstanden sind.

13.1 Warum Alchemisten nicht erfolgreich waren

Die chemischen Eigenschaften eines Atoms werden durch die Anzahl der in ihm enthaltenen Elektronen bestimmt, die gleich der Anzahl der im Kern befindlichen Protonen ist. Die Anzahl der Protonen definiert die Art des chemischen Elements. Zum Beispiel enthält Wasserstoff ein Proton und Gold 79 Protonen. Atome, die die gleiche Anzahl von Protonen, aber eine unterschiedliche Anzahl von Neutronen besitzen, haben fast identische chemische Eigenschaften; sie werden Isotope genannt. Zum Beispiel hat Helium-4 zwei Protonen und zwei Neutronen im Kern, während Helium-3 zwei Protonen und nur ein Neutron im Kern hat. Die Zusammensetzung

© Springer Nature Switzerland AG 2021
D. Perlov und A. Vilenkin, *Kosmologie für alle, die mehr wissen wollen,*
https://doi.org/10.1007/978-3-030-63359-2_13

von einigen der einfachsten Atomkerne ist in Abb. 13.1 dargestellt. Es gibt 92 natürlich vorkommende Elemente; ihre relativen Häufigkeiten im Universum sind in Abb. 13.2 dargestellt.

Alchimisten im Mittelalter versuchten, reichlich vorhandene Elemente in Gold zu verwandeln. Newton widmete auch einen Großteil seiner Zeit der alchemistischen Forschung. Heute wissen wir, dass es einen guten Grund gab, warum diese Forschung zum Scheitern verurteilt war. Um ein chemisches Element in ein anderes umzuwandeln, muss man wissen, wie man die Anzahl der Protonen in den Atomkernen verändern kann. Es gibt mindestens zwei Möglichkeiten, dies zu tun. Erstens kann man den Kern mit etwas so treffen, dass er sich in zwei Teile spaltet, und zweitens kann man zwei Kerne zusammenprallen lassen, in der Hoffnung, dass sie

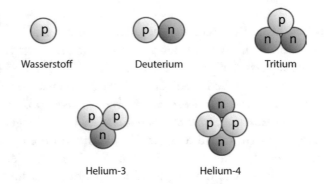

Abb. 13.1 Die einfachsten Atomkerne, Protonen und Neutronen sind durch p bzw. n dargestellt. Deuterium und Tritium sind Isotope des Wasserstoffs, während Helium-3 und Helium-4 Isotope des chemischen Elements Helium sind

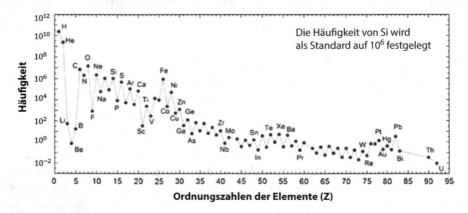

Abb. 13.2 Häufigkeiten der Elemente. Die Ordnungszahl Z ist gleich der Anzahl der Protonen im Kern

verschmelzen und einen größeren Kern bilden. Beide Methoden haben ihre Probleme.

Das Problem mit der ersten Methode ist, dass Protonen und Neutronen durch die starke Kernkraft im Kern festgehalten werden, sodass ein Zusammenstoß mit sehr hoher Energie notwendig ist, um einen Kern in zwei Teile zu zerbrechen. Das Problem der zweiten Methode besteht darin, dass die anziehende Kernkraft nur auf sehr kurze Entfernungen stark ist. Bevor also zwei kollidierende Kerne zusammenhaften können, muss man sie einander sehr nahe bringen. Es gibt jedoch eine elektrische Abstoßung zwischen positiv geladenen Kernen, und auch hier muss man eine sehr hohe Energie aufbringen, um diese Abstoßung zu überwinden. Die für Kernumwandlungen benötigten Teilchenenergien erfordern Temperaturen von mehr als zehn Millionen Grad Kelvin. Solche Temperaturen werden natürlicherweise nur im Inneren von Sternen und im frühen Universum erreicht.

George Gamow, der Begründer der Theorie des heißen Urknalls, postulierte, dass die Elemente kurz nach dem Urknall synthetisiert wurden. Er entwickelte diese Idee in Zusammenarbeit mit Ralph Alpher und Robert Herman. Sie wird heute als *Urknall-Nukleosynthese* bezeichnet.

13.2 Urknall-Nukleosynthese

Wir wollen zu einem Zeitraum etwa um die ersten Sekunden nach dem Urknall zurückkehren. Die Temperatur des Universums beträgt mehrere Milliarden Kelvin und der heiße Urzustand ist eine Mischung aus Neutronen, Protonen, Elektronen, Photonen und Neutrinos. In noch früherer Zeit befanden sich Neutronen und Protonen in einem thermischen Gleichgewicht und wandelten sich durch schwache Kernprozesse wie

$$Proton + Elektron \leftrightarrow Neutron + Neutrino \qquad (13.1)$$

Ein Neutron hat eine größere Masse als ein Proton und ein Elektron zusammen, sodass es zusätzliche Energie kostet, ein Proton in ein Neutron umzuwandeln. Während sich das Universum ausdehnt und abkühlt, werden energiereiche Elektronen, die für die Umwandlung benötigt werden, immer seltener, und Neutronen werden im Verhältnis zu den Protonen immer weniger zahlreich. Bei etwa einer Sekunde ABB werden die Raten der Umwandlungsreaktionen zu langsam, um mit der Expansion des Universums Schritt zu halten, sodass die Umwandlung von Protonen in Neutronen effektiv aufhört. Zu dieser Zeit gibt es ungefähr sechs Protonen pro einem Neutron.

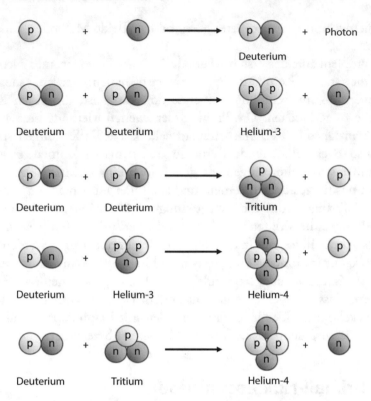

Abb. 13.3 Die wichtigsten Kernreaktionen bei der Urknall-Nukleosynthese

Isolierte Neutronen sind instabil[1] und zerfallen in Protonen und leichtere Teilchen, bei einer durchschnittlichen Lebensdauer von 15 min:

$$Neutron \rightarrow Proton + Elektron + Antineutrino \qquad (13.2)$$

So hatte das Universum etwa 15 min Zeit, um die Elemente zu erzeugen. Andernfalls wären ihm die Neutronen ausgegangen, und das einzige Element, das es enthalten würde, wäre Wasserstoff.

Der erste Schritt in der Nukleosynthese besteht darin, dass ein Neutron mit einem Proton verschmilzt und Deuterium (schweren Wasserstoff) bildet (Abb. 13.3). Das Deuterium ist sehr instabil, aber es ist möglich, dass zwei Deuteriumkerne verschmelzen, um entweder Helium-3 plus ein Neutron oder Tritium plus ein Proton zu bilden. Helium-4 (dies ist der „übliche" Heliumkern, der aus zwei Neutronen und zwei Protonen besteht) kann nun auf zwei Arten gebildet werden: Deuterium kann mit Helium-3 ver-

---

[1]Neutronen in Atomkernen werden durch starke Kernwechselwirkungen stabilisiert.

schmelzen, um einen stabilen Helium-4-Kern (plus ein Proton) zu bilden, oder Deuterium kann mit Tritium verschmelzen, um einen stabilen Helium-kern (plus ein Neutron) zu bilden.

Das Haupthindernis für diese Reaktionskette ist, dass der instabile Deuteriumkern durch Kollisionen mit energiereichen Photonen zerstört wird, bevor er sich mit mehr Deuterium zu Helium-3 oder Tritium verbindet. Aber bei etwa einer Minute ABB, wenn die Temperatur auf eine Milliarde Kelvin gesunken ist, reichen die Photonenenergien nicht mehr aus, um Deuterium zu spalten. Zu diesem Zeitpunkt ist das Verhältnis von Neutronen zu Protonen auf 1:7 gesunken. Von diesem Zeitpunkt an verläuft die Nukleosynthese recht schnell, bis fast alle Neutronen im Helium enden. Der Prozess ist im Wesentlichen abgeschlossen, wenn das Universum etwa drei Minuten alt ist. Die in diesem Szenario vorhergesagte Heliumhäufig-keit beträgt 25 Massenprozent[2], was in hervorragender Übereinstimmung mit der Beobachtung steht. Der Großteil der verbleibenden atomaren Masse liegt in Form von Wasserstoff vor.

Bei der Urknall-Nukleosynthese wurden auch geringe Mengen anderer leichter Elemente erzeugt. Die vorhergesagten Häufigkeiten dieser Elemente hängen stark von der Nukleonendichte n_n in dieser Phase ab. Da sich die Dichte mit der Expansion des Universums ändert, ist es einfacher, das Ver-hältnis von Nukleonen zu Photonen $\eta = \frac{n_n}{n_\gamma}$ zu verwenden, das nahezu unabhängig von der Zeit ist. Eine gute Übereinstimmung zwischen den theoretischen Vorhersagen und den beobachteten Häufigkeiten (etwa 10^{-5} Deuterium, 10^{-5} Helium-3 und 10^{-10} Lithium-7) wird für $\eta \approx 6 \times 10^{-10}$ (Abb. 13.4) erreicht[3]. Man sollte also erwarten, dass das Universum etwa 1,6 Mrd. Photonen für jedes Nukleon enthält.

Dieses Ergebnis hat weitreichende Auswirkungen. Unter Verwendung des Wertes η und der gegenwärtigen numerischen Dichte der CMB-Photonen ($n_\gamma \approx 4 \times 10^8\,\mathrm{m}^{-3}$, Abschn. 11.6) können wir die gegenwärtige durch-schnittliche numerische Dichte der Nukleonen $n_n = \eta n_\gamma \approx 0.24\,\mathrm{m}^{-3}$ ermitteln. Wenn man außerdem bedenkt, dass fast die gesamte Masse der atomaren Materie aus Nukleonen besteht (sie sind etwa zweitausendmal

---

[2]Diese Zahl ist leicht zu verstehen, wenn man bedenkt, dass es i) für jedes Neutron sieben Protonen gibt (oder 14 Protonen für zwei Neutronen) und ii) fast alle Neutronen im Helium enden. Für jeden Heliumkern (der zwei Neutronen und zwei Protonen umfasst) bleiben 12 freie Protonen (Wasserstoff-kerne). Daher ergibt sich ein Massenverhältnis von Wasserstoff zu Helium von 12:4, was genau der Vorhersage von 75 % Wasserstoff und 25 % Helium entspricht.

[3]Die durch genauere neuere Messungen erhaltene Lithiumhäufigkeit ist um etwa den Faktor drei niedriger als vorhergesagt. Der Ursprung dieser Diskrepanz ist derzeit unklar; sie ist Gegenstand intensiver Untersuchungen.

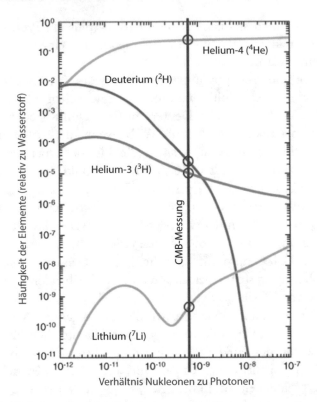

Abb. 13.4 Häufigkeiten der leichten Elemente. Die *Kurven* zeigen theoretische Vorhersagen in Abhängigkeit vom Verhältnis von Nukleonen zu Photonen. Beobachtete Elementhäufigkeiten werden durch *Kreise* angezeigt. Es gibt nur einen Wert für das Verhältnis von Nukleonen zu Photonen *(rote senkrechte Linie)*, der durch alle Datenpunkte verläuft. Dieser Wert stimmt mit einer unabhängigen Messung auf der Grundlage der CMB-Messungen überein. (*Quelle:* NASA/WMAP Science Team)

schwerer als Elektronen), können wir die durchschnittliche atomare Massendichte $\rho_{at} \approx n_n m_n \approx 4 \times 10^{-28} \, \text{kg/m}^3$ bestimmen, wobei $m_n \approx 1.7 \times 10^{-27} \text{kg}$ die Masse der Nukleonen ist. In Bezug auf die kritische Dichte ergibt sich $\Omega_{at} = \rho_{at}/\rho_c \approx 0.05$. Dieser Wert ist vergleichbar mit der beobachteten Menge an Materie in Sternen und interstellarem Gas – aber dann bleibt nicht mehr viel für die dunkle Materie übrig.

Die Menge der dunklen Materie" im Universum ist etwa fünfmal so groß wie Materiemenge in Sternen und Gas, d. h. $\Omega_{dark} \approx 0.26$. Daraus müssen wir nun schließen, dass der größte Teil dieser Materie nicht aus gewöhnlichen Atomen bestehen kann. Sie muss aus etwas „exotischen" stabilen Teilchen bestehen, die noch nicht entdeckt worden sind.

Die Übereinstimmung zwischen der Theorie und der Beobachtung bei den Häufigkeiten der leichten Elemente ist eine bemerkenswerte Leistung. Aber was ist mit den schweren Elementen? Hier sind Gamow, Alpher und Hermann in eine Sackgasse geraten. Die Nukleosynthese des Urknalls geht nicht viel weiter als bis zum Helium. Die Gründe dafür sind, dass es keine stabilen Kerne gibt, die aus fünf Nukleonen bestehen, und dass eine gleichzeitige Anlagerung von zwei oder mehr Nukleonen höchst unwahrscheinlich ist. Diese „Unzulänglichkeit" des Urknallmodells, die auch als „Fünf-Nukleonen-Lücke" bezeichnet wird, ermöglichte es anderen kosmologischen Theorien, sich eine Zeit lang als brauchbare Alternativen durchzusetzen.

Insbesondere bevor das Urknallmodell allgemein anerkannt war, postulierten Fred Hoyle, Hermann Bondi und Thomas Gold die Steady-State-Theorie (Kap. 7). Nach dieser Theorie hat sich der Zustand des Universums im Laufe der Zeit nicht verändert, und das Universum hat nie eine heiße explosive Phase durchlaufen. Hoyle schlug daher vor, dass alle Elemente in Sternen entstanden sind. Während wir jetzt wissen, dass die Häufigkeiten von Wasserstoff- und Helium auf den Urknall zurückzuführen sind, hatte Hoyle mit der Nukleosynthese teilweise Recht: Elemente, die schwerer als Lithium sind, entstanden tatsächlich in den Sternen.

13.3 Die Nukleosynthese in den Sternen

Sterne sind gasförmige Kugeln, die durch die Schwerkraft zusammengehalten und durch Kernreaktionen in ihrem Inneren erhitzt werden. Unsere Sonne ist ein typischer mittelgroßer Stern, der hauptsächlich aus Wasserstoff besteht (71 %). Ihre Oberflächentemperatur beträgt 6000 K und die Zentraltemperatur 10^7 K. In den zentralen Regionen von Sternen wie der Sonne wird Wasserstoff zu Helium verbrannt; im Kern sammelt sich die „Heliumasche" an. Wenn der gesamte Wasserstoff in der Zentralregion verbrannt ist, kann sich der Stern nicht mehr gegen die Schwerkraft abstützen. Der Kern beginnt sich zusammenzuziehen, und seine Temperatur steigt an. Außerhalb des Kerns verbrennt eine Hülle aus Wasserstoff weiter zu Helium. Sobald der Kern eine Temperatur von $T \sim 10^8$ K erreicht hat, beginnt die Heliumasche zu Kohlenstoff und Sauerstoff zu verbrennen.

Bei einem Stern mit etwa der Masse der Sonne gehen Kernreaktionen nicht über diesen Punkt hinaus. Durch die im Kern erzeugte Wärme schwillt der Stern zu einem Roten Riesen an, stößt dann seine Hülle ab und hinterlässt einen kompakten Weißen Zwerg als Überrest. Befindet sich ein solcher Überrest zufällig in einem Doppelsystem, dann ist es möglich, dass

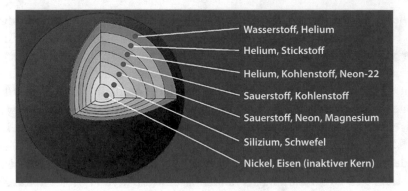

Wasserstoff, Helium

Helium, Stickstoff

Helium, Kohlenstoff, Neon-22

Sauerstoff, Kohlenstoff

Sauerstoff, Neon, Magnesium

Silizium, Schwefel

Nickel, Eisen (inaktiver Kern)

Abb. 13.5 Stellare Nukleosynthese. Das schwerste Element, das im Kern synthetisiert werden kann, ist Eisen. Andere schwere Elemente werden in schalenartigen Schichten in der Nähe des Zentrums „gebrannt", während die leichteren Elemente weiterhin in den äußeren Schichten brennen, wo die Temperatur niedriger ist

der Weiße Zwerg Materie von seinem Partner an sich zieht. Sobald der Stern eine kritische Menge an Materie aufgenommen hat, kann es zu einer Supernova-Explosion kommen. Andererseits kann bei massereichen Sternen (acht oder mehr Sonnenmassen) die Kernverbrennung so lange andauern, bis sich Eisen bildet. Der Prozess endet bei Eisen, das der stabilste aller Atomkerne ist (Abb. 13.5). Daher haben massereichere Sterne eine geschichtete Struktur, wobei schwerere Elemente in den tieferen Schichten erzeugt werden, wo die Temperatur höher ist.

Wenn einem massereichen Stern im Zentrum der Kernbrennstoff ausgeht, kollabiert der zentrale Kern und erreicht enorme Dichten und Temperaturen $T \sim 10^{10}$ K. Elemente, die schwerer als Eisen sind, werden während des Kernkollapses und der unmittelbar darauf folgenden gigantischen Supernova-Explosion „geschmiedet"[4]. Diese schweren Elemente werden in das interstellare Medium ausgestoßen, wo sie als Rohmaterial für neue Sterne und Planeten dienen[5]. Planeten entstehen als natürliches Nebenprodukt der Sternentstehung. Auf diese Weise sind wir in einem sehr realen Sinn wiederverwendeter Sternenstaub – der Kohlenstoff in unseren Zellen, das Eisen in unserem Blut und das Kalzium in unseren Knochen wurden alle in

---

[4]Wenn der Vorgängerstern eine Masse zwischen acht und 20 Sonnenmassen hat, ist der nach dem Kernkollaps übrig gebliebene Überrest ein superdichter Neutronenstern. Bei Sternen mit einer Masse von mehr als 20 Sonnenmassen ist zu erwarten, dass beim Kernkollaps Schwarze Löcher entstehen.

[5]Wir betonen, dass die primordiale Nukleosynthese die einzige Erklärung ist, die wir für die Häufigkeiten von Helium und anderen leichten Elementen haben. Dies gilt insbesondere für Deuterium, das nur in Sternen zerstört werden kann. Und die Menge des in allen Sternen produzierten Heliums beträgt nur etwa ein Prozent der im Universum festgestellten Gesamtmenge.

(a)   (b)

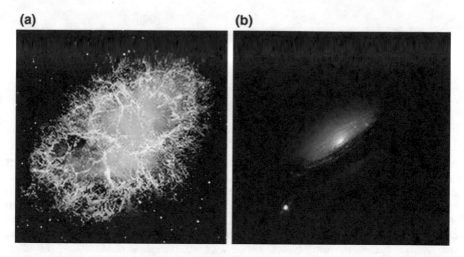

Abb. 13.6 a Der Krebsnebel ist die Folge einer Supernova-Explosion in unserer Galaxie, die 1054 n. Chr. beobachtet wurde. *Quelle:* STSCI, NASA, ESA, J. Hester und A. Loll (Arizona State University). **b** Der helle Fleck unten links ist eine Supernova, die in der Helligkeit mit der gesamten zugehörigen Galaxie konkurriert. (*Quelle:* NASA/ESA, das Hubble Key Project Team und das High-Z Supernova Search Team)

den Zentren der Sterne hergestellt und dann ins Universum zurückgeführt (Abb. 13.6).

13.4 Entstehung von Planetensystemen

Man nimmt an, dass sich alle Planetensysteme, einschließlich unseres Sonnensystems, in etwa auf die gleiche Weise gebildet haben. Eine große, langsam rotierende Gaswolke beginnt sich aufgrund von Gravitationskräften zusammenzuziehen. Wenn sich die Wolke zusammenzieht, beschleunigt sich die Drehgeschwindigkeit, ähnlich wie bei einer Schlittschuhläuferin, die sich schneller dreht, wenn sie ihre Hände zum Körper zieht[6]. Die gemeinsame Wirkung von Schwerkraft und Umdrehung führt dazu, dass sich die Wolke zu einer dünnen Scheibe verflacht. Wenn sich die Wolke zusammenzieht, wird das Material dichter und heißer, besonders zum Zentrum hin, und schließlich wird die zentrale Region zu einem Stern, und ein Teil des Materials in der Scheibe lagert sich zu einer Reihe von Planeten zusammen (Abb. 13.7).

---

[6]Das physikalische Prinzip hinter dem Spin-up einer sich zusammenziehenden Wolke (und des Eisläufers) ist die Drehimpulserhaltung.

(a)   **(b)**   **(c)**

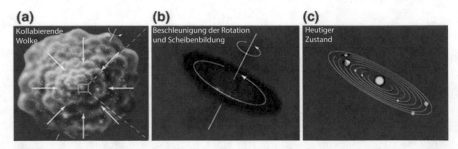

Abb. 13.7 Entstehung eines Planetensystems. **a** Eine rotierende Gaswolke beginnt zu kollabieren. **b** Das kollabierende Material sammelt sich meist in der Nähe des Zentrums und verflacht sich an der Peripherie zu einer rotierenden Scheibe. Das zentrale Material wird zu einem Protostern, und einige Materieklumpen beginnen sich in der Scheibe zusammenzulagern. **c** Durch den Wind des Protosterns wird der größte Teil des umgebenden Materials entfernt. Das verbleibende Material lagert sich weiter zusammen und bildet lokale Aggregationen von Materie. Schließlich entstehen die Planeten, die in der gleichen Richtung und in der gleichen Ebene umlaufen. (*Quelle:* Eric Chaisson [aus Astronomy Today, Eric Chaisson, Stephen McMillan, Colombus (Ohio)])

Abb. 13.8 Das Sonnensystem (nicht maßstabsgetreu). (*Quelle:* NASA)

Unser Sonnensystem besteht aus der Sonne, acht Planeten, einem Asteroidengürtel zwischen Mars und Jupiter und dem Kuipergürtel jenseits der Neptunbahn (Abb. 13.8). Fast die gesamte Masse des Sonnensystems ist in der Sonne konzentriert, der größte Teil der verbleibenden Masse befindet sich auf dem größten Planeten Jupiter. Die ersten vier Planeten (Merkur, Venus, Erde und Mars) werden als terrestrische Planeten bezeichnet, da sie die gleiche felsige Beschaffenheit wie die Erde haben; die nächsten vier Planeten (Jupiter, Saturn, Uranus und Neptun) sind die Gasplaneten. Der Asteroiden und der Kuipergürtel bestehen hauptsächlich aus Körpern, die viel kleiner sind als die Planeten. Die Schwerkraft des Jupiters verhinderte, dass das Material im Asteroidengürtel zu einem Planeten wurde, und das Material im Kuipergürtel ist wahrscheinlich nicht häufig genug zusammengestoßen, um zu einem Planeten zu verschmelzen.

Planeten außerhalb des Sonnensystems sind sehr schwer zu erkennen, da das von jedem Planeten reflektierte Licht im Vergleich zur Helligkeit des Sterns, den er umkreist, sehr schwach ist. Astronomen verwenden daher indirekte Nachweismethoden und suchen nach winzigen Effekten, die der umkreisende Planet auf das Spektrum und die Helligkeit des Sterns hat. Der erste erfolgreiche Nachweis eines extrasolaren Planeten gelang 1992 mit der Methode der Doppler-Verschiebung. Die Anziehungskraft des Planeten bewirkt, dass sich der Stern ganz geringfügig bewegt und dadurch eine Doppler-Verschiebung im Spektrum des Sterns entsteht. Das Spektrum wird periodisch nach blau und nach rot verschoben, während sich der Stern relativ zur Erde vorwärts oder rückwärts bewegt. Diese Methode funktioniert am besten mit sehr massereichen Planeten, die sich in unmittelbarer Nähe ihrer Sterne befinden.

Eine alternative Methode besteht darin, zu messen, wie stark ein Stern verdunkelt wird, wenn ein Planet vor ihm vorbeizieht. Das Ausmaß der Verdunkelung ist proportional zum Anteil der abgedeckten Sternscheibe und nimmt mit der Größe des Planeten zu. Durch Messung der Dauer jeder Verdunklung und des Zeitintervalls zwischen den Verdunklungen kann man auch die Umdrehungsperiode und den Radius der Umlaufbahn des Planeten bestimmen. Das 2009 gestartete Weltraumteleskop Kepler hat mit dieser Methode Tausende von extrasolaren Planeten entdeckt, was darauf hindeutet, dass die Planetenbildung im Universum recht häufig ist. Im Durchschnitt liegt die geschätzte Anzahl bei mehr als einem Planeten pro Stern.

13.5 Leben im Universum

Da bereits eine Vielzahl von Planetensystemen entdeckt wurde, kommt man nicht umhin, sich zu fragen, wie viele von ihnen Leben und Intelligenz beherbergen und welche ungewöhnlichen Formen außerirdisches Leben annehmen könnte. Das Leben, wie wir es auf der Erde kennen, basiert auf Ketten aus Kohlenstoffatomen. Dies ist wahrscheinlich kein Zufall: Kohlenstoff ist eines der am häufigsten vorkommenden Elemente und besitzt die reichhaltigste Chemie. Andere am Leben beteiligte Elemente – Wasserstoff, Sauerstoff und Stickstoff – gehören ebenfalls zu den im Universum am häufigsten vorkommenden Elementen (Abb. 13.2). Ein weiterer zentraler Bestandteil, der notwendig ist, um biochemische Reaktionen zu ermöglichen, ist flüssiges Wasser, das die Rolle eines Lösungsmittels spielt[7].

Auf den meisten extrasolaren Planeten gibt es keinen Mangel an Wasser, aber es ist entweder gefroren, wenn der Planet vom Stern zu weit entfernt ist oder es verdampft, wenn er sich zu nahe bei dem Stern befindet. Astronomen schätzen, dass etwa 20 % der Sterne erdgroße Planeten mit Oberflächentemperaturen haben, die die Existenz von flüssigem Wasser ermöglichen. Bei etwa 10^{22} Sternen im beobachtbaren Universum entspricht dies einer Anzahl von $N_p \sim 10^{21}$ potenziell bewohnbaren Planeten.

Das sind eine Menge Planeten, aber die Anzahl der Planeten, die tatsächlich von Lebewesen bewohnt sind, ist sehr schwer abzuschätzen. Lebewesen zeichnen sich durch ihre Fähigkeit zur Fortpflanzung und zur darwinistischen Evolution aus. Sobald die Evolution beginnt, vermehren sich die Arten und passen sich an die sich verändernde Umwelt an. Dies macht das Leben sehr widerstandsfähig: Das Leben auf der Erde hat eine Reihe von katastrophalen Klimaveränderungen überlebt, die durch Asteroideneinschläge, massive Vulkanausbrüche usw. ausgelöst wurden. Aber um die Evolution in Gang zu bringen, musste der erste lebende Organismus irgendwie gebildet werden. Wie dies geschehen konnte, ist gegenwärtig ein großes Rätsel und Gegenstand der laufenden wissenschaftlichen Debatte.

Man kann sich vorstellen, dass das Leben mit einer relativ kurzen Molekülkette begann, die sich replizieren konnte. Aber die Wahrscheinlichkeit, dass eine solche Kette zufällig aus nicht lebender Materie entsteht, dürfte sehr gering sein. Ein weiteres Hindernis auf dem Weg zum Leben ist der Ursprung des genetischen Codes und der komplexen molekularen Maschinerie, die Proteine (aus denen alle lebenden Organismen bestehen) nach den in der DNA kodierten Anweisungen zusammenbaut. Beim gegenwärtigen Erkenntnisstand können wir nicht ausschließen, dass die für die Evolution des Lebens notwendigen Fluktuationen so selten sind, dass das Leben auf der Erde das einzige Leben ist, das sich jemals in unserem kosmischen Horizont entwickelt hat.

---

[7]Es wurden auch alternative Formen der Biochemie in Betracht gezogen. Zum Beispiel könnte das Leben auf Silizium basieren und Ammoniak als Lösungsmittel verwenden. Hier konzentrieren wir uns auf erdähnliches Leben.

Fossile Funde zeigen, dass vor etwa 3,8 Mrd. Jahren mikrobielles Leben auf der Erde existierte. Davor wurde die Erde stark von Asteroiden bombardiert und Leben war wahrscheinlich unmöglich. Daher scheint es so, als hätte sich das Leben fast so schnell entwickelt, wie es konnte. Auf den ersten Blick deutet dies darauf hin, dass Leben leicht entstehen kann, und deshalb könnte das Universum für primitive Lebensformen förderlich sein. Es kann aber auch sein, dass die seltene Fluktuation, die für das Entstehen von Leben notwendig ist, eher in der turbulenten Umgebung der frühen Erde auftrat. Dann wäre der wahrscheinlichste Zeitpunkt für die Entstehung von Leben bald nach der Entstehung eines Planeten, aber nur ein kleiner Bruchteil der Planeten würde Leben hervorbringen.

Selbst wenn primitives Leben im Universum reichlich vorhanden ist, sind die Chancen, dass es Intelligenz entwickelt, höchst ungewiss. Die Dinosaurier durchstreiften die Erde mehr als 150 Mio. Jahre lang und entwickelten keine technologische Zivilisation. Vielleicht haben wir bald eine bessere Vorstellung davon, wie weit verbreitet intelligentes Leben tatsächlich ist. 2016 wurde *Breakthrough Listen* gestartet, ein umfangreiches internationales Beobachtungsprogramm auf der Suche nach Anzeichen von außerirdischem intelligentem Leben.

Zusammenfassung

Die leichtesten Atomkerne – Wasserstoff, Helium sowie kleine Mengen an Deuterium und Lithium – bildeten sich in den ersten Minuten nach dem Urknall. Die Theorie der Urknall-Nukleosynthese schränkt die Menge an atomarer Materie, die im Universum existieren kann, stark ein und führt zu der Schlussfolgerung, dass der größte Teil der dunklen Materie aus unbekannten Teilchen besteht.

Elemente bis hin zu Eisen werden in den Kernen von Sternen erzeugt, und schwerere Elemente entstehen bei heftigen Supernova-Explosionen, die diese schweren Elemente dann in das interstellare Medium hinausstoßen. Aus dem angereicherten interstellaren Gas entstehen neue Generationen von Sternen, und als Nebenprodukte entstehen Planeten.

Wir wissen heute, dass Planetensysteme im Universum reichlich vorhanden sind, und Astronomen schätzen, dass es eine große Zahl bewohnbarer Planeten gibt. Wir wissen immer noch nicht, wie groß die Wahrscheinlichkeit einzuschätzen ist, dass primitives Leben auf einem generell habitablen Planeten entsteht. Selbst wenn primitives Leben verbreitet ist, kann intelligentes Leben immer noch relativ selten sein. Wenn dem so ist, sind wir möglicherweise die einzige technologisch fortgeschrittene Zivilisation in unserem kosmischen Horizont.

Fragen

1. Was bestimmt die chemischen Eigenschaften eines Atoms?
2. Wenn ein Kohlenstoffkern sechs Protonen hat, wie viele Elektronen hat dann ein Kohlenstoffatom?
3. Warum waren die Alchemisten nicht in der Lage, Gold aus anderen Elementen herzustellen?
4. Welches sind die beiden am häufigsten vorkommenden Elemente im Universum? Wann ist der größte Teil dieser beiden Elemente entstanden?
5. Ungefähr wie viel Prozent (nach Masse) der atomaren Materie im Universum liegt in Form von Wasserstoff vor? Und in Form von Helium?
6. Wo wurden Elemente gebildet, die schwerer als Lithium waren?
7. Wie alt ungefähr war das Universum, als die Urknall-Nukleosynthese endete?
8. Die Sonne besteht hauptsächlich aus Wasserstoff. Was passiert mit dem Wasserstoff in den zentralen Regionen der Sonne?
9. Warum brauchen Fusionsreaktionen in Sternen so hohe Temperaturen? Warum erfordert die Bildung immer schwererer Kerne immer höhere Temperaturen?
10. Woher wissen wir, welche chemischen Elemente in Sternen und interstellarem Gas vorkommen?
11. Denken Sie an die verschiedenen Elemente in Ihrer Umgebung und versuchen Sie sich vorzustellen, wo diese Elemente entstanden sind und wie sie ihren langen Weg von damals bis heute zurückgelegt haben.
12. Warum hat die Elementbildung mit der Heliumfusion im frühen Universum aufgehört?
13. Kosmologen gehen davon aus, dass der größte Teil der dunklen Materie keine gewöhnliche atomare Materie sein kann. Können Sie erklären, wie diese Schlussfolgerung aus der Theorie der Urknall-Nukleosynthese folgt?
14. Wie können wir anhand der ursprünglichen Deuterium- und Lithiumhäufigkeiten die aktuelle Gesamtdichte der atomaren Materie bestimmen?
15. In massereichen Sternen finden verschiedene Arten von Kernreaktionen statt, bei denen eine Vielzahl unterschiedlicher Elemente entstehen. Wo im Stern entstehen die schwersten Elemente und warum?
16. Wenn bei einem massereichen Stern im Zentrum der Kernbrennstoff ausgeht, was passiert dann mit dem zentralen Kern? Was passiert mit den äußeren Schichten des Sterns?

17. Nennen Sie einen Grund, warum Supernovae entscheidend für Ihre Existenz sind.

18. Warum bildet sich eine protostellare Wolke auf, wenn sie sich zusammen zieht?

19. Bei einem fernen Stern mit einer Helligkeit und einem Radius, die unserer Sonne sehr ähnlich sind, wird beobachtet, dass er alle 400 Tage um etwa 0,01 % abgedunkelt wird, wobei jede Abdunklung 12 h dauert. Angenommen, die Abdunklung wird durch einen umkreisenden Planeten verursacht, dann schätzen Sie den Radius des Planeten, die Geschwindigkeit seiner Umdrehung um den Stern und den Radius seiner Umlaufbahn. (Anmerkung: Der Radius der Sonne beträgt 7×10^8 m.)

20. Astronomen bezeichnen einen Planeten als „habitabel", wenn er flüssiges Wasser enthält. Bedeutet dies, dass auf dem Planeten tatsächlich Lebewesen existieren? Würden Sie erwarten, dass die meisten „bewohnbaren" Planeten einige Formen von Leben beherbergen?

14

Das sehr frühe Universum

Zur Zeit der Nukleosynthese bestand der heiße Urzustand aus Elektronen, Protonen, Neutronen, Photonen und Neutrinos. Je mehr wir uns dem Urknall nähern, desto heißer und dichter wird der „Feuerball", und es entstehen andere Arten von Teilchen. Sie bewegen sich fast mit Lichtgeschwindigkeit und kollidieren häufig und heftig. Wie wir sehen werden, ereigneten sich einige der dramatischsten Ereignisse in der Historie des Universums innerhalb eines Bruchteils einer Sekunde nach dem Urknall.

14.1 Teilchenphysik und der Urknall

Dichte und Temperatur des Universums nehmen zu, wenn wir ihre Entwicklung rückwärts in der Zeit bis zum Urknall verfolgen. Wenn die Zeit in Sekunden gemessen wird, dann sind die Dichte und Temperatur gegeben durch[1]

$$\rho \approx \frac{4.5 \times 10^8}{t^2} \, \text{kg/m}^3 \tag{14.1}$$

---

[1]Diese Beziehungen bestehen während der *Strahlungsphase*. Wir werden diese Gleichungen hier nicht herleiten (siehe Anhang), aber wir skizzieren an dieser Stelle, wie sich die Abhängigkeit von der Zeit ergibt. Die Energiedichte ist umgekehrt proportional zur vierten Potenz des Skalenfaktors $\rho \propto a(t)^{-4}$, die Temperatur ist umgekehrt proportional zum Skalenfaktor $T \propto a(t)^{-1}$ und der Skalenfaktor ist proportional zur Quadratwurzel der Zeit ($a(t) \propto \sqrt{t}$ (hergeleitet aus der Lösung der Friedman-Gleichung während der Strahlungsphase). Somit gilt $\rho \propto t^{-2}$ und $T \propto t^{-\frac{1}{2}}$.

© Springer Nature Switzerland AG 2021
D. Perlov und A. Vilenkin, *Kosmologie für alle, die mehr wissen wollen*,
https://doi.org/10.1007/978-3-030-63359-2_14

und

$$T \approx \frac{10^{10}}{\sqrt{t}} \text{ K}. \tag{14.2}$$

Die Temperatur des frühen Universums ist proportional zur durchschnittlichen Photonenenergie. Physiker messen Teilchenenergien und Massen in Elektronenvolt. Ein Elektronenvolt ist die Energie, die ein Elektron gewinnt, wenn es sich über eine Potenzialdifferenz von einem Volt bewegt, $1 \text{eV} = 1.6 \times 10^{-19} \text{J}$; für die äquivalente Masse gilt $1 \text{eV} = 2 \times 10^{-36} \text{kg}$. Weitere verwandte Einheiten sind $\text{MeV} = 10^6 \text{ eV}$, $\text{GeV} = 10^9 \text{ eV}$ und $\text{TeV} = 10^{12} \text{ eV}$. Wenn die Energie in MeV und die Temperatur in Kelvin gemessen werden, beträgt die durchschnittliche Energie pro Photon etwa

$$E \sim 10^{-10} T \text{ MeV}. \tag{14.3}$$

Eine Energie $E = 1$ MeV entspricht also einer Temperatur $T \sim 10^{10}$ K.

Aus Gl. 14.1 und 14.2 folgt, dass bei etwa 100 s (wenn die Nukleosynthese stattfindet) die Dichte des Universums etwa 50-mal so hoch ist wie die von Wasser ($\rho = 50,000 \text{ kg/m}^3$), und die Temperatur beträgt eine Milliarde Kelvin ($T = 10^9$ K), was etwa 100-mal heißer ist als der Kern der Sonne. Bei 1 s beträgt die Dichte das 500.000-Fache der Dichte von Wasser, und die Temperatur beträgt 10 Mrd. Kelvin. Springt man auf eine Mikrosekunde zurück, steigt die Dichte auf $\rho \sim 10^{21} \text{ kg/m}^3$, und die Temperatur beträgt zehn Billionen Kelvin ($T = 10^{13}$ K). Der „Urheizkessel" ist eine extreme Umgebung! Je näher wir dem Urknall kommen, desto energiereicher werden die Teilchen und desto öfter prallen sie aufeinander. Deshalb ist es wichtig zu verstehen, was bei solchen hochenergetischen Kollisionen passiert.

Physiker untersuchen Teilchenkollisionen mit Hilfe von riesigen Maschinen, die Beschleuniger genannt werden. In einem Teilchenbeschleuniger werden Teilchen durch elektrische Felder auf extrem hohe Energien gebracht, und dann werden in einem kleinen, von Detektoren umgebenen Bereich gegeneinander gerichtete Teilchenstrahlen zur Kollision gebracht. Durch die Untersuchung der Kollisionstrümmer versuchen die Physiker, die Gesetze herauszufinden, die die Wechselwirkungen hochenergetischer Teilchen bestimmen (Abb. 14.1).

Bei einer hochenergetischen Teilchenkollision gibt es im Allgemeinen eine Reihe von möglichen Ergebnissen, die mit unterschiedlichen Wahrscheinlichkeiten auftreten. Die Bandbreite der Möglichkeiten wird durch einige *Erhaltungssätze,* etwa der Energie- und Ladungserhaltung, eingeschränkt:

Abb. 14.1 Der Large Hadron Collider (LHC) in Genf, Schweiz, liegt unterirdisch in einem kreisförmigen Tunnel mit einem Umfang von fast 30 km. Er ist der größte Teilchenbeschleuniger der Welt. Der LHC erreicht Energien bis zu $E = 14\,\text{TeV}$, was Temperaturen von $T = 10^{17}\,\text{K}$ und einer Zeit von $t = 10^{-14}\,\text{s}$ nach dem Urknall entspricht *Quelle:* CERN

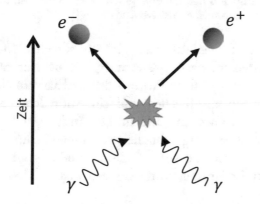

Abb. 14.2 Zwei Photonen stoßen zusammen, und ein Elektron-Positron-Paar entsteht dadurch

Die Gesamtenergie und die gesamte elektrische Ladung müssen vor und nach der Kollision gleich sein. Andere konservierte Größen sind die Anzahl der Baryonen und Leptonen und die „Farbladung". Jeder Prozess, der nicht durch die Erhaltungssätze verboten ist, wird mit einer Wahrscheinlichkeit ungleich null auftreten, die mit den Regeln der Quantenmechanik berechnet werden kann.

Eine bemerkenswerte Eigenschaft von Teilchenbegegnungen ist, dass die kollidierenden Teilchen ihre Identität ändern können. Zum Beispiel kann sich ein Photonenpaar in ein Elektron-Positron-Paar verwandeln (Abb. 14.2). Das Positron ist das Antiteilchen des Elektrons – zu allen Teilchen gibt es ein Antiteilchen mit identischen Eigenschaften, außer dass sie entgegengesetzte Ladungen haben. Photonen sind ihre eigenen Antiteilchen;

Abb. 14.3 Bei einer Proton-Proton-Kollision wird eine Vielzahl von Teilchen erzeugt. Die Bahnen der positiv und negativ geladenen Teilchen werden durch Magnetfelder gekrümmt, sodass sie zu Kreisbahnen werden

ihre elektrischen und sonstigen Ladungen sind alle gleich null. Teilchen und Antiteilchen werden oft paarweise erzeugt, wie bei der Elektron-Positron-Paar-Bildung. Der umgekehrte Prozess, der als Paarvernichtung bezeichnet wird, tritt auf, wenn ein Teilchen und ein Antiteilchen zusammenstoßen und sich in zwei Photonen umwandeln. Die Anzahl der Teilchen kann auch verändert werden: Zwei Ausgangsteilchen können einen Hagel von weiteren Teilchen hervorbringen, die vom Kollisionspunkt wegfliegen (Abb. 14.3). Diese Arten von Ereignissen waren in den ersten Momenten nach dem Urknall ganz normal.

Die Energieerhaltung erfordert, dass ein Photonenpaar, das ein Teilchen-Antiteilchen-Paar erzeugt, eine kombinierte Energie von mindestens $2 \, mc^2$ besitzt, wobei m *die* Masse des Teilchens ist[2]. Die Elektronenmasse ist $m_e \approx 0.5$ MeV, sodass Elektron-Positron-Paare in großem Umfang bei Temperaturen größer als 5×10^9 K (entsprechend den Photonenenergien $E \approx 0{,}5$ meV) erzeugt werden. Infolgedessen wird der heiße Urzustand von Elektronen und Positronen bevölkert, die etwa die gleiche Dichte wie die Photonen und etwa die gleiche Energie pro Teilchen haben. Unter diesen Bedingungen erfolgt die Paarbildung durch Photonenkollisionen mit der gleichen Geschwindigkeit wie die Paarvernichtung durch Elektron-Positron-Begegnungen, sodass sich Elektronen, Positronen und Photonen im thermischen Gleichgewicht befinden.

---

[2]Wenn wir sagen, ein Teilchen hat die Masse m, beziehen wir uns gewöhnlich auf seine Ruhemasse.

Bei noch höheren Temperaturen erscheinen massereichere Partikel und Antiteilchen. Myonen zum Beispiel haben eine Masse von $m_\mu \approx 100$ MeV; in der ersten Mikrosekunde sind sie bei $T > 10^{12}$ K im Gleichgewicht mit ihren Antiteilchen im Überfluss vorhanden. Jede Teilchenart hat eine Schwellentemperatur, die erreicht werden muss, damit diese Teilchenart in großer Zahl entstehen kann. Im frühen Universum, wenn der Feuerball sich ausdehnt und abkühlt, vernichten sich die Teilchen und Antiteilchen und können nicht wieder aufgefüllt werden, wenn die Temperatur unter die entsprechende Schwelle fällt. So vernichten sich Myonen mit Antimyonen bei $t \sim 10^{-6}$ s, und Elektron-Positron-Paare vernichten sich bei ABB $t \sim 1$ s.

14.2 Das Standardmodell der Teilchenphysik

Teilchenphysiker haben eine Theorie entwickelt, das sogenannte Standardmodell, das die meisten der bekannten Teilchen und ihre Wechselwirkungen genau beschreibt (Abb. 14.4). Teilchen lassen sich unterteilen in Materieteilchen, die man als *Fermionen* bezeichnet, und Kraftteilchen, die man als *Eichbosonen* bezeichnet. Darüber hinaus gibt es ein Teilchen namens Higgs-Boson, das in der Theorie eine besondere Rolle spielt, wie wir weiter unten erläutern werden.

Technisch gesehen basiert die Klassifizierung von Teilchen in Fermionen und Bosonen auf einer Quanteneigenschaft, die Spin genannt wird. Sehr grob kann man sich ein Teilchen als eine winzige Kugel vorstellen, die sich um ihre Achse dreht, wobei der Spin die Intensität der Drehung charakterisiert. Der Spin kann nur eine diskrete Menge von Werten annehmen: 0, 1/2, 1, 3/2, ... Fermionen haben einen halbzahligen Spin, und Bosonen haben einen ganzzahligen Spin. Alle Fermionen des Standardmodells haben den Spin ½, alle Eichbosonen haben den Spin 1, und das Higgs-Boson hat den Spin 0.

Die Teilchen

Zu den elementaren Fermionen gehören sechs Quarks (mit den skurrilen Namen[3]: Up, Down, Charm, Strange, Top und Bottom) sowie sechs Leptonen (Elektron, Myon, Tau-Teilchen und die zugehörigen Neutrinos).

---

[3]Die Quark-Namen haben keine andere Bedeutung, als zur Unterscheidung der verschiedenen Quark-Teilchen zu dienen. Zum Beispiel haben „Up" und „Down" nichts mit der Richtung zu tun.

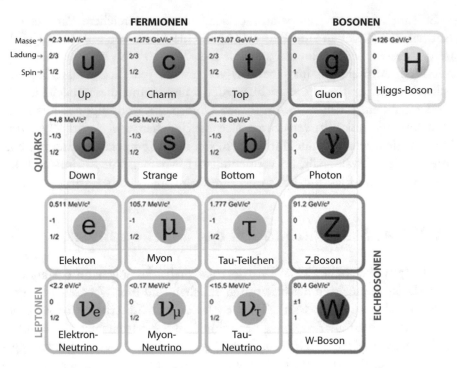

Abb. 14.4 Die Teilchen des Standardmodells, einschließlich ihrer Masse, elektrischen Ladung und ihres Spins

Einzelne Quarks werden in der Natur nie beobachtet; sie sind immer fest miteinander zu zusammengesetzten Teilchen, den Hadronen, verbunden. Die bekanntesten Hadronen sind Protonen, (bestehend aus zwei Up- und einem Down-Quark) und Neutronen (bestehend aus einem Up- und zwei Down-Quarks). Alle anderen Hadronen sind instabil. Sie können in Teilchenbeschleunigern erzeugt werden, zerfallen aber danach in einem geringen Bruchteil einer Sekunde. Leptonen binden sich nicht wie Quarks aneinander. Alle drei Neutrinos sind stabil, sehr leicht und wechselwirken extrem schwach. Das Myon und das Tau-Teilchen haben die gleiche elektrische Ladung wie das Elektron, sind aber viel schwerer und zerfallen schnell in Elektronen und Neutrinos.

Um fast die gesamte bekannte Materie zu beschreiben, benötigen wir im Wesentlichen nur vier Teilchen: die Up- und Down-Quarks, das Elektron und das Elektron-Neutrino. Zusammen bilden sie die sogenannte erste Generation von Elementarteilchen. Außer bei Beschleunigerexperimenten und einigen extremen astrophysikalischen Prozessen würden sich die Eigenschaften unserer Welt nicht ändern, wenn es die beiden anderen Generationen (die zweite und dritte Spalte in Abb. 14.4) nicht gäbe.

Die Kräfte

Alle Wechselwirkungen zwischen Teilchen können durch vier Kräfte beschrieben werden: Schwerkraft (Gravitation), Elektromagnetismus, die schwache Kernkraft und die starke Kernkraft. Obwohl wir alle mit der Gravitation sehr vertraut sind, ist sie die einzige Kraft (von der wir wissen), die nicht durch das Standardmodell der Teilchenphysik beschrieben wird – wir werden später auf diese wichtige Unterscheidung zurückkommen. Alle Teilchen wechselwirken gravitativ über das hypothetische Graviton, das bisher noch nicht beobachtet wurde.

Die elektromagnetische Kraft wirkt zwischen elektrisch geladenen Teilchen. Sie wird durch Photonen vermittelt: Ein Teilchen sendet ein Photon aus und das andere absorbiert es (Abb. 14.5). Aus dieser Kraft entsteht der größte Teil der Physik, mit der wir vertraut sind, und die gesamte Chemie. Sie ist der Klebstoff, der die Elektronen in den Atomen hält und für die Wechselwirkungen zwischen Atomen und Molekülen verantwortlich ist.

Wie der Name schon sagt, ist die starke Kernkraft die stärkste der vier Wechselwirkungen. Sie bindet Quarks zu Nukleonen und hält die Nukleonen in den Atomkernen zusammen. Quarks tragen die sogenannte „Farbladung" und wechselwirken durch den Austausch von Gluonen, ähnlich wie elektrisch geladene Teilchen durch den Austausch von Photonen wechselwirken. Ein wichtiger Unterschied besteht darin, dass Photonen

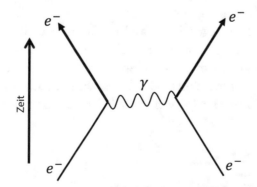

Abb. 14.5 Zwei Elektronen werden elektromagnetisch abgestoßen, wenn sie ein Photon austauschen

keine elektrische Ladung tragen, während Gluonen eine Farbladung tragen und andere Gluonen emittieren und absorbieren können.

Die schwache Kernkraft ist für einige radioaktive Zerfälle und für die Wechselwirkungen von Neutrinos verantwortlich. Sie wird durch die massereichen W- und Z-Bosonen vermittelt. Die Schwäche dieser Wechselwirkung und ihre kurze (mikroskopische) Reichweite sind auf die großen Massen ihrer Eichboson zurückzuführen.

Das Higgs-Boson vermittelt keine Kraft, aber dieses Teilchen und das mit ihm verbundene Feld, das so genannte Higgs-Feld, spielen im Standardmodell eine Schlüsselrolle. Das Higgs-Feld ist mit dem Higgs-Teilchen auf die gleiche Weise verwandt wie das elektromagnetische Feld mit dem Photon. Das Higgs-Boson hat eine große Masse und eine kurze Lebensdauer; seine Erzeugung erfordert sehr leistungsfähige Beschleuniger. Es wurde schließlich 2012 entdeckt, fast 50 Jahre nach seiner Vorhersage im Jahr 1964 durch Peter Higgs sowie durch François Englert und Robert Brout. Das Higgs-Feld ist überall um uns herum präsent, an jedem Punkt im Raum, und seine Präsenz hat dramatische Auswirkungen auf den physikalischen Charakter unserer Welt.

Um die Eigenschaften und die Bedeutung des Higgs-Feldes zu veranschaulichen, können wir es mit dem Magnetfeld vergleichen, das auch den Raum um uns herum durchdringt. Wir können das Magnetfeld nicht mit unseren Sinnesorganen spüren, aber wir können seine Anwesenheit mit einem Kompass oder durch Beobachtung der Flugbahnen geladener Teilchen feststellen; anstelle auf einer geraden Linie bewegt sich ein Teilchen in einem Magnetfeld auf einer spiralförmigen Bahn[4]. Magnetfelder werden durch elektrische Ströme erzeugt; so ist beispielsweise das Magnetfeld der Erde auf die im Kern unseres Planeten fließenden Ströme zurückzuführen. Wenn man sich aber sehr weit von Planeten und Sternen entfernt, geht die magnetische Feldstärke gegen null.

Das Higgs-Feld hingegen ist selbst im Vakuum nicht null; es hat überall im Universum die gleiche Stärke. Eine weitere Unterscheidung ist, dass das Magnetfeld ein Vektor ist – es ist sowohl durch seine Größe als auch seine Richtung gekennzeichnet. Das Higgs-Feld ist nur durch seine Größe charakterisiert. Solche Felder werden *Skalarfelder* genannt. In dieser Hin-

---

[4]Die Spirale krümmt sich für positiv und negativ geladene Teilchen in entgegengesetzte Richtungen, und ihr Radius hängt von der Energie des Teilchens ab. Physiker nutzen diese Eigenschaften, um hochenergetische Kollisionen, wie die in Abb. 14.3 gezeigte, zu analysieren.

sicht ist das Higgs-Feld der Temperatur ähnlich, die ebenfalls an jedem Punkt in Raum und Zeit eine gewisse Größe, aber keine Richtung hat.

Wenn wir die Stärke des Higgs-Feldes variieren könnten, würden wir die unangenehmen Auswirkungen sofort spüren. Die Massen aller Materieteilchen im Standardmodell (mit Ausnahme der Neutrinos) sind proportional zum Higgs-Feld. Wenn also die Stärke des Feldes verändert würde, würden sich auch die Massen ändern, was zu einigen neuen physikalischen und chemischen Eigenschaften der gesamten Materie führen würde. Wenn wir das Higgs-Feld vollständig abschalten könnten, würden alle Teilchen des Standardmodells masselos werden und sich mit Lichtgeschwindigkeit bewegen. Insbesondere das W- und das Z-Boson wären masselos wie die Photonen, und die schwache Kernkraft wäre im Wesentlichen nicht vom Elektromagnetismus zu unterscheiden. Das Universum wäre ein ganz anderer Ort! Warum ist also das Higgs-Feld nicht null?

14.3 Symmetriebrechungen

Es gibt einen guten Grund, warum das Magnetfeld im Vakuum null ist. Felder haben, wie Teilchen, eine gewisse Energie. In jeder Region, in der das Magnetfeld nicht null ist, hat es eine Energiedichte, die proportional zum Quadrat des Feldes ist (Abb. 14.6). Wenn das Feld verstärkt wird, nimmt seine Energie zu. Da das Vakuum der Zustand mit der niedrigsten Energie ist, muss das Magnetfeld im Vakuum verschwinden.

Die Energiedichte des Higgs-Feldes zeigt ein sehr unterschiedliches Verhalten, das in Abb. 14.7 schematisch dargestellt ist. Die niedrigsten Energie-

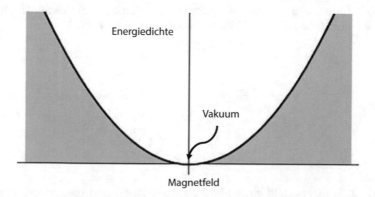

Abb. 14.6 Energiedichte eines Magnetfeldes, aufgetragen gegen die Feldstärke. Wenn das Feld null ist, ist die Energiedichte ebenfalls null

zustände liegen nun bei Nicht-Null-Werten des Feldes, die in der Abbildung mit V und −V bezeichnet sind. Sie sind die Vakuumzustände der Theorie. Es spielt keine Rolle, welchen dieser Zustände die Natur wählt: Sie haben identische physikalische Eigenschaften. Aber bei jedem Zustand ist das Higgs-Feld im Vakuum ungleich null. Die beiden Vakuumzustände sind durch einen hohen Energieberg getrennt, wobei der Gipfel des Berges dem abnehmenden Higgs-Feld entspricht. Das Higgs-Feld auf null zu setzen, selbst in einer kleinen Region des Raums, wäre daher ein sehr kostspieliger Vorschlag. Für nur einen Kubikzentimeter übersteigt die benötigte Energie die gegenwärtigen Energieressourcen unseres Planeten bei Weitem.

Die Energieabhängigkeit, wie sie in Abb. 14.7 dargestellt ist, ist in der Natur nicht ungewöhnlich und kann sogar bei einem gewöhnlichen Magnetfeld auftreten. In diesem Fall ist es ein einfacher Stabmagnet (Abb. 14.8). Jedes Atom in einem Magneten wirkt selbst wie ein winziger

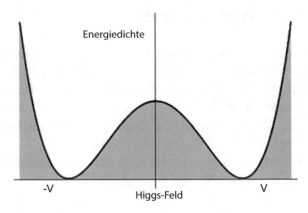

Abb. 14.7 Hohe Energiedichte des Feldpotentials. Es gibt zwei Vakuumzustände mit von null verschiedenen Higgs-Feldwerten, bezeichnet mit -V und V

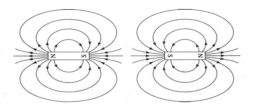

Abb. 14.8 Das Magnetfeld eines Stabmagneten *(links)* und die um die senkrechte Achse gedrehte Variante *(rechts)*. Die Richtung der Magnetisierung kehrt sich um, aber die Energie ist die gleiche

Magnet. Die Wechselwirkung zwischen diesen mikroskopisch kleinen Magneten bewirkt, dass sie sich ausrichten, was zu einem großen Magnet-Feld führt. Die Energiekurve für einen Stabmagneten als Funktion des Magnetfeldes hat die gleiche Form wie in Abb. 14.7. Die beiden Energie-minima entsprechen nun der gleichen Feldstärke, aber entgegengesetzten Magnetisierungsrichtungen. Es ist klar, dass diese beiden Zustände identische Eigenschaften haben, da sie durch eine Drehung des Magneten um 180° um eine senkrechte Achse erreicht werden können. Im Falle eines Magneten ist der Energieaufwand für die Einstellung des Magnetfeldes auf null nicht unerreichbar hoch. Wenn der Magnet auf eine Temperatur über 10^3 K erhitzt wird (die sogenannte Curie-Temperatur), wird die Aus-richtung der Atome durch zufällige thermische Bewegungen zerstört, und die makroskopische Magnetisierung verschwindet. Wenn der Magnet dann unter den Curie-Punkt abgekühlt wird, wird er spontan magnetisiert, wobei die Richtung der Magnetisierung durch thermische Fluktuationen zufällig bestimmt wird.[5]

Wir stellen nun die wichtigen Prinzipien der Symmetrie und des Sym-metriebruchs vor. Wir sagen, dass ein physikalisches System Symmetrie besitzt, wenn es einige Transformationen gibt, die es unverändert lassen. Zum Beispiel ist ein kugelförmiges Objekt symmetrisch, da es sich nicht ver-ändert, wenn wir es um eine durch seinen Mittelpunkt verlaufende Achse drehen. Ein Eisenstab, der über die Curie-Temperatur erhitzt wird, ist in Bezug auf das Wenden symmetrisch. Derselbe Stab unterhalb der Curie-Temperatur hat jedoch keine solche Symmetrie. Er wird magnetisiert, und die Magnetisierungsrichtung kehrt sich um, wenn der Stab umgedreht wird. Wir sagen in solchen Fällen, dass die Symmetrie gebrochen ist.

Um auf das Standardmodell zurückzukommen: Der Zustand mit einem abnehmenden Higgs-Feld weist einen hohen Symmetriegrad auf. Materie-teilchen in diesem Zustand sind austauschbar, da sie alle die Masse null haben[6]. Die schwache Kernkraft ist vom Elektromagnetismus nicht zu unterscheiden; zusammen werden sie als elektroschwache Kraft bezeichnet, und die Symmetrie zwischen ihnen wird als *elektroschwache Symmetrie* bezeichnet. Wie wir besprochen haben, entspricht dieser symmetrische

---

[5]Diese Vorstellung von der spontanen Magnetisierung gilt nur für sehr kleine Magnete. Wenn ein großes Stück Eisen unter die Curie-Temperatur abgekühlt wird, spaltet es sich in eine Reihe von Bereichen mit unterschiedlichen Magnetisierungsrichtungen auf.

[6]Genauer gesagt können Leptonen nicht von anderen Leptonen und Quarks nicht von anderen Quarks unterschieden werden, aber Quarks lassen sich von Leptonen unterscheiden, da nur Quarks durch den Austausch von Gluonen wechselwirken können.

Zustand jedoch nicht dem Energieminimum, sodass das Higgs-Feld ungleich null wird und die Symmetrie gebrochen wird.

Genau wie bei einem Stabmagneten wird die elektroschwache Symmetrie bei ausreichend hohen Temperaturen wiederhergestellt. Aber in diesem Fall muss das Universum bis über 10^{15} K aufgeheizt werden! Die mittleren Teilchenenergien sind dann $E > 100$ GeV, hoch genug, um den Feuerball mit W-, Z- und Higgs-Bosonen zu bevölkern. Diese extremen Bedingungen werden nun in hochenergetischen Teilchenkollisionen neu hergestellt. Wie vorhergesagt zeigen die Experimente, dass die Unterschiede zwischen den schwachen und elektromagnetischen Kräften bei Energien oberhalb von 100 GeV verschwinden.

14.4 Die Zeitachse des frühen Universums

Wir sind jetzt soweit, die wichtigen Meilensteine des frühen Universums zusammenzufassen.

Elektroschwacher Symmetriebruch: $t \sim 10^{-10}$ s $(T \sim 10^{15}$ **K**)

Vor diesem Ereignis sind alle Teilchen des Standardmodells masselos; sie (und ihre Antiteilchen) bevölkern den heißen Urzustand mit etwa der gleichen Dichte wie die Photonen. Wenn die Symmetrie gebrochen wird, werden alle Teilchenmassen unterschiedlich, und die schwachen und elektromagnetischen Wechselwirkungen treten hervor. Bald darauf vernichten sich die W-, Z- und Higgs-Bosonen mit ihren Antiteilchen.

Quarkeinschluss: $t \sim 10^{-6}$ s$(T \sim 10^{13}$ **K**)

Wir haben in Abschn. 14.2 erwähnt, dass Quarks nie einzeln auftreten; sie werden durch Gluonen in Protonen und Neutronen zusammengehalten. Zu einem Zeitpunkt vor einer Mikrosekunde ABB ist die Dichte der Protonen, Neutronen und ihrer Antiteilchen jedoch so hoch, dass sie sich überlappen und die Quarks, aus denen sie bestehen, sich vermischen und ein dichtes Gas aus Quarks, Antiquarks und Gluonen bilden. Bei $t \sim 10^{-6}$ s sinkt die Dichte dieses Gases so weit ab, dass die Quarks in Form nicht überlappender Protonen und Neutronen gebunden werden. Die durchschnittliche Teilchenenergie zu diesem Zeitpunkt ist $E \sim 1$ GeV. Fast alle Protonen, Neutronen und ihre Antiteilchen vernichten sich bald darauf und erzeugen Photonen (und andere leichte Teilchen wie Elektronen, Myonen und Neutrinos). Aber sie können nicht alle vernichtet worden sein, da sonst keine Nukleonen zur Bildung von atomarer Materie übriggeblieben wären. Dies sagt uns, dass es ein kleines Ungleichgewicht gab: Die Nukleonen waren den Antinukleonen zahlenmäßig um etwa ein Milliardstel überlegen, sodass das Verhältnis von Nukleonen zu Photonen nach der Vernichtung $\frac{n_n}{n_\gamma} \sim 10^{-9}$ beträgt. Die überlebenden Nukleonen werden so zum ersten gebundenen System, das beim Abkühlen des Universums entsteht.

Elektron-Positron-Vernichtung: $t \sim 1\,\text{s}\,(T \sim 10^{10}\,\text{K})$

Zwischen 10^{-6} s und 1 s ABB verschwinden alle verbleibenden Teilchen-Antiteilchen-Paare aus dem Feuerball. Als letzte verschwinden die Elektron-Positron-Paare, die sich bei $t \sim 1$ s gegenseitig vernichten. Wie bei den Nukleonen und Anti-Nukleonen muss es einen kleinen Überschuss ($\sim 10^{-9}$) an Elektronen gegenüber den Positronen gegeben haben, damit sich später Materie in Form von Atomen bilden konnte.

Nukleosynthese: $t \sim 100\,\text{s}\,(T \sim 10^9\,\text{K})$

Protonen verbinden sich mit Neutronen, die noch nicht zerfallen sind, zu Helium und anderen leichten Kernen. Die restlichen Protonen existieren als freie Wasserstoffkerne.

Rekombination: $t = 400.000$ Jahre $(T \sim 3000\,\text{K})$

Atomkerne werden zusammen mit Elektronen zu neutralen Atomen zusammengefügt. Die Photonen des Feuerballs können sich nun frei durch das neutrale Atomgas ausbreiten und erreichen uns in Form der kosmischen Mikrowellen-Hintergrundstrahlung.

Die Zeitachse des frühen Universums ist in Abb. 14.9 dargestellt, in die wir auch einige Schlüsselereignisse im Zusammenhang mit der Strukturbildung aufgenommen haben. Beachten Sie, dass einige der wichtigsten Ereignisse in der kosmischen Historie innerhalb der ersten Sekunde ABB stattfanden.

14.5 Physik jenseits des Standardmodells

Das Standardmodell beschreibt einen Großteil der erstaunlichen Vielfalt und Komplexität unserer physikalischen Welt – und doch ist es unvollständig. Es berücksichtigt nicht die Neutrinomassen, und die Gravitationskraft liegt außerhalb seines Geltungsbereichs. Darüber hinaus kann, wie wir in Kap. 13 besprochen haben, dunkle Materie" nicht aus gewöhnlichen Atomen bestehen, sondern nur aus unbekannten Teilchen, die nicht im Standardmodell enthalten sind.

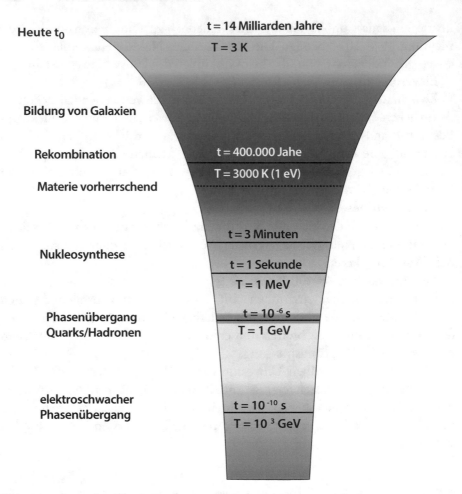

Abb. 14.9 Zeitachse des frühen Universums

Vereinigung der Grundkräfte

Ein übergreifendes Thema in der Geschichte der Physik war die Idee der Vereinheitlichung. Es war lange ein Traum der Teilchenphysiker, eine einheitliche Theorie zu entwickeln, die alle Teilchen und ihre Wechselwirkungen beschreibt. Einstein selbst verbrachte die letzten dreißig Jahre seines Lebens damit, sich (erfolglos) darum zu bemühen, den Elektromagnetismus mit der Schwerkraft zu vereinheitlichen.

1864 vereinigte Maxwells Theorie des Elektromagnetismus die bis dahin getrennten Phänomene der Elektrizität und des Magnetismus. Etwa

100 Jahre später entwickelten Wissenschaftler die *Elektroschwache Theorie*[7], die den Elektromagnetismus und die schwachen Wechselwirkungen bei Energien von 10^{2} GeV $(1 \sim 10^{15}$ K) vereinheitlichen. Die starken Wechselwirkungen werden durch eine eigene Theorie beschrieben, die als *Quantenchromodynamik* bezeichnet wird[8]. Das Standardmodell umfasst die elektroschwache Theorie und die Quantenchromodynamik als zwei unabhängige Bereiche. Es gibt eine Reihe von Kandidatentheorien, die gemeinsam als Große vereinheitlichte Theorien *(Grand Unified Theories)* (GUTs) bezeichnet werden und versuchen, die elektroschwache und die starke Wechselwirkung zu vereinheitlichen. Die Analyse zeigt, dass die starke Kernkraft mit zunehmender Energie schwächer wird und mit der elektroschwachen Kraft bei $E \sim 10^{16}$ GeV vergleichbar wird. Daher muss die große Vereinheitlichung bei sehr hohen Energien und Temperaturen erfolgen $(E \sim 10^{16}$ GeV, $T \sim 10^{29}$ K). Letztlich muss auch die Gravitation mit den anderen Kräften vereinigt werden. Die *Stringtheorie* ist derzeit der aussichtsreichste Rahmen, um dieses Ziel zu erreichen (Kap. 19). Sie legt nahe, dass die Gravitation und die GUT-Kraft auf der[9] Planck-Energieskala verschmelzen $(E \sim 10^{19}$ GeV, $T \sim 10^{32}$ K).

Im kosmologischen Kontext durchläuft das Universum bei seiner Abkühlung nach dem Urknall eine Reihe von die Symmetrie brechenden Übergängen (Abb. 14.10). Jedem Übergang ist ein Higgs-Feld zugeordnet; dieses Feld ist vor dem Übergang gleich null und nimmt einen Wert ungleich null an, sobald die Symmetrie gebrochen ist. Die Übergänge, welche die Symmetrie brechen, treten in schneller Folge auf, sodass alle vier Wechselwirkungen innerhalb eines kleinen Sekundenbruchteils nach dem Urknall hervortreten.

Die elektroschwache Vereinheitlichung und der anschließende Symmetriebruch werden in der Theorie verstanden und lassen sich experimentell gut testen. Leider kann dasselbe nicht für die GUTs gesagt werden. Zwar haben Theoretiker viele GUTs formuliert, aber es ist nicht so einfach, sie zu testen, da sich die Energien der GUT-Skala mit Teilchenbeschleunigern nicht erreichen lassen. Wir bräuchten einen Beschleuniger, der drei Licht-

---

[7]Steven Weinberg, Abdus Salam und Sheldon Glashow teilten sich 1979 den Nobelpreis für Physik für diese Arbeit.

[8]Frank Wilczek, David J. Gross und H. David Politzer erhielten 2004 den Physik-Nobelpreis für ihre Arbeiten zur Quantenchromodynamik.

[9]Max Planck wies darauf hin, dass die einzige Größe mit der Dimension der Energie, die aus den Fundamentalkonstanten G, c und $\hbar$ konstruiert werden kann, $E = \sqrt{\frac{c^5 \hbar}{G}} \sim 10^{19}$ GeV ist. Dies ist die Planck-Energie.

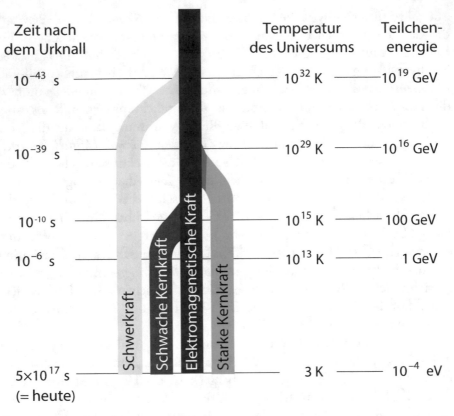

Abb. 14.10 Vereinheitlichung der vier Kräfte. Heute besitzen die vier Kräfte alle eine eigene Identität, aber als das Universum noch viel heißer war, war dies nicht der Fall. Die schwache Kernkraft und die elektromagnetische Kraft waren einst die elektroschwache Kraft. Die Großen vereinheitlichten Theorien deuten darauf hin, dass die elektroschwache und die starke Kernkraft ebenfalls einst vereint waren und sich in zwei Kräfte aufspalteten, als das Universum einen Symmetriebruch auf der GUT-Energieskala von etwa 10^{16} GeV durchlief. In einigen Modellen wird die GUT-Symmetrie in mehreren Schritten gebrochen; dann gibt es einige zusätzliche Symmetriebrechungsübergänge zwischen der GUT- und der elektroschwachen Energieskala. Die Stringtheorie versucht zu erklären, wie die Gravitation bei der Planck-Energie $E \sim 10^{19}$ GeV $(T \sim 10^{32}$ K$)$ mit der GUT-Kraft verschmilzt.

jahre lang wäre – also fast bis Alpha Centauri reichen würde – um Energien im GUT-Bereich zu erhalten! Es besteht jedoch die Hoffnung, dass Untersuchungen des frühen Universums ein Beobachtungsfenster für die Physik auf der GUT-Skala eröffnen könnten. Wie der sowjetische Physiker Jakow Zeldowitsch es ausdrückte: „Das frühe Universum ist der Beschleuniger des armen Mannes."

14.6 Vakuumdefekte

Symmetriebrechende Übergänge im frühen Universum können eine Vielzahl von eigentümlichen Objekten, so genannte Vakuumdefekte, hervorbringen, die auch heute noch im Universum vorhanden sein können. Abhängig von der Art des Symmetriebruchs können Defekte in drei Grundtypen auftreten – Domänenwände, Strings und Monopole. Domänenwände sind oberflächenähnliche Defekte; es handelt sich um dünne Schichten konzentrierter Energie (und Masse). Strings sind fadenförmig, wobei die Energie entlang einer Linie verteilt ist. Und Monopole sind punktförmige Objekte wie Teilchen; ihre Energie ist um einen einzigen Punkt herum konzentriert. Verschiedene GUTs sagen verschiedene Arten von Defekten voraus. Daher könnte die Beobachtung von Vakuumdefekten wertvolle Informationen über die Teilchenphysik bei sehr hohen Energien liefern. Wir werden nun die Eigenschaften der verschiedenen Defekte und ihre möglichen Beobachtungseffekte besprechen. (Hinweis: Dieser Abschnitt kann übersprungen werden, ohne das Verstehen der nachfolgenden Kapitel zu beeinträchtigen.)

Domänenwände

Das einfachste Modell zur Vorhersage von Domänenwänden ist das in Abb. 14.7 dargestellte Modell[10]. Es hat zwei Vakuumzustände, die durch ein Energiemaximum getrennt sind. Bei sehr hohen Temperaturen ist das Higgs-Feld gleich null. Sobald sich das Universum dann unter eine kritische Temperatur abkühlt, wird die Symmetrie gebrochen, und das Feld muss einen der beiden Vakuumwerte, V oder $-V$, annehmen. Die Wahl zwischen den beiden Vakua wird durch lokale Zufallsfluktuationen bestimmt, sodass verschiedene Teile des Universums in unterschiedlichen Vakua enden. Das Universum spaltet sich also in Bereiche mit den Higgs-Feldwerten V und $-V$ auf (Abb. 14.11).

Wir können die typische Größe der Domänen schätzen, die durch den Buchstaben ξ in der Abbildung angegeben ist. Wenn der Symmetriebruch

---

[10]Wir stellten das Zwei-Vakuum-Modell von Abb. 14.7 vor, um das Standardmodell der Teilchenphysik zu veranschaulichen, aber wir betonen, dass dies nur eine schematische Darstellung ist. Das Higgs-Feld des Standardmodells hat drei unabhängige Komponenten, und die Vakuumstruktur ist komplizierter. Tatsächlich sagt das Standardmodell keine Vakuumdefekte voraus. Wenn sich Defekte bilden, sind sie wahrscheinlich auf Symmetriebrüche mit höherer Energie zurückzuführen.

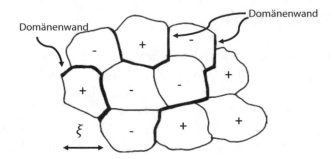

Abb. 14.11 Verschiedene physikalische Regionen landen zufällig in einem der beiden möglichen Vakuumzustände, getrennt durch Domänenwände

in der kosmischen Zeit t eintritt, kann diese Größe die Horizontdistanz $d_{hor} \sim ct$ nicht überschreiten – einfach weil über größere Entfernungen keine Wechselwirkungen auftreten können, sodass ein einheitlicher Wert des Higgs-Felds nicht festgestellt werden kann. Für einen Symmetriebruch auf elektroschwacher Skala ($t \sim 10^{-10}$ s) müssen die Domänen kleiner sein als 3 cm. Für einen GUT-Symmetriebruch sind die Domänen noch um viele Größenordnungen kleiner.

Stellen Sie sich nun vor, dass Sie von einer Domäne mit dem Higgs-Wert V in eine Domäne mit dem Higgs-Wert – V wechseln. Aufgrund der Kontinuität muss das Higgs-Feld an der Grenze zwischen den Domänen durch null gehen. Aber wir wissen, dass die Energiedichte des Higgs-Feldes groß wird, wenn das Feld auf null gesetzt wird. Daher müssen die Grenzen zwischen positiven und negativen Higgs-Domänen eine große Energie besitzen. Um den Energieaufwand zu minimieren, schrumpfen die Regionen, in denen das Higgs-Feld nahe bei null liegt, zu mikroskopisch dünnen Schichten nahe den Grenzen. Diese Schichten sind die Domänenwände.

Sie können sich leicht davon überzeugen, dass Domänenwände keine Kanten haben: Sie können entweder geschlossen sein und Domänen mit positivem oder negativem Higgs-Feld vollständig umschließen, oder sie können sich bis ins Unendliche erstrecken. Die Masse pro Einheit Wandfläche hängt von der Energieskala E_{sb} des Symmetriebruchs ab. Diese liegt bei $\sim 10^{9}$ kg/m^2 für die elektroschwache Wechselwirkung ($E_{sb} \sim 100$ GeV) und nimmt proportional zu bis E_{sb}^{3} bei höheren Energien. Bei einem Symmetriebruch auf der GUT-Skala tragen die Wände also die riesige Masse von 10^{51} kg/m^2.

Sobald die Symmetrie gebrochen ist, beginnen die Domänen mit dem gleichen Wert des Higgs-Feldes zu verschmelzen und werden dadurch größer. Aber sie können nicht schneller wachsen als mit Lichtgeschwindigkeit, und daher wird die typische Domänengröße immer kleiner als der Horizont bleiben. Übertragen auf die heutige Zeit bedeutet dies, dass es mindestens eine Domänenwand geben sollte, die sich über die gegenwärtig beobachtbare Region erstreckt. Eine solche Wand würde eine Masse haben, die viel größer ist als die Gesamtmasse aller Materie in dieser Region. Die Schwerkraft der Wand würde dann die beobachtete Isotropie der Galaxienverteilung und des kosmischen Mikrowellenhintergrunds erheblich stören. Da keine größeren Störungen der Isotropie zu beobachten sind, sollten Teilchenphysikmodelle, die Domänenwände vorhersagen, ausgeschlossen werden. Also haben wir zwar noch keine Vakuumdefekte beobachtet, haben aber bereits etwas über Hochenergieteilchenphysik gelernt.

Kosmische Strings

Fadenförmige Stringdefekte werden in einer Vielzahl von Modellen der Teilchenphysik vorhergesagt. Hier ist eine Zusammenfassung ihrer grundlegenden Eigenschaften.

- Strings haben keine Enden: Sie bilden entweder geschlossene Schleifen oder erstrecken sich ins Unendliche.
- Die Dicke der Strings ist mikroskopisch klein, während ihre Länge beliebig groß sein kann. Daher lassen sich Strings durch unendlich dünne Linien gut annähern.
- Die Masse pro Längeneinheit eines Strings, die üblicherweise mit μ bezeichnet wird, wird durch die Symmetrie brechende Energiegröße bestimmt: $\mu \propto E_{sb}^2$. Strings im elektroschwachen Maßstab wären, wenn sie gebildet würden, mit $\mu \sim 10^{-7}$ kg/m sehr leicht, während Strings im GUT-Maßstab mit $\mu \sim 10^{21}$ kg/m extrem massereich wären.
- Kosmische Strings haben eine große Spannung, wie bei einem gespannten Gummiband. Dies bewirkt, dass eine geschlossene Stringschleife mit einer Geschwindigkeit nahe der Lichtgeschwindigkeit schwingt.
- Wenn sich Strings kreuzen, verbinden sie sich wieder, was zur Bildung von geschlossenen Schleifen führt (Abb. 14.12).

Zum Zeitpunkt des Symmetriebruchs bilden die Strings ein dichtes zufällig geformtes Netz, das aus langen, „wackeligen" Strings und kleinen geschlossenen Schleifen besteht. Wie bei den Domänenwänden kann der normale Abstand zwischen den Strings im Netzwerk den Horizont nicht

(a)   (b)

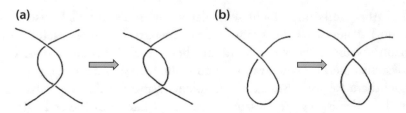

Abb. 14.12   Kosmische Strings verbinden sich neu, wenn sie sich kreuzen

überschreiten. Die nachfolgende Entwicklung der kosmischen Strings ist reich an physikalischen Prozessen. Die Spannung in den wackeligen Strings bewirkt, dass sie sich mit relativistischen Geschwindigkeiten bewegen. Sich bewegende Strings kreuzen sich und schneiden ihre „Wackelregionen" in Form von geschlossenen Schleifen heraus. Infolgedessen werden lange Strings mit der Zeit gerader. Geschlossene Schleifen schwingen und verlieren ihre Energie, indem sie Gravitationswellen aussenden. Sie schrumpfen allmählich und verschwinden.

Computersimulationen haben gezeigt, dass die kosmische String-Evolution eine Skalierungseigenschaft hat: Das String-Netzwerk sieht zu jeder Zeit mehr oder weniger gleich aus, nur dass die Gesamtgröße proportional zur Zeit anwächst. Wenn Sie also eine Momentaufnahme des Netzes etwa bei $t = 1$ s mit 100-facher Vergrößerung machen würden, würde es sehr ähnlich aussehen wie eine Momentaufnahme bei $t = 100$ s. Insbesondere enthält ein Horizontbereich zu einem beliebigen Zeitpunkt mehrere lange Strings und eine große Anzahl von geschlossenen Schleifen (Abb. 14.13). Dies gilt auch für die Gegenwart: Wenn kosmische Strings existieren, dann müsste es einige wenige lange Strings geben, die sich über unser sichtbares Universum erstrecken. Diese Strings könnten wir dann durch ihre Gravitationswirkung nachweisen.

Strings können als Gravitationslinsen wirken – Lichtstrahlen, die sich von einer hinter dem String befindlichen Galaxie zu uns ausbreiten, werden gebogen, was zu zwei Bildern derselben Galaxie führt. Der typische Winkelabstand zwischen den Bildern ist proportional zur String-Masse pro Längeneinheit μ; für einen String im GUT-Maßstab beträgt er einige Bogensekunden. Der Hauptunterschied zur Gravitationslinsenwirkung von Galaxien besteht darin, dass die beiden von einem String erzeugten Bilder nahezu identisch sein sollten, während galaktische Gravitationslinsen die Bilder auf unterschiedliche Weise verstärken und verzerren. Bewegte Strings könnten auch eine charakteristische Signatur in der CMB-Strahlung erzeugen: Die Intensität der kosmischen Strahlung würde sich

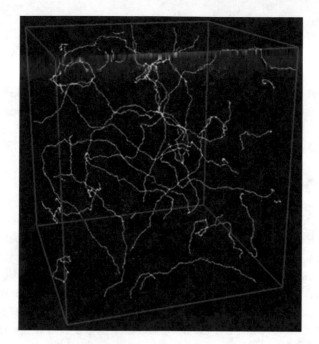

Abb. 14.13   Eine Region von der Größe des Horizonts mit mehreren langen Strings (*gelb* dargestellt) und einer großen Anzahl kleiner geschlossener Schleifen (*rot* dargestellt). Diese Simulation wurde von C. Martins und E.P. Shellard durchgeführt

diskontinuierlich über den String hinweg ändern. Keiner dieser Effekte wurde bisher beobachtet.

Gravitationswellen, die von oszillierenden Schleifen emittiert werden, summieren sich zu einem stochastischen (oder zufälligen) Gravitationswellenhintergrund mit einem sehr breiten Wellenlängenbereich – von Mikrometern bis zu Lichtjahren. Die Intensität der Gravitationswellen hängt vom Massenparameter μ ab. Aus der Tatsache, dass noch keine Gravitationswellen nachgewiesen wurden, folgt $\mu < 10^{19}$ kg/m. Dies entspricht $E_{sb} < 10^{15}$ GeV, etwas unterhalb der GUT-Skala.

Magnetische Monopole

Monopole sind punktförmige Defekte. Sie ähneln in vielerlei Hinsicht den Elementarteilchen, weisen aber eine Besonderheit auf: Jeder Monopol trägt eine positive (Norden) oder negative (Süden) magnetische Ladung. Im Gegensatz dazu sind alle uns bekannten Magnete magnetische Dipole – sie haben immer sowohl einen Süd- als auch einen Nordpol. Die Masse eines magnetischen Monopols wird durch die Symmetrie brechende Energiegröße festgelegt: $M \sim E_{sb}/c^2$. So gilt für einen GUT-Monopol: $M \sim 10^{16}$ GeV.

Wie bei anderen Vakuumdefekten erwarten wir zum Zeitpunkt der Entstehung nicht weniger als einen Monopol pro Horizontregion. Aber im Gegensatz zu anderen Defekten werden Monopole in *allen* GUTs vorhergesagt. Dies führt zu einem sehr ernsten Problem, auf das wir in Kap. 15 eingehen werden.

14.7 Baryogenese

Zu einem sehr frühen Zeitpunkt war der heiße Urzustand fast zu gleichen Teilen von Teilchen und Antiteilchen bevölkert. Aber wie wir in Abschn. 14.4 bemerkt haben, muss es ein kleines Ungleichgewicht gegeben haben: Die Zahl der Teilchen war um etwa ein Milliardstel größer als die der Antiteilchen. Was war der Ursprung dieser winzigen Asymmetrie? Könnte sie durch irgendeinen physikalischen Prozess aus einem vorhergehenden Zustand entstanden sein, der genau gleiche Mengen von Materie und Antimaterie enthielt?

Ein Hindernis bei der Umsetzung dieses Modells ist die Erhaltung der Baryonenzahl. Protonen und Neutronen werden zusammen als Baryonen bezeichnet, und die Baryonenzahl B ist definiert als die Anzahl der Baryonen minus der Anzahl der Antibaryonen. In einem Universum mit gleicher Anzahl von Baryonen und Antibaryonen wäre $B = 0$. Bis heute hat sich gezeigt, dass bei allen beobachteten Teilchenprozessen die Baryonenzahl erhalten bleibt. Wenn die Erhaltung der Baryonenzahl ein universelles Naturgesetz ist, dann wird B immer null bleiben, wenn es anfänglich null ist. Nach den Großen vereinheitlichten Theorien ist die Baryonenzahl jedoch nur annähernd konserviert[11]. Verstöße gegen die Erhaltung von B sind bei Energien, die in Beschleunigern erreicht werden können, äußerst selten, aber es wird erwartet, dass sie bei Teilchenkollisionen mit GUT-Energien sehr häufig auftreten. Daraus ergibt sich die Möglichkeit der *Baryogenese* – *der* Erzeugung einer Baryonenzahl ungleich null im frühen Universum.

---

[11]Eine Folge davon ist, dass Protonen nicht absolut stabil sind und über Prozesse wie $p^+ \to e^+ \gamma \gamma$ zerfallen. Die erwartete Lebensdauer der Protons ist viel größer als das Alter des Universums, aber der Protonenzerfall kann im Prinzip durch Beobachtung einer großen Anzahl von Protonen beobachtet werden. Alle bisherigen Versuche, ihn zu beobachten, sind jedoch gescheitert und haben nur zur Obergrenze von 10^{34} Jahren bei der Protonenlebensdauer geführt.

Die Nicht-Erhaltung von B ist eine notwendige, aber nicht hinreichende Bedingung für die Baryogenese. Wenn der Anfangszustand eine gleiche Anzahl von Teilchen und Antiteilchen aufweist, dann muss die Ursache für die Asymmetrie in den physikalischen Gesetzen liegen, die die anschließende Entwicklung dieses Zustands bestimmen. Mit anderen Worten, die Gesetze der Physik sollten zwischen Materie und Antimaterie nicht völlig symmetrisch sein. Tatsächlich wurde eine solche Asymmetrie bereits in Beschleunigerexperimenten beobachtet. Zum Beispiel sind die Zerfallsraten der kurzlebigen Mesonen B^0 für Teilchen und Antiteilchen unterschiedlich.

Eine weitere Bedingung für die Baryogenese ist, dass B-verletzende Reaktionen ausreichend langsam ablaufen, sodass das thermische Gleichgewicht keine Zeit hat, sich zu etablieren. Der Grund dafür ist (ungefähr), dass bei fehlender B-Erhaltung die Dichte jeder Teilchenart im Gleichgewicht nur durch ihre Masse bestimmt wird. Da Teilchen und Antiteilchen die gleiche Masse haben, folgt daraus, dass sie im Gleichgewicht gleiche Dichten haben.

Um zu sehen, wie die Baryogenese bei fehlendem Gleichgewicht ablaufen kann, betrachten Sie das folgende Szenario. Angenommen, einige hypothetische X-Teilchen und ihre Antiteilchen haben asymmetrische B-verletzende Zerfälle, sodass die Zerfallsprodukte eines Teilchens und eines Antiteilchens eine positive Nettobaryonenzahl aufweisen. Im heißen Urzustand ist die Teilchendichte sehr hoch, sodass X-Teilchen häufig kollidieren und sich vernichten, und Teilchen-Antiteilchen-Paare werden häufig bei Kollisionen von Photonen (und anderen Teilchen) erzeugt, sodass sich ein Gleichgewicht einstellt. Wenn die Temperatur unter einen für die Masse der X-Teilchen kritischen Wert fällt, reichen die Photonenenergien nicht mehr aus, um X-Paare zu erzeugen. Auch die Teilchendichte hat jetzt deutlich abgenommen, sodass die Kollisionen zwischen X-Teilchen selten sind und ihre Vernichtung ineffizient ist. Die übrig bleibenden X-Teilchen sind jetzt aus dem Gleichgewicht geraten. Sie zerfallen schließlich und erzeugen eine Baryonenzahl ungleich null.

Die drei Bedingungen für die Baryogenese – Nicht-Erhaltung von Baryonen, Teilchen-Antiteilchen-Asymmetrie in den Gesetzen der Physik und ein Ungleichgewicht – wurden erstmals 1967 von Andrej Sacharow formuliert – dem russischen Physiker, der vor allem für seine Rolle bei der Entwicklung der sowjetischen Wasserstoffbombe und später als prominenter Dissident gegen das Sowjetregime bekannt ist. Seitdem haben Kosmologen eine Reihe von Modellen formuliert, bei denen diese Bedingungen erfüllt sind, sodass die beobachtete Zahl der Baryonen entstehen kann. Wir wissen nicht, welches dieser Modelle korrekt ist (wenn überhaupt eines), aber die meisten Kosmologen erkennen die allgemeine Vorstellung an, dass der Überschuss der Materie über die Antimaterie durch *B*-verletzende Prozesse im frühen Universum entstanden ist.

Zusammenfassung

Um das frühe Universum zu verstehen, müssen wir die Physik der Mikrowelt verstehen. Etwa eine Sekunde nach dem Urknall war das Universum ein heißer Feuerball aus Elektronen, Protonen, Neutronen, Photonen und Neutrinos. Je weiter wir in der Zeit zurückgehen, desto heißer und dichter wird der Feuerball und er wird von anderen Teilchenarten bevölkert. Wir haben jetzt eine sehr gut funktionierende Theorie, das sogenannte Standardmodell, das alle bekannten Teilchen und ihre Wechselwirkungen genau beschreibt. Es gibt jedoch starke Anzeichen dafür, dass das Standardmodell nicht die ganze Geschichte ist. Insbesondere berücksichtigt es nicht einige Eigenschaften von Neutrinos und die Existenz neuer (unbekannter) Teilchen, die die dunkle Materie ausmachen.

Die Erweiterungen des Standardmodells sind von der Vorstellung inspiriert, dass die vier fundamentalen Kräfte – Schwerkraft, Elektromagnetismus und die starken und schwachen Kernkräfte – in Wirklichkeit verschiedene Manifestationen einer einzigen, vereinten Kraft sind. Bei sehr hohen Energien verschwinden die Unterschiede zwischen den verschiedenen Kräften; dies geschieht bei den extrem hohen Temperaturen im frühen Universum. Wenn sich das Universum abkühlt, wird die Symmetrie zwischen den Kräften in mehreren Schritten gebrochen.

Auch wenn die Übergänge, welche die kosmische Symmetrie brechen, stattfanden, als das Universum erst den Bruchteil einer Sekunde alt war, könnten sie doch einige Überreste hinterlassen haben, die im heutigen Universum noch vorhanden sind. Dazu gehören punktförmige magnetische Monopole, fadenförmige Strings und flächenförmige Domänenwände.

Die Großen vereinheitlichten Theorien können möglicherweise erklären, wie ein Überschuss an Materie über Antimaterie entstanden ist. Die GUTs sagen voraus, dass die Baryonenzahl nicht konserviert ist, sodass im frühen Universum eine Baryonenzahl ungleich null entstehen konnte.

Fragen

1. Warum sind Teilchenbeschleuniger für Kosmologen so nützlich?
2. Was ist ein Positron? Wie hängen seine Masse und Ladung mit denen eines Elektrons zusammen?
3. Nennen Sie zwei physikalische Schlüsseleigenschaften, die erhalten bleiben müssen, wenn Teilchen bei Kollisionen erzeugt werden.
4. Können zwei Protonen kollidieren und nur zwei Photonen erzeugen? Warum bzw. warum nicht?
5. Können zwei Photonen mit einer Energie von 0,1 meV kollidieren und ein Elektron-Positron-Paar erzeugen?
6. Nennen Sie die vier bekannten fundamentalen Naturkräfte. Geben Sie auch an, welche Rolle jede dieser Kräfte in der Natur spielt und welche Bosonen für die Vermittlung der einzelnen Kräfte verantwortlich sind.
7. Da sich gleichartige Ladungen abstoßen, warum bleiben Kerne mit vielen Protonen zusammen, anstelle auseinanderzufliegen?
8. Welche Masse würden alle Teilchen des Standardmodells haben, wenn das Higgs-Feld null wäre?
9. Beschreiben Sie kurz, was unmittelbar vor und nach den beiden folgenden Phasen im sehr frühen Universum geschah:

   a) Elektroschwacher Phasenübergang ($t \sim 10^{-10}$ s, $T \sim 10^{15}$ K)
   b) Quark-Einschluss ($t \sim 10^{-6}$ s, $T \sim 10^{13}$ K)

10. Während der Phase des Quarkeinschlusses entstehen zum ersten Mal Protonen und Neutronen, und die meisten von ihnen werden kurz darauf zusammen mit ihren Antiteilchen vernichtet. Was geschieht mit den übrigbleibenden Protonen und Neutronen? Wann sind die Protonen und Neutronen in Ihrem Körper entstanden?
11. Vor der Phase der Elektron-Positron-Vernichtung muss es einen Überschuss an Elektronen gegenüber Positronen gegeben haben. Wie groß war dieser Überschuss ungefähr?
12. Was ist der Unterschied zwischen einem Skalarfeld und einem Vektorfeld? Können Sie jeweils ein Beispiel nennen?
13. In welchem Sinne ist eine Schneeflocke weniger symmetrisch als ein kugelförmiger Wassertropfen?
14. Nennen Sie zwei Schlüsselmerkmale unseres Universums, die im Standardmodell nicht enthalten sind.
15. Welche zwei scheinbar unvereinbaren Phänomene hat Maxwell in seiner Theorie vereint? Wie hieß seine Theorie?
16. Welche zwei Phänomene vereinigt die elektroschwache Theorie?

17. Umfassen die Großen vereinheitlichten Theorien alle Naturkräfte? Begründen Sie Ihre Antwort.

18. Sind Energien im Maßstab der Großen vereinheitlichten Theorien (GUT) für Teilchenbeschleuniger zugänglich? Wenn nicht, wie können wir dann hoffen, Phänomene im GUT-Maßstab zu untersuchen?

19. Einige Modelle der Teilchenphysik sagen die Existenz von Defekten voraus, die Domänenwände genannt werden. Was ist eine Domänenwand?

20. Warum sollten Teilchenphysikmodelle, die Domänenwände vorhersagen, ausgeschlossen werden?

21. Haben kosmische Strings Enden?

22. Welche Eigenschaft der kosmischen Strings bewirkt, dass sie sich mit einer Geschwindigkeit bewegen, die der des Lichts nahe kommt?

23. Werden Strings bei Stringsimulationen mit der Zeit mehr oder weniger „wackelig"?

24. Nennen Sie eine Methode, mit der Physiker nach kosmischen Strings suchen.

25. Was ist ein magnetischer Monopol?

26. Steht die Aussage „Diamanten sind für die Ewigkeit" im Einklang mit den Großen vereinheitlichten Theorien?

Teil II

Jenseits des Urknalls

15

Probleme mit dem Urknall

Die Kosmologie des heißen Urknalls, die wir bisher besprochen haben, ist eine sehr gut funktionierende Theorie. Sie beschreibt die kosmische Entwicklung ausgehend vom Bruchteil einer Sekunde nach dem Urknall, sagt die ursprünglichen Kernhäufigkeiten und die Eigenschaften der Mikrowellen-Hintergrundstrahlung genau voraus und erklärt, wie sich Galaxien und Galaxienhaufen über Milliarden von Jahren gebildet haben. Und doch lässt diese Theorie einige rätselhafte Fragen über unser Universum unbeantwortet. Warum ist die Geometrie des Universums so nahe daran, flach zu sein? Warum ist das Universum im großen Maßstab so homogen? Was ist der Ursprung der kleinen Dichtefluktuationen, die zur Bildung von Strukturen geführt haben? Und warum dehnt sich das Universum aus?

Auf diese Fragen gibt es in der Urknallkosmologie keine Antworten. Sie postuliert lediglich, dass das Universum mit einem Zustand homogener Expansion begann und von Anfang an nahezu flach war. Aber es ist sehr schwer zu verstehen, wie ein solcher Anfangszustand entstehen konnte, wie wir jetzt besprechen werden.

15.1 Das Flachheitsproblem: Warum ist die Geometrie des Universums flach?

Das Universum, das wir heute beobachten, besitzt eine beinahe flache, euklidische Geometrie. Dies entspricht der Aussage, dass heute die mittlere Energiedichte nahezu gleich der kritischen Dichte ist, oder dass der

© Springer Nature Switzerland AG 2021
D. Perlov und A. Vilenkin, *Kosmologie für alle, die mehr wissen wollen*,
https://doi.org/10.1007/978-3-030-63359-2_15

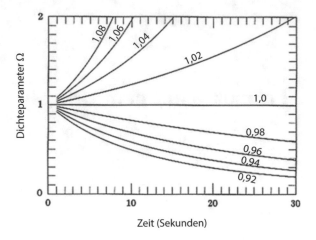

Abb. 15.1 Jede Linie zeigt die Entwicklung des Dichteparameters ausgehend vom angegebenen Anfangswert. In allen Fällen beginnt die Entwicklung bei einer Sekunde nach dem Urknall. War Ω in der Vergangenheit jemals etwas größer als 1, dann nimmt der Parameter gegen unendlich zu. War Ω in der Vergangenheit jemals geringfügig kleiner als 1, dann nimmt der Parameter gegen null ab. Da Ω heute nahe bei eins liegt, muss der Anfangswert in der Vergangenheit *extrem* nahe an eins gelegen haben. (*Quelle:* Alan Guth)

gegenwärtige Dichteparameter $\Omega_0 = \frac{\rho_0}{\rho_{c,0}}$ nahe bei eins liegt. Beobachtungen deuten darauf hin, dass Ω_0 um nicht mehr als 1 % von eins abweicht (Abschn. 9.2). Der Versuch, dieses Hauptmerkmal unseres Universums zu verstehen, offenbart ein Rätsel, das als Flachheitsproblem bekannt ist.

Wenn das Universum mit $\Omega = 1$ beginnt, wird es ewig so bleiben. Allerdings wird jede geringfügige anfängliche Abweichung von eins mit der Zeit verstärkt, was dazu führt, dass Ω unkontrolliert anwächst oder auf null[1] absinkt (Abb. 15.1). Mit anderen Worten, es handelt sich bei $\Omega = 1$ um einen Punkt im instabilen Gleichgewicht. Wenn zum Beispiel bei Beginn der Nukleosynthese $\Omega = 1,01$ ($t = 1$ s ABB) wäre, dann wäre in weniger als einer Minute $\Omega = 2$ und in etwas mehr als drei Minuten würde das Universum zu einem „großen Knirschen" („Big Crunch") zusammenbrechen. Ähnlich verhält es sich, wenn wir mit $\Omega = 0,99$ bei $t = 1$ s beginnen würden, dann wäre die Dichte nach etwa einem Jahr 300.000-mal kleiner als der kritische Wert ($\Omega = 0,000003$). In einem Universum mit so geringer Dichte würden sich niemals Galaxien oder Sterne bilden. Damit Ω seinen

---

[1]Dies gilt nur, wenn sich das Universum mit Verlangsamung ausdehnt, was in der Tat für die von Strahlung und Materie dominierten Phasen des Standard-Urknallmodells zutrifft.

heute beobachteten Wert annehmen kann, muss sein Wert bei $t = 1$ s gleich eins sein, mit einer Genauigkeit von $1/10^{16}$ (siehe Anhang).

Das Flachheitsproblem besteht also in der Erkenntnis, dass das Universum fein auf die Einheit Ω abgestimmt begonnen haben muss, auch wenn das Urknallmodell nicht erklären kann, warum dies der Fall sein sollte. Es muss einfach als Anfangsbedingung angenommen werden.

15.2 Das Horizontproblem: Warum ist das Universum so homogen?

Die nahezu gleichmäßige Temperatur der CMB-Strahlung am gesamten Himmel sagt uns, dass das Universum zu dem Zeitpunkt, als die Strahlung ausgesandt wurde, extrem homogen war. Innerhalb des Urknallmodells gibt es jedoch keine Ursache dafür, warum dies der Fall ist. Tatsächlich sollte es *nicht* der Fall sein, es sei denn, das Universum hat auf wundersame Weise mit ganz besonderen Anfangsbedingungen begonnen.

Auf den ersten Blick mag eine gleichmäßige Temperatur nicht sehr überraschend erscheinen. Eine heiße Tasse Tee, die auf einer Theke steht, kühlt allmählich auf Raumtemperatur ab. Die CMB-Temperatur könnte sich in ähnlicher Weise angleichen, wenn es eine Wechselwirkung zwischen benachbarten Regionen gäbe, die Strahlung aussenden. Als die CMB-Strahlung jedoch emittiert wurde, war die Zeit, die seit dem Urknall verstrichen war, zu kurz, als dass eine solche Wechselwirkung hätte stattfinden können. Dies ist als das *Horizontproblem* bekannt.

Betrachten wir die Strahlung, die von zwei kleinen Regionen, A und B, zu uns kommt, die sich am Himmel genau gegenüberliegen (Abb. 15.2). Der heutige Abstand zu jeder dieser Regionen ist der Abstand d_{ls} zur Oberfläche der letzten Streuung. Da die CMB-Strahlung schon so früh in der Geschichte des Universums emittiert wurde, gibt es keinen großen Unterschied zwischen d_{ls} und der Horizontentfernung. Daher ist die gegenwärtige Entfernung zu den Regionen A und B ungefähr gleich der Horizontentfernung $d_{hor} \approx 46$ Mrd. Lichtjahre. Die Regionen sind also durch das Doppelte dieser Entfernung voneinander getrennt und können unmöglich interagieren. Insbesondere können sie keine Wärme austauschen, um ihre Temperatur auszugleichen – und doch ist festzustellen, dass sie die gleiche Temperatur haben, bis zu einem Hunderttausendstel genau.

Da sich das Universum ausdehnt, müssen Regionen, die heute weit voneinander entfernt sind, in der Vergangenheit viel näher beieinander gelegen

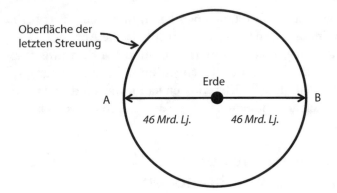

Abb. 15.2 CMB-Photonen bewegen sich von der Oberfläche der letzten Streuung zu uns. Im Standard-Urknallmodell standen die Ausschnitte der CMB an den Punkten A und B noch nie in kausalem Kontakt. Warum haben sie dann fast identische Temperaturen?

haben. Dies trägt jedoch nicht zur Lösung des Problems bei. Tatsächlich ist das Horizontproblem im frühen Universum sogar noch gravierender als heute. Um zu verstehen, warum das so ist, wollen wir sehen, wie sich der Abstand d_{AB} zwischen den Regionen und die Horizontentfernung d_{hor} mit der Zeit verändern. Zunächst wollen wir das Ganze vereinfachen, indem wir annehmen, dass sich das Universum seit der Zeit, in der die Regionen A und B ihre Strahlung (bei der Rekombination) emittierten, bis zur Gegenwart in der von der Materie dominierten Phase[2] befand. Das bedeutet, dass ihr Abstand wie der Skalenfaktor $d_{AB}(t) \propto t^{\frac{2}{3}}$ der Materiephase anwächst, und die Horizontentfernung nimmt wie $d_{hor}(t) \propto ct$ zu. Der Horizont wächst mit der Zeit schneller als der Abstand, was bedeutet, dass beim Rückwärtsgehen von der Gegenwart bis zum Zeitpunkt der Rekombination die Horizontentfernung schneller schrumpft (Abb. 15.3). Daraus folgt, dass, wenn der Abstand d_{AB} über den Horizont hinausreicht, diese Überschreitung nur zu einem früheren Zeitpunkt größer gewesen sein könnte. Wenn also zwei Regionen jetzt keinen kausalen Kontakt mehr haben, kann dieser vorher auch nicht bestanden haben. Zum Beispiel waren die in Abb. 15.2 angegebenen Regionen A und B, die jetzt durch $d_{AB} \approx 2d_{hor}$, getrennt sind, bei der Emission der CMB-Strahlung durch etwa 80 Horizontabstände getrennt (Frage 5 am Ende dieses Kapitels). Und bei $t = 1$ s ABB waren sie durch etwa 10^8 Horizontentfernungen getrennt. Das

---

[2]Wir lassen die jüngste Phase der beschleunigten Expansion aufgrund der dunklen Energie außer Acht. Würden wir diese berücksichtigen, wären unsere Schlussfolgerungen die gleichen.

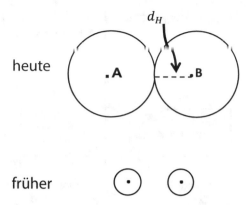

Abb. 15.3 Heute sind die Regionen A und B durch zwei Horizontentfernungen getrennt. Die *Kreise* zeigen die Horizontentfernung jeder Region an *(schwarze Punkte)*. Wenn wir an einen früheren Zeitpunkt gehen, nähern sich die Regionen einander an, aber sie sind durch eine noch größere Anzahl von Horizontentfernungen getrennt, weil der Horizont schneller schrumpft als der Abstand zwischen den Regionen

bedeutet, dass Hunderte Millionen von kausal getrennten Regionen spontan in nahezu perfektem Gleichgewicht hätten beginnen müssen, damit der CMB-Himmel die heute beobachtete gleichmäßige Temperaturverteilung aufweisen kann.

Beachten Sie, wenn man eine solche spezielle Anfangsbedingung für das Universum annimmt, so ist das Modell des heißen Urknalls vollständig konsistent. Weder das Horizont- noch das Flachheitsproblem stehen im Widerspruch zum Urknall. Sie sind Probleme in dem Sinne, dass es für diese besonderen Eigenschaften des Universums keine Erklärung innerhalb der Theorie gibt.

Die Wurzel des Horizontproblems liegt darin, dass sich die Expansion des Universums mit der Zeit verlangsamt, sodass Objekte, die heute nicht in kausalem Kontakt stehen, niemals zuvor in kausalem Kontakt gestanden haben können. Man fragt sich daher, was passieren würde, wenn das Universum eine Phase beschleunigter Expansion durchlaufen würde. In einem solchen Universum hätten Regionen, die heute nicht in kausalem Kontakt stehen, tatsächlich früher in kausalem Kontakt gestanden (Abb. 15.4). Es gäbe also kein Horizontproblem. Zudem würde auch das Flachheitsproblem verschwinden! Es zeigt sich, dass eine beschleunigte Ausdehnung den Wert von Ω Richtung eins streben lässt, auch wenn er sich zunächst deutlich von eins unterscheidet. Aber was könnte eine beschleunigte Ausdehnung verursachen? Sie werden bis zum nächsten Kapitel warten müssen, um dies herauszufinden.

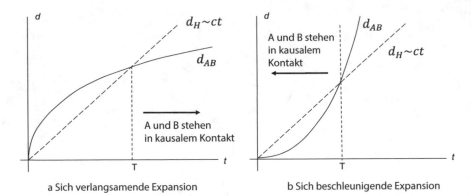

a Sich verlangsamende Expansion   b Sich beschleunigende Expansion

Abb. 15.4 **a** In einem Universum, das sich verlangsamend ausdehnt, nimmt die Steigung $d_{AB}(t)$ der Kurve mit der Zeit ab, während die Horizontentfernung eine konstante Steigung d_H aufweist. Die Regionen A und B können nur dann in kausalem Kontakt stehen, wenn $d_{AB} < d_H$. Das Universum dehnt sich anfangs so schnell aus, dass $d_{AB} > d_H$. Aber wegen der abnehmenden Steigung $d_{AB}(t)$ der Kurve gibt es einen Zeitpunkt T, an dem sie die den Horizont darstellende *Gerade* kreuzt. Sobald dies geschieht, gilt $d_{AB} < d_H$ und A und B stehen zu allen späteren Zeitpunkten in kausalem Kontakt. **b** In einem sich beschleunigenden Universum standen Regionen, die heute nicht in kausalem Kontakt stehen (dargestellt durch die Zeitpunkte nach T), in der Vergangenheit durchaus in kausalem Kontakt (Zeitpunkte vor T)

15.3 Das Strukturproblem: Was ist der Ursprung der kleinen Dichtefluktuationen?

Wir haben den Grad der Homogenität des Universums mit Erstaunen zur Kenntnis genommen. Aber selbst wenn wir die Homogenität irgendwie erklären können, wie erklären wir die kosmischen Strukturen wie Galaxien, Galaxienhaufen und Superhaufen? In der Urknalltheorie müssen wir die Existenz von kleinen Dichtefluktuationen postulieren, die sich allmählich zu diesen Strukturen entwickeln. Aber was ist der Ursprung der kleinen anfänglichen Dichtefluktuationen?

15.4 Das Monopolproblem: Wo sind sie?

Wie wir in Kap. 14 besprochen haben, sagen alle GUTs voraus, dass während des Urknalls magnetische Monopole erzeugt werden. Ihre anfängliche Dichte sollte etwa bei einem pro Horizont liegen, was zu einer gegenwärtigen Dichte von etwa einem Monopol pro Kubikmeter führen würde.

Dies ist vergleichbar mit der heutigen numerischen Dichte von Protonen. Aber ein Monopol ist viel schwerer als ein Proton (um einen Faktor von 10^{16}). Wären Monopole in dieser Dichte vorhanden, so würde ihre Masse die Gesamtmasse der atomaren und dunklen Materie weit übersteigen, was in krassem Widerspruch zu den Beobachtungen stünde[3]. Dieses Rätsel ist als Monopolproblem bekannt.

Hinter diesen und anderen Problemen verbirgt sich ein noch größeres Rätsel: Was geschah eigentlich beim Urknall? Von welcher Natur war die Urkraft, die die Expansion des Universums einleitete und die Teilchen voneinander wegfliegen ließ? All diese Fragen werden in der Theorie der kosmischen Inflation behandelt, der wir uns als Nächstes zuwenden.

Zusammenfassung

Die Theorie des heißen Urknalls wird durch eine Fülle von Beobachtungsdaten gestützt, aber sie lässt einige sehr interessante Fragen über den Anfangszustand des Universums unbeantwortet. Zum Beispiel: Warum ist die Geometrie des Universums heute so nahe daran, flach zu sein? Das Flachheitsproblem wird noch dadurch verschärft, dass die Geometrie dazu neigt, sich im Laufe der kosmischen Expansion von der Flachheit zu entfernen. Daher muss das Universum zu einem sehr frühen Zeitpunkt extrem nahe an der Flachheit gewesen sein.

Dann gibt es das Horizontproblem: Beobachtungen der kosmischen Hintergrundstrahlung deuten darauf hin, dass der frühe heiße Urzustand in Größenordnungen, die viel größer als der Horizont sind, homogen war. Da sich keine Wechselwirkungen schneller als das Licht ausbreiten können, scheint es so, dass diese Homogenität durch keinen kausalen Prozess hergestellt werden konnte.

Weitere offene Fragen sind unter anderem: Warum expandierte das frühe Universum? Was ist der Ursprung der kleinen Inhomogenitäten, aus denen sich später die Galaxien entwickelten? Wohin gingen all die magnetischen Monopole? Was hat das Universum vor dem Urknall gemacht?

Fragen

1. Beschreiben Sie mit Ihren eigenen Worten, was das Struktur-, das Horizont- und das Flachheitsproblem ist.

---

[3]Unsere Schätzung der Dichte bezieht sich hier auf GUT-Monopole, aber das Problem besteht auch dann noch, wenn die Monopole auf einer niedrigeren Energieskala gebildet werden.

2. Widersprechen die Flachheits- oder Horizontprobleme der Urknall-theorie? Wenn ja, erklären Sie dies. Wenn nicht, erklären Sie, in welchem Sinn sie „Probleme" sind.

3. Betrachten Sie die Grafik in Abb. 15.1, die zeigt, wie sich der Dichtepara-meter Ω mit der Zeit entwickelt. Wenn heute $\Omega \approx 1$ ist, was können wir dann über seinen Wert im frühen Universum ableiten?

4. Erfährt das Universum in der Theorie des heißen Urknalls eine ver-langsamte oder beschleunigte Expansion?

5. Betrachten Sie die in Abb. 15.2 angegebenen Regionen A und B, die nun 92 Mrd. Lichtjahre voneinander entfernt sind. Wie groß war der Abstand d_{AB} zwischen diesen Regionen zum Zeitpunkt der Rekombination, $t_{rec} \approx$ 380.000 Jahre, als die Strahlung emittiert wurde? (Die folgenden Fakten könnten für Sie hilfreich sein: 1) Die gegenwärtige CMB-Temperatur ist $T_0 \approx 3\,K$; 2) die CMB-Temperatur zum Zeitpunkt der Rekombination ist $T_{rec} = 3000\,K$; iii) die Temperatur ändert sich mit dem Skalenfaktor gemäß $T \propto \frac{1}{a}$.)

6. Bestimmen Sie das Verhältnis d_{AB}/d_{hor} zum Zeitpunkt der Rekombination bei $t_{rec} \approx 380.000$ Jahre. Sie können die Gleichung $d_{hor} \sim 3ct$ (eingeführt in Kap. 7) verwenden, um einen Näherungs-wert für die Horizontentfernung zum Zeitpunkt der Rekombination zu ermitteln.

16

Die Theorie der kosmischen Inflation

Das Horizont- und das Flachheitsproblem waren seit den 1960er Jahren bekannt, kamen aber nur selten zur Sprache – einfach, weil niemand wusste, was man dagegen tun sollte. Diese Probleme konnten nicht gelöst werden, ohne sich mit der Frage zu befassen, was wirklich in den frühesten Momenten des Urknalls geschah. Da es keine Fortschritte in dieser Richtung gab, gewöhnten sich die Physiker an die Vorstellung, dass Fragen nach dem Anfangszustand des Universums zur Philosophie und nicht zur Physik gehörten. Daher kam es völlig überraschend, als Alan Guth 1980 seinen entscheidenden Durchbruch schaffte und einen Weg bot, die hartnäckigen kosmologischen Rätsel in einem Schritt zu lösen.

16.1 Lösung des Flachheits- und des Horizontproblems

Der Ursprung des Flachheits- und des Horizontproblems lässt sich auf die *verlangsamte Expansion* des Universums zurückführen. In einem sich verlangsamt expandierenden Universum entfernt sich der Dichteparameter Ω vom Wert eins, und daher ist es erstaunlich, dass der heute gemessene Wert so nahe bei eins liegt. Wenn sich die Expansion verlangsamt, nimmt auch der Horizont schneller an Größe zu als der Abstand zwischen den Regionen. Das bedeutet, wenn wir in der Zeit zurückblicken, schrumpft der Horizont schneller als der Abstand zwischen zwei beliebigen Regionen. Regionen, die jetzt nicht in kausalem Kontakt stehen, hätten also auch zu keinem früheren

© Springer Nature Switzerland AG 2021
D. Perlov und A. Vilenkin, *Kosmologie für alle, die mehr wissen wollen*,
https://doi.org/10.1007/978-3-030-63359-2_16

Zeitpunkt in kausalem Kontakt stehen können. Beide Probleme lassen sich lösen, wenn das Universum in seinen Anfängen eine Phase *beschleunigter Expansion* durchlaufen hat. Aber *was könnte eine solche Expansion verursacht haben?*

Sie haben vielleicht die Antwort – Vakuumenergie – schon gefunden! Wir wissen, dass sich die Expansion des Universums aufgrund der abstoßenden Schwerkraft des Vakuums beschleunigt. Diese beschleunigte Expansion begann jedoch erst zu einem noch nicht so lange zurückliegenden kosmischen Zeitpunkt, als die Dichte ρ_m der Materie unter die Energiedichte ρ_v des Vakuums fiel. In den früheren Phasen war ρ_v völlig vernachlässigbar, sodass die Vakuumenergiedichte im frühen Universum keine beschleunigte Expansion verursacht haben konnte. Was wir brauchen, ist ein Vakuum mit einer riesigen Energiedichte zu einem sehr frühen Zeitpunkt. Glücklicherweise machen die Großen vereinheitlichten Theorien der Teilchenphysik die Existenz solcher hochenergetischen Vakuumzustände plausibel. Dies veranlasste Alan Guth zu dem Gedanken, dass eine große Vakuumenergiedichte dazu führt, dass das Universum eine Phase sehr schneller, beschleunigter Expansion durchläuft, wodurch das Flachheits- und das Horizontproblem gelöst werden. Guth schlug auch eine passende Bezeichnung für die Phase der beschleunigten Expansion vor: die *kosmische Inflation* (Abb. 16.1).

16.2 Die kosmische Inflation

Das falsche Vakuum

Vakuum ist das, was man erhält, wenn man alles entfernt, was entfernt werden kann. Es ist leerer Raum. Aber nach der modernen Teilchenphysik ist das Vakuum etwas ganz anderes als ein Nichts. An jedem Punkt im Raum gibt es ein Higgs-Feld sowie andere Skalarfelder, die für den großen vereinheitlichten Symmetriebruch verantwortlich sind. Die Vakuumwerte dieser Felder bestimmen die Massen und Wechselwirkungen aller Elementarteilchen. Die Symmetrie kann im Allgemeinen auf mehrere verschiedene Arten gebrochen werden, und daher erwarten wir eine Reihe von Vakuumzuständen mit unterschiedlichen Eigenschaften. Teilchenphysiker bezeichnen diese Zustände als unterschiedliche *Vakua*.

Zur Veranschaulichung betrachten wir eine stark vereinfachte „große vereinheitlichte Theorie" mit einem einzigen Skalarfeld, das eine in

Abb. 16.1 Alan Guth entwickelte seine Idee der kosmischen Inflation während seines neunten Jahres als vorübergehend angestellter Postdoc. Bald darauf wurde er zum ordentlichen Professor am MIT ernannt. Für seine Arbeit über Inflation erhielt Guth den Preis für Grundlagenphysik 2012. Neben weiteren Auszeichnungen hat er 2005 auch den Wettbewerb für das unordentlichste Büro im Raum Boston gewonnen (organisiert von der Lokalzeitung *The Boston Globe*)

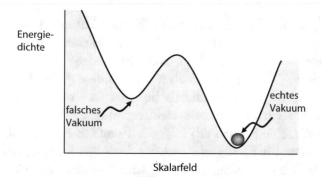

Abb. 16.2 Dichte der potenziellen Energie eines Skalarfeldes. Hier gibt es zwei Minima, von denen eines das echte Vakuum ist

Abb. 16.2 gezeigte Kurve der potenziellen Energiedichte aufweist. Wir können den Wert des Feldes durch eine Kugel darstellen, die in dieser Energielandschaft rollt und in einem der beiden Täler zur Ruhe kommt. Die Täler stellen in dieser Theorie die beiden möglichen Vakuumzustände dar. Das Vakuum mit der niedrigsten Energie ist das absolute Minimum an Energie; es wird als „echtes Vakuum" bezeichnet. Jedes Vakuum mit höherer Energie ist notwendigerweise instabil; daher wird es als „falsches

Vakuum" bezeichnet. Wir wissen, dass physikalische Systeme dazu neigen, ihre potenzielle Energie zu minimieren, sodass ein falsches Vakuum durch Umwandlung in ein echtes Vakuum zerfallen muss. (Wir werden den Zerfallsprozess in diesem Kapitel noch erörtern.)

Wir sind jetzt soweit, die Idee der kosmischen Inflation zu formulieren, wie sie ursprünglich von Guth postuliert wurde. Nehmen wir an, das Universum befände sich zu einem frühen Zeitpunkt in seiner Historie in einem hochenergetischen Zustand eines falschen Vakuums. Die starke abstoßende Schwerkraft des falschen Vakuums würde dann eine Phase mit sehr schneller, beschleunigter Expansion hervorrufen. Dies würde das Horizont- und das Flachheitsproblem der Standard-Urknall-Kosmologie lösen. Die inflationäre Phase endet, wenn das falsche Vakuum in das echte Vakuum zerfällt. Die überschüssige Energie des falschen Vakuums muss irgendwo hin, und Guth nahm an, dass sie in einen heißen Feuerball von Teilchen umgewandelt wird. Der Feuerball dehnt sich durch Trägheit weiter aus, und die Expansionsrate verlangsamt sich allmählich aufgrund der Schwerkraft. Das Ende der Inflation spielt in diesem Szenario die Rolle des Urknalls. In einer späteren Phase entwickelt sich das Universum entlang der Linien der Kosmologie des heißen Urknalls.

Wie groß kann die Energiedichte des falschen Vakuums sein?

Die Antwort hängt von den Details der Teilchenphysik ab, aber wir können eine fundierte Annahme machen, indem wir einen Trick mit der Bezeichnung „Dimensionsanalyse" anwenden. Jedes Modell der Teilchenphysik hat eine charakteristische Massen- oder Energieskala, die wir mit M bezeichnen. Für die elektroschwache Theorie ist diese Skala $M \sim 180$ GeV. Die Massen des Higgs-, W- und Z-Bosons haben alle diese Größenordnung, die Energie der elektroschwachen Symmetriebrechung hat eine ähnliche Größenordnung: Bei Teilchenenergien, die viel größer sind als 100 GeV, lassen sich die schwache und die elektromagnetische Wechselwirkung nicht unterscheiden. Für die großen vereinheitlichten Theorien ist $M \sim 10^6$ GeV die entsprechende Masse/Energie. Diese Masse bestimmt auch die charakteristische Größenordnung der Energiedichtenlandschaft der Theorie, d. h. die typischen Höhen und Tiefen der Berge und Täler in Abb. 16.2. Wir können also erwarten, dass es eine Formel geben wird, die die Energiedichte des falschen Vakuums ρ_v mithilfe von M und den fundamentalen physikalischen Konstanten – der Planck-Konstante h und der Lichtgeschwindigkeit c – ausdrückt. Der springende Punkt ist nun, dass nur eine Kombination von M, h und c die Dimension der Energiedichte besitzt, und sie lautet

$$\rho_v \sim \frac{c^5 M^4}{h^3} \qquad (16.1)$$

Es kann dazu noch einen numerischen Koeffizienten geben, aber der ändert die Größenordnung in der Regel nicht allzu sehr. Die obige Formel kann wie folgt umgeschrieben werden:

$$\rho_v \sim 10^{21}\, M_{\mathrm{GeV}}^4\, \frac{\mathrm{kg}}{\mathrm{m}^3}, \qquad (16.2)$$

wobei M_{GeV} die Masse M ist, ausgedrückt in Einheiten von GeV. Für eine große vereinheitlichte Theorie mit $M_{\mathrm{GeV}} \sim 10^{16}$ ergibt dies eine wirklich enorme Dichte von $\rho_v \sim 10^{85}\,\mathrm{kg/m^3}$ Ein Kubikzentimeter dieses Vakuums enthält viel mehr Energie als unser gesamtes beobachtbares Universum!

Exponentielle Expansion

Während sich das Universum im Zustand des falschen Vakuums befindet, bleibt die Energiedichte konstant. Dies führt zu einer ganz besonderen Art der Volumenzunahme, der sogenannten exponentiellen Expansion. Das Kennzeichen der exponentiellen Expansion ist, dass sich in einer bestimmten Zeitspanne t_d (der Verdopplungszeit) die Größe einer bestimmten Region verdoppelt (und damit ihr Volumen um den Faktor $2^3 = 8$). Wenn wir also mit einem würfelförmigen Stück Vakuum mit der Länge l_0 beginnen, hat der Würfel nach einer Verdopplungszeit die Größe $2l_0$. Nach der nächsten Verdopplungszeit hat er die Größe $2 \times 2 \times l_0 = 4l_0$; und nach n Verdopplungszeiten n hat er die Größe $2^n l_0$. Dies ähnelt einer Geldinflation mit einer konstanten Rate. Eine bemerkenswerte Eigenschaft des exponentiellen Wachstums ist, dass die Zahlen nach relativ wenigen Verdopplungszyklen riesig werden. Wenn zum Beispiel ein Stück Pizza jetzt 1 € kostet, dann wird es nach n Verdopplungszyklen 2^n € kosten, also nach 10 Zyklen 1024 € und nach 330 Zyklen 10^{100} € (soviel Geld gibt es gar nicht) (Abb. 16.3).

Ein Universum, das sich exponentiell ausdehnt, ist auch durch einen Hubble-Parameter gekennzeichnet, der sich zeitlich nicht ändert, d. h. $H = \mathrm{const}$. Dies ist nicht schwer zu verstehen, wenn wir uns daran erinnern, dass eine beschleunigte Expansion die Dichte des Universums in Richtung des kritischen Wertes treibt,

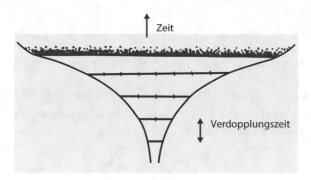

Abb. 16.3 Exponentielle Expansion des Universums. Bei jedem Zeitschritt verdoppelt sich die Größe des Universums

$$\rho_c = \frac{3H^2}{8\pi G}. \tag{16.3}$$

Während der Inflation gilt $\rho = \rho_v$; dann setzen wir $\rho_c = \rho_v$ und erhalten für die Lösung von H

$$H = \left(\frac{8\pi G \rho_v}{3}\right)^{1/2} = \text{const.} \tag{16.4}$$

Zwei beliebige Teilchen im sich ausdehnenden Universum werden mit einer Geschwindigkeit auseinander getrieben, die durch das Hubble-Gesetz $v(t) = Hd(t)$ gegeben ist, wobei $d(t)$ den Abstand zwischen den Teilchen angibt. Nehmen wir an, dass sie irgendwann durch den Abstand d voneinander getrennt sind und sich mit der Geschwindigkeit v voneinander entfernen (zu jedem späteren Zeitpunkt nehmen sowohl der Abstand als auch die Geschwindigkeit zu). Würden sich die Teilchen weiterhin mit dieser Geschwindigkeit entfernen, dann würde sich der Abstand zwischen ihnen in einem Zeitintervall $t_D = d/v = 1/H$ verdoppeln. Da sich das Universum mit der Beschleunigung ausdehnt, ist die tatsächliche Verdopplungszeit etwas kürzer, aber die Beziehung $t_D \sim 1/H$ ergibt immer noch eine gute Größenordnung für die Schätzung.[1]

Wenn die Inflation auf der GUT-Skala stattfindet, dann gilt $H \sim 10^{38}\,\text{s}^{-1}$ und $t_D \sim 10^{-38}$ s. Bei einer so unglaublich kurzen Ver-

---

[1]Wir zeigen im Anhang, dass die Verdopplungszeit in einer sich ausdehnenden Raumzeit $t_D = \frac{0{,}7}{H}$ ist.

dopplungszeit würde sich das Universum um einen Faktor von 10^{100} in weniger als 10^{-35} s ausdehnen. Wenn wir zum Beispiel mit einem Stück eines falschen Vakuums von der Größe eines Protons $\sim 10^{-15}$ m beginnen, dann würde sich das Universum in weniger als 10^{-35} s zu einer Größe von 10^{85} m ausdehnen, was wesentlich größer ist als die Größe des beobachtbaren Universums, das „nur" 10^{26} m umfasst. Die exponentielle Ausdehnung des falschen Vakuums ist also ein immens starker Mechanismus, der ein winziges Keimuniversum in sehr kurzer Zeit in astronomische Dimensionen aufblähen kann.

16.3 Lösungen für die Probleme des Urknalls

Wir wollen uns nun damit befassen, wie die Inflation dazu beiträgt, die rätselhaften Merkmale des Ausgangszustands zu erklären, die in der Urknalltheorie postuliert werden mussten.

Das Flachheitsproblem

Eine Phase exponentieller Expansion treibt den Dichteparameter in Richtung $\Omega = 1$. Abb. 16.4 zeigt, dass Ω bei einer relativ geringen Anzahl von Verdopplungen extrem nahe an eins herankommt. Dies bedeutet, dass sich die Geometrie des Universums sehr stark an die flache, euklidische Geometrie annähert.

Dieser Effekt hat eine einfache intuitive Erklärung. Stellen Sie sich eine gekrümmte Oberfläche vor, wie eine Kugel. Stellen Sie sich nun vor, diese Oberfläche um einen riesigen Faktor zu vergrößern. Das ist es, was mit dem Universum während der Inflation passiert. Wir können jetzt nur einen winzigen Teil dieses großen Universums sehen. Und dieser scheint flach zu sein, so wie die Oberfläche der Erde flach aussieht, wenn wir nur einen kleinen Teil davon sehen (Abb. 16.5).

Das Horizontproblem

Betrachten wir einen kugelförmigen Bereich mit einem Durchmesser d, der viel kleiner ist als der Hubble-Abstand d_H zu Beginn der Inflation. Die Region dehnt sich anfangs mit einer viel geringeren Geschwindigkeit als der des Lichts aus, sodass den verschiedenen Teilen der Kugel genügend Zeit

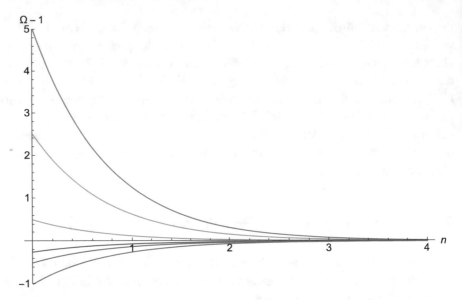

Abb. 16.4 Entwicklung des Dichteparameters in einem inflationären Universum. Hier tragen wir $\Omega - 1 \propto 2^{-2n}$ gegen die Anzahl n der Verdopplungen auf (Herleitung dieser Gleichung siehe am Ende des Anhangs). Oberhalb der x-Achse liegen die Kurven für geschlossene Universen mit unterschiedlichen Anfangswerten von Ω; unterhalb der x-Achse liegen die Kurven für offene Universen mit unterschiedlichen Anfangswerten für Ω. Selbst wenn der Dichteparameter zu Beginn viel größer oder kleiner als eins ist, wird er innerhalb mehrerer Verdopplungszeiten der Inflation schnell auf eins gebracht

bleibt, miteinander zu interagieren und ins Gleichgewicht zu kommen. Dann dehnt die inflationäre Expansion die Region um einen Faktor 2^n aus, wobei n der Anzahl der Verdopplungen während der Inflation entspricht. Dieser Faktor kann enorm sein, sodass die gegenwärtige Größe der Region ohne Weiteres viel größer sein kann als unser beobachtbares Universum. Damit ist das Horizontproblem gelöst: Die CMB-Temperatur ist über den Himmel hinweg gleichförmig, weil alle Teile des beobachtbaren Universums zu Beginn der Inflation in kausalem Kontakt standen.

Wie viele Verdopplungen n_{min} sind mindestens erforderlich, um das Problem des Horizonts und der Flachheit zu lösen? Die Antwort hängt von der Energieskala M der Inflation ab. Denn für M der GUT-Skala gilt für n_{min} ein Wert von etwa 90.

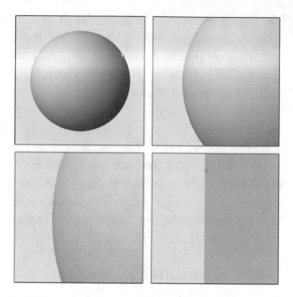

Abb. 16.5 Die Oberfläche eines riesigen Ballons sieht flach aus, weil wir nur einen kleinen Teil davon sehen können. In ähnlicher Weise erscheint das Universum flach, weil wir nach der starken Ausdehnung nur einen kleinen Teil davon sehen

Das Strukturbildungsproblem

Die Inflation bietet auch die plausibelste Erklärung für den Ursprung der kleinen Dichtefluktuationen, aus denen sich später Galaxien und Galaxienhaufen entwickelten. Wir werden dies in Abschn. 16.5 besprechen.

Das Monopolproblem

Alle Monopole, die vor oder während der Inflation produziert wurden, werden durch die enorme inflationäre Expansion verdünnt, sodass ihre gegenwärtige Dichte vernachlässigbar ist.

Die Ausdehnung und die hohe Temperatur des Universums

Das Modell des heißen Urknalls geht davon aus, dass das Universum mit einem Zustand schneller Expansion bei sehr hoher Temperatur begonnen hat. Aber warum war das frühe Universum so heiß? Und warum dehnte es sich aus? Eine mögliche Erklärung für diesen Anfangszustand liefert die Inflation. Die Expansion des Universums wird durch die abstoßende Schwerkraft des falschen Vakuums verursacht. Es ist zu erwarten, dass die Energiedichte des Vakuums während der Inflation sehr hoch ist, und wenn das falsche Vakuum zerfällt, wird diese Energie in einen heißen Feuerball aus Teilchen und Strahlung umgewandelt; daher entsteht der Feuerball mit einer sehr hohen Temperatur.

Wir sehen also, dass eine Phase der Inflation im frühen Universum die verwirrenden Probleme des Urknalls Lösungen liefern kann. Aber damit das Inflationsmodell vollständig ist, müssen wir verstehen, wie die Inflation beginnt und wie sie endet. Die Inflation endet, wenn das falsche Vakuum zerfällt, daher werden wir in Abschn. 16.4 den Zerfallsprozess des Vakuums untersuchen. Die Frage des Beginns der Inflation wird in Kap. 23 behandelt.

16.4 Zerfall des Vakuums

Das siedende Vakuum

Betrachten Sie die Energielandschaft eines in Abb. 16.6 dargestellten Skalarfeldes. Es hat ein falsches Vakuum und ein echtes Vakuum. Während der Inflation befindet sich das Feld überall im Raum im falschen Vakuum. Damit das falsche Vakuum zerfallen kann, muss das Feld die Energiebarriere überwinden, die die beiden Vakua trennt. Wie wir bereits besprochen haben, ähnelt die Dynamik des Skalarfeldes der einer Kugel, die in der Energielandschaft rollt. Befindet sich der Ball in dem als „falsches Vakuum" bezeichneten Tal, dann wird er nach der klassischen Physik für

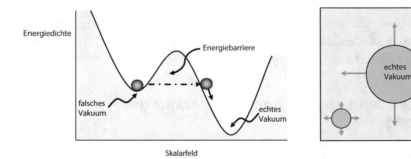

Abb. 16.6 Vakuumzerfall. Wenn das Feld von seinem Wert des falschen Vakuums in seinen Wert des echten Vakuums tunnelt, bilden sich Blasen von echten Vakuumkeimen innerhalb des falschen Vakuumhintergrunds. Die Blasen dehnen sich dann mit Geschwindigkeiten aus, die annähernd gleich der Lichtgeschwindigkeit sind

immer dort bleiben, es sei denn, jemand tritt ihn nach oben und liefert die Energie, die zum Überwinden der Barriere erforderlich ist. Aber wir haben in Kap. 10 gelernt, dass die Kugel quantenmechanisch durch die Barriere tunneln und auf der anderen Seite wieder herauskommen kann. Das geschieht auch beim Zerfall des Vakuums.

Quantentunnelung ist ein probabilistischer Prozess, sodass man nicht genau vorhersagen kann, wann und wo er stattfinden wird. Sie können nur die Wahrscheinlichkeit berechnen, mit der das Tunneln in einer bestimmten Raumregion pro Zeitintervall auftritt. Die Wahrscheinlichkeit, dass ein großer Bereich des falschen Vakuums zum echten Vakuum tunnelt, ist extrem gering. Daher findet das Tunneln in einem winzigen mikroskopischen Bereich statt, wodurch eine kleine Blase aus echtem Vakuum entsteht[2].

Der Prozess des Vakuumzerfalls ähnelt dem Sieden von Wasser. Kleine Blasen von echtem Vakuum springen inmitten des falschen Vakuums zufällig auf ("Nukleation"). Die Energie, die bei der Umwandlung des falschen Vakuums in echtes Vakuum freigesetzt wird, konzentriert sich in den Wänden der Blasen, die sich mit annähernd Lichtgeschwindigkeit ausdehnen. Wenn Blasen kollidieren und miteinander verschmelzen, zerfallen die Wände in Partikel. So stellte sich Guth ursprünglich das Ende der Inflation und den Beginn des Urknalls vor. Doch leider hat dieses ganz allgemeine Szenario einen fatalen Fehler.

Das Graceful Exit-Problem

Das Problem ist, dass wir, obwohl sich die Blasen fast mit Lichtgeschwindigkeit ausdehnen, nicht einfach davon ausgehen können, dass sie kollidieren, denn der Raum zwischen ihnen ist mit einem falschen Vakuum gefüllt und dehnt sich ebenfalls schnell aus. Tatsächlich werden alle Blasen, die mehr als eine Hubble-Distanz d_H voneinander entfernt sind, schneller als mit Lichtgeschwindigkeit auseinander getrieben und kollidieren niemals. Der typische Abstand zwischen den Blasen hängt von der Geschwindigkeit ab, mit der sie sich bilden. Wenn die Nukleationsrate niedrig ist, bilden sich Blasen, die durch weite Bereiche eines falschen Vakuums getrennt sind, und werden fast nie kollidieren. Die gesamte Energie der Blasen bleibt in den sich aus-

---

[2]Trotz der Ähnlichkeit zwischen der Tunnelung einer Kugel und der eines Skalarfeldes gibt es einen wichtigen Unterschied. Die Kugel tunnelt zwischen zwei verschiedenen Punkten im Raum, während das Feld zwischen zwei verschiedenen Feldwerten am gleichen Ort im Raum tunnelt.

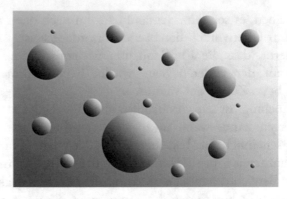

Abb. 16.7 Sich inflationär ausdehnendes Universum mit Blasen aus echtem Vakuum. Die Blasen werden durch die Expansion des Universums auseinander getrieben, sodass sie fast nie kollidieren

dehnenden Blasenwänden konzentriert, und die Inflation wird niemals enden (Abb. 16.7).

Um dieses Problem zu umgehen, können wir ein Modell in Betracht ziehen, bei dem die Blasennukleation mit einer sehr hohen Geschwindigkeit erfolgt, sodass ihr typischer Abstand geringer ist als d_H. In diesem Fall kollidieren die Blasen und verschmelzen, und der gesamte Vakuumzerfallsprozess wird in weniger als einer Verdopplungszeit beendet sein. Aber um das Horizontproblem und das Flachheitsproblem zu lösen, muss die Inflation für viele Verdopplungszeiten (etwa 90 oder so, je nach den Details des Modells) aufrechterhalten bleiben. Wir befinden uns also in einer Sackgasse: Entweder endet die Inflation überhaupt nicht, oder sie endet zu schnell, um die Probleme zu bereinigen, für deren Lösung sie erfunden wurde. In den frühen 1980er Jahren wurde dies als das Graceful Exit-*Problem* bezeichnet. Guth erkannte, dass seine Theorie an diesem Problem krankte, kurz nachdem er die Idee der Inflation entwickelt hatte, und so schloss er seinen wegweisenden Artikel mit der Feststellung: „Ich veröffentliche diesen Artikel in der Hoffnung, dass er andere ermutigen wird, einen Weg zu finden, die unerwünschten Merkmale des Inflationsszenarios zu umgehen."

Slow Roll-Inflation

Der in Russland geborene Kosmologe Andrej Linde war der erste, der 1982 eine Lösung für das Graceful Exit-Problem fand. Wenige Monate später

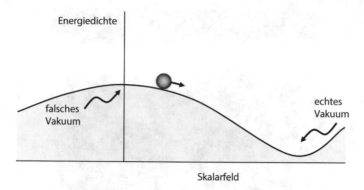

Abb. 16.8 Im Szenario der langsamen Inflation wird die Funktion des falschen Vakuums von einem sehr flachen Plateau am Gipfel des Dichtebergs der potenziellen Energie übernommen

wurde die gleiche Idee von Andreas Albrecht und Paul Steinhardt in den USA unabhängig davon formuliert. Der entscheidende Schritt war die Betrachtung einer Energielandschaft ohne Barriere, aber mit einem sehr sanften Gefälle (Abb. 16.8). Auch hier können wir das Skalarfeld durch eine in dieser Landschaft rollende Kugel darstellen. Wenn wir die Kugel in der Nähe des Berggipfels platzieren, beginnt sie langsam nach unten zu rollen, und da die Neigung so flach ist, bleibt die Kugel zunächst etwa auf der gleichen Höhe. Für das Skalarfeld bedeutet dies, dass seine Energiedichte nahezu konstant bleibt. Aber eine konstante Energiedichte ist alles, was nötig ist, um eine konstante Inflationsrate aufrechtzuerhalten.

Die flache Region nahe der Bergkuppe kann als „falsches Vakuum" bezeichnet werden. Da das Feld sehr langsam „rollt", dauert es eine Weile, bis es diese Region durchquert hat, und in der Zwischenzeit dehnt sich das Universum exponentiell aus. Sobald das Feld das echte Vakuum erreicht hat, oszilliert es hin und her und kommt schließlich zur Ruhe, wobei seine Energie in einen heißen Feuerball aus Teilchen umgewandelt wird[3]. Zu diesem Zeitpunkt hat sich das Universum um einen riesigen Faktor ausgedehnt.

Beachten Sie, dass in diesem Modell das Feld an allen Punkten im Raum gleichzeitig „rollt" und in der gesamten Inflationsregion gleich-

---

[3]Eine Kugel, die auf einer ähnlich gekrümmten Oberfläche rollt, würde ebenfalls um den tiefsten Punkt oszillieren, durch Reibung allmählich langsamer werden und zum Stillstand kommen, wobei ihre gesamte mechanische Energie in Wärme umgewandelt wird. In ähnlicher Weise zeigt die Analyse, dass ein oszillierendes Feld seine Energie durch die Produktion von Teilchen verliert, wodurch ein Feuerball entsteht.

Abb. 16.9 Andrej Linde ist seit über 30 Jahren einer der Hauptarchitekten des kosmologischen Inflationsmodells. Linde begann seine Karriere in seiner Heimatstadt Moskau und ist seit 1989 Professor an der Stanford-Universität. Er arbeitet häufig mit seiner Frau Renata Kallosh zusammen, die ebenfalls Professorin an der Stanford-Universität ist. Linde ist ein extravaganter, unterhaltsamer Moderator und ein engagierter Verfechter seiner Ideen. Er ist ein hervorragender Künstler und illustriert seine Vorlesungen gelegentlich mit wunderschön gezeichneten Cartoons. Zu seinen zahlreichen Hobbys gehören Schwimmen, Jonglieren, Kartentricks und Fotografieren. *Mit freundlicher Genehmigung von* Vadim Shultz

zeitig einen Feuerball erzeugt. Wir haben also ein großes, heißes, homogenes, expandierendes Universum. Das Graceful Exit-Problem ist gelöst (Abb. 16.9)!

Wie das Higgs-Feld des Standardmodells muss das rollende skalare Feld mit irgendeinem Teilchen assoziiert sein. Teilchenphysiker haben eine Reihe von Kandidaten vorgeschlagen, aber keiner von ihnen ist besonders überzeugend. Im Moment wird das Teilchen unter dem allgemeinen Namen „Inflaton" geführt, und das Feld wird als „Inflaton-Feld" bezeichnet.

16.5 Ursprung der kleinen Dichtefluktuationen

Wie wir in Kap. 12 besprochen haben, entstehen Galaxien und Galaxienhaufen durch den Gravitationskollaps in einem Universum, das mit kleinen Dichteunterschieden zwischen verschiedenen Regionen beginnt. Aber woher kommen diese anfänglichen Dichteunterschiede?

Wenn die Inflation uns ein vollkommen homogenes Universum liefert, dann funktioniert sie *zu* gut. Die russischen Physiker Wjatscheslaw

Muchanow und Gennadi Tschibisow postulierten 1981, dass Dichte-fluktuationen im frühen Universum durch zufällige *Quantenfluktuationen* entstehen können. Das bedeutet, dass Quanteneffekte, die normaler-weise nur in der Mikrowelt von Bedeutung sind, letztlich für die Existenz der größten Strukturen im Universum verantwortlich sein könnten (Abb. 16.10)!

Wir wollen nun herausfinden, wie das möglich ist. Zusätzlich zur klassischen Bewegung ist das Inflaton-Feld quantenmechanischen Effekten unterworfen (Abb. 16.11). Wenn das Feld bergab rollt, erfährt es Quanten-fluktuationen, die das Feld zufällig den Hügel *hinauf oder hinunter* stoßen. Die Richtungen dieser kleinen Stöße sind in den verschiedenen räumlichen Regionen des Universums nicht gleich. So kommt das Feld am Fuße des Hügels an und bringt zu verschiedenen Zeiten an verschiedenen räumlichen Orten einen Feuerball hervor.

In den Regionen, in denen das Feld etwas länger braucht, um das echte Vakuum zu erreichen, dauert die Inflation etwas länger, und die Materiedichte wird etwas höher sein. Warum? Weil während der Inflation die Energiedichte auch bei der Expansion des Universums in etwa konstant bleibt. Aber sobald sich der Feuerball bildet, werden Materie und Strahlung

Abb. 16.10 Wjatscheslaw Muchanow postulierte (zusammen mit Tschibisow), dass kosmische Dichtefluktuationen einen Quantenursprung haben können, und leistete später bahnbrechende Arbeit bei der Entwicklung der Details dieses Szenarios. Er ist unter Kosmologen für seine extravagante Persönlichkeit und seinen politisch inkorrekten Sinn für Humor bekannt. (*Quelle:* PR Image iau1304a, Viatcheslav Muchanow, Träger des Gruber-Preises 2013 [https://www.iau.org/news/pressreleases/detail/iau1304/])

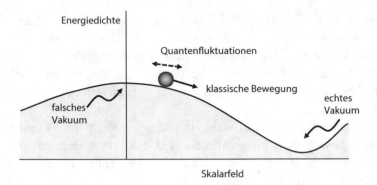

Abb. 16.11 Die Entwicklung des Inflaton-Felds ist eine Kombination aus seiner deterministischen klassischen Bewegung den Hügel hinunter und seinen zufälligen quantenmechanischen Sprüngen den Hügel hinauf und hinunter

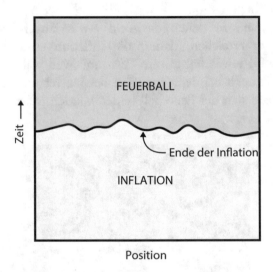

Abb. 16.12 Da die Inflation zu unterschiedlichen Zeitpunkten endet, kommt es zu geringen Dichtefluktuationen. Regionen, in denen die Inflation später endet, haben eine höhere Materiedichte

verdünnt. Teile des Universums, die das Inflationsstadium früher verlassen, werden also in der Zeit, in der nahegelegene Regionen ihre Entwicklung des heißen Urknalls verzögert beginnen, etwas verdünnt. Das Ergebnis der Inflation, die zu leicht unterschiedlichen Zeitpunkten endet, ist, dass das sehr frühe Universum mit kleinen Dichteunterschieden von einer Region zur anderen durchdrungen ist. Dies sind die Dichtefluktuationen, die für die Entstehung der kosmischen Struktur verantwortlich sein könnten (Abb. 16.12).

Alle Dichtefluktuationen entstehen als Quantenstöße in winzigen Regionen, deren Größe ungefähr durch die Hubble-Distanz d_H gegeben ist[4]. Aber dann werden sie durch die Ausdehnung auf ein viel größeres Volumen gedehnt. Früher entstandene Fluktuationen werden länger gedehnt und umfassen eine größere Region. Die Größe der Fluktuationen wird durch den anfänglichen Quantenstoß bestimmt und ist für alle Entfernungsskalen etwa gleich groß. Dies führt zu einem skaleninvarianten Spektrum von Dichtefluktuationen.

Um zu klären, was ein skaleninvariantes Spektrum bedeutet, stellen Sie sich vor, dass wir das Universum in kubische Regionen mit der Länge von 100 Lichtjahren aufteilen und die durchschnittliche Dichte in jedem Würfel messen. Nehmen wir an, wir finden die Dichtefluktuation (d. h. die typische Fluktuation zwischen den Würfeln) bei 1 %. Nun können wir dieses Experiment mit kubischen Regionen unterschiedlicher Größe wiederholen (beispielsweise 1000 Lichtjahre, 10 Lichtjahre usw.). Wenn die Dichtefluktuation bei jeder Wahl der Größe gleich ist, stellen wir fest, dass das Spektrum der Dichtefluktuationen skaleninvariant ist.

Die Skaleninvarianz der Dichtefluktuationen durch Inflation gilt nur angenähert. Die Stärke der Quantenstöße nimmt leicht ab, wenn das Feld bergab rollt. Infolgedessen sind die Dichtefluktuationen auf größeren Entfernungsskalen, die erzeugt wurden, als sich das Feld in größerer Höhe befand, etwas größer als die Fluktuationen auf kleineren Skalen. Die Form des Spektrums der primordialen Dichtefluktuationen ist eine der wichtigsten Vorhersagen für die Beobachtung der Inflation (Kap. 17).

16.6 Weiteres zur Inflation

Kommunikation im inflationären Universum

Stellen wir uns zwei sich gleich bewegende Beobachter in einem sich inflationär ausdehnenden Universum vor, die durch den Austausch von Lichtsignalen kommunizieren. Die Beobachter bewegen sich mit der

---

[4]Quantenfluktuationen treten auch auf kleineren Skalen auf, aber Aufwärts- und Abwärtsstöße wechseln sich in rascher Folge ab, sodass ihre Gesamtwirkung gleich null ist. Aber sobald die Fluktuationsregion auf eine Größe über d_H gedehnt wird, werden ihre verschiedenen Teile kausal voneinander getrennt, und kohärente Fluktuationen sind in einer solchen Region nicht mehr möglich. Die übrigbleibenden Fluktuationen wurden in Regionen der Größe $\sim d_H$ erzeugt. Die Regionen werden dann sofort auf ein größeres Maß gedehnt, und die Fluktuation „friert" ein.

Geschwindigkeit $v = Hd$ auseinander, wobei d der Abstand zwischen ihnen ist. Nehmen wir an, die Beobachter beginnen ihren Signalaustausch, wenn d sehr klein ist, sodass die Geschwindigkeit v der Auseinanderbewegung im Vergleich zur Lichtgeschwindigkeit klein ist. Dann hat die Hubble-Expansion so gut wie keine Auswirkung auf die Lichtausbreitung zwischen den Beobachtern, und sie können viele Signale austauschen, bevor sich ihr Abstand merklich vergrößert. Wenn sich die Beobachter jedoch auseinander bewegen, nimmt ihre Entfernungsgeschwindigkeit allmählich zu und wird bei der Hubble-Entfernung gleich der Lichtgeschwindigkeit:

$$d_H = \frac{c}{H}. \tag{16.5}$$

Wenn d einen Wert nahe d_H erreicht, brauchen die Lichtsignale für ihren Weg immer länger und kommen immer stärker nach rot verschoben an. Sobald d größer wird als d_H, ist jegliche Kommunikation zwischen den Beobachtern unmöglich, da sie sich nun schneller als die Lichtgeschwindigkeit auseinander bewegen. Später wird v nur noch größer, sodass Lichtsignale, die von einem Beobachter ausgesendet werden, den anderen niemals mehr einholen können. Wir sehen also, dass sich gleich bewegende Beobachter, die in einem sich inflationär ausdehnenden Universum in kausalem Kontakt stehen, zu späteren Zeiten zwangsläufig den kausalen Kontakt verlieren werden (unter der Annahme, dass die Inflation anhält).

Eine kugelförmige Oberfläche mit einem Radius d_H, die einen Beobachter umgibt, wird als Hubble-Sphäre des Beobachters bezeichnet; ihre Eigenschaften in einem sich exponentiell ausdehnenden Universum ähneln denen des Schwarzschild-Horizonts eines Schwarzen Lochs. Ereignisse, die außerhalb der Hubble-Sphäre auftreten, können vom Beobachter nicht wahrgenommen werden. Für eine Inflation auf der GUT-Skala ist die Hubble-Entfernung $d_H \sim 10^{-30}$ m winzig, kaum ausreichend, um einen Beobachter aufzunehmen. Aber beachten Sie, dass unser Universum heute vakuumdominiert ist und sich wieder einmal in einer Phase exponentieller Expansion befindet. Die derzeitige Vakuumenergiedichte ist viel geringer als in der frühen Inflationsphase, und die Hubble-Entfernung $d_H \sim 10^{10}$ Lichtjahre hat jetzt astronomische Ausmaße. Die Abstände zu den Galaxien im beobachtbaren Universum gehen in Richtung d_H. Wenn sie sich der Hubble-Sphäre nähern, werden sie mehr und mehr nach rot verschoben und verblassen allmählich.

Energieerhaltung

Eine kurze Phase der Inflation kann einen winzigen subatomaren Bereich bis zu Dimensionen ausdehnen, die viel größer sind als das gesamte beobachtbare Universum. Auf den ersten Blick scheint dies im Widerspruch zur Energieerhaltung zu stehen. Das falsche Vakuum hat eine konstante Energiedichte ρ_v, sodass seine Energie $E = \rho_v V$ proportional zu dem Volumen V ist, das es einnimmt. Am Ende der Inflation ist das Volumen riesig, und damit auch die Energie. Die Frage ist: Woher kommt all diese Energie?

Um herauszufinden, was hier vor sich geht, sei zunächst darauf hingewiesen, dass die Gesamtenergie den Beitrag der potenziellen Gravitationsenergie einschließen muss. Erinnern wir uns ferner daran, dass die Gravitationsenergie immer negativ ist und dass sie auch groß wird, wenn die Masse groß ist. Daher ist denkbar, wenn die Masse/Energie des falschen Vakuums während der Inflation anwächst, seine negative Gravitationsenergie mit der gleichen Geschwindigkeit zunimmt, sodass die Gesamtenergie konstant bleibt.

Eine analoge Situation ergibt sich in der Newton'schen Theorie, wenn ein kleines Teilchen auf einen massereichen Stern der Masse M fällt. Die Energie des Teilchens beträgt in diesem Fall

$$E = \frac{1}{2}mv^2 - \frac{GMm}{r}, \tag{16.6}$$

wobei m *die* Masse des Teilchens, v seine Geschwindigkeit und r seine Entfernung vom Zentrum des Sterns ist. Der erste Term ist die kinetische Energie des Teilchens und der zweite Term ist die potenzielle Gravitationsenergie. Angenommen, das Teilchen befindet sich anfangs in Ruhe ($v = 0$) in großer Entfernung vom Stern, sodass die Energie sehr klein ist. Während es fällt, beschleunigt sich das Teilchen, und seine kinetische Energie kann sehr groß werden, wenn es sich dem Stern nähert. Andererseits, wenn r abnimmt, wird die potenzielle Energie groß und negativ. Aber die beiden Beiträge heben sich fast gegenseitig auf, sodass die Gesamtenergie erhalten bleibt und nahe bei null liegt, wie es von Anfang an der Fall war.

Eine detaillierte Analyse, die auf der allgemeinen Relativitätstheorie basiert, zeigt, dass die Energetik der kosmischen Inflation sehr ähnlich ist. Die Gesamtenergie des riesigen Bereichs des falschen Vakuums am Ende der Inflation ist sehr klein; sie entspricht der Energie des ursprünglichen kleinen Kerns, aus dem dieses Volumen entstanden ist.

Zusammenfassung

Das Horizontproblem und das Flachheitsproblem lassen sich lösen, wenn das Universum eine Phase *beschleunigter* Expansion durchläuft, die Inflation genannt wird. Die Inflationstheorie geht davon aus, dass das Universum in einem Zustand eines hochenergetischen falschen Vakuums entstanden ist. Die abstoßende Schwerkraft dieses Vakuums bewirkt eine superschnelle, exponentielle Expansion des Universums. Unabhängig von seiner anfänglichen Größe wird das Universum sehr schnell riesig. Das falsche Vakuum zerfällt schließlich und erzeugt einen heißen Feuerball, der das Ende der Inflation markiert. Der Feuerball dehnt sich durch Trägheit weiter aus und entwickelt sich entlang der Linien der Kosmologie vom heißen Urknall. Der Zerfall des falschen Vakuums spielt in diesem Szenario die Rolle des Urknalls.

Die Inflationstheorie erklärt die Expansion des Universums (sie ist auf die abstoßende Schwerkraft des falschen Vakuums zurückzuführen), seine hohe Temperatur (aufgrund der hohen Energiedichte des falschen Vakuums) und seine beobachtete Homogenität (das falsche Vakuum hat eine nahezu konstante Energiedichte). Die Theorie sagt auch ein nahezu skalen-invariantes Spektrum von Dichtefluktuationen voraus, die als Keime für die Strukturbildung dienen können.

Fragen

1. Was ist die kosmische Inflation? Wie unterscheidet sie sich von einer raschen Expansion des frühen Universums in der Kosmologie des heißen Urknalls?
2. Welche Eigenschaften des falschen Vakuums sind für die inflationäre Expansion verantwortlich?
3. Wenn die Inflation auf der elektroschwachen Energieskala auftritt, würde die Verdopplungszeit ungefähr $t_D \sim 10^{-10}$ s betragen, wie lange würde es dann dauern, bis das Universum um den Faktor 1000 an Größe zunimmt?
4. Wie löst die Inflation das Horizont- und das Flachheitsproblem?
5. Ersetzt die Inflationstheorie die Urknalltheorie? Warum oder warum nicht?
6. Nennen Sie die wichtigsten Merkmale des Universums, durch die sich eine kurze Phase der Inflation erklären lässt.
7. Im Zusammenhang mit dem ursprünglichen Inflationsmodell von Guth: a) In welchem Sinne ist der Vakuumzerfall wie das Sieden von Wasser? b) Wenn ein falsches Vakuum in eine Blase aus echtem

Vakuum umgewandelt wird, wird Energie freigesetzt. Wohin gelangt diese Energie?

0. Die ursprüngliche Version der Inflationstheorie hatte das sogenannte „Graceful Exit-Problem". Obwohl sich Blasen aus echtem Vakuum fast mit Lichtgeschwindigkeit ausdehnen, erschien es schwierig, dass die Blasen kollidieren und ihre Energie freisetzen. Was verhinderte die Kollision der Blasen?

9. Angenommen, wir haben eine Landschaft von potenzieller Energie mit einem steilen Abhang und ohne Barriere. Wenn das Skalarfeld irgendwo am Hang zu rollen beginnt, wird es sich sehr schnell nach unten bewegen. Würde dies ein brauchbares Inflationsszenario ergeben?

10. Betrachten Sie das Diagramm der potenziellen Energiedichte in Abb. 16.8. Welches Schlüsselmerkmal dieses Potenzials löste das „Graceful Exit-Problem"? Erklären Sie kurz, wie dieses Potenzial ein großes, heißes, homogenes, expandierendes Universum entstehen lässt.

11. Wie erklärt die Inflation den Ursprung kleiner Dichtefluktuationen?

12. Während das Inflaton-Feld den Energieberg hinunterrollt, erfährt es zufällige Quantenfluktuationen in verschiedene Richtungen. So kommt das Feld zu verschiedenen Zeiten und in verschiedenen Regionen am Boden an. Wird die Materiedichte in den Regionen, in denen die Inflation etwas länger anhielt, etwas höher oder niedriger als der Durchschnitt sein? Warum?

13. Quantenfluktuationen finden in winzigen Regionen des Raums statt. Sie werden dann durch die Ausdehnung des Raums auf makroskopische Größen gedehnt. Frühe Fluktuationen werden stärker gedehnt und umfassen daher größere Regionen als die später entstandenen. Ist die Größe der resultierenden Dichtefluktuationen auf großen Skalen kleiner, größer oder gleich der Größe der Fluktuationen auf viel kleineren Skalen?

17

Tests für die Inflation: Vorhersagen und Beobachtungen

Wir haben gesehen, wie die kosmische Inflation aus einem winzigen Samenkorn ein riesiges Universum schaffen und gleichzeitig viele Probleme lösen kann, die die Modelle vor dem Inflationsmodell beherrschten. Die meisten Kosmologen haben sich das Inflationsszenario zu eigen gemacht, aber wie können wir wissen, dass die Inflation tatsächlich stattgefunden hat? Glücklicherweise hat die Theorie der Inflation mehrere überprüfbare Vorhersagen gemacht, von denen wir jetzt drei besprechen werden.

17.1 Flachheit

Wie wir im vorigen Kapitel gelernt haben, bringt die beschleunigte Expansion während der Inflation den Dichteparameter schnell in Richtung $\Omega = 1$ und die Geometrie des Universums in Richtung Flachheit. So sagt die Inflationstheorie voraus, dass das Universum auf den größten beobachtbaren Skalen durch eine flache Geometrie mit $\Omega = 1$ genau zu beschreiben sein sollte. Als Alan Guth diese Vorhersage Anfang der 1980er Jahre machte, betrachteten die Astronomen sie mit einem hohen Maß an Skepsis. Alle damaligen Befunde deuteten auf ein offenes hyperbolisches Universum hin. Sogar einschließlich der dunklen Materie wurde durch Beobachtungen $\Omega_m \sim 0{,}3$ favorisiert.

Dann, ganz unerwartet, fast 20 Jahre nach der Vorhersage von Guth, wurde die dunkle Energie entdeckt. Heute wissen wir aus CMB- und Supernova-Messungen, dass ihr Beitrag $\Omega_{vac} \approx 0{,}69$ zur kosmischen Energiebilanz so groß ist, dass

© Springer Nature Switzerland AG 2021
D. Perlov und A. Vilenkin, *Kosmologie für alle, die mehr wissen wollen*,
https://doi.org/10.1007/978-3-030-63359-2_17

$$\Omega_{\text{tot}} = \Omega_m + \Omega_{\text{vac}} = 1 \pm 0{,}01. \tag{17.1}$$

Das Universum ist also nahezu flach, was in hervorragender Übereinstimmung mit der Vorhersage aufgrund der Inflation steht.

17.2 Dichtefluktuationen

Der vielleicht beeindruckendste Erfolg der Inflationstheorie ist die Erklärung der primordialen Dichtefluktuationen. Die Theorie der Inflation sagt ausdrücklich voraus, dass die Größe der Fluktuationen für alle beobachtbaren Entfernungen etwa gleich groß ist: Die anfänglichen Dichtefluktuationen haben ein skaleninvariantes Spektrum. Auch die verschiedenen Komponenten des frühen Universums – dunkle Materie, Elektronen, Protonen und Photonen – beginnen alle mit der gleichen Dichtestörung. Daher haben Regionen, die eine anfängliche Überdichte der Photonen von z. B. 0,01 % aufweisen, auch eine anfängliche Überdichte der dunklen Materie von 0,01 % und so weiter. (Wie wir jedoch bald erkennen werden, entwickelt sich die dunkle Materie während den Zeiträumen, die in diesem Kapitel von Interesse sind, nicht im Zusammenhang mit den anderen Komponenten.)

Um diese Vorhersage zu prüfen, benutzten Kosmologen einen Computercode, um die Entwicklung der skaleninvarianten Fluktuationen bis zur Rekombination zu verfolgen. Das resultierende Muster der evolvierten Dichtefluktuationen wurde dann in ein Muster von Temperaturanisotropien umgewandelt, und diese wurden mit den Beobachtungen des CMB verglichen. Die Übereinstimmung zwischen Theorie und Experiment, wie sie vom Planck-Satelliten am genauesten gemessen wurde (Abb. 17.1), ist tatsächlich beeindruckend[1].

Wir wollen nun die in Abb. 17.1 dargestellten CMB-Temperaturanisotropien ausführlicher besprechen. Die Horizontentfernung bei der Rekombination entspricht etwa 1,5° am Himmel (siehe Frage 9 am Ende des Kapitels). Materie kann sich nicht über Entfernungen bewegt haben, die über den Horizont hinausgehen, und somit auf Winkelskalen, die deutlich größer sind als 1,5°. Die Temperaturanisotropien entsprechen

---

[1]Es sei daran erinnert, dass die Skaleninvarianz der Dichtefluktuationen durch die Inflation nur eine Annäherung ist: Fluktuationen auf größeren Entfernungsskalen sind etwas größer als die Fluktuationen auf kleineren Skalen. Die experimentellen Daten stimmen mit diesen Details überein.

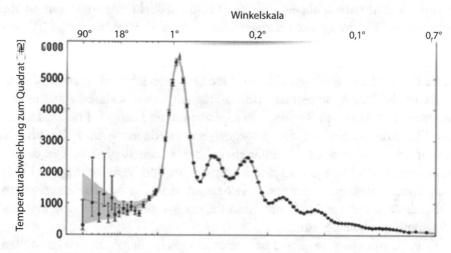

Abb. 17.1 Temperaturanisotropien des Planck-Satelliten. Die Temperatur-abweichungen zum Quadrat werden (in Mikro-Kelvin zum Quadrat) gegen die Winkelskala am Himmel aufgetragen, der von heißen oder kalten Flecken durchsetzt ist. Die *roten Punkte* sind Datenpunkte, und die *grüne Linie* entspricht der theoretischen Vorhersage. Auf großen Winkelskalen gibt es nur wenige kalte oder heiße Flecken, die in den Himmel passen. Dies führt zu einer großen statistischen Unsicherheit, die durch das *hellgrüne Band* in der Abbildung angezeigt wird. (Quelle: ESA und PlanckCollaboration)

den Dichtefluktuationen in ihrer ursprünglichen Form, wie sie aus der Inflationsphase kamen. Erwartungsgemäß ist die Größe der Anisotropien und damit die der Dichtefluktuationen für alle Winkel in diesem Bereich etwa gleich groß.

Photonen, die sich aus dichteren Regionen zu uns ausbreiten, sind zu Beginn etwas heißer als die Durchschnittstemperatur, und diejenigen, die aus weniger dichten Regionen zu uns kommen, sind zu Beginn kühler. Andererseits verlieren Photonen aus dichteren Regionen mehr Energie, wenn sie aus stärkeren Gravitationsfeldern, die von diesen Regionen erzeugt werden, hervorkommen. Diese gravitative Rotverschiebung erweist sich als der dominierende Effekt, sodass das Nettoergebnis darin besteht, dass überraschenderweise heißere Regionen am CMB-Himmel auf kühlere Regionen mit geringerer Dichte im frühen Universum bei der Rekombination hinweisen.

Auf Winkelskalen von etwa 1° und kleiner weisen die Daten in Abb. 17.1 eine Reihe von Peaks auf. Diese Peaks sind Signaturen von Ur-Schallwellen, wie wir nun erklären werden. Vor der Rekombination sind Protonen, Elektronen und Photonen durch elektromagnetische Kräfte eng miteinander gekoppelt und wirken als ein einziges Protonen-Elektronen-Photonen-Gas. Eine solche Mischung aus geladenen Teilchen und Strahlung wird *Plasma* genannt. In dichteren Regionen hat das Plasma eine höhere Temperatur und einen höheren Druck. Der Druckunterschied drückt das Plasma in benachbarte Bereiche mit niedriger Dichte. Der Druck gleicht sich vorübergehend aus, aber das Plasma bewegt sich durch Trägheit weiter, sodass die anfänglich heißeren und dichteren Regionen kühler werden und umgekehrt. Nun wirkt der Druckunterschied in die entgegengesetzte Richtung und das Plasma strömt schnell zurück in die anfänglich überdichten Regionen. Die daraus resultierenden Schwingungen der Kompression und Verdünnung sind einfach Schallwellen im Urplasma. Teilchen der dunklen Materie interagieren sehr schwach mit gewöhnlicher Materie, sodass sie nicht an den Plasmaschwingungen beteiligt sind.

Wie Schallwellen in der Luft zeichnen sich die Plasma-Schallwellen durch eine Schwingungsperiode P und eine Wellenlänge λ aus, die gleich der vom Schall in einer Periode zurückgelegten Entfernung ist. Die Wellenlänge der Plasmawellen wird durch die Größe der über- und unterdichten Bereiche bestimmt. Da diese Bereiche in verschiedenen Größen vorliegen, „klingen" viele verschiedene Wellen gleichzeitig. Die Schallgeschwindigkeit v_s in einem Gas ist vergleichbar mit der typischen Teilchengeschwindigkeit. Das kosmische Plasma besteht überwiegend aus Photonen, v_s unterscheidet sich also nicht wesentlich von der Lichtgeschwindigkeit: $v_s \approx 0{,}06c$. Wenn geladene Teilchen schließlich zu neutralen Atomen rekombinieren, hören die Schwingungen auf, und die Photonen strömen frei durch das Universum und bringen uns das Muster des Urklangs, der bei der Rekombination in der Zeit eingefroren ist.

Die Wellen, die bei t_{rec} ihre maximale Amplitude erreichen, tragen am meisten zu den beobachteten Temperaturfluktuationen bei. Die längsten Wellen dieser Art haben die Periode $2t_{\text{rec}}$. Ihre Wellenlänge wird als Grundwellenlänge λ_f bezeichnet. Eine einfache Berechnung zeigt dass $\lambda_f \approx 1{,}4 \times 10^6$ Lichtjahre (Frage 10). Zum Zeitpunkt der Rekombination durchläuft eine solche Welle eine halbe Schwingungsperiode, sodass ein Bereich, der nach der Inflation mit maximaler Verdünnung begann, bei t_{rec} die maximale Kompression erreicht hat und umgekehrt. Der höchste Peak in Abb. 17.1 wird durch Schallwellen mit der Grundwellenlänge erzeugt. Andere Peaks entstehen durch Schallwellen mit Wellenlängen, die ganzzahlige Bruchteile von λ_f sind. Der zweite Peak entsteht durch Wellen mit der halben Grundwellenlänge. In diesem Fall hat ein maximal verdünnter Bereich Zeit gehabt, um die maximale Kompression und dann den Rückfall zu erreichen, wobei er bis zum Zeitpunkt der Rekombination wieder maximal verdünnt wurde. Der dritte Peak ist auf eine Schallwelle mit einem Drittel der Grundwellenlänge zurückzuführen, und so weiter. In der Abbildung ist auch ersichtlich, dass die Peaks bei kleineren Winkelskalen in ihrer Größe abnehmen. Dies ist auf die Streuung der Schallwellen zurückzuführen.

Auswertung der CMB-Strahlung

Von den CMB-Anisotropien lässt sich viel über unser Universum lernen. Der Winkel des fundamentalen Peaks in Abb. 17.1 ermöglicht den Kosmologen, die Krümmung des Universums direkt zu messen. Dieser Winkel (ungefähr 1°) gibt uns die Winkelgröße der intensivsten Temperaturfluktuationen am Himmel an.

Es ist der Winkel, der die halbe Grundwellenlänge λ_f einschließt (weil die volle Wellenlänge sowohl einen kalten als auch einen heißen Fleck umfasst). Da wir sowohl den Abstand von uns bis zur Oberfläche der letzten Streuung (dieser Abstand ist sehr nahe an der Horizontentfernung; Abschn. 7.7) als auch die physikalische Größe von λ_f kennen, können Kosmologen bestimmen, ob der beobachtete Winkel mit einer flachen, offenen oder geschlossenen Geometrie übereinstimmt (Abb. 17.2). Es stellt sich heraus, dass das Universum mit einer sehr hohen Genauigkeit flach ist, in voller Übereinstimmung mit den Messungen der Energiedichte des Universums.

Wie bereits erwähnt, wirken auf großen Winkelskalen die Temperaturfluktuationen im Plasma und die gravitative Rotverschiebung in entgegengesetzte Richtungen, sodass die beobachteten Fluktuationen auf den Unterschied zwischen den beiden Effekten zurückzuführen sind. Auf der anderen Seite wechseln im fundamentalen Peak die heißen und kalten Plasmabereiche ihre Plätze, während sich die Bereiche der dunklen Materie mit hoher und niedriger Dichte nicht bewegen. Infolgedessen addieren sich nun die Fluktuationen der Plasmatemperatur und die gravitative Rotverschiebung aufgrund der dunklen Materie. Aus diesem Grund ist der erste Peak so hoch. Im zweiten Peak sind die beiden Effekte wiederum entgegengesetzt. Durch den Vergleich der Höhen des ersten und zweiten Peaks konnten die Kosmologen die relativen Mengen an atomarer und dunkler Materie bestimmen. Die Ergebnisse stimmen vollkommen mit den auf der Nukleosynthese basierenden Berechnungen überein. Solche Konsistenzprüfungen geben uns die Gewissheit, dass unsere Vorstellung vom frühen Universum auf dem richtigen Weg ist.

Die Vorhersage eines skaleninvarianten primordialen Spektrums ist eines der wichtigsten Merkmale der Inflation. Zusätzlich zu den CMB-Daten, die für die Inflation sprechen, waren numerische Simulationen sehr erfolg-

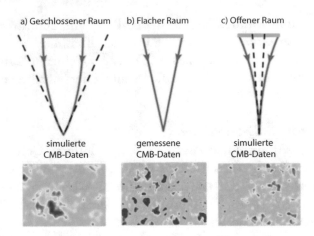

Abb. 17.2 CMB-Messungen zeigen, dass das Universum flach ist. In den *oberen* Abbildungen stellen die durchgezogenen *grünen Linien* die physikalische Größe der fundamentalen Wellenlänge und die *blauen Linien* die Lichtausbreitung im geschlossenen, flachen und offenen Universum dar. Die Grundwellenlänge und die von ihren beiden Enden ausgehenden Lichtstrahlen bilden im Raum ein riesiges Dreieck (wie in Kap. 4 besprochen, kann die Winkelsumme in einem Dreieck je nach der Raumgeometrie mehr oder weniger als 180° betragen). Die *schwarz gestrichelten Linien* zeigen den Winkel an, der in jeder Geometrie der Grundwellenlänge entspricht. In einem geschlossenen Universum steht die Grundwellenlänge unter einem größeren Winkel als im flachen Raum, und daher würden heiße und kalte Stellen größer erscheinen, wie in den simulierten CMB-Daten in Teilabbildung **a** gezeigt wird. In einem offenen Universum hat die fundamentale Wellenlänge einen kleineren Winkel als im flachen Raum, sodass heiße und kalte Stellen kleiner erscheinen würden, als in der CMB-Simulation in Teilabbildung **c** dargestellt ist. Die tatsächlichen CMB-Daten in Teilabbildung **b** stimmen mit einem flachen Universum überein. (Quelle: NASA)

reich bei der Reproduktion von Beobachtungen der großräumigen Struktur des Universums, ausgehend von einem skaleninvarianten Ur-Spektrum (Kap. 12).

17.3 Gravitationswellen

Eine weitere wichtige Vorhersage ist, dass die „stürmische" Phase der Inflation Gravitationswellen erzeugte, die ebenfalls ein skaleninvariantes Spektrum haben sollten (Abb. 17.3). Wie wir in Kap. 4 besprochen haben, sagte Einstein vor über hundert Jahren die Existenz von Gravitationswellen voraus. Gravitationswellen lassen sich nachweisen, weil sie den Raum dehnen und zusammendrücken, während sie ihn durchqueren (ohne das

Abb. 17.3 Der russische Physiker Alexej Starobinsky hat als erster gezeigt, dass Gravitationswellen während einer Inflationsphase erzeugt werden. Er tat dies 1979 im Zusammenhang mit dem „Starobinsky-Modell", also noch vor Guths Version der Inflationstheorie. (Quelle: PR Image iau1304b, Alexej Starobinsky, Träger des Gruber-Preises 2013 (https://www.iau.org/news/pressreleases/detail/iau1304/))

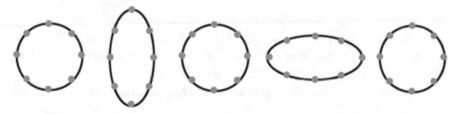

Abb. 17.4 Eine Gravitationswelle streckt und drückt abwechselnd einen Ring frei schwebender Testteilchen, während sie vorbeiläuft

Volumen zu verändern), und dies kann dazu führen, dass sich die Abstände zwischen Objekten verändern (Abb. 17.4). Dabei handelt es sich jedoch um einen winzigen Effekt: Würde zum Beispiel eine Gravitationswelle, die von einem nahen Paar umeinander rotierender Neutronensterne erzeugt wird, zwischen Ihnen und Ihrem Freund auf der anderen Seite des Raums hindurchgehen, würde sich der Abstand zwischen Ihnen um weniger als die Größe eines Protons verändern! Obwohl es außerordentlich schwierig ist, wurden doch kürzlich Gravitationswellen aus astrophysikalischen Quellen entdeckt (Kap. 4).

Der Ursprung der Gravitationswellen aus der Inflation ist ähnlich wie bei den primordialen Dichtefluktuationen. Die Wellen werden durch Quantenfluktuationen in der Geometrie von Raum und Zeit erzeugt. Sie entstehen in winzigen Regionen mit der Hubble-Größe d_H, und dann werden ihre Wellenlängen durch die schnelle inflationäre Expansion auf astronomische Größen gedehnt. Die Größe der Fluktuationen wird durch den Hubble-Parameter H festgelegt, der wiederum durch die Energiedichte des falschen Vakuums bestimmt wird (Gl. 16.2). Da H während der Inflation nahezu konstant bleibt, ist die Amplitude der Gravitationswellen für alle Wellenlängen etwa gleich. Mit anderen Worten, das vorhergesagte Gravitationswellenspektrum ist skaleninvariant.

Einmal erzeugt, breiten sich primordiale Gravitationswellen durch das Universum aus. Die vorhergesagte Amplitude der Wellen ist zu klein, um mit Instrumenten wie LIGO direkt nachgewiesen werden zu können. Es ist jedoch zu erwarten, dass die primordialen Gravitationswellen einen Abdruck in der CMB-Strahlung hinterlassen, sowohl durch Temperaturfluktuationen als auch durch spezifische Polarisationsmuster.

Der Grund dafür, dass Gravitationswellen Temperaturfluktuationen verursachen können, liegt darin, dass die Wellen beim Durchgang durch das Plasma bei der Rekombination an einigen Stellen das Plasma in unsere Richtung dehnen, d. h. in die Richtung, in der unsere Galaxie schließlich entstehen wird, wodurch die Photonen aus diesen Regionen etwas nach blau verschoben und damit heißer sind. An anderen Stellen bewirken die Gravitationswellen, dass Regionen des Plasmas von uns weg komprimiert werden, und solche Regionen erscheinen nach rot verschoben und damit kühler. Es ist jedoch schwierig, diese Temperaturfluktuationen von denen zu unterscheiden, die durch primordiale Dichtefluktuationen verursacht werden. Aber die durch Gravitationswellen induzierten Polarisationsmuster haben ein charakteristisches Signal.

Wenn Photonen an Elektronen im kosmischen Plasma gestreut werden, werden sie polarisiert – was bedeutet, dass das elektrische Feld des Photons auf eine bestimmte Weise orientiert wird (bestimmt durch die Bewegungsrichtung der einfallenden und gestreuten Photonen). Bei einer großen Anzahl von Photonen, die mehrfach gestreut werden, gibt es keine Nettopolarisation. Aber in der Phase der Rekombination, kurz bevor das Universum für Strahlung durchlässig wurde, wurden die CMB-Photonen zum letzten Mal gestreut. Die Photonen, die wir sehen, kommen meist aus dichteren Plasmaregionen, und wir können nur Photonen sehen, die in unsere Richtung gestreut werden. Infolgedessen ist die beobachtete CMB-Strahlung polarisiert (Abb. 17.5). Primordiale Dichtefluktuationen erzeugen ein E-Modus-Muster, das aus radialen und ringförmigen Strukturen besteht (Abb. 17.6). Zusätzlich zu den E-Modi zeigt die durch Gravitationswellen verursachte Polarisation ein wirbelartiges Muster, das im oder gegen

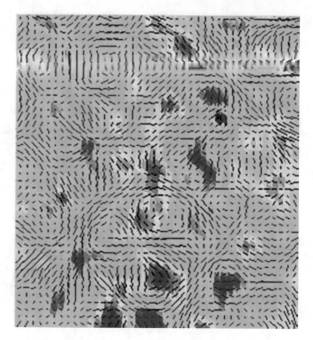

Abb. 17.5 Temperaturen an heißen und kalten Stellen plus Polarisation (*schwarze Liniensegmente*), gemessen mit dem Boomerang-Detektor. Die Richtung der Polarisation (d. h. die Richtung des elektrischen Feldes) in einem Bereich des Himmels wird durch die kurzen Linien angezeigt. (Quelle: BOOMERanG-Experiment)

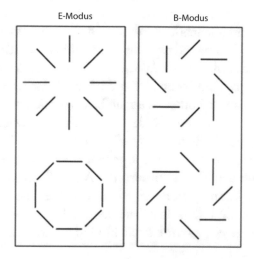

Abb. 17.6 Polarisationsmuster für E- und B-Modus. B-Modi haben ein „gekräuseltes" oder ein wirbelförmiges Muster und werden durch primordiale Gravitationsstrahlung erzeugt

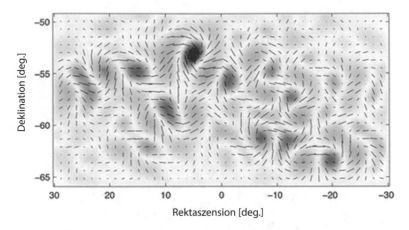

Abb. 17.7 BICEP 2-Polarisationsdaten. Die Segmente zeigen die Richtung der Polarisation an, nachdem das E-Modus-Muster entfernt wurde. Die *blauen* und *roten Punkte* zeigen an, ob die B-Modi im Uhrzeigersinn oder gegen den Uhrzeigersinn verlaufen. Eng gewundene Bereiche haben eine höhere Farbintensität. (Quelle: BICEP2-Collaboration, Detection of B-Mode Polarization at Degree Angular Scales by BICEP2. PRL 112, 241101 (2014))

den Uhrzeigersinn gerichtet sein kann; solche Muster werden als *B-Modi* bezeichnet.

Viele Forschungsprojekte auf der ganzen Welt haben nach Spuren der ursprünglichen B-Modus-Polarisation gesucht. Im März 2014 gab das BICEP-2-Team[2] bekannt, dass es ein Polarisationsmuster gefunden habe, das mit den Gravitationswellen der Inflation übereinstimmt (Abb. 17.7). Leider zeigte die anschließende Analyse und Zusammenarbeit mit anderen wissenschaftlichen Teams, dass die von ihnen entdeckte B-Modus-Polarisation wahrscheinlich auf galaktischen Staub zurückzuführen ist.

Die Suche nach B-Modi geht in Experimenten der nächsten Generation weiter, und die Forscher hoffen, dass sie bald Anzeichen von primordialen Gravitationswellen entdecken werden. Es steht aus zwei Hauptgründen sehr viel auf dem Spiel: Erstens sagt die Inflationstheorie voraus, dass die Amplitude der Gravitationswellen proportional zur Energieskala ist, auf der die Inflation stattfindet. Wenn wir also das Ausmaß der Gravitationswellenstörungen messen können, können wir etwas über die Physik hinter der Inflation und über die Physik bei Energien erfahren, die viel zu groß sind, um sie in Beschleunigern zu untersuchen. Und zweitens wird angenommen,

---

[2]BICEP steht für Background Imaging of Cosmic Extragalactic Polarization (Hintergrundaufnahmen kosmischer extragalaktischer Polarisation).

dass diese Gravitationswellen durch quantenmechanische Effekte erzeugt werden, sodass ihre Existenz neue Erkenntnisse für die Vereinigung von Gravitation und Quantenmechanik liefern könnte.

17.4 Offene Fragen

Die Inflationstheorie erklärt viele rätselhafte Merkmale des Urknalls und macht Vorhersagen aus Beobachtungen, die durch die Daten akkurat bestätigt wurden. Wir haben also gute Gründe zu glauben, dass im frühen Universum eine Phase beschleunigter inflationärer Expansion stattgefunden hat. Dies bedeutet jedoch nicht, dass damit die Frage nach dem Ursprung des Universums gelöst ist.

Zunächst sollten wir betonen, dass die Inflation kein spezifisches Modell ist, etwa wie das Standardmodell der Teilchenphysik, sondern vielmehr ein Paradigma, das ein breites Spektrum von Modellen umfasst. Die Hauptunterschiede zwischen den Modellen liegen in der Wahl der Energielandschaft des Inflationspotenzials. In Lindes Modell von 1982 wurde ein Energieberg mit einem flachen Gipfel angenommen (Abb. 16.8). Einige Jahre später formulierte Linde ein weiteres Modell, bei dem der Energieberg in beiden Richtungen unbegrenzt ansteigt (Abb. 17.8). Ein solcher „oben ohne" Hügel hat ein echtes Vakuum am Boden und keinen bestimmten Ort für das falsche Vakuum. Die Rolle des falschen Vakuums kann ein Punkt auf dem Hang übernehmen, an dem das Inflaton-Feld sein Abwärtsrollen beginnt. Wenn die Neigung hinreichend gering ist, wird das Feld langsam rollen, und es kommt zur Inflation. Eine weitere Möglichkeit ist ein Hybrid aus Lindes „Berggipfelmodell" und dem ursprünglichen Szenario von Guth (wir werden dies in Kap. 18 ausführlicher besprechen). Kosmologen haben

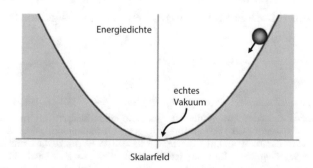

Abb. 17.8 Inflationsmodell „Oben ohne"

auch Inflationsmodelle untersucht, die mehrere Skalarfelder und Modelle beinhalten, bei denen das Inflaton-Feld in eine bestimmte Theorie der Teilchenphysik einbezogen ist[3].

Trotz der Vielfalt der Modelle sind die Inflationsprognosen ziemlich eindeutig. Alle Modelle sagen ein nahezu flaches Universum und ein nahezu skaleninvariantes Spektrum von Dichtefluktuationen voraus. Es gibt jedoch einige Unterschiede in den Details. Zum Beispiel sind die vorhergesagten kleinen Abweichungen von der Skaleninvarianz für verschiedene Modelle unterschiedlich. Die Beobachtungen des Planck-Satelliten sprechen gegen die „Oben-ohne"-Modelle von Abb. 17.8, und da der Zufluss an empirischen Daten anhält, können wir eine weitere Verringerung der Anzahl brauchbarer Modelle erwarten.

Selbst wenn wir uns auf ein einziges Inflationsmodell einigen, wird dies nicht das Ende der Geschichte sein. Alle Modelle gehen davon aus, dass sich das Universum zu Beginn der Inflation in einem Zustand des falschen Vakuums befand. Warum war das so? Es bedarf nur eines winzigen Bröckchens eines falschen Vakuums, aber selbst ein kleines anfängliches Bröckchen bedarf einer Erklärung. Woher kam es? Diese und andere Fragen, die die Inflationstheorie aufwirft, werden wir in den folgenden Kapiteln erörtern.

Zusammenfassung

Die Inflation macht mehrere Vorhersagen, von denen wir hier drei besprochen haben:

Das Universum ist auf den größten beobachtbaren Skalen flach; Dichtefluktuationen haben ein nahezu skaleninvariantes Spektrum; und es sollte auch ein skaleninvariantes Spektrum von Gravitationswellen geben. Die ersten beiden Vorhersagen wurden durch Beobachtungen bestätigt, und die Suche nach primordialen Gravitationswellen ist derzeit im Gange. Das Modell der Inflation scheint auf dem richtigen Weg zu sein und ist inzwischen zum führenden kosmologischen Paradigma geworden.

---

[3]Alexej Starobinsky formulierte ein Modell der Inflation ohne Skalarfelder. In diesem Modell ist die beschleunigte Expansion des Universums auf eine Quantenmodifikation der Einsteinschen Gleichungen zurückzuführen. Starobinsky führte sein Modell 1979 ein, bevor Guth seine erste Arbeit über die Inflation veröffentlichte. Ihm war jedoch nicht klar, dass eine beschleunigte Expansionsphase die rätselhaften Eigenschaften des Urknalls erklärt, sodass Guth allgemein die Idee der Inflation zugeschrieben wird.

Fragen

1. Warum war die Entdeckung der dunklen Energie ein so starker Impuls für die Inflationstheorie?

2. Warum sind CMB-Temperaturanisotropien so wichtig?

3. Warum stellen Temperaturanisotropien auf großen Winkelskalen (größer als 2°) Dichtefluktuationen dar, wie sie unmittelbar nach der Inflation entstanden sind?

4. Entstehen heiße Stellen in der CMB-Strahlung auf großen Winkelskalen aus unter- oder überdichten Regionen? Begründen Sie Ihre Antwort.

5. Schätzen Sie anhand der Daten in Abb. 17.1 die Größenordnung der CMB-Temperaturanisotropien auf großen Winkelskalen. Können Sie aus der Abbildung erkennen, dass das Spektrum der primordialen Dichtestörungen annähernd skaleninvariant ist?

6. Was ist eine Ur-Schallwelle?

7. Warum gibt es im frühen Universum Schallwellen mit unterschiedlichen Wellenlängen?

8. Welche physikalischen Prozesse führen zu den Spitzenwerten in Abb. 17.1? Warum ist der fundamentale Peak höher als die anderen Peaks?

9. Berechnen Sie den Winkel θ, der sich bei der Rekombination aus der Horizontentfernung ergibt. *Tipp:* Bei dieser Berechnung können Sie diesen Schritten folgen. Rekapitulieren Sie zunächst aus Kap. 7, dass die Horizontentfernung zur Zeit t in der Materiephase $d_{hor}(t) \approx 3ct$ ist. Sobald Sie $d_{hor}(t_{rec})$ berechnet haben, bestimmen Sie dessen gegenwärtige Größe d, indem Sie die Expansion des Universums von t_{rec} bis zur Gegenwart berücksichtigen. Der Winkel θ, der sich durch eine Entfernung d auf der Oberfläche der letzten Streuung ergibt, kann aus der Formel $\theta = d/d_{ls}$[4] hergeleitet werden, in der die aktuelle Entfernung zur Oberfläche der letzten Streuung $d_{ls} \approx 46 \times 10^9$ Lichtjahre beträgt. (In Abschn. 15.2 haben wir erklärt, dass die Entfernung zur Oberfläche der letzten Streuung ungefähr gleich der aktuellen Horizontentfernung ist, weil die CMB-Photonen in der Historie des Universums so früh zum letzten Mal gestreut wurden).

10. Ermitteln Sie die physikalische Größe der Grundwellenlänge λ_f. *Tipp:* sollte λ_f gleich der doppelten Entfernung sein, die der Schall vom Urknall bis zur Zeit t_{rec} zurückgelegt hat (denn die Periode dieser

---

[4]Diese Formel setzt eine flache Geometrie voraus und gibt die Winkelgröße in Bogenmaß an. Wenn Sie θ in Grad ausdrücken möchten, können Sie 2π Bogenmaß $= 360°$ anwenden.

Wellen beträgt 2 t_{rec}). Sie können die in Frage 9 berechnete Horizontentfernung $d_{hor}(t_{rec})$ und die Tatsache verwenden, dass sich Schallwellen mit dem 0,6-fachen der Lichtgeschwindigkeit ausbreiten.

11. Erklären Sie, wie die CMB-Daten zur Messung der räumlichen Krümmung verwendet werden.

12. Wie könnten primordiale Gravitationswellen Temperaturfluktuationen in der CMB-Strahlung verursachen?

13. Was meinen Physiker, wenn sie sagen, dass Licht polarisiert ist?

14. Wenn Wissenschaftler in der CMB-Strahlung eine Polarisation feststellen, die durch primordiale Gravitationswellen verursacht wird, welche Informationen können wir dann über das Universum bekommen?

15. Ist die Vorstellung von der Inflation eine spezifische Theorie oder eher ein allgemeiner Rahmen? Ist das Ihrer Meinung nach von Vorteil oder von Nachteil? Glauben Sie, dass die Gravitationswellenphysik helfen könnte, eine spezifische Theorie der Inflation zu entwickeln?

16. Erklärt die Inflationstheorie den Ursprung des Universums vollständig? Wenn nicht, welche Fragen lässt sie dann unbeantwortet?

18

Die ewige Inflation

Die Inflation vergrößert das Volumen des Universums um einen enormen Faktor, sodass wir nur einen winzigen Teil davon beobachten können. Die Theorie erklärt sehr gut, was wir in diesem kleinen Bereich sehen, aber sie macht auch Vorhersagen über die Teile des Universums, die wir nicht sehen können – jenseits unseres kosmischen Horizonts. Dies hat zu einer grundlegenden Neuformulierung unserer allgemeinen Sicht auf das Universum geführt.

18.1 Volumenzunahme und -zerfall

Ganz allgemein kann das neue Weltbild wie folgt verstanden werden. Ein sich ausdehnendes Universum wird von zwei konkurrierenden Prozessen beherrscht: dem exponentiellen Wachstum des Volumens des falschen Vakuums und der Zerfall des falschen Vakuums. Dies ist vergleichbar mit der Vermehrung von Bakterien, die sich durch Teilung reproduzieren und durch Antikörper zerstört werden. Das Ergebnis hängt davon ab, welcher Prozess effizienter ist. Wenn die Bakterien schneller zerstört werden als sie sich vermehren, sterben sie schnell aus. Ist die Reproduktion schneller, vermehren sich die Bakterien schnell. In den meisten Inflationsmodellen ist die Rate der Volumenausdehnung viel höher als die des Zerfalls des falschen Vakuums. Das bedeutet, dass die Expansion die Oberhand gewinnt und das Gesamtvolumen der sich ausdehnenden Regionen mit der Zeit zunimmt.

© Springer Nature Switzerland AG 2021
D. Perlov und A. Vilenkin, *Kosmologie für alle, die mehr wissen wollen*,
https://doi.org/10.1007/978-3-030-63359-2_18

Der Zerfall des falschen Vakuums wird durch probabilistische Quanten-prozesse induziert, sodass die Abnahme an zufälligen Orten und zu zufälligen Zeiten stattfindet. Das Ergebnis ist ein stochastisches Muster aus Bereichen mit echtem und falschem Vakuum. Abb. 18.1 veranschau-licht die Dynamik schematisch anhand eines einfachen 2D-Modells. Wir beginnen mit einer Region des falschen Vakuums, die im ersten Rahmen der Abbildung als weißes Quadrat dargestellt ist. Die folgenden drei Bilder zeigen dieselbe Region nach drei aufeinanderfolgenden Verdopplungen. Um zu vermeiden, dass in der Abbildung der Platz nicht ausreicht, verwenden wir „sich mitbewegende Koordinaten", die die Expansion des Universums ausklammern, sodass alle vier „Momentaufnahmen" der Region die gleiche scheinbare Größe haben. Im zweiten Bild hat sich die Größe der Region ver-doppelt und ihre Fläche vervierfacht, sodass sie nun vier Quadrate mit der gleichen physikalischen Größe wie das ursprüngliche enthält. Wir gehen davon aus, dass das falsche Vakuum in einem der Quadrate zu einem echten Vakuum zerfallen ist, was durch die graue Schattierung angezeigt wird. Im dritten Rahmen hat sich die Größe der Bereiche mit falschem Vakuum erneut verdoppelt, und ein Viertel der Bereiche mit falschem Vakuum ist in echtes Vakuum umgewandelt worden. Dasselbe Szenario spielt sich im vierten Bild ab.

Dieser einfache Algorithmus kann beliebig oft wiederholt werden. Bei jedem Zeitschritt wird die Fläche des falschen Vakuums vervierfacht, und ein Viertel davon geht beim Zerfall verloren. Die daraus resultierende Änderung der Menge des falschen Vakuums beträgt $4 \times \frac{3}{4} = 3$ Nach N Schritten wächst diese Menge um den Faktor 3^N an.

Wenn Regionen mit falschem Vakuum schneller zunehmen als sie abnehmen, endet die Inflation im gesamten Universum nie. Auch wenn

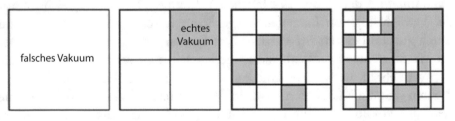

Abb. 18.1 Die Fläche des falschen Vakuums vervierfacht sich und eine von vier neu geschaffenen Regionen geht bei jedem Zeitschritt sofort in den Zustand eines echten Vakuums (von *links* nach *rechts*) über. Regionen mit echtem Vakuum sind durch die *graue* Schattierung gekennzeichnet. Die kleinsten Quadrate in jedem Bild haben die gleiche physikalische Größe, werden aber mit der Zeit scheinbar kleiner, da der Expansionsfaktor nicht berücksichtigt ist

sie in unserer lokalen Region endete, setzt sie sich in den entlegenen Teilen des Universums fort und erzeugt neue Regionen mit echtem Vakuum wie unsere. Dieser nie endende Prozess wird *ewige Inflation* genannt.

Fraktale

Das Muster aus Regionen mit echtem und falschem Vakuum, das durch wiederholte Anwendung des Algorithmus in Abb. 18.1 entsteht, ist ein Beispiel für das, was Mathematiker ein selbstähnliches Fraktal nennen. „Selbstähnlich" bezieht sich auf die Tatsache, dass das Muster auf jeder Entfernungsskala statistisch gesehen gleich ist. Wenn wir z. B. im letzten Bild ein kleines weißes Quadrat auswählen, das einer Region mit falschem Vakuum entspricht, ist seine nachfolgende Entwicklung im Wesentlichen die gleiche wie die des anfänglichen weißen Quadrats im ersten Bild. Die Entwicklung wird nicht genau die gleiche sein, da der Algorithmus ein Zufallselement enthält. Aber nach vielen Schritten werden die statistischen Eigenschaften der Regionen sehr ähnlich sein.

Der Begriff „fraktal" bezieht sich auf die Tatsache, dass der sich ausdehnende Teil des Raums in diesem Modell in gewisser Weise eine fraktionale Dimension hat. Wenn Sie die Länge einer eindimensionalen Linie verdoppeln, nimmt diese um den Faktor 2 zu. Wenn Sie die Breite einer 2D-Figur verdoppeln, nimmt ihre Fläche um den Faktor $2^2 = 4$ zu. Und wenn Sie die Höhe eines 3D-Körpers verdoppeln, vergrößert sich sein Volumen um den Faktor $2^3 = 8$. Im Allgemeinen wird bei der Verdopplung der Länge eines *d-dimensionalen* Objekts die Menge der „Füllung" im Objekt um den Faktor 2^d erhöht. Jetzt, im Modell von Abb. 18.1, nimmt die Fläche des sich ausdehnenden Teils des Raums in einer Verdopplungszeit um den Faktor 3 zu. Dies liegt zwischen $2^1 = 2$ und $2^2 = 4$, was darauf hindeutet, dass die fraktale Dimension des sich ausdehnenden Bereichs zwischen 1 und 2 liegt. Um die genaue Dimension herzuleiten, müssen wir die Gleichung $2^d = 3$ lösen. Die Lösung ist $d = \log_2 3 = 1{,}58$.

Dass die Inflation ewig ist, wurde erstmals 1983 von Vilenkin erkannt, kurz nachdem Guth seine Theorie der kosmischen Inflation formuliert hatte, und wurde später von einer Reihe von Physikern, vor allem von Andrej Linde, untersucht. In fast allen Modellen, die bisher untersucht wurden, ist die Inflation ewig. Es ist möglich, nicht-ewige Modelle zu konstruieren, aber sie erfordern ziemlich konstruierte Landschaften mit potenzieller Energie für das Inflaton-Skalarfeld.

Das einfache Modell von Abb. 18.1 erfasst nur grobe Züge eines sich ewig ausdehnenden Universums auf sehr großen Entfernungsskalen; die Details hängen von dem spezifischen Mechanismus des Zerfalls des falschen

Vakuums ab. Es gibt zwei solcher Mechanismen zu berücksichtigen: Quanten-Random Walk und Blasennukleation. Wir werden sie nun der Reihe nach besprechen.

18.2 Random Walk des Inflaton-Feldes

Wie wir in Kap. 16 besprochen haben, werden während der Inflation kleine Dichtefluktuationen erzeugt, da das Inflaton-Skalarfeld beim Abrollen auf dem Berg der potenziellen Energie zufälligen Quantenstößen ausgesetzt ist (Abb. 18.2). Während das Feld abwärts rollt, sind die Quantenstöße viel schwächer als die Kraft aufgrund der Neigung des Abhangs, und deshalb erreicht das Feld überall ungefähr zur gleichen Zeit das Minimum, sodass nur geringe Dichtefluktuationen entstehen.

Doch nun wollen wir uns fragen: Was passiert, wenn sich das Feld nahe dem Berggipfel befindet, wo die Steigung sehr gering ist? Dort ist das Inflaton Quantenstößen ausgesetzt, die das Feld zufällig in die eine und dann in die andere Richtung schieben. Das typische Zeitintervall zwischen den Stößen ist die Verdoppelungszeit $t_D \sim 1/H$ der Inflation (Erinnerung: H ist der Hubble-Parameter); daher durchläuft das Feld einen „Random Walk", bei dem zufällige Schritte vorwärts und rückwärts gemacht werden,

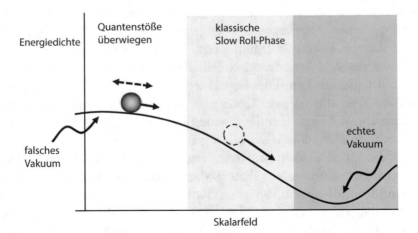

Abb. 18.2 Auf dem *Gipfel* des Bergs sind Quantenstöße *(gestrichelter Doppelpfeil)* stärker als die klassische Bewegung *(kurzer durchgezogener Pfeil)*, sodass das Feld einen zufälligen Weg durchläuft. Sobald der Hang steil genug ist, dominiert die klassische Bewegung *(langer durchgezogener Pfeil)*, und das Feld rollt langsam bis zum Ende der Inflation. Diese klassische Phase des „langsamen Rollens" („Slow Roll") ist *hellgrau* hervorgehoben

die durch die Zeitintervalle $\sim 1/H$ getrennt sind. Schließlich, nach einer Reihe von Schritten, erreicht das Feld einen steileren Teil des Abhangs und rollt dann abwärts auf das Ende der Inflation zu.[1]

Um zu sehen, wie die Werte des Inflaton-Felds im Raum verteilt sind, erinnern wir uns daran, dass Quantenstöße in kleinen Regionen der Hubble-Größe $d_H = c/H$ auftreten. Dies ist die maximale Entfernung, über die ein Austausch im inflationären Universum möglich ist, sodass die Richtungen der Stöße in verschiedenen „Hubble-Regionen" zufällig und unabhängig voneinander sind. Wenn zwei Punkte im Raum durch weniger als eine Hubble-Entfernung voneinander getrennt sind, erhalten sie die gleichen Quantenstöße. Aber die Punkte werden durch die inflationäre Ausdehnung schnell auseinander getrieben, und sobald ihr Abstand d_H größer wird, beginnen ihre Historien zu divergieren. Im Laufe der Zeit wird der Abstand zwischen den Punkten immer größer, und die Feldwerte weichen immer mehr voneinander ab.

Die Geringfügigkeit der Dichteschwankungen in unserer Beobachtungsregion sagt uns, dass alle Punkte innerhalb unserer Region noch in Hubble-Entfernung voneinander lagen, als das Inflaton-Feld den Berg hinabrollte. Deshalb war die Wirkung von Quantenstößen sehr gering, und das Feld erreichte das Minimum überall ungefähr zur gleichen Zeit. Aber wenn wir sehr große Entfernungen überwinden könnten, weit über unseren Horizont hinaus, würden wir Regionen sehen, die sich von unserer Umgebung trennten, als sich das Feld noch in der Nähe des Berggipfels bewegte. Solche Regionen haben eine sehr unterschiedliche skalare Feldhistorie, und einige von ihnen befinden sich möglicherweise noch immer im Prozess der inflationären Ausdehnung.

Sich ewig ausdehnende Raumzeiten, die durch einen Quanten-Random Walk erzeugt werden, wurden in verschiedenen Computersimulationen untersucht. Abb. 18.3 ist eine Momentaufnahme einer 2D-Simulation, die zeigt, dass sich echte Vakuumregionen als Inseln im sich ausdehnenden Hintergrund des falschen Vakuums bilden. Die Inseln nehmen schnell an Größe zu, da ihre Grenzen in das sich ausdehnende „Meer" vorrücken, aber die sie trennenden, sich ausdehnenden Regionen expandieren noch

---

[1]In einem „Oben-ohne"-Modell, das eine potenzielle Energielandschaft wie in Abb. 17.8 zeigt, wird der Abhang in größerer Höhe steiler, sodass die klassische Kraft, die das Inflaton-Feld nach unten drückt, stärker wird. Doch Andrej Linde hat gezeigt, dass die Stärke von Quantenstößen mit der Höhe noch schneller zunimmt. Wenn also das Inflaton-Feld bei einer ausreichenden Höhe beginnt, werden Quantenstöße zur dominierenden Kraft, und das Feld durchläuft einen Quanten-Random Walk, bis es auf ein ausreichend niedriges Niveau kommt und klassisch bergab rollt.

schneller und machen Platz für die Bildung weiterer Inseln. Das sich daraus ergebende Muster ähnelt einer Luftaufnahme eines Archipels mit großen Inseln, die von kleineren Inseln umgeben sind, die von noch kleineren umgeben sind, und so weiter. Dieses fraktale Muster ähnelt in gewisser Weise dem in unserem einfachen Modell in Abb. 18.1; der Hauptunterschied besteht darin, dass die Inseln keine geordneten quadratischen Formen haben und unregelmäßiger verteilt sind.

18.3 Ewige Inflation durch Blasennukleation

Nehmen wir nun an, dass das falsche Vakuum vom echten Vakuum durch eine Energiebarriere getrennt ist, wie im Guth'schen Modell der Inflation (Abb. 16.6). Dann zerfällt das falsche Vakuum durch Blasennukleation. Blasen des echten Vakuums springen hier und da zufällig auf und beginnen sich sofort auszudehnen. Sie dehnen sich immer schneller aus und nähern sich dabei der Lichtgeschwindigkeit, aber sie werden durch die Ausdehnung dazwischen liegender Bereiche des falschen Vakuums auseinander getrieben. Daher endet die Inflation in diesem Szenario nie – sie ist ewig. Das passte nicht zum ursprünglichen Modell von Guth, denn es war unklar, wie die

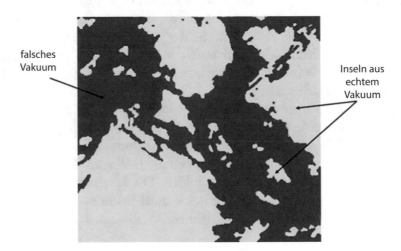

falsches Vakuum

Inseln aus echtem Vakuum

Abb. 18.3 2D-Simulation einer sich ewig ausdehnenden Raumzeit (durchgeführt von V. Vanchurin, A. Vilenkin und S. Winitzki). Sie zeigt Inseln mit echtem Vakuum *(hell)* im expandierenden Hintergrund *(dunkel)*. Die größeren Inseln sind älter: Sie hatten mehr Zeit zum Wachsen (*Beachten Sie,* dass die Farbkodierung hier anders ist als in Abb. 18.1)

Energie des falschen Vakuums jemals in einen heißen Feuerball verwandelt werden konnte. Doch später erkannte Paul Steinhardt, dass dies durch eine Änderung der Form der Energielandschaft der Inflation erreicht werden konnte. Statt eines steilen Übergangs zum echten Vakuum schlug er vor, dass der Barriere ein sanftes Gefälle folgen sollte (Abb. 18.4). Dann hat das Inflaton-Feld in einer neu gebildeten Blase einen Wert auf der rechten Seite der Barriere; dieser Wert ist vom echten Vakuum durch einen langen Abschnitt mit sanftem Gefälle getrennt.

Während sich die Blase ausdehnt, setzt sich die Inflation innerhalb der Blase fort, während das Feld langsam bergab rollt. Wenn das Feld den Fuß des Gefälles erreicht, wandelt es seine Energie in einen heißen Feuerball aus Teilchen um. Dieses Modell ist also eine Mischform zwischen dem ursprünglichen Szenario von Guth und dem Slow Roll-Modell von Linde. Das falsche Vakuum dehnt sich ewig aus und erzeugt eine unbegrenzte Anzahl von Blasen, und jede der Blasen durchläuft in ihrem Inneren eine Phase des langsamen Rollens, gefolgt von der Erzeugung eines Feuerballs und der anschließenden Weiterentwicklung des heißen Urknalls. Wenn wir das sich ewig mit Blasen ausdehnende falsche Vakuum aus der „Vogelperspektive" betrachten könnten, wäre das Bild dasselbe wie in Abb. 16.7, nur dass jetzt die Inflation innerhalb jeder Blase weitergeht, während das Feld langsam auf das echte Vakuum zu rollt.

Nach diesem Szenario leben wir in einer der Blasen und können nur einen kleinen Teil davon sehen. Egal, wie schnell wir uns fortbewegen, wir können die sich ausdehnenden Grenzen unserer Blase nicht einholen. Abgesehen von seltenen Blasenkollisionen ist also jede Blase praktisch gesehen ein in sich geschlossenes, isoliertes Blasenuniversum.

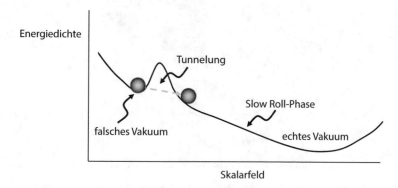

Abb. 18.4 Ewige Inflation durch Blasennukleation

18.4 Raumzeiten der Blasen

Blasenuniversen haben eine sehr interessante Raumzeitstruktur, die wir nun im Einzelnen erörtern werden. Blasen sind mikroskopisch klein, wenn sie sich materialisieren; dann dehnen sie sich frei aus und werden beliebig groß. Die zentralen Teile großer Blasen sind sehr alt. Sie entwickelten sich durch alle Phasen des heißen Urknalls. Sterne entstanden und gingen zugrunde, intelligentes Leben entstand und starb aus, sodass diese alten Regionen jetzt dunkel und unfruchtbar sind. Auf der anderen Seite sind die Regionen an der Peripherie der Blasen jung. Hier wird die Energie des falschen Vakuums in einen heißen Feuerball umgewandelt, und es bilden sich neue Sterne.

Die Raumzeit eines Blasenuniversums ist in Abb. 18.5 schematisch dargestellt. Hier ist die vertikale Richtung die Zeit, die horizontale Richtung der Raum, und zwei der drei Raumdimensionen sind nicht dargestellt. Jeder horizontale Schnitt durch das Diagramm gibt eine Momentaufnahme des Universums zu einem bestimmten Zeitpunkt wieder. Sie können die Historie der Blase verfolgen, indem Sie mit der horizontalen Linie, die unten in der Abbildung mit „vorher" markiert ist, beginnen und sie allmählich nach oben verschieben. Das horizontale Segment mit der Bezeichnung „Nukleation" zeigt den Zeitpunkt der Blasenbildung an. Die unscharfe

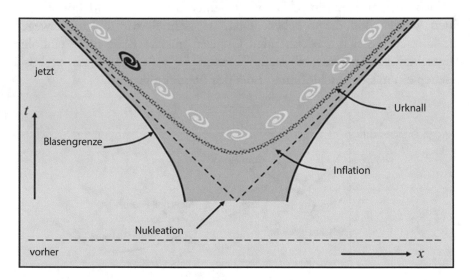

Abb. 18.5 Raumzeitdiagramm des Blasenuniversums (es zeigt nur eine räumliche Dimension). Die gestrichelten Linien im 45°-Winkel sind Lichtsignale, die zum Zeitpunkt der Blasenbildung vom Blasenzentrum nach außen gesendet werden. Beachten Sie, dass diese Signale niemals die sich ausdehnenden Grenzen der Blase erreichen

graue Linie zeigt, wo sich der Feuerball bildet und die Weiterentwicklung des heißen Urknalls beginnt. Der durch eine schwarze Galaxie markierte Ort ist das Hier und Jetzt, und weiße Galaxien zeigen Raumzeitregionen an, in denen ähnliche Bedingungen herrschen wie bei uns heute. Die horizontale gestrichelte Linie mit der Bezeichnung „jetzt" entspricht der heutigen Zeit. Sie zeigt das Blasenuniversum mit einer unproduktiven Zentralregion und einigen heißen, sich entwickelnden Regionen nahe den Grenzen.

Es gibt jedoch eine andere Art und Weise, über diese Raumzeit nachzudenken, die eine ganz andere Sicht auf das Blasenuniversum ergibt. Der springende Punkt ist, dass „ein Augenblick in der Zeit" kein eindeutig definierter Begriff in der Allgemeinen Relativitätstheorie ist. Wenn Kosmologen von einem Augenblick in der Zeit sprechen, stellen sie sich eine große Zahl von Beobachtern vor, die mit Uhren ausgestattet und im Universum verteilt sind. Jeder Beobachter kann nur eine kleine Region in seiner unmittelbaren Umgebung sehen, aber die gesamte Beobachtergruppe wird benötigt, um die gesamte Raumzeit zu beschreiben. Wir können uns als ein Mitglied dieses Zusammenschlusses betrachten. Unsere Uhr zeigt nun die Zeit 13,8 Mrd. Jahre ABB an. „Gleiche Zeit" in einem anderen Teil des Universums ist, wenn die Uhr des dort befindlichen Beobachters die gleiche Anzeige zeigt. Wir müssen jedoch entscheiden, wie die Beobachter, die sich außerhalb des gegenseitigen Horizonts befinden, ihre Uhren synchronisieren sollen.

Im Falle eines Friedmann-Universums ist die Antwort einfach: Der Urknall ist der natürliche Ursprung der Zeit, also sollte jeder Beobachter die Zeit ab dem Urknall zählen. Aber in einer sich ewig ausdehnenden Raumzeit mit mehreren Blasenuniversen gibt es keine so offensichtliche Festlegung. Eine Möglichkeit besteht darin, sich Beobachter vorzustellen, die in einem falschen Vakuum existieren können und die ihre Uhren in einer kleinen Region des falschen Vakuums synchronisieren, während sie sich noch in der Hubble-Entfernung zueinander befinden. Die Beobachter werden dann durch die inflationäre Ausdehnung auseinander getrieben und umfassen zu späteren Zeiten ein großes Volumen, einschließlich vieler Blasenuniversen. Die Momentaufnahmen des ewig expandierenden Universums in den Abb. 16.7 und 18.3 gehen von einer solchen Beobachtergruppe aus, und auch die Momente „vorher" und „jetzt" in Abb. 18.5 entsprechen dem gewählten Modell.

Nehmen wir nun aber an, wir wollen ein bestimmtes Blasenuniversum aus der Sicht seiner Bewohner beschreiben. Dann ist die Situation ähnlich wie bei einem Friedmann-Universum: Es gibt jetzt eine natürliche Festlegung für den Ursprung der Zeit. Alle Beobachter, die sich im Blasenuniversum befinden, können die Zeit ab ihrem lokalen „Urknall" zählen,

d. h. ab der Entstehung des Feuerballs an ihrem jeweiligen Standort. Um zwischen der Beschreibung großer Regionen und einzelner Blasen zu unterscheiden, wollen wir sie als „globale" bzw. „lokale" (oder „interne") Ansichten bezeichnen.

Die Innenansicht des Blasenuniversums ist im Raumzeitdiagramm von Abb. 18.6 dargestellt. Die Raumzeitstruktur ist dieselbe wie in Abb. 18.5, aber die Linien, die die „zeitlichen Augenblicke" darstellen, sind anders gezeichnet. Die unscharfe graue Linie, die die Entstehung des Feuerballs darstellt, entspricht nun dem Anfangsaugenblick. Die Dichte der Materie ist in diesem Moment nahezu gleichförmig, und daher ist das Blasenuniversum in der lokalen Ansicht nahezu homogen (abgesehen von kleinen Inhomogenitäten aufgrund von Quantenfluktuationen). Der gegenwärtige Augenblick in dieser Ansicht wird durch die gepunktete Linie mit der Bezeichnung „jetzt" dargestellt, die mit der Linie der Galaxien in der Abbildung zusammenfällt. Alle Punkte auf dieser Linie zeichnen sich durch die gleiche Dichte der Materie und die gleiche durchschnittliche Dichte der Sterne aus, wie sie in unserer lokalen Region beobachtet werden. Am bemerkenswertesten ist jedoch, dass das Blasenuniversum vom lokalen Standpunkt aus gesehen unendlich ist.

In der globalen Sichtweise nimmt das Blasenuniversum mit der Zeit an Größe zu, da neue heiße Feuerballregionen nahe seiner Grenze entstehen, und es wird willkürlich groß, wenn man lange genug wartet. In der lokalen

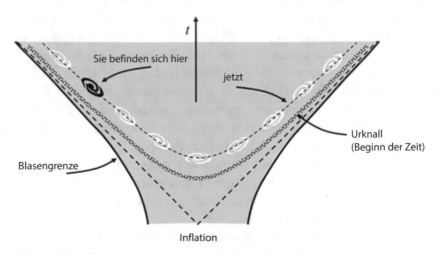

Abb. 18.6 Von innen betrachtet (Innenansicht) ist jede Blase ein unendliches Universum. In der globalen Ansicht von Abb. 18.5 kann jede Blase unendlich lange wachsen, ist aber zu jedem beliebigen Zeitpunkt endlich. Der Unterschied ist auf unterschiedliche Definitionen der Zeit zurückzuführen

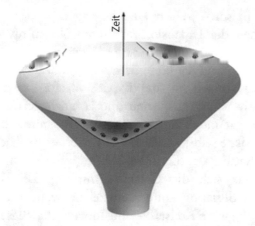

Abb. 18.7 Die 2D-Oberfläche stellt die Raumzeit eines eindimensionalen Universums dar. Dieses Universum ist geschlossen und endlich. Es ist im Anfangsaugenblick (*unten in der Abbildung*) mit falschem Vakuum gefüllt und enthält zu dem Zeitpunkt, der dem oberen Teil der Abbildung entspricht, drei Blasenuniversen. Jedes Blasenuniversum scheint aus der Sicht seiner Bewohner unendlich zu sein

Ansicht entsteht der Feuerball jedoch nur einmal, und das Blasenuniversum ist von Anfang an unendlich. In Abb. 18.6 ist diese Unendlichkeit daran zu erkennen, dass die unscharfe Linie, die die Entstehung des Feuerballs darstellt, kein Ende hat. Die Analyse zeigt, dass die räumliche Geometrie eines Blasenuniversums in der lokalen Ansicht die eines offenen (negativ gekrümmten) Friedmann-Universums ist[2]. Somit wird das Bild endlicher räumlicher Abschnitte, die in der globalen Ansicht für unendlich lange Zeit größer werden, in der internen Ansicht durch eine unendliche räumliche Ausdehnung zu jedem Zeitpunkt ersetzt.

Diese doppelte Sichtweise führt zu einer sehr interessanten Situation: Eine sich ewig ausdehnende Raumzeit kann geschlossen und endlich sein, und doch kann sie Blasenuniversen enthalten, die den darin lebenden Beobachtern als unendlich erscheinen (Abb. 18.7).

Schließlich stellen wir fest, dass die Analyse von Random Walk-Modellen der ewigen Inflation gezeigt hat, dass die in diesen Modellen vorhergesagten (und in Abb. 18.3 dargestellten) Eigenschaften Inseln mit echtem Vakuum denen von Blasenuniversen ähnlich sind. Eine Insel scheint auch für interne Beobachter unendlich zu sein, und die Beobachter können von ihrer Insel nicht entkommen, weil sich ihre Grenzen so schnell ausdehnen.

---

[2]Am Ende der Inflation wird das Blasenuniversum fast flach, sodass seine Krümmung sehr schwer zu beobachten ist.

Raumzeiten der Blasen – weitere Überlegungen

Beobachter können die Expansionsrate ihres Blasenuniversums ermitteln, indem sie messen, wie schnell die Abstände zwischen den Galaxien mit der Zeit zunehmen. Aufgrund der komplizierten Raumzeitgeometrie hängt diese Rate jedoch nicht einfach mit der Expansionsrate des falschen Vakuums außerhalb des Universums zusammen und ist normalerweise viel langsamer als diese. Es ist sogar möglich, dass sich das Blaseninnere zusammenzieht, während sich die Blase selbst ausdehnt. Ein externer Beobachter würde dann sehen, wie der Radius der Blase zunimmt, während interne Beobachter sehen würden, wie sich die Galaxien mit der Zeit einander nähern (Abb. 18.8). Diese Situation könnte entstehen, wenn die Vakuumenergiedichte (die kosmologische Konstante) im Inneren der Blase negativ ist. Eine negative kosmologische Konstante erzeugt eine anziehende Gravitationskraft und bewirkt, dass sich das Blasenuniversum zu einem „Endknall" zusammenzieht.

18.5 Kosmische Klone

An dieser Stelle möchten wir auf eine bemerkenswerte und unserer Meinung nach beunruhigende Folge der ewigen Inflation hinweisen. Da die Anzahl der Blasenuniversen unbegrenzt ist und sich jedes von ihnen unbegrenzt ausdehnt, werden sie eine unbegrenzte Anzahl von Regionen mit der

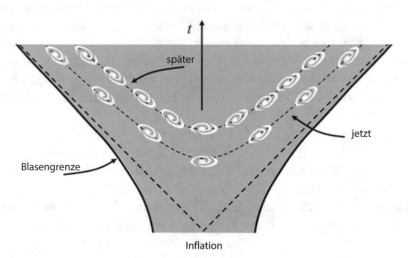

Abb. 18.8 Ein schrumpfendes Blasenuniversum. Die Galaxien rücken näher zusammen, auch wenn der Blasenradius mit der Zeit zunimmt

gleichen Größe wie unser beobachtbares Universum enthalten; nennen wir sie O-Regionen. Alle diese Regionen sehen am Ende der Inflation gleich aus, mit Ausnahme des Musters der kleinen Dichtefluktuationen. Da die Fluktuationen durch die Schwerkraft verstärkt werden, entwickeln sich die Eigenschaften der Regionen auseinander, und sie enden mit unterschiedlichen Verteilungen von Sternen und Galaxien. Zufällige Quantenereignisse beeinflussen auch die Entwicklung des Lebens, und dies führt zu einer weiteren Divergenz der Historien. Müssen wir also davon ausgehen, dass die unendliche Anzahl von O-Regionen, die jeweils eine eigene Historie haben, zu ebenso vielen einzigartigen gegenwärtigen Zuständen führt?

In der klassischen Physik wird der Zustand eines physikalischen Systems beschrieben, indem man die genauen Positionen und Geschwindigkeiten aller seiner Teilchen angibt. Wenn man ein System von Teilchen – sagen wir den derzeitigen Inhalt Ihres Kühlschranks – betrachtet, kann man seinen Zustand immer um einen beliebig kleinen Betrag ändern. Selbst wenn Sie die Position oder Geschwindigkeit eines einzelnen Partikels in der Milchflasche nur geringfügig ändern, würden Sie einen neuen, eindeutigen Zustand erzeugen. Klassischerweise gibt es ein Kontinuum von Zuständen, die beliebig nahe beieinander liegen können und dennoch eine einzigartige Identität bewahren. In der Quantenmechanik ist dies unmöglich, weil das Unschärfeprinzip zu einer inhärenten Unschärfe des Zustands eines Systems führt. Zu nahe beieinander liegende Konfigurationen lassen sich auch prinzipiell nicht unterscheiden. Das Fazit der Unschärferelation ist, dass die Anzahl der unterschiedlichen Quantenzustände in jedem endlichen Volumen endlich ist.

Auch die Anzahl der möglichen Historien einer O-Region ist endlich. Eine Historie wird durch eine Abfolge von Zuständen zu aufeinanderfolgenden Zeitpunkten beschrieben. Die Historien, die in der Quantenphysik möglich sind, unterscheiden sich immens von denen, die in der klassischen Welt möglich sind. In der Quantenwelt wird die Zukunft nicht eindeutig durch die Vergangenheit bestimmt; derselbe Anfangszustand kann zu einer Vielzahl unterschiedlicher Ergebnisse führen, sodass nur die Wahrscheinlichkeiten dieser Ergebnisse bestimmt werden können. Infolgedessen wird das Spektrum der möglichen Historien stark erweitert. Aber auch hier macht es die durch den Quanten-Indeterminismus bedingte Unbestimmtheit unmöglich, zu nahe beieinander liegende Historien zu unterscheiden. Eine Schätzung der Anzahl unterschiedlicher Historien, die sich in einer O-Region zwischen dem Urknall und der Gegenwart entfalten können, ergibt $\sim 10^{10^{150}}$. Diese Zahl ist unglaublich groß, aber der wichtige Punkt ist, dass die Zahl endlich ist.

Wir wollen nun eine Bilanz dieser Situation ziehen. Die Inflationstheorie sagt uns, dass die Anzahl der O-Regionen in einem sich ewig ausdehnenden Universum unendlich ist, und die Quantenunschärfe impliziert, dass sich in jeder O-Region nur eine endliche Anzahl von Historien entfalten kann. Die Anfangszustände der O-Regionen beim Urknall werden durch zufällige Quantenprozesse während der Inflation gesetzt, sodass in der Gesamtheit alle möglichen Anfangszustände vertreten sind. Wenn man diese Aussagen zusammenfasst, folgt daraus, dass jede Historie, die eine Wahrscheinlichkeit ungleich null hat, unendlich oft wiederholt werden kann.

Unter den beliebig oft wiederholten Szenarien befinden sich einige sehr bizarre Historien. Zum Beispiel könnte eine riesige Quantenfluktuation dazu führen, dass die Sonne plötzlich zu einem Schwarzen Loch kollabiert. Die Wahrscheinlichkeit, dass dies geschieht, ist extrem gering, aber denken Sie daran: In der Quantenmechanik treten alle Prozesse, die nicht durch die Erhaltungssätze streng verboten sind, mit einer Wahrscheinlichkeit ungleich null auf.

Eine auffällige Konsequenz dieses Weltbilds ist, dass es beliebig viele O-Regionen mit einer Historie geben könnte, die mit unserer absolut identisch ist. Das stimmt, Dutzende Ihrer Duplikate sind in der sich ewig ausdehnenden Raumzeit verteilt. Sie leben auf Planeten genau wie die Erde, mit all ihren Bergen, Städten, Bäumen und Schmetterlingen. Es sollte auch Regionen geben, in denen sich die Historie von der unseren etwas unterscheidet, mit allen möglichen Variationen. Einige Leser wird es zum Beispiel freuen zu wissen, dass es unendlich viele O-Regionen gibt, in denen Hillary Clinton Präsidentin der Vereinigten Staaten ist.

Sie fragen sich vielleicht, ob all diese Dinge in verschiedenen Regionen zur gleichen Zeit geschehen. Diese Frage lässt sich nicht eindeutig beantworten, da Zeit und Gleichzeitigkeit in der Allgemeinen Relativitätstheorie nicht eindeutig definiert sind (Abschn. 18.4). Wenn wir zum Beispiel die Definition der Ortszeit in einem Blasenuniversum verwenden, dann ist das Blaseninnere zu jedem Zeitpunkt ein unendlicher hyperbolischer Raum, und jeder von uns hat eine unendliche Anzahl von Duplikaten, die gegenwärtig in unserer Blase leben[3].

Beachten Sie, dass die Unendlichkeit des Raums (oder der Zeit) allein nicht ausreicht, um diese Schlussfolgerungen zu begründen. Es könnte zum

---

[3]Wenn Sie eines Ihrer Duplikate treffen wollen, gibt es ein Problem: Ihr nächstgelegener kosmischer Klon lebt etwa $10^{10^{90}}$ m entfernt. Ein weiteres Problem ist, dass Klone, die zu diesem Zeitpunkt identisch sind, es nicht bleiben werden, weil ihre spätere Entwicklung von zufälligen Quantenprozessen beeinflusst wird.

Beispiel die gleiche Galaxie in einem unendlichen Raum endlos wiederholt geben. Es ist also ein „Randomizer" notwendig, ein stochastischer Mechanismus, der Anfangszustände für verschiedene Regionen aus der Menge aller möglichen Zustände auswählt. Selbst dann ist möglicherweise nicht die gesamte Menge erschöpft, wenn die Gesamtzahl der Zustände unendlich groß ist. Daher ist die Endlichkeit der Anzahl der Zustände N für die Argumentation von Bedeutung. Im Falle einer ewigen Inflation besteht Gewissheit sowohl für die Endlichkeit von N als auch die Zufälligkeit der Anfangsbedingungen durch die Quantenmechanik.

18.6 Das Multiversum

Bisher sind wir davon ausgegangen, dass alle anderen Blasenuniversen in ihren physikalischen Eigenschaften den unseren ähnlich sind, aber das muss nicht so sein. Betrachten wir zum Beispiel die in Abb. 18.9 gezeigte Energielandschaft. Sie hat vier Vakuumzustände, die mit A, B, C und D bezeichnet sind, wobei A die höchste Energiedichte hat. Vakuum D hat die geringste Energiedichte, die in diesem Beispiel negativ ist. Angenommen, das Universum ist zunächst mit Vakuum A gefüllt. Die hohe Energiedichte von A treibt dann eine exponentielle inflationäre Expansion an, und Blasen von Vakuum B und Vakuum C werden sich im Hintergrund von A bilden und

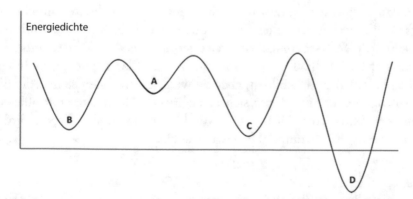

Abb. 18.9 Modell einer Energielandschaft mit vier Vakuumzuständen, bezeichnet mit A, B, C und D. Blasen von B und C können sich im Vakuum A über Quantentunnelung durch Energiebarrieren bilden. In ähnlicher Weise können sich Blasen von D in C bilden

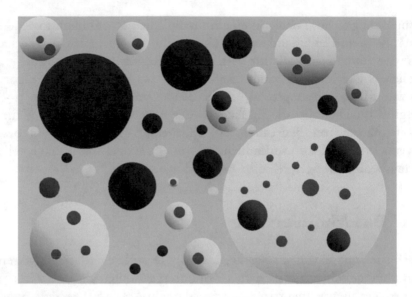

Abb. 18.10 Das in Abb. 18.9 gezeigte Multiversum des Modells einer Energieland-schaft. *Grüne, blaue, gelbe* und *rote* Blasen entsprechen jeweils den Vakua A, B, C bzw. D. Vakua mit positiver Energie (A, B und C) dehnen sich aus, während Blasen des Vakuums D sich nicht ausdehnen. Das Innere solcher Blasen mit negativer Energie kollabiert schließlich zu einem „Endknall"

ausdehnen[4]. Sowohl B als auch C haben positive Energiedichten, sodass sich das Innere dieser Blasen ebenfalls ausdehnt (jedoch langsamer als A). Blasen des Vakuums D werden im Inneren der sich ausdehnenden Blasen von C zur Nukleation kommen. Darüber hinaus ist auch ein Tunneln „aufwärts" von niedriger zu hoher Energiedichte möglich, wenn auch mit einer sehr geringen Wahrscheinlichkeit – viel geringer als die Wahrscheinlichkeit, „abwärts" zu tunneln. Daher werden sich neue Blasen von A im Inneren der Blasen von B und C bilden, aber sie werden sehr selten sein[5]. Alle diese Tunnelvorgänge bevölkern das sich ausdehnende Universum mit allen vier Arten von Vakua (Abb. 18.10). Die Anzahl der Blasen aller Typen wird im Laufe der ewigen Inflation unbegrenzt anwachsen.

---

[4]Wir gehen hier davon aus, dass das Tunneln von einem gegebenen Vakuum nur zu einem benachbarten Vakuum in der Landschaft möglich ist; daher ist es nicht möglich, von A nach D zu tunneln.

[5]Ein „Bergauftunneln" von Energievakuumzuständen gleich oder kleiner null ist unmöglich. Wir stellen jedoch fest, dass ein solches Tunneln aus Blasen mit null oder negativer Energie erfolgen kann, wenn sie in den frühen Stadien ihrer Entwicklung inflations- oder materiedominierte Phasen aufweisen (wodurch ihre Gesamtenergiedichte vorübergehend über den Vakuumwert von null oder unter null ansteigt).

Eine realistischere Energielandschaft würde mehrere Skalarfelder umfassen. Das Higgs-Feld des Standardmodells ist ein Beispiel für ein Skalarfeld, von dem wir wissen, dass es existiert. Die Großen vereinheitlichten Theorien sagen eine Reihe anderer Higgs-Felder voraus, deren Werte die Teilcheneigenschaften bestimmen. Ein Modell mit zwei Skalarfeldern würde eine zweidimensionale Energielandschaft mit Bergen und Tälern umfassen (Abb. 18.11). Wie zuvor entspricht jedes Tal einem klassisch stabilen Vakuum, und Übergänge zwischen den Vakua können durch Blasennukleation erfolgen.

Mit n Skalarfeldern ist die Energielandschaft n-dimensional. Für $n > 2$ können wir eine solche Landschaft nicht auf ein Blatt Papier zeichnen, aber es ist nicht schwierig, sie mathematisch zu analysieren und alle klassisch stabilen Vakua zu finden. Solange die Inflation in einem der Vakua mit positiver Energie beginnt, entstehen alle anderen Vakua über die Dynamik der ewigen Inflation. Die Blasen des Vakuums mit positiver Energie werden sich ausdehnen, sodass sich mehr Blasen innerhalb der Blasen bilden können, genau wie im Szenario der ewigen Inflation mit einem einzigen Skalarfeld. Blasen mit negativer Energie dehnen sich nach außen aus, aber im Inneren ziehen sie sich zu einem „Endknall" zusammen (siehe Kasten in Abschn. 18.4).

Abb. 18.11 Energielandschaft in einem Modell mit zwei Skalarfeldern. Die Höhe stellt den Wert der Dichte der potenziellen Energie dar, und die beiden Achsen stellen zwei verschiedene Skalarfelder dar. Jedes Tal entspricht einem Vakuumzustand. Wir werden in Kap. 19 erfahren, dass einige moderne Teilchentheorien eine große Anzahl solcher Täler vorhersagen

Die Werte der Higgs-Felder variieren von einem Vakuum zum anderen, und infolgedessen variieren auch die Teilchenmassen und Wechselwirkungen. Ein Vakuumzustand in der Energielandschaft sollte unserer Welt entsprechen, aber andere werden wahrscheinlich sehr unterschiedlich sein. Wir gelangen so zu dem Bild eines inflationären *Multiversums,* das von Blasenuniversen mit unterschiedlichen Eigenschaften bevölkert ist.

18.7 Überprüfen des Multiversums

Die Theorie der ewigen Inflation befasst sich hauptsächlich mit weit entfernten Regionen, außerhalb unseres kosmischen Horizonts, und einige Physiker haben Zweifel daran geäußert, dass die Theorie jemals durch Beobachtungen überprüft werden kann. Überraschenderweise könnten solche Tests aber tatsächlich möglich sein.

Blasenkollisionen

Wenn eine neue Blase in einer gewissen Entfernung d_H von unserer sich ausdehnenden Blase entsteht, dann stürzt sie in unsere hinein. Die Kollision würde einen runden Fleck mit höherer Strahlungsintensität in der kosmischen Hintergrundstrahlung erzeugen. Der Nachweis solcher Flecken mit dem vorhergesagten Intensitätsprofil würde einen direkten Beweis für die Existenz anderer Blasenuniversen liefern (Abb. 18.12).

Die erwartete Anzahl der Kollisionsflecken im CMB hängt von der Rate der Blasennukleationen im falschen Vakuum ab, und ihre Helligkeit hängt vom Ausmaß der Inflation ab, die in unserem Blaseninneren stattgefunden hat: Je mehr Inflation, desto dunkler sind die Flecken. Leider gibt es keinerlei Gewissheit, dass nachweisbare Blasenkollisionen innerhalb unseres Horizonts stattgefunden haben.

Schwarze Löcher aus dem Multiversum

Eine weitere interessante Möglichkeit ist, dass Beweise für das Multiversum in unserer eigenen Nachbarschaft in Form von Schwarzen Löchern gefunden werden. Während der Inflationsphase des „langsamen Rollens" in unserer Blase können sich in ihr Blasen anderer Art bilden und ausdehnen. Wenn die Inflation endet, sind diese Blasen plötzlich von dem sehr energiearmen Vakuum umgeben, in dem wir jetzt leben. An diesem Punkt hören sie auf,

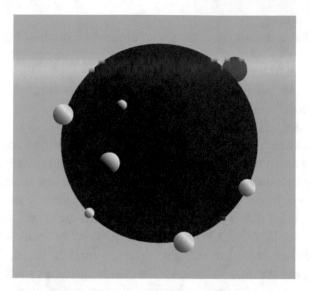

Abb. 18.12 Auch wenn Blasenkollisionen selten sind, wird unsere sich ausdehnende Blase im Laufe ihrer Historie mit einer unendlichen Anzahl anderer Blasen kollidieren

sich auszudehnen, und beginnen sich zusammenzuziehen. (Blasen dehnen sich aus, wenn sie von einem Vakuum mit höherer Energie umgeben sind, und ziehen sich zusammen, wenn das Vakuum draußen weniger Energie hat). Es gibt nichts, was diese Kontraktion aufhalten könnte, sodass die Blasen kollabieren und Schwarze Löcher bilden.[6]

Blasen, die sich früher gebildet haben, sind größer, und Blasen, die sich gegen Ende der Inflation gebildet haben, sind sehr klein. Größere Blasen bilden größere Schwarze Löcher, sodass das Ergebnis eine Population Schwarzer Löcher mit einer breiten Massenverteilung ist, die von weniger als einem Gramm bis zu Millionen von Sonnenmassen reicht. Diese Schwarzen Löcher sind Fossilien des Multiversums. Wenn Schwarze Löcher mit der vorhergesagten Massenverteilung entdeckt werden, würde dies den Beweis für die Existenz eines Multiversums liefern.

Neben diesen direkten Methoden sind möglicherweise auch einige indirekte Tests der Multiversum-Theorie möglich. Tatsächlich wurden bereits einige indirekte Beweise für die Multiversum-Theorie gefunden, die wir in den folgenden Kapiteln erörtern werden.

---

[6]Auch wenn Blasen von außen betrachtet kollabieren, sind ihre Innenräume mit einem hochenergetischen Vakuum gefüllt und dehnen sich weiter aus. In einer zweidimensionalen Analogie kann man sich die resultierende Geometrie als einen sich aufblähenden Ballon vorstellen, der durch einen dünnen „Flaschenhals" mit einem flachen Außenbereich verbunden ist. Der Flaschenhals wird von außen als Schwarzes Loch angesehen. Auf diese Weise entstandene Schwarze Löcher enthalten also inflationäre Universen im Inneren.

Zusammenfassung

Das Ende der Inflation wird durch quantenmechanische, probabilistische Prozesse ausgelöst und tritt nicht überall gleichzeitig ein. In unserer kosmischen Nachbarschaft endete die Inflation vor 13,8 Mrd. Jahren, aber sie setzt sich in entlegenen Teilen des Universums fort, wo sich ständig andere „normale" Regionen wie die unsere bilden.

Im Bild der „Blasennukleation" erscheinen die neuen Regionen als winzige, mikroskopisch kleine Blasen und beginnen sofort zu expandieren. Die Blasen dehnen sich unbegrenzt weiter aus; die ganze Zeit über werden sie durch die inflationäre Ausdehnung des ursprünglichen falschen Vakuums auseinander getrieben und machen Platz für die Bildung weiterer Blasen. Wir leben in einer dieser Blasen und können nur einen kleinen Teil davon beobachten. Das Bild des „Quanten-Random Walk" ist ähnlich und führt zu einer unendlichen Anzahl in sich geschlossener Inseluniversen, die durch die Ausdehnung des falschen Vakuums voneinander getrennt sind. Beide Bilder führen zu einem nie endenden Prozess, der *ewige Inflation* genannt wird. Damit die kosmische Expansion ewig ist, ist nur eine Region mit falschem Vakuum erforderlich, die sich schneller vermehrt als sie zerfällt.

Die moderne Teilchenphysik legt nahe, dass eine Reihe von Higgs-Skalarfeldern zu einer Energielandschaft voller Berge und Täler beitragen können. Jedes Tal entspricht einem klassisch stabilen Vakuum, aber Übergänge zwischen den Vakua können durch Blasennukleation stattfinden. Wenn also das Universum in einem positiven Energievakuumzustand beginnt, dann können durch eine zufällige Reihe von Übergängen von einem Vakuum in ein anderes alle anderen Vakua in der Landschaft entstehen. Ein Vakuumzustand sollte unserer Welt entsprechen, aber andere werden wahrscheinlich sehr unterschiedlich sein. So kommen wir zu dem Bild eines inflationären *Multiversums,* das von Blasenuniversen mit unterschiedlichen Eigenschaften bevölkert ist.

Eine Kollision unserer expandierenden Blase mit einer anderen Blase würde in der kosmischen Hintergrundstrahlung einen runden Fleck mit höherer Strahlungsintensität erzeugen. Der Nachweis eines solchen Flecks mit dem vorhergesagten Intensitätsprofil würde einen direkten Beweis für die Existenz anderer Blasenuniversen liefern.

Eine beunruhigende Folge der ewigen Inflation ist, dass alles, was passieren kann, passieren *wird,* und zwar unendlich oft. Insbesondere sollte es eine unendliche Anzahl von Regionen geben, die mit der unseren absolut identisch sind. Es sollte auch Regionen geben, die sich von der unseren etwas unterscheiden, mit allen möglichen Variationen.

Fragen

1. Was meinen wir mit dem Ausdruck „ewige Inflation"? Bedeutet er, dass die Inflation nie an einem bestimmten Ort endet? Bedeutet er, dass die Inflation sowohl in der Vergangenheit als auch in der Zukunft ewig andauert?

2. Stellen Sie sich vor, Sie sind ein Beobachter, der sich in der expandierenden Region mitbewegt, die durch eines der weißen Quadrate im einfachen Modell des Abschn. 18.1 dargestellt ist. Wie hoch ist die Wahrscheinlichkeit, dass die Inflation in Ihrer Nachbarschaft für eine weitere Verdopplungszeit anhält? Wie hoch ist die Wahrscheinlichkeit, dass sie sich 10 Verdopplungszeiten lang fortsetzt?

3. Nehmen wir an, dass in jeder Verdopplungszeit der Inflation das Volumen des falschen Vakuums um den Faktor $2^3 = 8$ wächst und ein Bruchteil f dieses Volumens zum echten Vakuum zerfällt. Um wie viel wird sich das Volumen des falschen Vakuums nach N Verdopplungszeiten ändern? Wie groß müsste f sein, um eine ewige Inflation zu verhindern?

4. Wenn in einem sich ausdehnenden falschen Vakuum eine Blase durch Nukleation entsteht, ist es dann möglich, dass die Inflation im Inneren der Blase weitergeht?

5. Wie viele Blasenuniversen werden sich im Laufe der ewigen Inflation bilden?

6. Können wir im Prinzip durch das sich ausdehnende falsche Vakuum reisen und andere Blasenuniversen besuchen?

7. Sind Blasenuniversen von außen betrachtet unendlich oder endlich in ihrer räumlichen Ausdehnung? Wie sieht es von innen betrachtet aus?

8. Wie ist es möglich, dass ein geschlossenes und endliches Universum existiert, das dennoch Blasenuniversen enthält, die aus der Sicht ihrer Bewohner unendlich sind?

9. Eine ewige Inflation kann auch durch einen Quanten-Random Walk erreicht werden. Erklären Sie, wie dies funktioniert.

10. Wie würden Sie die Form des Bergs aus potenzieller Energie in Abb. 18.2 verändern, um eine ewige Inflation zu verhindern und gleichzeitig die Inflation im Bereich des „langsamen Rollens" zu halten?

11. Was verstehen wir unter einem „Multiversum"?

12. Betrachten Sie das in Abb. 18.13 gezeigte Potenzial. Wird dieses Modell zu einem Multiversum führen? Unter der Annahme, dass beide Vakua eine positive Energiedichte haben, zeichnen Sie eine zweidimensionale Grafik des resultierenden Musters von Blasen (analog zu Abb. 18.10).

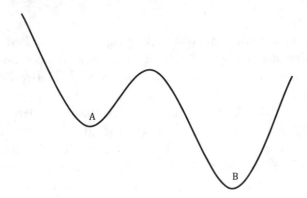

Abb. 18.13 Dichtekurve der potenziellen Energie mit zwei Minima

13. Ist es möglich, die Existenz anderer Blasenuniversen durch Beobachtung zu überprüfen? Wenn ja, wie?
14. Betrachten Sie die folgende Aussage: „In einem unendlichen Universum wird alles, was möglicherweise geschehen kann, unendlich oft geschehen." Trifft dies notwendigerweise zu? Wenn nicht, welche zusätzlichen Annahmen über die Eigenschaften des Universums sollten wir machen, damit es zutrifft?
15. Ist die Anzahl der verschiedenen Zustände in einem unendlichen Volumen endlich oder unendlich? Begründen Sie Ihre Antwort. *Tipp:* Betrachten Sie eine unendliche Folge von Regionen, von denen jede nur in einem von zwei Zuständen sein kann, die mit 1 und 2 bezeichnet sind. Überlegen Sie nun, wie viele verschiedene Sequenzen (bestehend aus den Zahlen 1 und 2) möglich sind.
16. Wenn ein sich ewig ausdehnendes Universum eine unendliche Anzahl von Regionen von der Größe unserer Beobachtungsregion hervorbringt, und wenn jede Region nur eine endliche Anzahl von Historien haben kann, ist es dann wahrscheinlich, unvermeidlich oder unmöglich, dass es andere Regionen gibt, in denen jemand genau dieselbe Vergangenheit hat wie Sie? Wenn es eine solche Person gibt, wird sie oder er dieselbe Zukunft haben wie Sie?
17. Angenommen, eine Region kann sich in unendlich vielen Zuständen befinden, und das Universum enthält eine unendliche Anzahl solcher Regionen. Können wir daraus schließen, dass alle möglichen Zustände irgendwo im Universum auftreten werden? (*Tipp:* Angenommen, wir bezeichnen die möglichen Zustände mit den ganzen Zahlen 1, 2, 3, …. Können Sie sich eine unendliche Folge von ganzen Zahlen vorstellen, die nicht alle möglichen ganzen Zahlen enthält?)

18. Ist es möglich, dass sich die Erde durch den plötzlichen Ausstoß eines riesigen Eisbrockens erwärmt? Ist das wahrscheinlich?

19. Angenommen, Astronomen finden keine Signaturen von Blasenkollisionen in der CMB-Strahlung. Würde das bedeuten, dass die Theorie der ewigen Inflation falsch ist? Wenn nicht, sollten wir dann immer noch glauben, dass die Inflation ewig ist?

20. Wie denken Sie über die Existenz identischer Erden? Sind Sie enttäuscht, dass unsere Zivilisation vielleicht nicht einzigartig ist? Wenn es eine Unendlichkeit von anderen Erden gibt, scheint unsere Zivilisation im kosmischen Maßstab völlig unbedeutend zu sein. Finden Sie das beunruhigend?

19

Stringtheorie und Multiversum

Ein großer Teil der Forschung in der Teilchenphysik wurde von der Suche nach einer einheitlichen, grundlegenden Theorie der Natur inspiriert. Man hofft, dass es unter der Pluralität der Teilchen und Kräfte ein einziges mathematisches Gesetz gibt, das alle Naturphänomene umfasst. Ein wichtiger Schritt zur Vereinheitlichung der Kräfte war die Entwicklung der elektroschwachen Theorie. Die elektromagnetische Kraft und die schwache Kernkraft sind bei sehr hohen Energien nicht unterscheidbar, aber bei Energien unterhalb von 100 GeV wird die Symmetrie zwischen den Kräften gebrochen und die beiden Wechselwirkungen werden unterscheidbar. In den 1970er und 80er Jahren verwendeten Physiker einen ähnlichen Ansatz, um die starke Kernkraft einzubeziehen. Sie postulierten eine umfängliche, „große vereinheitlichte" Symmetrie, die elektroschwache und starke Wechselwirkungen umfasst und bei sehr hohen Energien ($\sim 10^{16}$ GeV) gebrochen wird. Die große Vereinheitlichung ist eine sehr attraktive Idee, und viele Physiker glauben, dass sie als Teil einer endgültigen Theorie („Weltformel") überleben wird. Sie leidet jedoch an erheblichen Mängeln. Erstens gibt es eine große (eigentlich unendliche) Anzahl von möglichen großen vereinheitlichten Symmetrien, die zur Auswahl stehen, und keine dieser Symmetrien ist anscheinend *a priori* zu bevorzugen. Auch die Liste der in der Theorie enthaltenen Teilchen ist weitgehend willkürlich. Daher gibt es eine große Anzahl von Kandidaten für die Großen vereinheitlichten Theorien. Dies ist ein Problem, da man erwartet, dass die fundamentale Theorie der Natur in gewisser Weise einzigartig ist. Darüber hinaus haben sich alle Versuche, die Schwerkraft in das große Vereinheitlichungsprinzip

© Springer Nature Switzerland AG 2021
D. Perlov und A. Vilenkin, *Kosmologie für alle, die mehr wissen wollen*,
https://doi.org/10.1007/978-3-030-63359-2_19

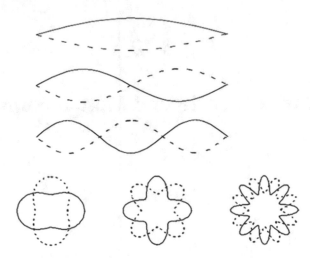

Abb. 19.1 *Obere drei Reihen:* eine Geigensaite, die mit ihren beiden Enden fixiert ist, weist eine Vielzahl von Schwingungsmodi auf. Die geschlossenen Saiten in der *unteren Reihe* können mit verschiedenen Modi schwingen und so unterschiedliche Partikel hervorbringen. Saiten können auch offen sein und zwei freie Enden haben. Hier betrachten wir der Einfachheit halber nur geschlossene Saiten

einzubeziehen, als erfolglos erwiesen. Dies veranlasste die Physiker, über einen radikal neuen Ansatz nachzudenken – die Stringtheorie, die wir nun besprechen.

19.1 Was ist die Stringtheorie?

Die Stringtheorie geht davon aus, dass die Grundbausteine der Materie eindimensionale Strings sind und nicht punktförmige Teilchen. Die Saiten haben eine hohe Spannung, die sie mit Geschwindigkeiten nahe der Lichtgeschwindigkeit zum Schwingen bringt. Alle Teilchen des Standardmodells, wie Elektronen oder Quarks und alle noch nicht entdeckten Teilchen, werden als winzige schwingende Saiten postuliert. Sie scheinen punktförmig zu sein, weil die Saiten so klein sind.

Die Eigenschaften eines Teilchens – Masse, Spin, elektrische Ladung und Farbladung – werden durch das Schwingungsmuster der Saite bestimmt. Während jede Teilchenart aus der gleichen Einheit – der Saite – besteht, ergeben die vielen möglichen Schwingungsmuster eine Vielzahl unterschiedlicher Teilchen. Dies ist analog zu einer einzelnen Geigensaite, die viele verschiedene Musiknoten erzeugen kann (Abb. 19.1). Bemerkenswert ist, dass eines der möglichen Saitenschwingungsmuster Eigenschaften aufweist, die dem Graviton – dem Quant des Gravitationsfeldes – entsprechen. Das Graviton spielt in der Gravitation eine ähnliche Rolle wie das Photon in der elektromagnetischen Theorie. Das Problem der Vereinheitlichung der Gravitation mit anderen Wechselwirkungen existiert also in der Stringtheorie nicht; tatsächlich kann die Theorie ohne die Gravitation nicht formuliert werden.[1]

Die typische Länge von schwingenden Saiten wird durch die sogenannte Planck-Länge festgelegt,

$$\ell_p = \sqrt{\frac{\hbar G}{c^3}} \sim 10^{-35} \text{ m},$$ (19.1)

die von Max Planck an der Wende zum 20. Jahrhundert, lange vor der Erfindung der Stringtheorie, eingeführt wurde. Planck erkannte, dass ℓ_p die einzige Größe mit einer Längendimension ist, die aus den fundamentalen Konstanten G, c und $\hbar$ hergeleitet werden kann. Es ist auch die Längenskala, auf der die Quantenfluktuationen der Raumzeitgeometrie wichtig werden (Kap. 20). Die Planck-Länge ist unglaublich klein: Sie liegt 14 Größenordnungen unter der kleinsten Länge, die mit dem bisher leistungsstärksten Beschleuniger, dem Large Hadron Collider, aufgelöst werden kann. Daher ist es unwahrscheinlich, dass die Strings, aus denen die Teilchen bestehen, in absehbarer Zeit direkt beobachtet werden können.

Teilchenwechselwirkungen in der Stringtheorie lassen sich als Strings darstellen, die sich aufspalten und zusammenfügen (Abb. 19.2). Eine der bemerkenswertesten Eigenschaften der Theorie ist, dass sie frei von dem Problem der Unendlichkeiten ist, das alle früheren Versuche zur Entwicklung einer Quantentheorie der Gravitation erschwert hatte. Das Problem lässt sich auf die punktförmige Natur der Teilchen zurückführen. Wenn zwei Teilchen zusammenstoßen, konzentriert sich ihre Energie auf einen Punkt, sodass die Energiedichte und die Krümmung der Raumzeit zum Zeitpunkt des Zusammenstoßes unendlich werden. Infolgedessen geben Wahrscheinlichkeitsberechnungen für verschiedene Teilchenwechselwirkungen oft unsinnige unendliche Antworten. Strings hingegen haben

---

[1]Die Stringtheorie hat eine eigentümliche Geschichte. Sie wurde erstmals 1970 als Theorie der starken Wechselwirkungen eingeführt. Die Theorie sagte jedoch die Existenz eines masselosen Bosons voraus, das kein Gegenstück unter den stark wechselwirkenden Teilchen hatte. Daher wurde die Stringtheorie so gut wie verworfen, nur um einige Jahre später wiederbelebt zu werden, als John Schwartz und Joel Scherk erkannten, dass das problematische Boson alle Eigenschaften des Gravitons besitzt.

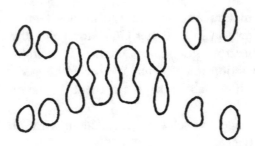

Abb. 19.2 Zwei Strings kollidieren und verschmelzen zu einem einzigen String, der sich dann wieder in zwei teilt. Dies entspricht Teilchenwechselwirkungen wie Absorption und Wiederausstrahlung eines Photons durch ein Elektron

eine endliche Größe, und die Stringtheorie liefert vernünftige, endliche Ergebnisse für alle Wahrscheinlichkeiten.

19.2 Extradimensionen

Die bemerkenswerten Eigenschaften der Stringtheorie haben ihren Preis. Bereits in den 1970er Jahren entdeckten Physiker, dass die Theorie unter eigentümlichen mathematischen Fehlern leidet, den so genannten *Anomalien,* die zu Verletzungen der Energieerhaltung und anderen inakzeptablen physikalischen Prozessen führen. Sie fanden auch heraus, dass die Stärke der Anomalien von der Anzahl der Raumdimensionen abhängt und dass Anomalien in einem neundimensionalen Raum vollständig verschwinden. Mit anderen Worten, die Stringtheorie ist nur dann mathematisch konsistent, wenn der Raum zusätzlich zu den bekannten drei Dimensionen sechs weitere Dimensionen hat.

Das klingt verwirrend: Warum sollte sich jemand überhaupt mit einer Theorie beschäftigen, die in krassem Widerspruch zur Realität steht? Wir wollen einen Moment innehalten und darüber nachdenken, wie es sich anfühlen könnte, wenn es zusätzliche Raumdimensionen gibt. Stellen Sie sich ein Flachland vor – eine zweidimensionale Welt, deren Bewohner sich der dritten Dimension nicht bewusst sind. Ein Bewohner dieser Welt, der Zugang zur dritten Dimension hat, wäre dann in der Lage, wahrhaft magische Handlungen zu vollbringen. Er könnte zum Beispiel leicht aus jedem Gefängnis entkommen. Es wäre auch unmöglich, vor dieser Person etwas zu verbergen. Ein verschlossener Raum oder ein Safe würde aus der Sicht der dritten Dimension wie ein offenes Rechteck aussehen. Wir sind uns solcher Phänomene in unserer Welt nicht bewusst, bedeutet dies also, dass es keine zusätzlichen Dimensionen gibt?

Nicht unbedingt. Zusätzliche Dimensionen können zusammengerollt oder, wie Physiker sagen, auf eine sehr geringe Größe kompaktifiziert werden. Ein langer Gartenschlauch ist ein einfaches Beispiel für eine solche Kompaktifizierung: Er hat eine große Dimension entlang des Schlauchs und eine weitere, die in einem kleinen Kreis eingerollt ist. Aus der Entfernung betrachtet, sieht der Schlauch wie eine eindimensionale Linie aus, aber aus der Nähe können wir sehen, dass seine Oberfläche ein zweidimensionaler Zylinder ist. Die Stringtheorie deutet darauf hin, dass unser Universum sehr ähnlich sein könnte: Die kompakten sechs Dimensionen sind möglicherweise so klein wie die Planck-Länge und daher fast unmöglich zu erkennen. Die Größen der Extradimensionen und die Art und Weise, in der sie kompaktifiziert werden, beeinflussen jedoch die Schwingungszustände der Saiten. Und die Schwingungsmuster wiederum bestimmen die Eigenschaften aller Teilchen und Kräfte. Daher hängen die Naturkonstanten in unserer dreidimensionalen Welt, wie die Teilchenmassen und die Vakuumenergiedichte, von der Größe und Form der verborgenen Extradimensionen ab.

19.3 Die Energielandschaft

Wenn wir nur eine zusätzliche Dimension hätten, wäre die einzige Möglichkeit, sie zu verdichten, sie zu einem Kreis zusammenzurollen. Ein zweidimensionaler Raum kann auf verschiedene Arten kompaktifiziert werden: eine Kugel, ein Donut oder eine Form mit zwei oder mehr „Donut-Löchern" (Abb. 19.3). Mit mehr Dimensionen vervielfacht sich die Anzahl der Möglichkeiten. Darüber hinaus gibt es in der Stringtheorie noch weitere Bestandteile, die als Flüsse (diese sind wie Magnetfelder) und Branen (dies sind Membranen verschiedener Dimensionalität) bezeichnet werden, die ebenfalls zur Anzahl der möglichen Konfigurationen beitragen, die die verborgenen Dimensionen haben können.

Um eine gegebene Konfiguration vollständig zu charakterisieren, muss man die Größen und Formen der Extradimensionen, die Größen der Flüsse, die sie durchdringen, und die Positionen der Branen, die sie umhüllen können, angeben. Insgesamt läuft dies darauf hinaus, $N \sim 500$ verschiedene Parameter zu spezifizieren. Die Rolle dieser Parameter in der Stringtheorie ist ähnlich wie die der Higgs-Felder in der Teilchenphysik: i) Die Veränderung der Parameter führt zu einer Veränderung der

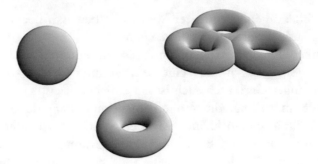

Abb. 19.3 Unterschiedliche Möglichkeiten zur Kompaktifizierung von zwei Extradimensionen

Teilcheneigenschaften und ii) passen die Parameter ihre Werte an, um die potenzielle Energiedichte zu minimieren. In den einfachen Modellen mit einem oder zwei Parametern kann die Energielandschaft visuell dargestellt werden (Abb. 18.9 und 18.11). Die Energieminima entsprechen den Tälern in der Landschaft. Eine ähnliche Darstellung für die Energielandschaft der Stringtheorie würde einen Raum von N Dimensionen erfordern, mit einer Dimension für jeden der $N \sim 500$ Parameter.

Wenn wir versuchen, die verschiedenen Möglichkeiten aufzuzählen, wie die extradimensionalen Bestandteile zu einem Minimum (oder „Tal") in der Energielandschaft kombiniert werden können, finden wir, dass es Googols von Möglichkeiten gibt. Für eine sehr grobe Abschätzung nehmen wir an, dass jeder der N Parameter in den Tälern p unterschiedliche Werte annehmen kann. Die Gesamtzahl der möglichen Kombinationen ist dann p^N (siehe Frage 6). Mit $p \sim 10$ und $N \sim 500$ ergibt dies 10^{500} – eine wirklich enorme Zahl! (im Vergleich dazu beträgt die Anzahl der Atome im beobachtbaren Teil des Universums „nur" ~10^{80}).

Jedes Tal in der Energielandschaft entspricht einer anderen möglichen Welt, mit ihren eigenen Partikeln, Wechselwirkungen und Naturkonstanten. Obwohl also Strings in höheren Dimensionen einem eigenen Satz von Gesetzen gehorchen, führen die vielen Möglichkeiten der Kompaktifizierung und extradimensionalen Bestandteile zu einer riesigen Ansammlung von niedrig-dimensionalen Vakuumzuständen.

Dies wirft viele Fragen auf. Wenn die Stringtheorie richtig ist, dann entspricht ein Zustand aus den Googols der Vakuumzustände in der Landschaft unserer Welt. Aber welcher? Wie wurde dieser besondere Zustand ausgewählt, um in der Natur Realität zu werden? Und was ist mit all den Zuständen, die nicht wie unsere sind? Welche Arten von Universen beschreiben sie? In einigen von ihnen kann die Schwerkraft stärker sein als die starke Kernkraft. Andere haben vielleicht drei verschiedene Arten von Photonen, und wieder andere überhaupt keine Photonen. Es kann Zustände geben, in denen mehr oder weniger als sechs Dimensionen kompaktifiziert sind, sodass die Anzahl der verbleibenden großen Raumdimensionen von drei verschieden ist. Gibt es diese Zustände nur als Möglichkeiten, oder könnten sie irgendwo in der physikalischen Raumzeit existieren?

19.4 Multiversum der Stringtheorie

Die Hoffnung der Stringtheoretiker war, dass die Theorie nur zu einem einzigen Vakuumzustand führen würde – vermutlich zu dem unseren. Sie suchten nach einem Leitprinzip, das dieses spezielle Vakuum in der Energielandschaft auswählen würde. Bislang wurde jedoch noch kein plausibles Prinzip zur Auswahl des Vakuums gefunden. Stattdessen hat sich ein ganz anderes Bild ergeben. Es wurde zuerst von Raphael Bousso und Joseph Polchinski formuliert, die die Stringtheorie mit den Ideen der ewigen Inflation kombinierten.

Bousso und Polchinski gingen davon aus, dass es keine bevorzugten Vakuumzustände gibt: Alle Vakuumzustände sollten gleichberechtigt behandelt werden. Angenommen, das Universum beginnt in einem Vakuumzustand, der einem Tal in der Landschaft entspricht. Wenn die Energiedichte dieses Vakuums positiv ist, wird es eine exponentielle inflationäre Expansion antreiben. Das Anfangsvakuum ist klassisch stabil (wie alle Vakuumzustände in der Landschaft), aber früher oder später werden Blasen anderer Vakua beginnen, sich über Quantentunnelung durch Energiebarrieren zu den benachbarten Tälern zu bilden. Das Innere von Blasen mit positiver Energie wird sich ebenfalls ausdehnen und zu Orten weiterer Blasennukleationen werden. Auf diese Weise wird es jede Art von Vakuum, die die Stringlandschaft erlaubt, in der Raumzeit geben. Die Anzahl der Blasen aller möglichen Arten wird im Laufe der ewigen Inflation unbegrenzt wachsen. Das resultierende Multiversum wird wie Abb. 18.10 aussehen, mit der Ausnahme, dass es $\sim 10^{500}$ verschiedene Arten von Blasenuniversen enthalten wird, sodass zur Darstellung $\sim 10^{500}$ Farben notwendig sein würden!

Die meisten Anhänger der Stringtheorie betrachteten diese Idee des Multiversums zunächst als einen gewaltigen Rückschritt. „Das ist eine gefährliche Idee, die ich einfach nicht in Betracht ziehen will", schrieb der prominente Princeton-Kosmologe Paul Steinhardt. Wenn das Multiversum eine Vielzahl verschiedener Arten von Blasenuniversen umfasst, wie können wir dann jemals hoffen, die beobachteten Teilcheneigenschaften erklären zu können? Was auch immer diese Eigenschaften sind, wir können immer damit rechnen, dass wir unter den Googols von Vakua in der Landschaft den richtigen Ort finden werden. Das sah sehr entmutigend aus – eine Theorie, die alles erklären kann, kann am Ende vielleicht gar nichts erklären.

Ein anderer Ansatz, der von Bousso und Polchinski sowie von einem der Pioniere der Stringtheorie, Leonard Susskind, vertreten wurde, bestand darin, sich die Vorstellung des String-Multiversums zu eigen zu machen und zu untersuchen, wohin diese führt. Dieser Ansatz hat in den letzten Jahren unter Physikern stetig an Boden gewonnen. Wenn sich die Vorstellung vom Multiversum als richtig erweist, wird dies weitreichende Folgen für die Art und Weise haben, wie Physiker die Natur der Welt untersuchen, wie wir in Kap. 20 erörtern werden.

19.5 Das Schicksal unseres Universums neu betrachtet

In den Kapiteln 8 und 9 haben wir uns mit der Frage nach dem Schicksal unseres Universums beschäftigt. Die Entdeckung der dunklen Energie führte uns zu der Schlussfolgerung, dass sich das Universum immer schneller ausdehnen wird: Entfernte Galaxien werden mit zunehmender Beschleunigung auseinander gedrückt, aber gebundene Systeme, wie unsere Galaxie und die Lokale Gruppe, bleiben aneinander gebunden. Die Milchstraße wird zwar mit Andromeda verschmelzen, aber die meisten der Galaxien, die wir heute sehen (mit Ausnahme der Galaxien unserer Lokalen Gruppe), werden schließlich über unseren kosmischen Horizont hinausgedrängt werden. Unsere Nachkommen werden nicht wie wir ein Universum mit Hunderten von Milliarden von Galaxien sehen, sondern sich in einer einsamen Inselgalaxie befinden, die von fast nichts umgeben ist.

Aber die Geschichte geht noch weiter. Wenn das Bild der Stringlandschaft stimmt, dann muss die enorme Anzahl von Vakuumzuständen einige positive und einige negative Energievakua enthalten. Das bedeutet, dass unser Vakuum nicht die niedrigstmögliche Energie hat und instabil sein muss. Mit anderen Worten, wir müssen eigentlich in einem falschen Vakuum leben! Es ist unvermeidlich, dass sich in unserer kosmischen Nachbarschaft eine Blase negativer Energie bildet, die sich auszudehnen beginnt und immer mehr Raum verschlingt. Wann genau dies geschehen wird, lässt sich nicht vorhersagen. Die Nukleation von Blasen kann extrem langsam erfolgen und Googols von Jahren dauern. Andererseits können wir aber nicht ausschließen, dass sich eine sich ausdehnende Blase negativer Energie genau in diesem Moment auf uns zubewegt. Wenn dies der Fall ist, wird sie ohne Vorwarnung kommen: Das Licht, das die Blase aussendet, wird uns nicht viel früher erreichen als die Blase selbst, da sie sich fast mit Lichtgeschwindigkeit ausdehnt. Sobald sie eintrifft, wird unsere Welt vollständig ausgelöscht, und alle Objekte werden in irgendeine fremde Form von Materie verwandelt.

Die Bühne ist nun bereitet für den letzten Akt des Theaterstücks. Wie wir in Kap. 18 besprochen haben, ist negative Vakuumenergie gravitativ anziehend und wird dazu führen, dass sich das Innere der Blase zusammenzieht und schließlich zu einem „Endknall" kollabiert. Dies wird das Ende unserer lokalen Region sein. In der Zwischenzeit wird sich außerhalb der kollabierenden Blase die Inflation fortsetzen und unzählige neue Blasen werden sich bilden. Das sich ausdehnende Multiversum wird sich ewig fortsetzen.

Zusammenfassung

Die Stringtheorie ist vielleicht der beste Kandidat, den wir jetzt für die Fundamentaltheorie der Physik haben. Sie geht davon aus, dass die Grundbausteine der Materie eindimensionale Strings sind. Man nimmt an, dass alle Teilchen des Standardmodells winzige schwingende Saiten sind, die punktförmig erscheinen, weil die Saiten so klein sind. Unterschiedliche Schwingungsmuster führen zu unterschiedlichen Teilchen.

Die Stringtheorie schließt von sich aus die Schwerkraft ein. Die Theorie ist jedoch nur dann mathematisch konsistent, wenn der Raum sechs Extradimensionen hat – zusätzlich zu den dreien, die wir kennen. Diese zusätzlichen Dimensionen sind zusammengerollt oder kompatifiziert, sodass sie sehr klein sind und wir sie nicht direkt wahrnehmen. Die Größe der Extradimensionen und die Art und Weise, wie sie kompaktifiziert werden, beeinflussen jedoch die Schwingungszustände der Saiten. Daher hängen die Eigenschaften unserer dreidimensionalen Welt, wie Teilchenmassen und die Vakuumenergiedichte, von der Größe und Form der verborgenen Dimensionen ab.

Es stellt sich heraus, dass es eine Vielzahl von verschiedenen Möglichkeiten gibt, die zusätzlichen Dimensionen zu kompaktifizieren. Jede entspricht einer anderen möglichen Welt oder einem anderen Vakuumzustand mit eigenen Teilchen, Wechselwirkungen und Naturkonstanten. Diese Ansammlung von Vakuumzuständen wird als Stringtheorie-Landschaft bezeichnet.

Kombiniert man die Stringtheorie mit der Inflationstheorie, so ergibt sich das Bild eines Multiversums, in dem Blasen aller möglichen Vakuumkerne entstehen und sich ausdehnen, während die Inflation bis ins Unendliche anhält. Wenn diese Vorstellung richtig ist, dann wird schließlich eine sich ausdehnende Blase negativer Vakuumenergie in unserem Lokaluniversum eine Nukleation bilden und es verschlingen. Das Innere der Blase mit negativer Energie wird schließlich in einem „Endknall" zusammenfallen.

Fragen

1. Hat die Stringtheorie irgendwelche Vorhersagen gemacht, die durch Experimente bestätigt wurden? Wenn nicht, haben wir Gründe, anzunehmen, dass die Stringtheorie richtig ist?
2. Warum ist es so schwierig, die Stringtheorie durch Beobachtungen zu testen?
3. Die Stringtheorie ist ein Kandidat für eine einzigartige physikalische Theorie, von der die gesamte Physik abgeleitet werden kann. Bedeutet dies, dass die Theorie die beobachteten Eigenschaften von Elementarteilchen vorhersagen sollte?
4. Was sind einige der überraschendsten Vorhersagen der Stringtheorie?
5. Ist es möglich, dass es in unserem Universum mehr als drei räumliche Dimensionen gibt? Wenn ja, warum sehen wir sie nicht?
6. Wenn Sie fünf verschiedene Hosen und fünf verschiedene Hemden im Schrank haben, wie viele verschiedene Outfits können Sie herstellen? Wenn Sie dazu fünf verschiedene Hüte erhalten, wie viele Hosen-/Oberteil-/Hut-Outfits können Sie dann herstellen? Wenn es 100 extradimensionale Parameter gibt, die jeweils einen von zwei Werten annehmen können, wie viele mögliche Zustände können damit gebildet werden?
7. Die Stringlandschaft bietet eine breite Palette möglicher Arten von Vakua. Wie kommt es, dass das Multiversum jeden einzelnen dieser möglichen Typen enthält?
8. Was wird das letztendliche Schicksal unseres beobachtbaren Universums sein, wenn die Vorstellung von der String-Landschaft zutrifft? Wie unterscheidet sich dieses Schicksal von dem Schicksal unseres beobachtbaren Universums, wenn unser Vakuum völlig stabil ist?

20

Anthropische Selektion

Die Eigenschaften jedes Objekts im Universum, von den subatomaren Teilchen bis hin zu Riesengalaxien, werden letztlich durch eine Reihe von Zahlen bestimmt, die wir „Naturkonstanten" nennen. Dazu gehören die Lichtgeschwindigkeit, die Planck-Konstante (Planck'sches Wirkungsquantum) und die Newton'sche Gravitationskonstante, die Parameter im Standardmodell, wie die Masse des Elektrons, das Higgs-Boson, die Quarks usw. sowie die Stärken der vier Kräfte. Es gibt auch mehrere kosmologische Parameter, die den Charakter unserer Welt prägen. Dazu gehören die relativen Beiträge von Strahlung, atomarer Materie, dunkler Materie und dunkler Energie zum Dichteparameter und zur Größe der anfänglichen Dichteinhomogenitäten. Insgesamt gibt es etwa 30 Zahlen[1], die eine faszinierende Frage aufwerfen: Warum nehmen diese Zahlen die besonderen Werte an, die sie haben? Es war lange ein Traum der Physiker, alle Naturkonstanten aus irgendeiner fundamentalen Theorie ableiten zu können. Aber es gibt bisher nur sehr wenige Fortschritte in dieser Richtung.

Wenn man die bekannten Naturkonstanten auf ein Blatt Papier schreibt, sehen sie ziemlich zufällig aus (Abb. 20.1). Einige von ihnen sind sehr klein, andere groß, sodass sich hinter diesen Zahlen kein System zu verbergen scheint. Einige Leute stellten jedoch fest, dass es womöglich ein System gibt, das aber nicht von der Art ist, auf die die Physiker gehofft haben. Die

---

[1]Die Werte der Konstanten hängen von den Einheiten ab, mit denen wir sie messen. Die Physiker konzentrieren sich daher auf dimensionslose Kombinationen der Konstanten, wie die Verhältnisse der Teilchenmassen, die nicht von den Maßeinheiten abhängen. Die von uns angegebene Zahl (30) ist die Anzahl der unabhängigen dimensionslosen Kombinationen der Konstanten.

© Springer Nature Switzerland AG 2021
D. Perlov und A. Vilenkin, *Kosmologie für alle, die mehr wissen wollen*,
https://doi.org/10.1007/978-3-030-63359-2_20

Photon und Gluon	0
W-Boson	157 000
Elektron	1
Neutrino	$< 10^{-8}$
Myon	207
Up-Quark	8
Bottom-Quark	9200

Abb. 20.1 Massen einiger Teilchen, in Einheiten der Elektronenmasse. Die Werte scheinen eher zufällig zu sein

Werte der Konstanten scheinen feinabgestimmt zu sein, um die Existenz von Leben zu ermöglichen. Mit anderen Worten, wenn wir fragen, was passieren würde, wenn wir eine der Konstanten um einen relativ kleinen Betrag ändern, dann stellen wir fest, dass wir ein Universum erhalten würden, das lebensfeindlich ist. Betrachten wir einige Beispiele, die veranschaulichen, wie das „Basteln" an den Konstanten zu katastrophalen Ergebnissen führt.

20.1 Die Feinabstimmung der Naturkonstanten

Neutronenmasse

Die Masse des Neutrons ist sehr fein abgestimmt. Wenn wir sie nur ein wenig neu einstellen, verändern wir die Struktur der Materie so stark, dass die Chemie fast vollständig zerstört wird. Wir wollen einmal sehen, warum. Neutronen sind 0,14 % schwerer als Protonen. Außerhalb des Kerns zerfallen sie in Protonen, Elektronen und Antineutrinos: $n \rightarrow p^+ + e^- + \bar{\nu}$. Diese „freien" Neutronen haben eine mittlere Lebensdauer von etwa 15 min. Aber innerhalb der Kerne werden die Neutronen durch Kernkräfte stabilisiert. Wenn die Masse des Neutrons um 1 % *erhöht* würde, würden die Neutronen auch im Inneren der Kerne zerfallen und sich in Protonen verwandeln. Die elektrische Abstoßung zwischen den Protonen würde dann die Kerne auseinander reißen, sodass der einzige stabile Kern der von Wasserstoff wäre, der aus einem einzigen Proton besteht. Wenn andererseits die Masse des Neutrons um 1 % *verringert* würde, würden Neutronen leichter als Protonen werden. Dies würde bedeuten, dass Protonen in Neutronen, Positronen und Neutrinos zerfallen: $p^+ \rightarrow n + e^+ + \nu$. Folglich würden die Atomkerne ihre Ladung verlieren und nur noch aus Neutronen bestehen. Die ungebundenen Elektronen würden wegfliegen, es gäbe keine Atome. Wenn wir also die Masse des Neutrons nur geringfügig verändern, gelangen wir entweder in eine Welt, die nur ein chemisches Element enthält – den Wasserstoff – oder in eine Neutronenwelt[2].

Stärke der schwachen Wechselwirkung

Wenn einem massereichen Stern der Kernbrennstoff ausgeht, kollabiert sein Kern in einer Supernova-Explosion. Die Stärke der schwachen Wechselwirkung ist perfekt geeignet, Neutrinos aus dem Kern herausströmen zu lassen und durch die äußeren Schichten des Sterns zu ziehen. Dies ist ein kritischer Teil des Zyklus, der das interstellare Medium mit schweren Elementen anreichert. Wären die schwachen Wechselwirkungen viel stärker, würden die Neutrinos im Kern des Sterns stecken bleiben. Wären sie viel schwächer, würden Neutrinos herausströmen, ohne andere Teilchen mitzuschleppen. Würden die schweren Elemente nicht in den Weltraum ausgestoßen, könnten sich spätere Generationen von Sternen und Planetensystemen wie das unsere nicht bilden, und es würden die Rohstoffe für komplexes Leben fehlen.

Stärke der Schwerkraft

Die Schwerkraft ist bei Weitem die schwächste Kraft – sie ist 10^{36}-mal schwächer als die elektromagnetische Kraft. Da die Schwerkraft so schwach ist, könnten wir ihre Stärke beträchtlich erhöhen, und sie wird immer noch schwach sein. Wenn wir sie beispielsweise zehn Milliarden Mal stärker machen, wäre sie immer noch 10^{26}-mal schwächer als die elektromagnetische Kraft. Die Sterne hätten dann die Größe von Bergen, und sie würden nur etwa ein Jahr lang existieren. Intelligentes Leben hätte kaum genug Zeit, sich zu entwickeln. Planeten, die so massiv sind wie die Erde, hätten einen Durchmesser von etwa 100 m, und die Schwerkraft auf ihrer

---

[2]Auf einer grundlegenderen Ebene bestehen Protonen und Neutronen aus Quarks, daher ist es angemessener, die Quark-Massen als fundamentale Konstanten der Natur zu betrachten. Aber die allgemeine Schlussfolgerung ändert sich nicht: Wir gelangen entweder in eine Wasserstoff- oder in eine Neutronenwelt, es sei denn, die Quark-Massen sind entsprechend feinabgestimmt.

Oberfläche würde jeden Gegenstand zerdrücken, der schwerer ist als eine Ameise.

Das Ausmaß der Dichtestörungen

Die Strukturbildung im Universum hängt entscheidend von der Größe der ursprünglichen Dichtestörungen ab. Wären diese Störungen viel schwächer, dann hätten sich die Galaxien möglicherweise nie gebildet. (Beachten Sie, dass die Strukturbildung zu Beginn der Dominanz der dunklen Energie endet; wenn sich also Galaxien vor dieser Phase nicht bilden, werden sie sich nie bilden). Ohne Galaxien gäbe es keine Anhäufung schwerer Elemente, und es ist unwahrscheinlich, dass Planeten und Leben entstanden wären.

Wenn die anfänglichen Dichtestörungen viel stärker wären, dann würden sich Galaxien früher bilden und viel dichter sein. Enge Begegnungen mit Sternen wären viel häufiger; sie würden die Planetenbahnen stören, mit katastrophalen Folgen für das Leben.

20.2 Das Problem der kosmologischen Konstante

Wir kommen nun zur markantesten Feinabstimmung von allen. Die beobachtete beschleunigte Expansion des Universums wird durch eine Vakuumenergiedichte (Massendichte) oder kosmologische Konstante verursacht, die etwa doppelt so hoch ist wie die durchschnittliche Dichte $\rho_v \sim 2\rho_m$ der heutigen Materie. Dieser Wert steht in eklatantem Widerspruch zu den theoretischen Erwartungen.

Das dynamische Quantenvakuum

Wenn man an ein Vakuum denkt, stellt man sich intuitiv einen Zustand der reinen „Leere" oder des „Nichts" vor. Die Quantentheorie sagt uns jedoch, dass das Vakuum ein unerschöpfliches Meer virtueller Teilchen ist, die spontan auftreten und verschwinden. Alle Teilchen im Standardmodell – Elektronen, Quarks, Photonen, W-Bosonen usw. – schwanken unaufhörlich zwischen Existenz und Nicht-Existenz. Obwohl diese virtuellen Teilchen sehr kurzlebig sind, haben sie wichtige und messbare Auswirkungen[3]. Am wichtigsten ist, dass sie zur Energiedichte des Vakuums beitragen. Das Problem ist jedoch, dass Berechnungen der resultierenden Vakuumenergiedichte Werte ergeben, die absurd groß sind ($\rho_v \sim 10^{120}\,\rho_m$, siehe Kasten am Ende dieses Abschnitts). Wir scheinen also eine Diskrepanz zwischen Theorie und Beobachtung zu haben, die etwa 120 Größenordnungen beträgt! Dies wurde „die schlimmste Vorhersage in der Physik", „die Mutter aller physikalischen Probleme" oder weniger dramatisch, das „Problem der kosmologischen Konstante" genannt.

Warum ist der beobachtete Wert der Vakuumenergiedichte so klein? Ist es möglich, dass ein Mechanismus dazu führt, dass sich die Beiträge verschiedener Teilchenspezies gegenseitig aufheben? Es zeigt sich, dass Fermionen und Bosonen tatsächlich mit entgegengesetzten Vorzeichen zur Vakuumenergiedichte beitragen. Bosonen haben einen positiven Beitrag und Fermionen tragen eine negative Energiedichte bei[4]. Aber diese Beiträge müssten sich bis auf die 120. Dezimalstelle genau aufheben, um einen Wert vorherzusagen, der so niedrig ist, wie er aufgrund von Supernova-Beobachtungen gemessen wird. Eine solch präzise Auslöschung wäre ein besonders eindrückliches Beispiel für eine Feinabstimmung.

Abgestimmt auf das Leben?

Wir wollen nun überlegen, was passieren würde, wenn der Wert der kosmologischen Konstante ganz anders wäre, als er tatsächlich ist. Nehmen wir zunächst einmal an, ρ_v sei positiv und 1000-mal größer als ρ_m. Die Konstante läge damit immer noch 117 Größenordnungen unter ihrem theoretisch zu erwartenden Wert.

---

[3]Eine davon ist der Casimir-Effekt, der eine Anziehungskraft zwischen zwei ungeladenen parallel stehenden leitenden Platten im Vakuum vorhersagt. Der Grund dafür ist, dass die Fluktuationen des elektromagnetischen Feldes zwischen den Platten begrenzt und außerhalb der Platten unbeschränkt sind. Dies hat zur Folge, dass der höhere Druck von außen die Platten gegeneinander drückt. Dieser Effekt ist gemessen worden. Auch die Energieniveaus des Wasserstoffatoms wurden gemessen und stimmen mit der Theorie sehr genau überein, wenn wir die virtuellen Teilchen berücksichtigen, die im Inneren des Wasserstoffatoms „herumschwirren".

[4]Der Grund für diesen Unterschied liegt darin, dass Fermionen mathematisch durch sogenannte Grassmann-Zahlen beschrieben werden, die sich von gewöhnlichen Zahlen stark unterscheiden. Wenn man gewöhnliche Zahlen multipliziert, hängt das Ergebnis nicht von der Ordnung der Faktoren ab; z. B. $3 \times 5 = 5 \times 3$. Bei Grassmann-Zahlen wechselt das Produkt aber bei Umordnen der Faktoren das Vorzeichen: $a \times b = -b \times a$.

Die Vakuumenergie würde dann ab $t \sim 0{,}5$ Mrd. Jahren beginnen, das Universum zu dominieren. Zu dieser Zeit begann die Galaxienbildung gerade erst, und nur sehr kleine Galaxien hatten genug Zeit, sich zu bilden. Aber sobald die Vakuumenergie dominiert, kommt die Galaxienbildung zum Stillstand. Das Problem der Mini-Galaxien ist, dass ihre Schwerkraft zu schwach ist, um zu verhindern, dass schwere Elemente, die in Supernova-Explosionen ausgestoßen werden, ins Weltall entweichen. Dadurch würden den Galaxien die Elemente fehlen, die für die Bildung von Planeten und die Entwicklung von Leben notwendig sind. Wenn wir ρ_v noch einmal um den Faktor 100 erhöhen, dann würde die Vakuumenergie schon lange vor der Phase der Galaxienentstehung dominieren, und das Universum bliebe ganz ohne Galaxien.

Nehmen wir nun an, dass ρ_v negativ ist und eine Größenordnung besitzt, die 1000-mal größer ist als ρ_m. Dann würde die Schwerkraft des Vakuums anziehend wirken und das Universum zusammenziehen und bei $t \sim 0{,}5$ Mrd. Jahren zu einem „Endknall" kollabieren lassen. Das ist kaum genug Zeit für die Entwicklung von intelligentem Leben (was hier auf der Erde etwa zehnmal länger dauerte). Eine weitere Zunahme von ρ_v würde die Lebensdauer des Universums noch kürzer und die Entwicklung von Leben und Intelligenz noch unwahrscheinlicher machen.

Virtuelle Teilchen und Vakuumenergiedichte
Der Quantenphysik zufolge ist das Vakuum mit virtuellen Teilchen durchsetzt, die ständig zwischen Existenz und Nicht-Existenz wechseln. Teilchen und Antiteilchen erscheinen paarweise und vernichten sich fast augenblicklich. Die Lebensdauer Δt eines virtuellen Paares hängt von der Energie E der Teilchen ab: Je höher die Energie, desto kürzer ist die Lebensdauer. Quantitativ kann dies ausgedrückt werden als $E \cdot \Delta t \sim h$, wobei h die Planck-Konstante ist. Virtuelle Teilchen bewegen sich fast mit Lichtgeschwindigkeit, sodass der gesamte Prozess auf einer Länge $L \sim c\Delta t \sim hc/E$ abläuft. Der Raum ist voller virtueller Paare, und sobald ein Paar vernichtet ist, erscheint sofort ein anderes an seiner Stelle. Wenn Sie also zu irgendeinem Zeitpunkt eine kleine kubische Region von der Größe L betrachten, werden Sie wahrscheinlich ein Paar von Teilchen mit den Energien $E \sim hc/L$ finden.

Die Energiedichte aufgrund der virtuellen Teilchen kann nun durch Division der Energie E durch das Volumen L^3 schätzungsweise ermittelt werden:

$$E/L^3 \sim hc/L^4. \tag{20.1}$$

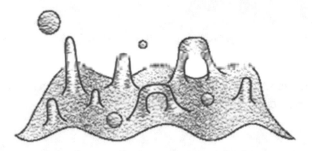

Abb. 20.2 Wenn der Raum mit immer höherer Auflösung betrachtet wird, zeigt sich eine Schaumstruktur im Planck-Maßstab

Wenn L abnimmt, wächst die Energiedichte an, was darauf hinweist, dass energetische Paare, die mit geringeren Abständen entstehen, einen größeren Beitrag zur Vakuumenergiedichte leisten. Wenn wir virtuelle Paare auf immer kleineren Skalen einbeziehen, nimmt die Energiedichte anscheinend unbegrenzt zu.

Es kann jedoch eine Grenze dafür geben, wie klein die Länge L sein darf. Bei superkleinen Abständen werden Quantengravitationseffekte signifikant und die Geometrie der Raumzeit unterliegt großen Quantenfluktuationen. Unterhalb eines bestimmten charakteristischen Abstands erhält die Raumzeit eine chaotische, schaumartige Struktur (Abb. 20.2). Diese Abstandsskala können wir mit Hilfe der Dimensionsanalyse abschätzen. Sie kann nur von den fundamentalen Konstanten und h, c und G abhängen, und die einzige Kombination dieser Konstanten, die die Dimension der Länge hat, ist.

$$l_p = \sqrt{\frac{hG}{c^3}}. \tag{20.2}$$

Dies ist die Planck-Länge, die wir in Abschn. 19.1 eingeführt haben. Bei viel größeren Skalen erscheint die Raumzeit glatt, so wie die schäumende Oberfläche des Ozeans glatt erscheint, wenn man sie aus einem Flugzeug betrachtet.

Von der Physik des Raumzeitschaums hat man noch keine genaue Vorstellung, aber die Physiker erwarten, dass die Bildung von virtuellen Paaren auf kleineren Skalen als l_p aufhört (dies passt gut zur Stringtheorie, bei der die typische Größe von schwingenden Saiten $\sim l_p$ ist). Die Vakuumenergiedichte kann dann durch Einsetzen von $L \sim l_p$ in Gl. 20.1 abgeschätzt werden, und die entsprechende Massendichte erhält man durch weitere Division durch c^2:

$$\rho_v \sim \frac{c^5}{hG^2} \sim 10^{97} \ \text{kg/m}^3. \tag{20.3}$$

Diese ist um einen Faktor von etwa 10^{123} größer als die beobachtete Vakuumenergiedichte.

20.3 Das anthropische Prinzip

Warum sind die Naturkonstanten auf das Leben abgestimmt? Es gibt einige Möglichkeiten, diese Frage anzugehen, und wir werden sie der Reihe nach prüfen.

1. Das Universum ist, was es ist. Die Konstanten müssen bestimmte Werte haben, und sie sind zufällig mit dem Leben vereinbar. Wir hatten einfach Glück. Das ist nicht sehr befriedigend: Vielfach hintereinander Glück zu haben, verlangt nach einer Erklärung. Und eine Feinabstimmung um 120 Größenordnungen kann man nur schwer als Zufall abtun.
2. Eines Tages werden wir eine vollständige Theorie der Physik haben, die es uns erlaubt, alle Parameter aus Grundprinzipien zu berechnen. Wir müssen uns einfach zusammenreißen und weiter auf ein solches Verständnis hinarbeiten. Aber wie wahrscheinlich ist es, dass die aus der Fundamentaltheorie abgeleiteten Konstanten in die engen Bereiche fallen, die die Existenz von Leben ermöglichen? Wenn sie das tun, so ist das ein enormer Glücksfall. Noch einmal: Es wäre nicht zufriedenstellend, sie unerklärt zu lassen.
3. Die Konstanten wurden von einem wohlwollenden Schöpfer verfeinert, nur damit wir existieren können. Es besteht oft die Versuchung, Gott anzurufen, wenn wir etwas begegnen, das sehr schwer erklärbar zu sein scheint. Aber dieser „Gott der Lücken"-Ansatz hat in der Wissenschaft wenig Erfolg. Isaac Newton postulierte zum Beispiel, dass eine übernatürliche Gottheit dafür verantwortlich sei, eine homogene Verteilung der Sterne gegen den Gravitationskollaps aufrechtzuerhalten, und dafür, dass die Planeten „undurchsichtig" und die Sterne „leuchtend" sind. Natürlich war es ein großer Triumph der Wissenschaft, die Expansion des Universums zu entdecken und zu erklären, wie thermonukleare Reaktionen einen undurchsichtigen Körper zu einem leuchtenden Stern machen.
4. Schließlich besteht die Möglichkeit, dass die Naturkonstanten eine Vielzahl unterschiedlicher Werte annehmen können, die in weit entfernten

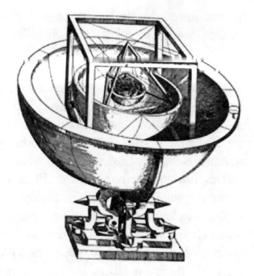

Abb. 20.3 Keplers Modell des Sonnensystems mit fünf ineinander verschachtelten platonischen Festkörpern

Teilen des Universums jenseits unseres Horizonts Wirklichkeit sein können. Dann sollten wir nicht überrascht sein, dass wir in einer *besonderen* Ecke des Universums leben, in der es Naturkonstanten gibt, die lebensfreundlich sind. Wir können nicht in Umgebungen leben, die nicht biologisch freundlich sind – selbst wenn der größte Teil des Universums von dieser Art ist. Wir leben nur dort, wo wir können! Dies ist das sogenannte „anthropische Prinzip".

Um das anthropische Prinzip zu veranschaulichen, wollen wir einen Moment über das Sonnensystem nachdenken. Vor etwa vier Jahrhunderten, als man das Sonnensystem für das Universum hielt, stellte Johannes Kepler die folgende Frage: Was bestimmt die Anzahl der Planeten und ihre besonderen Entfernungen von der Sonne? Damals waren nur fünf Planeten bekannt, und Kepler fiel auf, dass dies genau die Anzahl der hochsymmetrischen Polyeder war, die als platonische Körper bezeichnet werden[5]. Er entwarf eine ausgeklügelte Konstruktion, bei der die Körper ineinander verschachtelt waren, und postulierte, dass ihre Größe proportional zu den Radien der Planetenbahnen sei (Abb. 20.3). Aber heute ist offensichtlich, dass Kepler die falsche Frage gestellt hat. Wir haben Tausende von extrasolaren Planeten entdeckt, und wir haben allen Grund zu der Annahme,

---

[5]Diese Tatsache wurde von den alten Griechen entdeckt. Die platonischen Körper sind Tetraeder, Würfel, Oktaeder, Dodekaeder und Ikosaeder.

dass es Milliarden von ihnen im beobachtbaren Universum gibt. Die Planeten umkreisen ihre Sonne in sehr unterschiedlichen Entfernungen, aber die meisten von ihnen sind für die Entwicklung von Leben nicht gut geeignet. Wenn unsere Erde der Sonne wesentlich näher oder weiter von ihr entfernt wäre, würden die Ozeane entweder kochen oder gefrieren, und Leben auf unsere Art wäre unmöglich. Der Grund, warum wir auf einem Planeten leben, der „gastfreundlich" gelegen ist, liegt einfach darin, dass wir nicht auf einem Planeten in unwirtlicher Entfernung leben können. Wenn das Sonnensystem das einzige im Universum wäre, dann wäre es sehr mysteriös, dass es einen biologisch freundlichen Planeten enthält. Wenn es aber viele Arten von Planeten mit unterschiedlichen Bedingungen gibt, dann ist es nicht so überraschend, dass einige von ihnen Umweltfaktoren aufweisen, die für das Leben gastfreundlich sind – und es entspricht dem gesunden Menschenverstand, dass wir auf einem solchen Planeten leben.

Wenn wir in einem Multiversum leben, in dem es viele weit entfernte Regionen mit unterschiedlichen Naturkonstanten gibt, dann überrascht es keineswegs, dass wir uns an einem ganz besonderen Ort mit „feinabgestimmten" Parameterwerten befinden. Wir können einfach nirgendwo anders leben. Wenn man im multiversen Kontext fragt, warum ein bestimmter Parameter einen bestimmten Wert hat, stellt man die falsche Frage wie Kepler.

Das anthropische Prinzip, das 1974 von dem in Australien geborenen Astrophysiker Brandon Carter eingeführt wurde, genießt unter Physikern einen zweifelhaften Ruf. Einerseits ist das Prinzip auf triviale Weise wahr (wir können nicht dort leben, wo Leben unmöglich ist), und seine Anwendung auf unseren Standort im Sonnensystem ist unumstritten. Andererseits wurde seiner Verwendung zur Erklärung der Feinabstimmung der Naturkonstanten oft mit großem Misstrauen begegnet.

20.4 Was für und gegen anthropische Erklärungen spricht

Anthropische Erklärungen gehen von der Existenz eines Multiversums aus, das aus weit voneinander entfernten Regionen besteht, in denen die Naturkonstanten unterschiedliche Werte annehmen. In den 1970er Jahren schien diese Annahme ziemlich weit hergeholt zu sein, aber das hat sich nun aufgrund der anschließenden Entwicklungen in der Teilchenphysik und Kosmologie geändert. Moderne Teilchentheorien sagen die Existenz mehrerer Vakuumzustände mit unterschiedlichen Eigenschaften voraus, und die ewige Inflation bietet einen Mechanismus, um das Universum mit großen Regionen aller möglichen Vakua auszustatten.

Um die Feinabstimmung der Vakuumenergiedichte ρ_v zu erklären, müsste die Anzahl der Vakua in der Energielandschaft der Theorie außerdem enorm sein. Um zu verstehen, warum, stellen wir uns ein langes Band vor, das die möglichen Werte von ρ_v, die von $-10^{120}\,\rho_m$ bis $+10^{120}\,\rho_m$ reichen, enthält. In der Mitte des Bandes befindet sich ein winziger anthropischer Bereich zwischen $-10^3\,\rho_m$ und $+10^3\,\rho_m$, in dem Leben möglich ist. Nun wollen wir, dass die Zahl der Vakua in der Landschaft ausreichend groß ist, sodass einige von ihnen zufällig im anthropischen Bereich liegen. Wenn wir zufällig einen Pfeil auf das Band werfen, ist die Wahrscheinlichkeit, dass er den anthropischen Bereich trifft, verschwindend gering,

$$P \sim \frac{10^3\,\rho_m}{10^{120}\,\rho_m} \sim 10^{-117}. \tag{20.4}$$

Wir werden mehr als nur 10^{117} Versuche machen müssen, bevor wir mit einem erfolgreichen Treffer rechnen können. Gleichermaßen brauchen wir eine Energielandschaft von mehr als 10^{117} Vakua, damit die anthropische Erklärung von ρ_v zutrifft.

Die Energielandschaften der Großen vereinheitlichten Theorien enthalten typischerweise nur wenige Vakua und bleiben weit hinter der notwendigen Anzahl zurück, doch hier kommt die Stringtheorie zum Tragen. Wie wir in Kap. 19 besprochen haben, wird die Energielandschaft der Stringtheorie auf $\sim 10^{500}$ Vakua geschätzt. Das übertrifft die erforderliche Anzahl 10^{117} vollkommen. Bei einer solch immensen Landschaft können wir erwarten, dass es Googols von Vakua im anthropischen Bereich geben wird (siehe Frage 7).

Das anthropische Prinzip wurde oft als unvorhersehbar und unüberprüfbar abgetan – eine Art philosophischer Ausweg. Es bietet eine fertige Erklärung für alle Werte der Naturkonstanten, die wir messen können, aber es scheint keine Möglichkeit zu beinhalten, um zu überprüfen, ob diese Erklärung korrekt ist. Heute erkennen jedoch viele Physiker, dass anthropische Argumente tatsächlich zu überprüfbaren Vorhersagen führen können, wie wir in Kap. 21 erörtern werden.

Zusammenfassung

In unserem beobachtbaren Universum gibt es etwa 30 Naturkonstanten, die empirisch gemessen worden sind. Trotz größter Bemühungen ist es den Physikern nicht gelungen, die Werte dieser Parameter aus den Grundprinzipien abzuleiten. Interessanterweise führt eine relativ kleine Änderung des Wertes einer der Konstanten tendenziell zu einem Universum, das lebensfeindlich ist. Wie können wir diese Feinabstimmung erklären?

Eine Möglichkeit besteht darin, dass die Konstanten der Natur eine Vielzahl unterschiedlicher Werte annehmen können, die sich in weit entfernten Regionen des Universums jenseits unseres Horizonts verwirklichen lassen. Dann ist es keine Überraschung, dass wir in einer gedeihlichen Zone leben, in der es Naturkonstanten gibt, die lebensfreundlich sind. Wir können nicht in Umgebungen leben, die nicht lebensfreundlich sind – selbst wenn der größte Teil des Universums von dieser Art ist. Dies ist das sogenannte „anthropische Prinzip".

Die beobachtete Vakuumenergiedichte (oder kosmologische Konstante) ist etwa 120 Größenordnungen kleiner als der theoretische Wert. Dies wird das „Problem der kosmologischen Konstante" genannt, und es ist eines der größten Rätsel der theoretischen Physik. Das anthropische Prinzip, kombiniert mit der Vorstellung von der Welt als Multiversum, ist geeignet zu erklären, warum die kosmologische Konstante so klein ist.

Fragen

1. Neutronen sind etwas schwerer als Protonen. Was würde passieren, wenn wir die Neutronenmasse um 1 % verringern könnten, sodass Protonen schwerer würden als Neutronen?

2. Die Umlaufbahn der Erde um die Sonne ist nahezu kreisförmig, während zu beobachten ist, dass viele der anderen Sonnenplaneten stark exzentrische elliptische Bahnen haben. Warum glauben Sie, dass wir nicht auf einem dieser Planeten leben?

3. Nennen Sie zwei Beispiele für Naturkonstanten, die feinabgestimmt zu sein scheinen. Geben Sie für jedes Beispiel an, auf welche Weise sich das Universum unterscheiden würde, wenn diese Konstanten andere Werte hätten.

4. Was ist das „anthropische Prinzip"?

5. Erklären Sie, warum ein hoher Wert der Vakuumenergiedichte die Galaxienbildung behindert.

6. Wie erklärt die Vorstellung eines Multiversums die scheinbare Feinabstimmung der kosmologischen Konstante?

7. Ermitteln Sie mit Hilfe des Ausdrucks für die typische Energie der virtuellen Paare im Kasten am Ende von Abschn. 20.2 die Länge L, unterhalb der die Teilchen des Paares ein Schwarzes Loch bilden würden. Dies ist eine der Möglichkeiten, die Längenskala zu finden, bei

der Quantengravitationseffekte an Bedeutung gewinnen. Stimmt Ihre Antwort mit dem Ergebnis der Dimensionsanalyse im Kasten überein? (Hinweis: Teilchen mit der kombinierten Masse M bilden ein Schwarzes Loch, wenn sie in einer Kugel mit einem Radius kleiner als der Schwarzschild-Radius $2\,GM/c^2$ lokalisiert sind.)

8. Angenommen, der Bereich der möglichen Werte von ρ_v reicht von $-10^{120}\,\rho_m$ bis $+10^{120}\,\rho_m$, und der anthropische Bereich, der die Existenz von Leben zulässt, reicht von $-10^3\,\rho_m$ bis $+10^3\,\rho_m$. Außerdem nehmen wir an, dass die Energielandschaft 10^{500} Vakua umfasst. Schätzen Sie die Anzahl der Vakua im anthropischen Bereich.

21

Das Prinzip der Mittelmäßigkeit

Gemäß der Vorstellung von der Welt als Multiversum variieren die Naturkonstanten in den verschiedenen Teilen des Universums. In einigen Regionen lassen die Konstanten die Existenz von Leben zu, und dort werden sich Beobachter entwickeln und diese Konstanten messen. Beobachter in verschiedenen Regionen werden im Allgemeinen unterschiedliche Werte der Konstanten messen. Wir wissen nicht *a priori*, in welcher Art von Region wir leben, sodass wir die lokalen Werte der Konstanten nicht mit Sicherheit vorhersagen können. Es kann jedoch möglich sein, *statistische* Vorhersagen zu treffen. Einige Arten von Regionen können zahlreicher oder dichter bestückt sein als andere, und es ist wahrscheinlicher, dass wir uns in einer dieser Regionen befinden.

21.1 Die Glockenkurve

Wenn Sie jemals einen großen College-Einführungskurs besucht haben, haben Sie sich wahrscheinlich gefragt, ob Sie auf einer „Kurve" benotet werden. Die Kurve ist natürlich die so genannte „Glockenkurve" (Abb. 21.1). Was stellt die Glockenkurve dar? Nehmen wir an, dass 20 Jahre lang jedes Jahr 300 Studierende die gleiche Abschlussprüfung ablegen. Wenn Sie nach dem Zufallsprinzip einen Namen aus einem Hut ziehen würden (der die Namen aller 300 Studenten enthält), welche Note erwarten Sie, dass dieser Student in der Abschlussprüfung erreicht hat? Sie wären überrascht, wenn die Note des Studenten z. B. im oberen oder unteren 1 %

des einen Jahrgangs liegen würde. Wenn der Dozent Ihnen einen Daten-satz zur Verfügung stellen würde, der die Ergebnisse der Studenten ent-halten würde, die in den letzten 20 Jahren an dieser Prüfung teilgenommen haben (Abb. 21.1), könnten Sie genauere Vorhersagen machen. Wenn Sie jeweils die 2,5 % der Studierenden, die die höchste und die niedrigste Note erhielten, verwerfen, dann können Sie mit 95 %iger Sicherheit sagen, dass ein zufällig ausgewählter Student eine Note in den übrigen 95 % erhielt (d. h. entsprechend zwischen 20 und 80 von den 100 im Beispiel in Abb. 21.1). Das bedeutet, dass Sie, wenn Sie einen Namen nach dem anderen ziehen würden, in 95 % der Fälle Studenten ziehen würden, die in dem oben genannten Bereich gepunktet haben. Dies wird als Vorher-sage mit 95 % Konfidenzniveau bezeichnet. Um eine Vorhersage mit 99 % Konfidenzniveau zu machen, müssten Sie 0,5 % an beiden Enden der Ver-teilung verwerfen. Mit steigendem Konfidenzniveau werden Ihre Chancen, falsch zu liegen, geringer, aber die vorhergesagte Bandbreite der Noten wird größer und die Vorhersage weniger interessant.

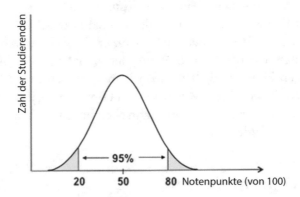

Abb. 21.1 Notenverteilung der Studierenden in einer großen Klasse. Die Anzahl der Studenten, deren Noten innerhalb eines bestimmten Bereichs liegen, ist proportional zu der Fläche unter dem entsprechenden Abschnitt der *Kurve*. Der Median der Noten beträgt 50 Punkte. Das bedeutet, dass die Hälfte der Schüler Noten über und die andere Hälfte Noten unter diesem Wert erhalten hat. Die *schattierten Flächen* stellen jeweils die niedrigsten und höchsten 2,5 % dar. Die Bandbreite der Noten zwischen den beiden *schattierten Flächen* wird mit einem Konfidenzniveau von 95 % vorher-gesagt

21.2 Das Prinzip der Mittelmäßigkeit

Eine ähnliche Methode kann angewandt werden, um Vorhersagen für die Naturkonstanten zu treffen. Nehmen wir für einen Moment an, es gäbe einen universellen Superbeobachter (*Universal Super Observer*, USO), der die gesamte Raumzeit überblicken und alles messen kann, was er will. Der USO schaut sich um und sieht viele verschiedene Regionen des Universums mit unterschiedlichen Werten für die Naturkonstanten. Er beschließt, die Anzahl der Beobachter zu zählen, die in Regionen leben, die unterschiedliche Werte einer bestimmten Konstante haben, nennen wir sie X. Um den Effekt der Variation von X unabhängig zu bestimmen, konzentriert sich der USO auf Regionen, in denen die anderen Konstanten fast die gleichen Werte haben und sich nur X von einer Region zur anderen ändert[1]. Der USO stellt fest, dass einige der Regionen viele Beobachter haben, einige nur wenige und andere keine. Er kann dann die Anzahl der Beobachter auftragen, die verschiedene Werte von X messen. Die sich daraus ergebende Verteilung wird höchstwahrscheinlich ähnlich wie eine Glockenkurve sein. Wenn der USO uns freundlicherweise die Verteilung angibt, können wir je 2,5 % an ihren beiden Enden verwerfen und eine Vorhersage mit 95 % Konfidenzniveau für den von einem zufällig ausgewählten Beobachter gemessenen Wert von X machen.

Was wäre der Nutzen einer solchen Vorhersage? Natürlich könnten wir sie nicht direkt überprüfen – wir können nicht „zum Telefonhörer greifen" und nach dem Zufallsprinzip ausgewählte Beobachter bitten, ihre Messungen offenzulegen –, denn alle Regionen mit unterschiedlichen X-Werten liegen jenseits unseres Horizonts. Was wir jedoch tun können, uns selbst als zufällig ausgewählt zu betrachten. Da wir *a priori* keinen Grund zu der Annahme haben, dass die Werte der Konstante in unserer Region ungewöhnlich groß oder klein oder anderweitig sehr speziell sind, macht es Sinn, davon auszugehen, dass wir typische oder nicht ungewöhnliche Beobachter sind. Diese Annahme wird das *Prinzip der Mittelmäßigkeit* genannt. Wenn es einige Naturkonstanten gibt, die wir noch nicht gemessen haben, und wenn wir irgendwie die statistische Verteilung ihrer von allen Beobachtern im Multiversum gemessenen Werte erhalten haben, können wir mit Hilfe des Prinzips der Mittelmäßigkeit voraussagen, dass die Werte

---

[1]Wenn die Vakuumlandschaft tatsächlich so reichhaltig ist, wie es die Stringtheorie nahe legt, wird sie Vakua mit praktisch beliebigen Werten der Konstante enthalten. Der USO wird also kein Problem haben, Regionen zu finden, in denen X variiert, während die anderen Konstanten nahezu fixiert sind.

der Konstante in unserer lokalen Region dem Bereich um die Spitze der Verteilung entsprechen sollten.

Aber woher sollen wir die Verteilung nehmen? Anstelle durch einen kooperativen USO werden wir sie aus unserer Theorie des Multiversums ableiten müssen. Wenn die sich daraus ergebenden Vorhersagen mit unseren Messungen übereinstimmen, würde dies einen Beweis liefern, der die Theorie untermauert; wenn nicht, kann die Theorie mit einem bestimmten Konfidenzniveau ausgeschlossen werden.

21.3 Ermittlung der Verteilung durch Zählung der Beobachter

Wir wollen nun erörtern, wie die Verteilung der von zufällig ausgewählten Beobachtern gemessenen Konstante aus der Theorie abgeleitet werden kann. Wir müssen die Anzahl der Beobachter in Regionen mit unterschiedlichen Konstanten zählen. Dazu müssen wir die Dichte der Beobachter in jeder Umgebung und das entsprechende Volumen kennen. Der Volumenfaktor kann prinzipiell aus der Inflationstheorie berechnet werden (Abschn. 21.5). Da wir jedoch über die Entwicklung des Lebens und der Intelligenz nur wenig wissen, wie können wir hoffen, die Beobachterdichte zu berechnen, die in verschiedenen Umgebungen entstehen kann?

Zunächst einmal sollten wir beachten, dass einige Naturkonstanten „lebensverändernd" und andere „lebensneutral" sind. Eine „lebensverändernde" Konstante ist eine Konstante, die sich direkt auf die Physik und Chemie des Lebens und damit direkt auf die Fähigkeit des Lebens auswirkt, sich in einer Galaxie zu entwickeln und zu gedeihen. Beispiele für lebensverändernde Konstanten sind die Elektronenmasse und die Gravitationskonstante. Auf der anderen Seite ist eine „lebensneutrale" Konstante eine Konstante, die, solange Galaxien vorhanden sind, die Fähigkeit des Lebens, sich zu entwickeln, nicht direkt beeinflusst. Zum Beispiel sind die kosmologische Konstante und die Größe der primordialen Dichtefluktuationen lebensneutrale Konstanten. Solange ihre Werte innerhalb der Fenster liegen, die die Entstehung von Galaxien in einer Region ermöglichen, beeinflussen sie die Dichte der Beobachter innerhalb einer Galaxie nicht[2].

---

[2]Das ist ein wenig zu stark vereinfacht. Einige Eigenschaften von Galaxien können sich tatsächlich aufgrund der Variation von lebensneutralen Konstanten ändern. Wenn zum Beispiel die Dichtefluktuationen größer werden, bilden sich Galaxien früher und haben eine höhere Materiedichte. Infolgedessen kommt es häufiger zu engen Begegnungen zwischen Sternen, die die Umlaufbahnen der Planeten stören und Leben auslöschen können.

Beim gegenwärtigen Wissensstand können wir nur versuchen, die Verteilungen lebensneutraler Konstanten zu berechnen. Darüber hinaus können wir unsere Unwissenheit über die Entstehung von Leben ausblenden, wenn wir uns auf die Regionen konzentrieren, in denen die lebensverändernden Konstanten die gleichen Werte wie in unserer Umgebung haben und nur die lebensneutralen Konstanten unterschiedlich sind. Alle Galaxien in solchen Regionen werden ungefähr die gleiche Anzahl von Beobachtern haben, und um die Dichte der Beobachter in verschiedenen Regionen zu vergleichen, brauchen wir nur die Dichte der Galaxien zu vergleichen. Mit anderen Worten, *wir können die Dichte von Galaxien als Näherungswert für die Dichte von Beobachtern verwenden.* Wir werden nun erörtern, wie dieser Ansatz angewendet wurde, um den Wert der kosmologischen Konstante vorherzusagen.

21.4 Vorhersage der kosmologischen Konstante

Die anthropische Grenze der kosmologischen Konstante ρ_v gibt den Wert an, oberhalb dessen die Vakuumenergie zu früh dominieren würde, als dass sich lebensfähige Galaxien bilden könnten. In Regionen, in denen ρ_v nahe diesem Grenzwert liegt, ist die Galaxienbildung kaum möglich, und die Dichte der Galaxien ist sehr gering. Aber die meisten Beobachter werden nicht an diesen einsamen Orten leben, sondern in Regionen, in denen es von Galaxien wimmelt. Wenn wir also davon ausgehen, dass wir typische Beobachter sind, sollten wir erwarten, in einer der galaxienreichen Regionen zu leben und eine kosmologische Konstante zu messen, die deutlich niedriger ist als die anthropische Grenze.

Grobe Schätzung

Eine grobe Schätzung des erwarteten Wertes von ρ_v lässt sich wie folgt erhalten. Betrachten wir eine große Anzahl von Regionen, in denen ρ_v eine Vielzahl von Werten annehmen kann, während die anderen Konstanten sehr nahe an den Werten liegen, wie sie in unserer lokalen Nachbarschaft sind. Je nach dem Wert von ρ_v wird die Vakuumenergie in diesen Regionen zu unterschiedlichen Zeiten t_v beginnen zu dominieren, oder es kommt zu unterschiedlichen Rotverschiebungen z_v. Sobald die Vakuumenergie dominiert, kommt die Galaxienbildung zum Stillstand, sodass es in

Regionen, in denen das Vakuum dominiert, nachdem nur wenige Galaxien die Chance hatten, sich zu bilden, nur wenige Beobachter geben wird.

Wie wir in Kap. 12 besprochen haben, verläuft die Galaxienbildung hierarchisch, wobei kleinere „Klumpen" zu immer größeren Strukturen verschmelzen. Große Galaxien wie unsere, die massereich genug sind, um effizient Sterne zu bilden und die durch Supernova-Explosionen verteilten schweren Elemente festzuhalten, entstehen bei Rotverschiebungen von $z \sim 2$ oder später. In galaxienreichen Regionen sollte die Vorherrschaft des Vakuums zu einem späteren Zeitpunkt eintreten, es muss also gelten $z_v < 2$. (Zur Erinnerung: Kleinere Rotverschiebungen entsprechen späteren Zeiten.) Nun beträgt bei $z = 2$ die Dichte der Materie $\rho_m = (1 + z)^3 \rho_{m0} = 27\rho_{m0}$, wobei ρ_{m0} der gegenwärtige Wert von ρ_m ist.

Unter der Voraussetzung, dass die Vakuumenergie in dieser Phase nicht dominiert, erhalten wir (Abschn. 5.1)

$$\rho_v < \frac{\rho_m}{2} \approx 14\rho_{m0}. \tag{21.1}$$

Es ist zu erwarten, dass die von den meisten Beobachtern im Multiversum gemessenen Werte für ρ_v, die in einer ähnlichen Umgebung wie der unseren leben, diese Bedingung erfüllen.

Die Verteilung

Die Wahrscheinlichkeitsverteilung für die von zufällig ausgewählten Beobachtern gemessenen Werte für ρ_v erfordert eine sorgfältigere Berechnung. Das Ergebnis einer solchen Berechnung ist in Abb. 21.2 dargestellt. Die Verteilung hat ihren Höhepunkt bei $\rho_v \sim 3\rho_{v_0}$, wo der beobachtete Wert $\rho_{v0} \sim 2\rho_{m0}$ liegt, und der 95 %-Konfidenzbereich liegt zwischen $\sim 0.1\rho_{v0}$ und $\sim 20\rho_{v0}$. Es ist unwahrscheinlich, Werte von $\rho_v > 20\rho_{v_0}$ zu beobachten, da es in den entsprechenden Regionen nur sehr wenige Galaxien gibt. Sehr kleine Werte von $\rho_v < 0.1\rho_{v0}$ sind ebenfalls unwahrscheinlich, einfach weil dieser Wertebereich so eng ist. Ein Wert in diesem Bereich würde einer unnötigen Feinabstimmung gleichkommen, d. h. einer Feinabstimmung, die noch stringenter ist, als es die anthropischen Überlegungen erfordern.

In diesem Abschnitt sind wir einfach davon ausgegangen, dass $\rho_v > 0$. Eine ähnliche Analyse kann für negative Werte von ρ_v mit sehr ähnlichen Schlussfolgerungen durchgeführt werden. Der Hauptunterschied besteht darin, dass die Begrenzung großer negativer Werte von $\rho_v < -20\rho_{v_0}$ davon

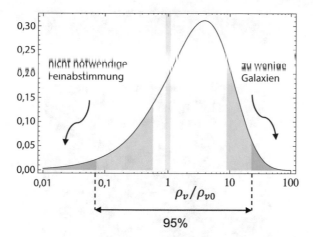

Abb. 21.2 Wahrscheinlichkeit für einen zufällig ausgewählten Beobachter, einen gegebenen Wert von ρ_v zu messen. Der *dunkelgraue* und der *hellgraue Bereich* markieren die bei einem Konfidenzniveau von 95 bzw. 67 % ausgeschlossenen Werte. Der *senkrechte Balken* markiert den beobachteten Wert. Aus A. De Simone, A. Guth, M. Salem und A. Vilenkin, Phys. Rev. D78, 063.520 (2008)

herrührt, dass das Universum nicht zu einem „Endknall" kollabiert, bevor sich einige Galaxien bilden können.

Anthropische Grenzen für ρ_v wurden erstmals 1987 von Steven Weinberg und Andrei Linde hergeleitet. Eine auf dem Prinzip der Mittelmäßigkeit basierende Vorhersage wurde 1995 von Vilenkin gemacht und später von George Efstathiou (1995) und von Hugo Martel, Paul Shapiro und Weinberg (1998) verfeinert. Zu dieser Zeit waren anthropische Argumente höchst unpopulär[3], und es kam für die meisten Physiker völlig überraschend, als 1998 bei Supernova-Beobachtungen eine Vakuumenergiedichte von ungefähr der erwarteten Größenordnung festgestellt wurde. Bis heute sind keine brauchbaren alternativen Erklärungen für den gemessenen Wert von ρ_v formuliert worden. Dies könnte unser erster beobachteter Beweis für die Existenz eines Multiversums sein (Abb. 21.3).

---

[3]Der Gutachter des Astrophysical Journal lehnte es ab, Artikel zu veröffentlichen, die auf anthropischer Argumentation beruhen. Damit Martel Shapiro und Weinberg ihre Arbeit von 1998 publizieren konnten, mussten sie den Herausgeber davon überzeugen, dass, falls ρ_v jemals gemessen und unter einem bestimmten Wert liegen würde, dies zeigen würde, dass die anthropische Argumentation dies nicht erklären könnte. Tatsächlich stellte sich heraus, dass der Wert von ρ_v genau dort liegt, wo eine anthropische Erklärung vollkommen sinnvoll ist.

Abb. 21.3 Steven Weinberg erhielt 1979 den Nobelpreis für seine Arbeit über das Standardmodell der Teilchenphysik. Er leistete auch entscheidende Beiträge zur Kosmologie. (*Quelle:* AIP Emilio Segre Visuelle Archive)

21.5 Das Messproblem

Um die Wahrscheinlichkeitsverteilung für Werte einer bestimmten Konstante zu berechnen, die von zufällig ausgewählten Beobachtern gemessen werden, müssen wir den Volumenanteil[4] des Universums kennen, in dem verschiedene Werte der Konstante realisiert sind, und auch die Dichte der Beobachter in jeder dieser Umgebungen. Bei lebensneutralen Konstanten ist die Dichte der Beobachter proportional zur Dichte der Galaxien, die sich relativ einfach berechnen lässt. Die Berechnung des Volumenanteils stellt jedoch ein ernstes Problem dar.

Das Problem entsteht, weil die Volumina aller Arten von Umgebungen im Multiversum unbegrenzt wachsen und schließlich unendlich groß werden. Um also den Anteil des Volumens zu finden, der von einer gegebenen Umgebung eingenommen wird, müssen wir Unendlichkeiten vergleichen, und das ist eine mathematisch mehrdeutige Aufgabe. Dies lässt

---

[4]Siehe Frage 4: Hier zeigt sich, dass es ausreicht, für die Berechnung von Wahrscheinlichkeiten Volumenfraktionen statt tatsächlicher Volumina zu verwenden.

sich am einfachen Beispiel einer unendlichen Folge von ganzen Zahlen veranschaulichen:

$$1, 2, 3, 4, 5, 6, 7, 8, \ldots$$

Wir können fragen: Welcher Anteil der ganzen Zahlen ist ungerade? Sie
haben wahrscheinlich die Antwort $^1/_2$ gefunden. In der Tat, wenn wir N
Zahlen in einer Reihe betrachten, wird der Anteil der ungeraden Zahlen
bei großen N nahe bei $^1/_2$ liegen und genau gleich $^1/_2$ bei N gleich Limes
unendlich sein.

Aber wenn Sie die Reihenfolge so umordnen, dass auf jede ungerade
ganze Zahl zwei gerade ganze Zahlen folgen,

$$1, 2, 4, 3, 6, 8, 5, \ldots$$

dann ist die Antwort $^1/_3$ (obwohl diese Sequenz die gleichen ganzen Zahlen
wie in der natürlichen Reihenfolge enthält). Tatsächlich kann man durch
eine Neuordnung der Sequenz auf diese Frage jede beliebige Antwort
zwischen 0 und 1 erhalten.

In diesem speziellen Beispiel kann die Mehrdeutigkeit vermieden werden,
indem verlangt wird, dass die natürliche Reihenfolge der ganzen Zahlen
eingehalten werden muss. Die Antwort lautet dann $^1/_2$, wie man intuitiv
erwartet. Wir können versuchen, eine ähnliche Vorschrift für den Volumenanteil im Multiversum anzuwenden, indem wir die natürliche Reihenfolge
der Ereignisse in der Zeit einhalten. Dies würde darauf hinauslaufen, nur die
Regionen (z. B. Blasenuniversen) einzubeziehen, die vor einem bestimmten
Zeitpunkt t entstanden sind. Das Problem ist jedoch, dass das Ergebnis davon abhängt, wie die Zeit an verschiedenen Orten definiert ist. In
der Allgemeinen Relativitätstheorie gibt es keinen eindeutigen oder bevorzugten Weg, dies zu tun. Man kann zum Beispiel die Zeit verwenden, die
von den Uhren lokaler Beobachter gemessen wird; dies wird als *Messung
der Eigenzeit* bezeichnet. Alternativ könnte man die Expansion des Universums als Zeitmaß verwenden. Gleiche Zeiten würden dann gleichen
Werten des Skalenfaktors entsprechen; dies wird als *Messung des Skalenfaktors* bezeichnet. Es gibt unendlich viele Möglichkeiten zur Auswahl, und
somit bleibt der Volumenanteil mehrdeutig. Diese Uneindeutigkeit wird als
das Messproblem bezeichnet.

Kosmologen haben verschiedene Messvorschriften untersucht und festgestellt, dass einige von ihnen zu Paradoxien oder zu einem Konflikt mit
den Daten führen und deshalb verworfen werden sollten. Zum Beispiel
hat die Eigenzeitmessung eher schlecht funktioniert, während die Messung

des Skalenfaktors bisher alle Tests erfolgreich bestanden hat[5]. Es ist jedoch unwahrscheinlich, dass diese Art der Analyse eine eindeutige Beschreibung der Wahrscheinlichkeiten ergibt. Dies deutet darauf hin, dass in unserem Verständnis der kosmischen Inflation möglicherweise ein wichtiges Element fehlt.

Einige sind der Meinung, dass das Messproblem so gravierend ist, dass es die Gültigkeit der Inflationstheorie ernsthaft in Frage stellt. Aber dies ist die Ansicht nur einer kleinen Minderheit von Kosmologen. Die Situation mit der Inflationstheorie ist ähnlich wie die mit Darwins Evolutionstheorie vor etwa 100 Jahren. Beide Theorien haben die Bandbreite der wissenschaftlichen Untersuchungen stark erweitert, indem sie eine Erklärung für etwas anboten, das man zuvor nicht glaubte erklären zu können. In beiden Fällen war die Erklärung überzeugend, und es wurden keine brauchbaren Alternativen formuliert. Darwins Theorie ist weitgehend anerkannt, auch wenn einige wichtige Aspekte vor der Entdeckung des genetischen Codes unklar blieben. Die Inflationstheorie ist möglicherweise ähnlich unvollständig und erfordert möglicherweise zusätzliche neue Ideen. Aber der Gedanke liegt nahe, dass man auch auf sie nicht verzichten kann.

21.6 Das Weltuntergangsargument und die Zukunft unserer Zivilisation

Das Prinzip der Mittelmäßigkeit ist in vielen verschiedenen Kontexten angewandt worden. Nehmen wir zum Beispiel an, Sie erhalten eine Tasche mit N Karten. Sie wissen, dass die Karten mit 1 bis N bezeichnet sind, aber Sie wissen nicht, was N ist. Nun ziehen Sie eine Karte nach dem Zufallsprinzip und sehen die Nummer 15 darauf geschrieben. Wie würden Sie auf dieser Grundlage die Gesamtzahl der Karten N schätzen?

Das Prinzip der Mittelmäßigkeit lässt vermuten, dass Ihre Karte wahrscheinlich nicht ganz am Anfang oder Ende der Liste steht, sondern höchstwahrscheinlich irgendwo in der Mitte. Dann ist $N = 30$ Ihre bestmögliche Schätzung. Wenn Sie eine Vorhersage mit 90 % Konfidenzniveau machen wollen, wäre dies $16 < N < 300$. (Wissen Sie noch, wie wir diese Zahlen

---

[5]Die Verteilung für die kosmologische Konstante in Abb. 21.2 wurde mit Hilfe der Messung des Skalenfaktors berechnet. Tatsächlich zeigt die Analyse, dass diese Verteilung nicht sehr empfindlich auf die Wahl der Messmethode reagiert, sodass die Vorhersage für die kosmologische Konstante ziemlich robust ist und sich voraussichtlich nicht sehr stark ändern wird, wenn das Messproblem endgültig gelöst ist.

erhalten haben?) Sie können eine genauere Vorhersage machen, wenn Sie mehr als eine Karte ziehen. Die alliierten Streitkräfte verwendeten während des Zweiten Weltkriegs eine ähnliche Methode, um die Gesamtzahl der deutschen Panzer auf der Grundlage der Seriennummern der von ihnen erbeuteten Panzer zu schätzen.

Wenn wir uns vorstellen, jeder Person bei der Geburt eine „Seriennummer" zu geben, können wir mit der gleichen Argumentation die Gesamtzahl der Menschen vorhersagen, die jemals leben werden. Die Zahl der Menschen, die seit der Entstehung unserer Spezies auf der Erde gelebt haben, liegt bei etwa 100 Mrd., sodass unsere bestmögliche Schätzung lautet, dass 200 Mrd. Menschen jemals leben werden. Wenn sich die weltweite Geburtenrate auf ihrem gegenwärtigen Wert (130 Mio. Geburten pro Jahr) stabilisiert, wird diese Zahl in weniger als 800 Jahren erreicht sein.

Dies ist das berüchtigte „Weltuntergangsargument", das erstmals 1983 von Brandon Carter vorgebracht wurde. Das Argument wird subtiler und die Vorhersage weniger düster, wenn man die Existenz mehrerer anderer Zivilisationen im Universum in Betracht zieht. Es sei darauf hingewiesen, dass das Weltuntergangsargument ziemlich umstritten ist und viele Menschen glauben, dass das Prinzip der Mittelmäßigkeit in diesem Zusammenhang nicht verwendet werden sollte (Abb. 21.4).

Abb. 21.4 Brandon Carter ist bekannt für seine wichtigen Arbeiten über die Eigenschaften von Schwarzen Löchern. Er führte auch das anthropische Prinzip und das Weltuntergangsargument ein. *Mit freundlicher Genehmigung von* Brandon Carter

Große und kleine Zivilisationen

Für jede Zivilisation, die auf einen einzigen Planeten beschränkt ist, sind die Aussichten auf ein langfristiges Überleben eher düster. Sie kann durch einen Asteroideneinschlag oder eine nahe gelegene Supernova-Explosion zerstört werden, oder sie kann sich in einem Atomkrieg selbst vernichten. Es geht nicht darum, *ob,* sondern *wann* die Katastrophe eintritt, und der einzige sichere Weg für die Zivilisation, langfristig zu überleben, ist die Ausbreitung über ihren Heimatplaneten hinaus und die Kolonisierung des Weltraums.

Eine fortgeschrittene Zivilisation kann nahe gelegene Planetensysteme kolonisieren. Die Kolonien können sich dann weiter ausbreiten, bis die gesamte Galaxie kolonisiert ist. Es ist denkbar, dass sich die Zivilisationen sogar über ihre Heimatgalaxien hinaus ausdehnen könnten.

Die Wahrscheinlichkeit für eine Zivilisation, die existenziellen Herausforderungen zu überleben und ihre Galaxie zu kolonisieren, mag gering sein, aber sie ist nicht gleich null, und in einem riesigen Universum sollten solche Zivilisationen auf jeden Fall existieren. Wir werden sie als *große* Zivilisationen bezeichnen. Es wird auch *kleine* Zivilisationen geben, die aussterben, bevor sie sich weit über ihre Heimatplaneten hinaus ausbreiten.

Um der Argumentation willen nehmen wir an, dass kleine Zivilisationen nicht viel größer werden als unsere und bald nach Erreichen ihrer maximalen Größe absterben. Die Gesamtzahl der Individuen, die in einer solchen Zivilisation während ihrer gesamten Geschichte gelebt haben, ist dann vergleichbar mit der Zahl der Menschen, die jemals auf der Erde gelebt haben, etwa 100 Mrd.

Eine große Zivilisation enthält eine viel größere Anzahl von Individuen. Eine Galaxie wie die unsere hat etwa 100 Mrd. Sterne, und etwa 20 % der Sterne haben bewohnbare Planeten (Abschn. 13.5). Dies entspricht 20 Mrd. bewohnbarer Planeten pro Galaxie. Geht man davon aus, dass jeder Planet eine ähnliche Bevölkerungszahl wie die Erde erreichen wird, so erhalten wir $\sim 2 \times 10^{21}$ Individuen. Die Zahlen können viel höher sein, wenn sich die Zivilisation weit über ihre Galaxie hinaus ausbreitet. Die entscheidende Frage ist: Wie groß ist die Wahrscheinlichkeit P, dass eine Zivilisation groß wird?

Es braucht mehr als 10^{10} kleine Zivilisationen, um die gleiche Anzahl von Individuen wie eine einzige große Zivilisation hervorzubringen. Wenn P nicht extrem klein ist (weniger als 10^{-10}), leben die Individuen also überwiegend in großen Zivilisationen. Genau dort sollten wir uns befinden, wenn wir typische Bewohner des Universums sind. Darüber hinaus sollte ein typischer Angehöriger einer großen Zivilisation erwarten, in einer Zeit zu leben, in der die Zivilisation nahe an ihrer maximalen Größe ist, da dann die meisten ihrer Bewohner leben.

Diese Erwartungen stehen in krassem Widerspruch zu dem, was wir tatsächlich beobachten: Wir leben entweder in einer kleinen Zivilisation oder ganz am Anfang einer großen Zivilisation. Mit der Annahme, dass P nicht sehr klein ist, sind beide Optionen sehr unwahrscheinlich – was darauf hindeutet, dass die Annahme wahrscheinlich falsch ist. Wenn wir tatsächlich typische Beobachter im Universum sind, dann müssen wir zu dem Schluss kommen, dass die Wahrscheinlichkeit P für eine Zivilisation, lange genug zu überleben, um groß zu werden, sehr gering sein muss. In unserem Beispiel kann sie nicht viel mehr als 10^{-10} betragen.

Die Wahrscheinlichkeit übertreffen

Das Weltuntergangsargument ist von statistischer Natur. Es sagt nichts über unsere Zivilisation im Besonderen voraus. Es besagt nur, dass die Chancen für eine bestimmte Zivilisation, groß zu werden, sehr gering sind. Gleichzeitig gibt es einige seltene Zivilisationen, die die Wahrscheinlichkeit übertreffen.

Was zeichnet diese außergewöhnlichen Zivilisationen aus? Abgesehen von einem reinen Glücksfaktor haben Zivilisationen, die einen wesentlichen Teil ihrer Ressourcen der Weltraumkolonisierung widmen, den Kolonisierungsprozess früh beginnen und nicht damit aufhören, eine bessere Chance auf langfristiges Überleben. Angesichts vieler anderer vielfältiger und dringender Bedürfnisse mag diese Strategie schwierig umzusetzen sein, aber dies könnte einer der Gründe dafür sein, dass große Zivilisationen so selten sind.

Eine Frage, die es zu klären gilt, lautet: Warum ist unsere Galaxie noch nicht kolonisiert? Es gibt Sterne in der Galaxie, die Milliarden Jahre älter sind als unsere Sonne, und es kann weniger als eine Million Jahre dauern, bis eine fortgeschrittene Zivilisation die gesamte Galaxie kolonisiert hat. Wir haben es also mit der berühmten Frage von Enrico Fermi zu tun: Wo sind sie? Eine mögliche Antwort ist, dass wir vielleicht die einzige intelligente Zivilisation in unserer Galaxie und vielleicht sogar im gesamten beobachtbaren Universum sind. Die Evolution des Lebens und der Intelligenz könnte einige äußerst unwahrscheinliche Ereignisse erfordern (Kap. 13). Ihre Wahrscheinlichkeit könnte so gering sein, dass der nächste Planet mit intelligentem Leben weit hinter unserem Horizont liegen könnte.

Zusammenfassung

Wenn die Naturkonstanten von einem Teil des Universums zu einem anderen variieren, können ihre lokalen Werte nicht mit Sicherheit vorhergesagt werden, aber wir können trotzdem *statistische* Vorhersagen machen.

Wir haben *a priori* keinen Grund zu der Annahme, dass die Werte der Konstanten in unserer Region besonders speziell sind, sodass es sinnvoll ist, davon auszugehen, dass wir typische oder keine außergewöhnlichen Beobachter sind. Diese Annahme wird das *Prinzip der Mittelmäßigkeit* genannt. Sie legt nahe, dass für uns die Wahrscheinlichkeit, bestimmte Werte der Konstanten in unserer lokalen Region zu messen, die gleiche ist wie für einen zufällig ausgewählten Beobachter im Multiversum. Auch wenn unser Verständnis des Multiversums ziemlich unvollständig ist, können wir in einigen speziellen Fällen Wahrscheinlichkeiten aus der Theorie der ewigen Inflation berechnen.

Diese Strategie wurde auf die kosmologische Konstante angewandt und führte zu einer Vorhersage, die später durch die Supernova-Beobachtungen von 1998 bestätigt wurde. Dies könnte unser erster Beweis für die Existenz des Multiversums sein.

Im Allgemeinen ist es offenkundig schwierig, statistische Vorhersagen im Multiversum zu treffen. Das Problem ist, dass eine sich ewig ausdehnende Raumzeit eine unendliche Anzahl aller Arten von Regionen hervorbringen wird. Der Vergleich der relativen Wahrscheinlichkeit eines Typs gegenüber einem anderen beinhaltet also einen Vergleich unendlicher Zahlen. Kosmologen haben versucht, diese Unendlichkeiten zu regulieren, um vernünftige Vorhersagen zu machen, aber im Allgemeinen ist die Frage noch immer ungelöst.

Fragen

1. Am Ende von Kap. 9 haben wir die bemerkenswerte Tatsache festgehalten, dass wir in einer ganz besonderen Phase leben, in der die Dichte der Materie mit der des Vakuums vergleichbar ist: $\rho_m \sim \rho_v$. In einer viel früheren Zeit war ρ_m viel größer und in ferner Zukunft wird ρ_m viel kleiner sein als ρ_v. Können Sie diese Tatsache mit anthropischen Argumenten erklären? (Für eine vollständige Erklärung müssen Sie vielleicht wissen, dass die Lebensdauer eines Sterns wie unserer Sonne etwa 10 Mrd. Jahre beträgt).

2. Welche der folgenden Parameter sind lebensverändernd und welche lebensneutral: Elektronenladung, Neutrinomasse, Stärke der starken Kernkraft, die großräumige Krümmung des Universums.

3. In einigen Regionen des Multiversums ist die Dichte der Materie aufgrund einer Messung gleich der in unserer Umgebung, während die Vakuumenergiedichte $\rho_v = 8\rho_{m0}$ beträgt. Mit welcher Rotverschiebung z_v begann die vom Vakuum dominierte Phase in dieser Region?

4. Eine Bevölkerungsumfrage auf irgendeinem Planeten ergab, dass 5 % seines Territoriums von Städten bedeckt sind, 75 % von ländlichen Gebieten, und die restlichen 20 % sind nicht zum Leben geeignet. Die Bevölkerungsdichte (d. h. die Anzahl der Einwohner pro Quadratkilometer) ist in den Städten 50-mal höher als in den ländlichen Gebieten. Wie hoch ist die Wahrscheinlichkeit, dass ein zufällig ausgewählter Einwohner in einer Stadt lebt? (Diese Aufgabe veranschaulicht, wie Volumenanteile zur Berechnung von Wahrscheinlichkeiten verwendet werden können).

5. Welche Reihenfolge von ganzen Zahlen würde den Anteil der ungeraden ganzen Zahlen zu $^2/_3$ ergeben? Gibt es diese Reihenfolge nur einmal, oder können Sie andere Reihenfolgen finden, für die der gleiche Wert gilt?

6. Wenn man bedenkt, dass die Zahl der Menschen, die jemals gelebt haben, gegenwärtig etwa 100 Mrd. beträgt, kann man mit dem Weltuntergangsargument die Zahl der Menschen, die jemals auf der Erde leben werden, mit 90 %iger Sicherheit schätzen.

7. a) Sind Sie vom Weltuntergangsargument überzeugt? Wenn nicht, was ist Ihrer Meinung nach daran falsch?
b) Angenommen, der Mensch würde die Biotechnik nutzen, um sich innerhalb weniger hundert Jahre zu einer fortgeschritteneren Art zu entwickeln. Würde das Weltuntergangsargument immer noch gelten?

22

Hatte das Universum einen Anfang?

Wir haben das frühe Universum, seine Entwicklung und seine sich ewig ausdehnende Zukunft untersucht. Wir sind jetzt bereit, uns erneut mit einer Frage zu befassen, mit der sich die Menschen seit Anbeginn auseinandergesetzt haben: Hat das Universum einen Anfang? Oder hat es schon immer existiert?

22.1 Ein Universum, das schon immer existiert?

Die Vorstellung, dass das Universum schon immer existiert, ist sehr reizvoll. Sie erlaubt es, die Lawine scheinbar unlösbarer Fragen im Zusammenhang mit dem Beginn des Universums zu umgehen. Was hat das Universum entstehen lassen? „Wer/Was" setzt die Anfangsbedingungen für das Universum? Woher kommt das „Wer/Was"? Diese Linie der Fragestellung ist eine endlose Rückwärtsbewegung, die Theologen, Philosophen und Wissenschaftler seit Jahrtausenden stark beschäftigt.

Um dieses Problem anzugehen, müssen wir untersuchen, ob es möglich ist, ein Universum wissenschaftlich zu beschreiben, das sowohl für die Vergangenheit als auch für die Zukunft ewig ist. Beginnen wir damit, indem wir uns daran erinnern, dass die Theorie des stationären Zustands von dieser Art war. Die Beobachtungen begünstigten den damit konkurrierenden Urknall, und die Steady-State-Theorie wurde verworfen. Was wäre, wenn wir ein *oszillierendes* Universum betrachten, das einen ständigen Zyklus von Expansion und Kontraktion durchläuft – mit einem Urknall, gefolgt

© Springer Nature Switzerland AG 2021
D. Perlov und A. Vilenkin, *Kosmologie für alle, die mehr wissen wollen*,
https://doi.org/10.1007/978-3-030-63359-2_22

von einem „Endknall", gefolgt von einem Urknall und so weiter? Solche oszillierenden Modelle wurden in den 1930er Jahren kurzzeitig in Betracht gezogen, doch schon bald stellte sich heraus, dass sie mit dem zweiten Hauptsatz der Thermodynamik unvereinbar waren. Der zweite Hauptsatz besagt, dass jeder Zyklus der kosmischen Expansion von einer Zunahme der Entropie begleitet wird. Hätte das Universum in seiner Vergangenheit eine unendliche Anzahl von Zyklen durchlaufen, hätte die Entropie ihren Maximalwert erreicht, und das Universum befände sich in einem Zustand des thermischen Gleichgewichts. Aber wir befinden uns nicht in einem solchen Zustand. Dies ähnelt dem Problem des „Wärmetods" eines ewigen statischen Universums (Abschn. 5.2).

Im Jahr 2002 stellten Paul Steinhart und Neil Turok eine neue Version des oszillierenden Modells vor, das sie „das zyklische Universum" nannten. Wie bei den älteren Modellen beginnt jeder Zyklus mit einem sich ausdehnenden Feuerball. Wenn sich der Feuerball ausdehnt, kühlt er ab, Galaxien bilden sich, und dann folgt eine Phase des dominierenden Vakuums. Sobald diese einsetzt, beginnt sich das Universum exponentiell auszudehnen. Diese exponentielle Expansion ist sehr langsam – es dauert etwa 10 Mrd. Jahre, bis sich die Größe des Universums verdoppelt hat. Nach Billionen von Jahren verlangsamt sich die Ausdehnung, hört schließlich auf und geht in eine Kontraktion über. Wenn der Kollaps abgeschlossen ist, prallt das Universum zurück und beginnt einen neuen Zyklus. In diesem Szenario befindet sich das Universum seit ewigen Zeiten in einer Abfolge von Expansion und Kontraktion, und ein Anfang scheint nicht notwendig zu sein.[1]

Aber was ist mit dem Problem der Entropie, mit dem die ursprünglichen oszillierenden Modelle behaftet waren? Im Szenario von Steinhardt und Turok übersteigt das Ausmaß der Expansion in einem Zyklus das Ausmaß der Kontraktion, sodass das Gesamtvolumen des Universums anwächst. Die Entropie unserer beobachtbaren Region ist jetzt die gleiche wie die Entropie einer ähnlichen Region im vorhergehenden Zyklus, aber die Entropie des gesamten Universums hat zugenommen – einfach weil das Volumen zugenommen hat. Sowohl die Volumenzunahme als auch die Entropie sind unbegrenzt, und daher wird der Zustand der maximalen Entropie nie erreicht – er existiert nicht.

---

[1]Das zyklische Modell wurde als Alternative zur Inflation eingeführt, aber es ist bei weitem noch nicht voll entwickelt. Um einen Übergang von der Expansion zur Kontraktion zu ermöglichen, benötigt das Modell ein Skalarfeld mit einer wohl überlegt gestalteten Energielandschaft. Es gibt auch keine befriedigende Beschreibung für den Sprung vom Big Crunch (Endknall) zum Big Bang (Urknall). Daher befindet sich das Ganze bis jetzt noch in Arbeit.

Eine weitere Option für ein Universum ohne Anfang ist die ewige Inflation. Die meisten Kosmologen glauben, dass dem Urknall eine Periode der kosmischen Inflation vorausging. Die Inflation endete in unserer Region und löste einen lokalen Urknall aus, setzt sich aber anderswo fort. Dies wirft natürlich die Frage auf: Ist es möglich, dass Inflation und nachfolgende Urknallereignisse in der Raumzeit seit ewigen Zeiten stattfinden? Vielleicht geht unsere angestammte Kette von Blasenuniversen bis in die unendliche Vergangenheit zurück?

Es stellt sich jedoch heraus, dass die Idee eines Universums der Vergangenheit – eines ewigen Universums, entweder in zyklischer oder in ewig expandierender Form – auf ein fatales Hindernis stößt – wie wir nun erörtern werden.

22.2 Der BGV-Satz

Im Jahr 2003 bewiesen Arvind Borde von der Long Island-Universität, Alan Guth und Alex Vilenkin ein Theorem, das besagt, dass die Inflation, auch wenn sie für die Zukunft ewig ist, nicht für die Vergangenheit ewig sein kann und eine Art Anfang gehabt haben muss. Ihre Schlussfolgerungen gelten auch für ein oszillierendes Modell, das ebenfalls einen Anfang gehabt haben muss.

Borde, Guth und Vilenkin (BGV) untersuchten, wie ein expandierendes Universum für imaginäre Beobachter aussehen würde, die ihre eigene Geschichte aufzeichnen, während sie sich unter dem Einfluss von Schwerkraft und Trägheit durch das Universum bewegen. Man geht davon aus, dass die Beobachter unzerstörbar sind. Wenn das Universum also keinen Anfang hätte, müssten sich die Weltlinien all dieser Beobachter bis in die unendliche Vergangenheit erstrecken. Der BGV zeigte jedoch unter sehr plausiblen Annahmen, dass dies unmöglich ist.[2]

Um herauszufinden, warum, stellen wir uns vor, das gesamte Universum sei mit einem „Staub" von Inertialbeobachtern durchzogen, die sich alle voneinander entfernen. Die Existenz einer solchen Klasse von Beobachtern kann als die Definition eines expandierenden Universums angesehen werden. Wir werden diese Beobachter „Zuschauer" nennen.

---

[2]Das BGV-Theorem besagt, wenn sich das Universum im Durchschnitt ausdehnt, seine Historie nicht unbegrenzt in die Vergangenheit fortgesetzt werden kann. Das Theorem lässt einige Kontraktionsphasen zu, aber im Durchschnitt nimmt man an, dass die Expansion vorherrscht.

Betrachten wir nun einen weiteren Beobachter, den *Raumfahrer,* der sich seit Ewigkeiten relativ zu den Zuschauern bewegt. Der Raumfahrer bewegt sich ebenfalls inertial (durch Trägheit), wobei seine Raumschifftriebwerke abgeschaltet sind. Wenn er an den Zuschauern vorbeifliegt, nehmen diese seine Geschwindigkeit wahr.

Da die Zuschauer auseinander fliegen, wird die Geschwindigkeit des Raumfahrers relativ zu jedem nachfolgenden Zuschauer kleiner sein als seine Geschwindigkeit relativ zum vor ihm befindlichen. Nehmen wir zum Beispiel an, der Raumfahrer passiert die Erde mit 100.000 km/s und bewegt sich nun auf eine entfernte Galaxie zu, die etwa eine Milliarde Lichtjahre entfernt ist. Da sich diese Galaxie mit 20.000 km/s von uns wegbewegt, werden die Zuschauer dort, wenn der Raumfahrer sie erreicht, feststellen, dass er sich mit 80.000 km/s bewegt.

Wenn die Geschwindigkeit des Raumfahrers relativ zu den Zuschauern in der Zukunft immer mehr abnimmt, dann sollte seine Geschwindigkeit immer größer werden, wenn wir seine Historie in die Vergangenheit verfolgen. Im Grenzbereich nähert sich seine Geschwindigkeit der Lichtgeschwindigkeit. Die zentrale Erkenntnis des BGV-Artikels ist, dass diese Grenzgeschwindigkeit in einer endlichen Zeit durch die Uhr des Raumfahrers erreicht wird. Der Grund liegt in der Zeitdilatation – denken Sie daran, dass bewegliche Uhren langsamer ticken. Wenn wir in der Zeit zurückgehen, nähert sich die Geschwindigkeit des Raumfahrers der des Lichts an, und seine Uhr friert – aus der Sicht des Zuschauers – im Wesentlichen ein. Der Raumfahrer selbst bemerkt nichts Ungewöhnliches – seine Zeit fließt von einem Moment zum nächsten. Wie die Historie des Zuschauers sollte auch die Historie des Raumfahrers in die unendliche Vergangenheit reichen.

Die Tatsache, dass die von der Uhr des Raumfahrers verstrichene Zeit endlich ist, sagt uns, dass wir seine vollständige Historie nicht kennen. In der Fachsprache sagen die Physiker, dass die Weltlinie des Raumfahrers unvollständig ist. Das bedeutet, dass ein Teil der Vorgeschichte des Universums fehlt; er ist in dem Modell nicht enthalten. Somit hat die Annahme, dass die gesamte Raumzeit durch einen expandierenden Beobachterstaub abgedeckt werden kann, zu einem Widerspruch geführt, und deshalb kann sie nicht wahr sein.

Der BGV-Satz ist sehr allgemein gehalten. Es macht keine Annahmen über den Materiegehalt des Universums und geht nicht einmal davon aus, dass die Gravitation durch Einsteins Gleichungen beschrieben wird. Wenn Einsteins Theorie also eine Modifikation erfordert, würde das Theorem immer noch gelten. Die einzige Annahme, die sie aufstellt, ist, dass das

Universum mit einer von null verschiedenen Geschwindigkeit expandiert
(egal wie klein). Dies sollte von jedem Modell der ewigen Inflation erfüllt
werden. So gelangen wir zu der Schlussfolgerung, dass eine vergangene
ewige Inflation ohne einen Anfang unmöglich ist[3].

Auch zyklische Modelle mit einer ewigen Vergangenheit ohne Anfang
sind ausgeschlossen. Das Volumen des Universums nimmt mit jedem Zyklus
zu, daher dehnt sich das Universum im Durchschnitt aus. Das bedeutet,
dass die Geschwindigkeit des Raumfahrers im Durchschnitt zunimmt, wenn
wir in der Zeit zurückgehen, und sich der Lichtgeschwindigkeit im Grenzbereich nähert. Es gelten also die gleichen Schlussfolgerungen.

Was bedeutet dies für uns?

In Kap. 7 haben wir besprochen, wie sich die Wissenschaftler von der
Theorie des stationären Zustands ab- und dem Urknall zuwandten, weil
die Theorie des stationären Universums die Frage nach einem kosmischen
Anfang nicht stellte. Doch entgegen den philosophischen Vorurteilen lagen
die Daten vor, und die Wissenschaftler mussten nun Fortschritte machen,
um herauszufinden, was es über das Universum im Zusammenhang mit
dem Urknallmodell zu wissen gab. Dabei entdeckten sie die Inflation und
dann die ewige Inflation. Unser Bild vom Universum, das mit einem ein-
maligen Urknallereignis beginnt, wurde von dem viel umfassenderen Bild
einer sich ewig ausdehnenden Raumzeit abgelöst, die ständig lokale Urknalls
hervorbringt. Dieses Weltbild ist vom selben Geist wie die Theorie des
stationären Zustands, und viele Menschen hofften wieder einmal, dass das
Universum vielleicht in einem viel größeren Maßstab tatsächlich ewig ist –
mit Vorgängerblasen, die sich bis ins Unendliche in die Vergangenheit ausdehnen. Jetzt wissen wir jedoch, dass dies nicht möglich ist. Und wieder
einmal muss der Beginn des Universums direkt angegangen werden.

Ein Gottesbeweis?

Theologen und einige religiös veranlagte Wissenschaftler haben oft jeden
Beweis für den Beginn des Universums begrüßt und ihn als Beweis für die
Existenz Gottes betrachtet. Andererseits haben eine Reihe atheistischer

---

[3]Beachten Sie, dass aus dem BGV-Theorem folgt, dass auch das Universum des stationären Modells
einen Anfang haben muss.

Wissenschaftler argumentiert, dass die moderne Wissenschaft keinen Raum für Gott lässt. Es wurde eine Reihe von Debatten zwischen Wissenschaft und Religion inszeniert, wobei Atheisten wie Richard Dawkins, Daniel Dennett und Lawrence Krauss mit Theisten wie William Lane Craig stritten. Das BGV-Theorem ist von theistischer Seite oft als Beweis für Gott angeführt worden.

Es scheint unwahrscheinlich, dass die Wissenschaft die Existenz Gottes widerlegen kann, insbesondere wenn man bedenkt, dass „Gott" für verschiedene Menschen unterschiedliche Bedeutungen hat. Sprechen wir über den Gott der hebräischen Bibel oder den rationalistischen Gott von Spinoza und Einstein? Ein wissenschaftlicher Gottesbeweis auf der Grundlage des BGV-Theorems erscheint noch fragwürdiger.

Das kosmologische Argument für die Existenz Gottes, das auf Aquin zurückgeht, besteht aus zwei Teilen. Der erste Teil ist anscheinend sehr einfach: „Alles, was zu existieren beginnt, hat eine Ursache. Das Universum begann zu existieren. Deshalb hat das Universum eine Ursache." Im zweiten Teil wird bekräftigt, dass die Ursache Gott sein muss. Im nächsten Kapitel werden wir dieses Argument hinterfragen. Wir werden argumentieren, dass die moderne Physik die Entstehung des Universums als einen physikalischen Prozess beschreiben kann, der keiner übernatürlichen Ursache bedarf.

Zusammenfassung

Das Borde-Guth-Vilenkin-Theorem besagt, dass die Historie eines expandierenden Universums nicht unbegrenzt in die Vergangenheit fortgesetzt werden kann. Eine unmittelbare Implikation ist, dass die Inflation, auch wenn sie in der Zukunft ewig sein mag, nicht ewig in die Vergangenheit fortgeschrieben werden kann und einen Anfang gehabt haben muss.

Wir stehen also vor der Frage, was vor der Inflation geschehen ist. Und was auch immer die Antwort ist, wir können weiter fragen: „Und was geschah davor?" So ist die Frage, *wie das Universum entstanden ist,* immer noch in einen Kokon aus Rätseln gehüllt.

Fragen

1. Würden Sie die Vorstellung von einem ewigen Universum gegenüber einem Universum vorziehen, das irgendwie aus dem Nichts entstanden ist?
2. Die Inflation ist mit ziemlicher Sicherheit in der Zukunft ewig. Ist sie auch für die Vergangenheit ewig? Warum bzw. warum nicht?
3. a) Geben Sie den BGV-Satz an. b) Angenommen, künftige Forschungen zeigen, dass Einsteins Gravitationstheorie modifiziert werden muss. Könnte dies das BGV-Theorem außer Kraft setzen? c) Stellt das BGV-

Theorem eine Annahme darüber auf, ob das Universum räumlich endlich oder unendlich ist, oder tut es dies nicht?

4 Stellen Sie sich ein statisches, geschlossenes Universum vor, das in diesem Zustand von der vergangenen Ewigkeit bis zu einem Zeitpunkt existierte, an dem die statische Phase endete und die Inflation begann. Widerspricht dieses Modell dem BGV-Theorem? Falls nein, sehen Sie weitere Probleme mit diesem Szenario?

5. Glauben Sie, dass ein wissenschaftlicher Beweis für einen Anfang bedeutet, dass es einen Schöpfer geben muss?

23

Die Erschaffung von Universen aus dem Nichts

Wenn die Inflation ewig ist, dann ging dem Beginn unseres lokalen Universums vor etwa 14 Mrd. Jahren eine unbekannte Anzahl von Blasenuniversen-Vorfahren voraus. Obwohl wir nicht wissen, wie weit die Reihe zurückreicht, glauben wir heute, dass es einen Anfang geben muss (Kap. 22). Wie *hat* also alles begonnen? Die ewige Inflation schiebt den letztendlichen Anfang so weit in die Vergangenheit zurück, dass wir wahrscheinlich nie direkte Beobachtungen machen werden, die uns bei der Beantwortung dieser Frage helfen. Dennoch muss die Frage angegangen werden. Es ist wohl das tiefgreifendste Rätsel, das es gibt, und es ist der Kern unseres kosmologischen Strebens. Hier werden wir versuchen, die zwar spekulativen, aber doch wissenschaftlichen Versuche zu erläutern, wie ein „embryonales Ur-Universum" entstanden sein kann.

23.1 Das Universum als Quantenfluktuation

Wir haben bereits gelernt, dass das Vakuum ein verrückter Ort ist, der mit virtuellen Teilchen und Feldern gefüllt ist, die ständig zwischen Existenz und Nicht-Existenz schwanken. Vakuumfluktuationen existieren nach der Heisenberg'schen Unschärferelation von geliehener Energie in sehr kurzen Zeitintervallen. Zum Beispiel verschwindet ein spontan entstandenes Elektron-Positron-Paar in etwa einer Billionstel Nanosekunde. Schwerere Teilchen-Antiteilchen-Paare führen ein noch kürzeres „Leben". Wenn

© Springer Nature Switzerland AG 2021
D. Perlov und A. Vilenkin, *Kosmologie für alle, die mehr wissen wollen*,
https://doi.org/10.1007/978-3-030-63359-2_23

Teilchen und Antiteilchen spontan auftreten können, warum nicht auch ein junges Universum?

Diese scheinbar verrückte Idee wurde Anfang der 1970er Jahre von Edward Tryon von der City University of New York aufgebracht[1]. Tryon postulierte, dass das gesamte Universum als eine Quantenfluktuation aus dem Quantenvakuum hervorgegangen sei. Es überrascht nicht, dass diese Idee zunächst als Witz aufgefasst wurde – es besteht ein riesiger Unterschied zwischen subatomaren Teilchen, die für etwa eine Billionstel Nanosekunde (oder weniger) durch Nukleation entstehen, und einem massiven Universum, das plötzlich erscheint und Milliarden von Jahren existiert! Nichtsdestotrotz erkannte Tryon, dass es keine physikalischen Gesetze gibt, die diese Erscheinung verbieten. Sie denken vielleicht: „Aber was ist mit der Energieerhaltung?" Sicherlich hatte Lucretius Recht, als er sagte: „Nichts kann aus nichts erschaffen werden." Wie kann also plötzlich ein Universum entstehen, das mindestens aus 10^{53} kg Materie besteht? Tryon berief sich hier auf eine bekannte Tatsache: Geschlossene Universen haben keine Energie. Wir haben in diesem Buch bereits mehrmals betont, dass die Gravitationsenergie negativ ist. Und aus der Allgemeinen Relativitätstheorie folgt, dass in einem geschlossenen Universum die negative Energie der Schwerkraft die positive Energie der Materie genau ausgleicht, sodass die Gesamtenergie gleich null ist. Eine weitere konservierte Größe ist die elektrische Ladung, und auch hier stellt sich heraus, dass die Gesamtladung in einem geschlossenen Universum null sein muss.

Letztere Aussage ist anhand einer zweidimensionalen Analogie leicht zu verstehen. Stellen Sie sich ein zweidimensionales geschlossenes Universum vor, das wir uns als die Oberfläche eines Globus vorstellen können (Abb. 23.1). Angenommen, wir legen eine positive Ladung an den Nordpol dieses Universums. Dann wickeln sich die Linien des elektrischen Feldes, das von der Ladung ausgeht, um die Kugel und konvergieren am Südpol. Das bedeutet, dass dort eine negative Ladung gleicher Größe vorhanden sein muss. Daher können wir in einem geschlossenen Universum keine positive Ladung hinzufügen, ohne gleichzeitig eine gleich große negative Ladung hinzuzufügen. Die Gesamtladung eines geschlossenen Universums muss daher gleich null sein.

Die Entstehung eines geschlossenen Universums aus dem Vakuum ist in Abb. 23.2 dargestellt. Eine Region des flachen Raums beginnt anzuschwellen und nimmt die Form eines Ballons an. Gleichzeitig entsteht in

---

[1]Etwa zur gleichen Zeit wurde eine sehr ähnliche Idee von Piotr Fomin in der Sowjetunion aufgebracht.

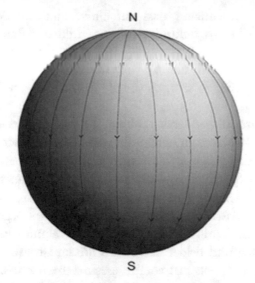

Abb. 23.1 Die Gesamtladung in einem geschlossenen Universum ist null. Feldlinien, die von einer positiven Ladung am Nordpol ausgehen, konvergieren am Südpol – daher muss am Südpol eine gleich große negative Ladung vorhanden sein

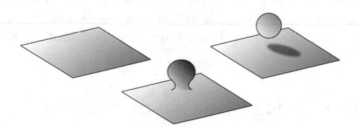

Abb. 23.2 Entstehung eines geschlossenen Universums aus dem Vakuum

dieser Region spontan eine große Menge an Materie. Der Ballon schnürt sich schließlich ab und es entsteht ein geschlossenes, mit Materie gefülltes Universum, das vom ursprünglichen Raum völlig abgekoppelt ist. Natürlich ist es sehr unwahrscheinlich, dass eine so große Quantenfluktuation auftritt. Aber in der Quantentheorie wird jeder Prozess, der nicht streng durch die Erhaltungssätze verboten ist, mit einer gewissen Wahrscheinlichkeit stattfinden. Da ein durch Nukleation entstandenes, geschlossenes Universum keine Energie aus dem Quantenvakuum „ausborgt", kann es auch unbegrenzt lange bestehen, ohne die Unschärferelation zu verletzen.

Ein potenzielles Problem mit Tryons Idee besteht darin, dass schwer zu verstehen ist, warum ein so großes Universum in Erscheinung treten sollte.

Es wäre viel wahrscheinlicher, dass ein Universum von der Planck-Größe aus dem Vakuum heraus fluktuiert (wie im Bild des Raumzeitschaums in Abb. 20.2). Selbst wenn wir zugeben, dass Beobachter eine gewisse Menge an Raum benötigen, um sich zu entwickeln, scheint unser Universum immer noch viel größer zu sein, als für die Aufnahme von Beobachtern notwendig ist.

Ein anderes, grundlegenderes Problem bei Tryons Szenario ist, dass es nicht wirklich ein Universum beschreibt, das aus dem Nichts erscheint. Das Vakuum ist das, was wir als leeren Raum bezeichnen. Aber wie wir aus Einsteins Allgemeiner Relativitätstheorie wissen, kann sich auch der leere Raum biegen und verformen und hat verschiedene Geometrien, wie die offenen, geschlossenen und flachen Modelle, denen wir bereits begegnet sind. Auch aus der Quantenmechanik wissen wir, dass das Vakuum Energiedichte und Spannung, Teilchen und Felder hat. Das Vakuum ist also sehr viel „Etwas", dessen eigene Existenz erst mal vorausgesetzt werden muss. Wie Alan Guth es formulierte: „In diesem Zusammenhang ist die Idee, dass das Universum aus dem leeren Raum entstanden ist, nicht grundlegender als die Idee, dass das Universum aus einem Stück Gummi entstanden ist. Das mag stimmen, aber man möchte sich trotzdem fragen, woher das Gummistück stammt." Wir werden nun besprechen, wie Tryons Idee erweitert werden kann, um die Quantenschöpfung des Universums aus „buchstäblich nichts" zu beschreiben.

23.2 Quantentunnelung aus dem „Nichts"

Angenommen, wir haben ein geschlossenes kugelförmiges Universum, das mit einem falschen Vakuum gefüllt ist und eine bestimmte Menge gewöhnlicher Materie enthält. Nehmen wir auch an, dass dieses Universum sich momentan in Ruhe befindet und weder expandiert noch kontrahiert. Seine Zukunft wird von seinem Radius abhängen. Wenn der Radius klein ist, dann ist die Materie auf eine hohe Dichte komprimiert, und ihre Schwerkraft wird das Universum zum Kollaps bringen. Ist der Radius groß, dann dominiert die Vakuumenergie und das Universum wird sich ausdehnen. Kleine und große Radien sind durch eine Energiebarriere getrennt, die nur durchquert werden kann, wenn dem Universum eine große Expansionsgeschwindigkeit gegeben wird.

Dies entspricht der klassischen Allgemeinen Relativitätstheorie. Aber die Quantenphysik bietet noch eine andere Möglichkeit: Das Universum kann durch die Energiebarriere von einem kleinen zu einem großen

Radius tunneln und sich ausdehnen. Die Tunnelwahrscheinlichkeit hängt vom Inhalt des Universums und von seinem Radius ab. Eine interessante Frage ist, was passiert, wenn wir den Radius immer kleiner und kleiner werden lassen. Bemerkenswerterweise stellt man fest, dass im Limeswert des schwindenden Radius immer noch eine wohldefinierte, von null verschiedene Wahrscheinlichkeit besteht, dass das Tunneln auftritt. Aber ein Universum mit einem schwindenden Radius ist überhaupt kein Universum! Es stellt sich auch heraus, dass an dieser Grenze das Universum, das nach dem Tunneln entsteht, nur Vakuumenergie und keine Materie enthält.

So gelangt man zu einer mathematischen Beschreibung für ein Universum, das spontan aus dem „Nichts" entsteht. Mit „Nichts" ist hier ein Zustand gemeint, der keine Materie enthält und zudem auch noch völlig frei von Raum und Zeit ist. Das Bild der „Tunnelung aus dem Nichts" wurde 1982 von Vilenkin eingeführt und später von Linde, Valery Rubakov, Alexej Starobinsky und Jakow Seldovitsch entwickelt.

Die Tunnelhypothese sieht vor, dass das „neugeborene" Universum mit verschiedenen Arten von Vakua gefüllt werden kann. Wie in der Quantentheorie üblich, können wir nicht sagen, welche dieser Möglichkeiten tatsächlich realisiert wird, sondern nur deren Wahrscheinlichkeiten berechnen. Die mathematische Analyse des Tunnelvorgangs zeigt, dass der Anfangsradius des Universums direkt nach dem Tunneln durch den Wert der Vakuumenergiedichte ρ_v bestimmt wird:

$$R = c \left(\frac{3}{8\pi G \rho_v} \right)^{1/2}. \tag{23.1}$$

Hochenergetische Vakua entsprechen kleinen Radien. Wenn das Universum zum Beispiel mit einer Vakuumenergiedichte im GUT-Maßstab entsteht, wäre seine Anfangsgröße $R \sim 10^{-28}$ cm. Es zeigt sich auch, dass man die höchste Wahrscheinlichkeit für das Universum mit der größten Vakuumenergie und der kleinsten Anfangsgröße erhält[2]. Sobald sich das Universum gebildet hat, beginnt es aufgrund der abstoßenden Gravitation des Vakuums sofort zu expandieren. Dies ist der Anfang für das Szenario der ewigen Inflation.

---

[2]1983 formulierten James Hartle und Stephen Hawking ein alternatives Modell für eine Quantenbeschreibung der Schöpfung des Universums, die sogenannte No-boundary-Hypothese. Wir werden dieses Modell nicht im Detail besprechen, außer dass wir festhalten, dass es der Vorstellung vom Tunneln aus dem Nichts entgegengesetzte Vorhersagen liefert, indem es der kleinsten Vakuumenergie und dem größten Anfangsvolumen des Universums die höchste Wahrscheinlichkeit zuordnet.

An diesem Punkt fragen Sie sich vielleicht: „Was hat dazu geführt, dass das Universum aus dem Nichts auftauchte?" Überraschenderweise ist keine Ursache nötig. Wenn Sie ein radioaktives Atom haben, wird es zerfallen, und die Quantenmechanik gibt die Zerfallswahrscheinlichkeit in einem bestimmten Zeitintervall an. Wenn man aber fragt, warum das Atom in diesem bestimmten Moment zerfällt und nicht in einem anderen, ist die Antwort, dass es keine Ursache gibt: Der Prozess ist völlig zufällig. Ebenso ist für eine Quantenerzeugung des Universums keine Ursache erforderlich.

Eine andere Frage, die Sie vielleicht stellen, lautet: „Was geschah vor der Tunnelung?" Aber wir können nicht sinnvoll über die Zeit vor der Tunnelung sprechen. Wie *der Heilige Augustinus* es vor Jahrhunderten formulierte: „Die Welt wurde nicht in der Zeit geschaffen, sondern gleichzeitig mit der Zeit. Es gab keine Zeit vor der Welt." Zeit hat nur dann einen Sinn, wenn sich etwas verändert. Ohne Raum und Materie gibt es keine Zeit.

Euklidische Zeit

Die Quantenschöpfung von Universen ähnelt dem Quantentunneln durch Energiebarrieren in der gewöhnlichen Quantenmechanik. Eine elegante mathematische Beschreibung dieses Prozesses kann in Form der sogenannten euklidischen Zeit gegeben werden. Dies ist nicht die Art von Zeit, die Sie mit Ihrer Uhr messen. Sie wird mithilfe von imaginären Zahlen wie $i = \sqrt{-1}$ ausgedrückt und nur zur rechnerischen Vereinfachung eingeführt. Die Zeit euklidisch zu machen, hat eine eigentümliche Wirkung auf den Charakter der Raumzeit: Die Unterscheidung zwischen der Zeit und den drei Raumdimensionen verschwindet, sodass wir anstelle der Raumzeit einen vierdimensionalen Raum haben. Diese euklidische Zeitbeschreibung ist sehr nützlich, da sie eine bequeme Möglichkeit bietet, die Tunnelwahrscheinlichkeit und den Anfangszustand des Universums beim Austritt aus dem Tunnel zu bestimmen.

Die Geburt des Universums lässt sich durch das Raumzeitdiagramm in Abb. 23.3 grafisch darstellen. Hier zeigen wir eine zeitliche und eine räumliche Dimension. Die Zeit fließt vom unteren Ende der Abbildung nach oben – sie beginnt euklidisch zu sein und wechselt dann im als „Nukleationsmoment" bezeichneten Augenblick zur regulären Zeit. Der dunkle Bereich stellt das Quantentunneln dar, und die helle Oberfläche über dem Nukleationsmoment ist eine sich ausdehnende Raumzeit. Ein besonderes Merkmal dieses Modells ist, dass es keine Singularitäten gibt.

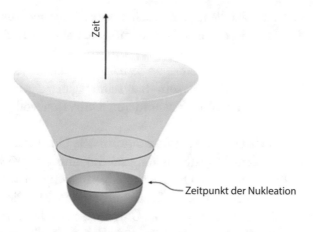

Abb. 23.3   Raumzeitdiagramm des Universums bei der Tunnelung aus dem Nichts. Zwei der drei Raumdimensionen sind nicht dargestellt. Der *dunkle Bereich* ist die euklidische Region der Raumzeit, und der *Kreis* an ihrer Grenze stellt das kugelförmige Universum im Moment der Nukleation dar. Der *größere Kreis* stellt das Universum zu einem späteren Zeitpunkt dar

Eine Friedmann-Raumzeit hat am Anfang einen singulären Punkt unendlicher Dichte und Krümmung, an dem die Mathematik der Einstein'schen Gleichungen zusammenbricht (Abb. 5.5). Im Gegensatz dazu hat die euklidische Kugelregion keine solchen Punkte; sie hat überall die gleiche endliche Krümmung. Sie gibt somit eine mathematisch konsistente Beschreibung der Entstehung des Universums.

23.3 Das Multiversum der Quantenkosmologie

Wie bereits erwähnt, kann bei der Vorstellung einer „Tunnelung aus dem Nichts" ein Universum mit einer beliebigen Kombination aus einer Vielzahl von Werten für die Vakuumenergie und seine Anfangsgröße entstehen. Auch wenn das Universum nach der Nukleation eine geschlossene Geometrie haben muss, braucht es nicht vollkommen kugelförmig zu sein. Eine Reihe von Formen sind zulässig. Aufgrund der quantenmechanischen Natur der Tunnelung können wir nicht feststellen, welche dieser Möglichkeiten realisiert wurde. Alles, was wir tun können, ist die Wahrscheinlichkeit zu berechnen, mit der ein Universum in einem der erlaubten Zustände entsteht. Dies legt nahe, dass es eine Vielzahl anderer Universen geben sollte, die anders als unser eigenes Universum begonnen haben. Wir werden dieses Ensemble von Universen als das „Multiversum der Quantenkosmologie" bezeichnen.

Man könnte sich vorstellen, dass geschlossene Universen aus dem Nichts auftauchen wie Blasen in einem Glas Champagner, aber diese Analogie wäre nicht ganz zutreffend. Blasen entstehen in der Flüssigkeit, aber im Falle von Universen gibt es keinen Raum außerhalb der Blasen. Jedes Universum im Quantenkosmologie-Multiversum hat seinen ganz eigenen Raum und seine eigene Zeit und ist von allen anderen Universen völlig abgekoppelt (Abb. 23.4).

Die wahrscheinlichsten und damit zahlreichsten Universen im Ensemble sind diejenigen mit dem kleinsten Anfangsradius und der größten Energiedichte des falschen Vakuums. Unsere beste Vermutung ist also, dass auch unser eigenes Universum auf diese Weise entstanden ist. Die Wahrscheinlichkeit, dass durch Nukleation größere Universen entstehen, nimmt mit der Größe ab und geht am Grenzwert eines unendlichen Radius gegen null. Ein unendliches offenes Universum hat also genau die Wahrscheinlichkeit null, aus dem „Nichts" eine Nukleation zu bilden, und alle Universen in diesem Ensemble sind notwendigerweise geschlossen.

Wie auch immer der anfängliche Vakuumzustand eines neu entstandenen Universums sein mag, es wird eine unbegrenzte Anzahl von Blasen (oder „Blasenuniversen") hervorbringen, die mit anderen Vakua gefüllt sind. Die gesamte Vakuumlandschaft wird während der ewigen Inflation durchlaufen. Somit ist jedes Mitglied des Quantenmultiversum-Ensembles ein eigenständiges Multiversum, einschließlich aller möglichen Blasenuniversen.

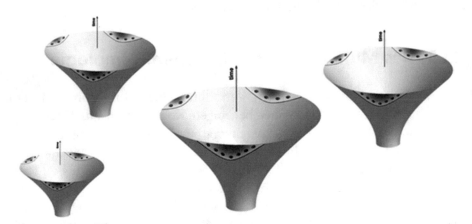

Abb. 23.4 Mehrere getrennte geschlossene Universen, die jeweils eine unbegrenzte Anzahl offener Blasenuniversen erzeugen können

23.4 Die Bedeutung des „Nichts"

Wir haben beschrieben, wie ein sich ausdehnendes „Samenkorn" anscheinend aus einem Nichts im eigentlichen Sinne entstehen konnte – einem Zustand ohne Raum, ohne Zeit und ohne Bedeutung. Die Geburt des Universums durch Quantentunnelung wird jedoch durch dieselben physikalischen Gesetze beschrieben, die seine spätere Entwicklung bestimmen. Die Gesetze müssen also irgendwie „da" sein, bevor das Universum entsteht. Und die Gesetze der Physik sind definitiv nicht „nichts". Aus diesem Grund setzen wir das Wort „nichts" in Anführungszeichen.

Die Vorstellung, dass sich ein „Nichts" im Bann der abstrakten Naturgesetze in ein „Etwas" verwandelt, ist zutiefst rätselhaft. Wenn es keine Zeit und keinen Raum gibt, wo und wie sind diese Gesetze dann kodiert? Schließlich sind die Gesetze der Physik über Jahrhunderte hinweg durch Beobachtung und Experimente mit Materie in Raum und Zeit sorgfältig hergeleitet worden. Sie sollen unsere physikalische Realität beschreiben. Wenn das Universum jedoch wie von den Gesetzen vorgeschrieben durch Quantentunnelung entstanden ist, dann scheinen die Gesetze fundamentaler zu sein als das Universum selbst. Man könnte ein „Matheist" werden und behaupten, dass die Gesetze der Physik außerhalb von Raum und Zeit existieren, so wie ein Theist die letztendliche erste Ursache Gott zuweist. Oder vielleicht sind die fundamentalen Gesetze und Raum und Zeit gemeinsam entstanden?

Wir sind weit ins Unbekannte hineingestolpert. Aber wir werden in der optimistischen Hoffnung weitermachen, dass mit der Erweiterung der Grenzen der wissenschaftlichen Forschung das derzeit Unbekannte eines Tages bekannt werden könnte.

Zusammenfassung

Die Quantentheorie geht davon aus, dass ein kleines geschlossenes Universum spontan aus dem Nichts entstehen kann. Das neugeborene Universum kann sich in einer Vielzahl von Größen materialisieren und kann mit verschiedenen Arten von Vakua gefüllt werden. Die probabilistische Natur des Tunnelns legt nahe, dass sich ein Ensemble von Universen durch Nukleation bilden kann – wir nennen dieses Ensemble das Multiversum der Quantenkosmologie. Die wahrscheinlichsten Universen sind diejenigen mit der kleinsten Anfangsgröße und der höchsten Vakuumenergie. Sobald ein solches Universum entsteht, beginnt es sich aufgrund der abstoßenden Gravitation des Vakuums rasch auszudehnen. Dies bildet einen Anfang für das Szenario der ewigen Inflation.

Für die Quantenschöpfung eines Universums ist keine Ursache erforderlich – es ist ein vollkommen zufälliger Prozess, wie der Zerfall eines radioaktiven Atoms.

Fragen

1. Was ist die Gesamtenergie eines geschlossenen Universums? Wie hoch ist seine elektrische Gesamtladung?
2. Die Lebensdauer Δt eines virtuellen Teilchenpaares hängt von der Energie E der Teilchen ab. Hochenergetische Teilchen haben eine kürzere Lebensdauer. Quantitativ gilt $E \cdot \Delta t \sim \hbar$, wobei $\hbar$ die reduzierte Planck-Konstante ist. Verwenden Sie diese Beziehung, um ungefähr zu berechnen, wie lange es dauert, bis ein virtuelles Elektron-Positron-Paar verschwindet. (Die Ruhemassenenergie eines Elektrons ist 8.187×10^{-14} J und $\hbar = 1.055 \times 10^{-34}$ Js.)
3. Gibt es eine Grenze, wie lange ein spontan entstandenes geschlossenes Universum existieren kann? Warum bzw. warum nicht?
4. Ein wichtiges Merkmal der Elementarteilchen ist ihre Baryonenzahl. Diese Zahl ist gleich 1 für Nukleonen und −1 für Antinukleonen. Die Baryonenzahl bleibt bei allen bisher untersuchten Teilchenwechselwirkungen erhalten. Andererseits legen die Großen vereinheitlichten Theorien nahe, dass dieser Erhaltungssatz nur näherungsweise gilt und bei hochenergetischen Wechselwirkungen verletzt werden muss. Angenommen, das Universum sei aus dem Nichts entstanden, können Sie dann sagen, ob der Baryonen-Erhaltungssatz annähernd oder exakt ist?
5. Wie unterscheidet sich das Quantenvakuum von einem Zustand des „Nichts"?
6. Quantentunnelung aus dem Nichts lässt ein mikroskopisch geschlossenes Universum, das mit falschem Vakuum gefüllt ist, aus dem Nichts entstehen und sofort damit beginnen, sich auszudehnen. Ist es wahrscheinlicher, dass ein solches Universum mit einer höheren oder niedrigeren Energiedichte des falschen Vakuums entsteht? Finden Sie das plausibel?
7. Ein Universum, das durch Quantentunnelung aus dem Nichts entsteht, muss geschlossen sein. Bedeutet dies, dass unser lokales Universum eine kugelförmige Geometrie hat? Begründen Sie Ihre Antwort. (Tipp: Siehe Geometrie von Blasenuniversen in Abschn. 18.4)
8. Warum impliziert die Vorstellung von einer Tunnelung aus dem Nichts, dass es eine Vielzahl anderer Universen geben sollte?

9. James Hartle und Stephen Hawking formulierten eine alternative Beschreibung für die Quantenschöpfung des Universums. In ihrem Modell haben die wahrscheinlichsten Anfangszustände die geringste Vakuumenergiedichte und den größten Radius.

   (a) Erscheint Ihnen diese Vorstellung nachvollziehbar?

   (b) Nehmen wir an, der Anfangszustand des Universums sei ein großes, leeres Universum mit sehr niedriger Energie, wie es das Hartle-Hawking-Modell nahelegt. Wie wäre die anschließende Entwicklung dieses Universums? (Tipp: Denken Sie an die Möglichkeit der Blasennukleation durch „Auftunneln"; Abschn. 18.3) Gibt es einen Ort, an dem wir in einem solchen Universum leben könnten? Glauben Sie, dass dieses Modell durch Beobachtung ausgeschlossen werden kann?

10. Was meinen wir mit den folgenden Begriffen: beobachtbares Universum, Blasenuniversum, Multiversum und das Multiversum der Quantenkosmologie?

24

Das Gesamtbild

Wir werden nun zusammenfassen, was wir über das Universum gelernt haben, beginnend mit Dingen, von denen wir überzeugt sind, und gehen Schritt für Schritt auf der Ebene der Vermutungen bis hin zu sehr spekulativen Vorstellungen. Wir werden das „große Bild" erörtern, das sich herausgebildet hat, und die Antworten, die es auf die „großen Fragen" der Kosmologie gibt.

24.1 Das beobachtbare Universum

Was wissen wir?

Wir können unsere kosmischen Ursprünge getrost auf einen heißen, dichten Feuerball zurückführen, der vor 13,7 Mrd. Jahren ausbrach. Dieser heiße Urzustand durchdrang das gesamte beobachtbare Universum und dehnte sich rasch aus. Er bestand zu fast gleichen Teilen aus Materie und Antimaterie, mit einem leichten Überschuss an Teilchen gegenüber Antiteilchen. Durch die Expansion kühlte der Feuerball ab und setzte eine Reihe kosmischer Großereignisse in Gang.

Als die Temperatur abnahm, vernichteten sich die Teilchen mit ihren Antiteilchen, und etwa eine Sekunde nach dem Urknall waren im Wesentlichen alle Antiteilchen verschwunden[1]. Zu dieser Zeit war der Feuerball

---

[1] Um genau zu sein, sind Antineutrinos auch heute noch im Universum vorhanden, in etwa den gleichen Mengen wie Neutrinos. Sie vernichteten sich nicht, weil sie so schwach wechselwirken.

© Springer Nature Switzerland AG 2021
D. Perlov und A. Vilenkin, *Kosmologie für alle, die mehr wissen wollen*,
https://doi.org/10.1007/978-3-030-63359-2_24

eine Mischung aus Photonen, Neutrinos, Elektronen, Neutronen, Protonen und Teilchen der dunklen Materie. Die Anzahl der Photonen übertraf die der Materieteilchen um etwa eine Milliarde zu eins. Innerhalb der ersten Minuten hatte sich das Universum soweit abgekühlt, dass sich die ersten Atomkerne bildeten. Es folgte eine lange ereignislose Phase, und dann, nach etwa 400.000 Jahren, vereinigten sich Elektronen und Atomkerne zu elektrisch neutralen Atomen. Infolgedessen wurde das Universum licht-durchlässig, sodass sich die Photonen ungehindert vorwärtsbewegen konnten. Diese Photonen kommen nun als kosmische Hintergrund-strahlung aus allen Richtungen des Himmels zu uns.

Winzige Unterschiede in der Intensität der kosmischen Strahlung zeigen uns, dass einige der Photonen aus Regionen kommen, die etwas mehr oder weniger dicht waren. Diese winzigen Dichteschwankungen im frühen Uni-versum wurden immer größer und größer, da die Gravitationsanziehung den Unterschied zwischen Regionen hoher und niedriger Dichte verstärkte. Nach etwa einer Milliarde Jahren hatten sich diese Fluktuationen zu den ersten Galaxien entwickelt. Dunkle Materie spielte bei diesem Prozess eine entscheidende Rolle. Galaxien wuchsen durch Verschmelzung immer weiter. Auch größere Strukturen wie Haufen und Superhaufen entstanden, bis vor etwa fünf Milliarden Jahren, als das Universum von der Vakuumenergie beherrscht wurde und der Strukturbildungsprozess zum Stillstand kam.

Wir wissen heute, dass die atomare Materie nur etwa 5 % der gesamten Energie- (oder Massen-)Dichte des Universums ausmacht; die dunkle Materie, die noch nicht direkt beobachtet werden konnte, trägt etwa 26 % und die Vakuumenergiedichte etwa 69 % bei. Der Beitrag von Photonen und Neutrinos zur Energiedichte ist heute nach rot verschoben bis hin zur Bedeutungslosigkeit.

Diese Darstellung der kosmischen Historie wird durch eine Fülle von Beobachtungsdaten gestützt, und es gibt kaum Zweifel daran, dass sie im Grunde richtig ist. Die meisten Physiker würden dem Gefühl von Jakow Seldowitsch beipflichten, als er verkündete: „Ich bin mir des Urknalls so sicher wie ich mir bin, dass die Erde um die Sonne kreist." Und doch ist die Urknalltheorie nicht ganz zufriedenstellend. Die Theorie postuliert, dass der anfängliche Feuerball ziemlich eigenartige Eigenschaften hat: Er muss sehr heiß sein, sich ausdehnen, den Raum füllen, gleichförmig sein, und er muss winzige Fluktuationen aufweisen. Zudem sagt die Urknalltheorie nicht aus, woher der Feuerball überhaupt stammt. Diese Fragen werden in der Theorie der kosmischen Inflation behandelt.

Kosmische Inflation

Die Inflation ist eine hypothetische Phase schneller, beschleunigter Expansion in der frühen kosmischen Historie. Sie wird durch die abstoßende Schwerkraft eines hochenergetischen falschen Vakuums angetrieben. Am Ende der Inflation zerfällt das falsche Vakuum und zündet einen heißen Feuerball aus Teilchen und Strahlung. Wie wir in Kap. 16 besprochen haben, erklärt eine Inflationsphase auf natürliche Weise die ansonsten seltsamen Eigenschaften des Feuerballs, die zuvor postuliert werden mussten. Sobald der Feuerball gezündet hat, entwickelt sich das Universum entlang der Linien der Standard-Urknallkosmologie. Das Ende der Inflation übernimmt also in dieser Theorie die Rolle des Urknalls.

Die Einzelheiten der kosmischen Inflation hängen von der Energielandschaft der Teilchenphysik ab, von der wenig bekannt ist. Gegenwärtig ist die Inflation daher kein spezifisches Modell, sondern eher ein Rahmen, der eine breite Klasse von Modellen mit unterschiedlichen Energielandschaften umfasst. Doch trotz der Vielfalt der Modelle sind einige Beobachtungsvorhersagen der Inflation sehr robust und wurden durch die Daten überzeugend bestätigt. Inzwischen ist die Inflation zur führenden kosmologischen Grundidee geworden. Mit zunehmender Genauigkeit der Beobachtungen können wir erwarten, mehr über die Inflationsphase im frühen Universum und über die Teilchenphysik bei sehr hohen Energien zu erfahren.

24.2 Das Multiversum

Blasenuniversen

Eine bemerkenswerte Eigenschaft der kosmischen Inflation ist ihr Ewigkeits-Charakter. Das Ende der Inflation wird durch quantenmechanische, probabilistische Prozesse ausgelöst und tritt nicht überall gleichzeitig ein. In unserer kosmischen Nachbarschaft endete die Inflation vor 13,7 Mrd. Jahren, aber sie setzt sich in entlegenen Teilen des Universums fort, und es bilden sich ständig andere „normale" Regionen wie unsere[2]. Die neuen Regionen erscheinen als winzige, mikroskopisch kleine Blasen

---

[2]In einigen speziellen Energielandschaften ist die Inflation nicht ewig, aber solche Modelle scheinen eher künstlich zu sein.

(oder „Inseln") und beginnen sofort an Größe zuzunehmen. Sie wachsen unbegrenzt weiter, aber auch die Lücken zwischen ihnen werden größer. So gibt es immer Raum für die Bildung weiterer Blasen, und ihre Zahl wächst *bis ins Unendliche*. Diesen nie endenden Prozess nennen wir ewige Inflation. Wir leben in einer der Blasen und können nur einen kleinen Teil davon beobachten, sodass wir praktisch in einem in sich geschlossenen Blasenuniversum leben.

Wenn die Energielandschaft der Teilchenphysik eine Vielzahl von Vakuumzuständen umfasst, dann ist die Wahrscheinlichkeit, dass sich mit jeder Art von Vakuum gefüllte Blasen bilden, ungleich null. Es ist also unvermeidlich, dass sich im Verlauf der ewigen Inflation eine unbegrenzte Anzahl von Blasen aller möglichen Arten bildet. Die Naturkonstanten, wie z. B. die Massen der Elementarteilchen, die Newton'sche Gravitationskonstante usw., werden bei den verschiedenen Arten von Blasen eine Vielzahl unterschiedlicher Werte annehmen.

Dieses vielschichtige Bild erklärt das seit Langem bestehende Rätsel, warum die Naturkonstanten für die Entstehung von Leben feinabgestimmt zu sein scheinen. Der Grund dafür ist, dass intelligente Beobachter nur in den seltenen Blasen existieren, in denen die Konstanten zufällig genau richtig sind für die Entstehung von Leben. Der Rest des Multiversums bleibt „unfruchtbar", aber niemand ist da, um sich darüber zu beklagen.

Andere unzusammenhängende Raumzeiten

Auch wenn die Inflation in der Zukunft ewig ist, muss sie doch in der Vergangenheit ihren Anfang genommen haben. Ein interessanter Vorschlag für den Anfang, der die endlose Abfolge der Fragen „Und was geschah davor?" vermeidet, ist die Idee, dass räumlich geschlossene, sich ausdehnende Universen quantenmechanisch aus dem „Nichts" entstehen können.

Die neu entstandenen Universen können eine Vielzahl verschiedener Formen und Größen haben und mit verschiedenen Arten von Vakua gefüllt sein. Wie in der Quantentheorie üblich, können wir nicht sagen, welche dieser Möglichkeiten in einem bestimmten Universum verwirklicht ist, sondern nur ihre Wahrscheinlichkeiten berechnen. Es stellt sich heraus, dass die wahrscheinlichsten Anfangszustände diejenigen mit geringer Größe und hoher Vakuumenergiedichte sind.

Alle durch Nukleation gebildeten Universen sind vollständig voneinander getrennt. Sie gehen von verschiedenen Ausgangszuständen aus, werden aber im Prozess der ewigen Inflation von Blasen aller möglichen Typen

bevölkert[3]. Zu späteren Zeiten „vergessen" diese Universen ihren Anfangszustand und ähneln statistisch gesehen einander sehr.

Ebenen des Multiversums

Der Begriff „Multiversum" hat je nach Kontext, in dem er verwendet wird,
unterschiedliche Bedeutungen. In diesem Buch haben wir über die Multiversen der ewigen Inflation und der Quantenkosmologie gesprochen. Tatsächlich kann man mindestens drei Ebenen des Multiversums unterscheiden.[4]

Ebene 1: ein individuelles Blasenuniversum. Von innen betrachtet ist
ein Blasenuniversum räumlich unendlich und umfasst unendlich viele
Horizontregionen wie unseres (Kap. 18). In diesem Sinne ist ein Blasenuniversum ein eigenständiges Multiversum. Verschiedene Horizontbereiche in
einer Blase haben sehr ähnliche physikalische Eigenschaften, unterscheiden
sich aber im Detail: Das Muster der Galaxienverteilungen und die Lebensformen unterscheiden sich von Region zu Region. Wie Max Tegmark es einfach zusammenfasst, werden Physiker in verschiedenen Horizontregionen
den gleichen Physikunterricht nehmen, aber sie werden verschiedene Dinge
in der Historie untersuchen.

Ebene 2: die Vielzahl der Blasenuniversen. Dies ist das Multiversum der
ewigen Inflation, bevölkert mit Blasen aller möglichen Arten. Bei dieser Art
von Multiversum würden Beobachter in verschiedenen Arten von Blasen
nicht nur im Geschichtsunterricht, sondern auch im Physikunterricht unterschiedliche Dinge lernen.

Ebene 3: das Multiversum der Quantenkosmologie. Die Mitglieder dieses
Multiversums sind alle Multiversen der Ebene 2. Sie unterscheiden sich
hauptsächlich durch ihre Anfangszustände und ähneln sich später statistisch
sehr stark.

Die drei Ebenen des Multiversums sind in Abb. 24.1 dargestellt. Jede
höhere Ebene beinhaltet eine höhere Ebene der Spekulation. Die Existenz
anderer Horizontregionen jenseits unserer eigenen ist eher unumstritten.
Das beobachtbare Universum ist nahezu gleichförmig, daher ist natürlich zu
erwarten, dass sich die gleichförmige Verteilung von Galaxien und Strahlung

---

[3]Der anfängliche Nukleationsprozess kann als Zustand des „Nichts" betrachtet werden, das sich in
„embryonale" Ur-Universen mit unterschiedlichen Anfangsbedingungen verzweigt. Dies ist vergleichbar mit der Vielwelten-Interpretation der Quantenmechanik, bei der sich jedes der entstandenen Universen weiter in eine Vielzahl von Paralleluniversen verzweigt.

[4]Beachten Sie, dass unsere Klassifikation der Multiversum-Ebenen etwas anders ist als die von Max
Tegmark in seinem Buch „Unser mathematisches Universum".

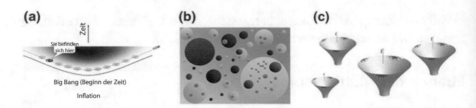

Abb. 24.1 Drei Ebenen des Multiversums. **a** Ebene 1: Unser gesamtes beobachtbares Universum ist höchstwahrscheinlich ein sehr kleiner Bereich in einem Blasenuniversum. Eine unendliche Anzahl von Regionen wie die unsrige kann jenseits unseres Horizonts existieren. **b** Ebene 2: Das sich ewig ausdehnende Multiversum besteht aus einem Ensemble von Blasen, die sich während der ewigen Inflation gebildet haben. **c** Ebene 3: Mehrere unverbundene Raumzeiten, die durch Quantentunnelung aus dem Nichts entstanden sind. Dieses Ensemble unverbundener Raumzeiten ist das „Multiversum der Quantenkosmologie"

über unseren Horizont hinaus erstreckt. Selbst wenn die Inflation nicht ewig andauern würde, müsste es eine Vielzahl von Horizontregionen geben, und in diesem Sinne würde immer noch ein Multiversum der Stufe 1 existieren.

Das Multiversum der Ebene 2 geht von der Existenz mehrerer Blasentypen mit unterschiedlichen physikalischen Eigenschaften aus, die durch den Mechanismus der ewigen Inflation bestückt werden. Die erfolgreiche Vorhersage der kosmologischen Konstante liefert einen indirekten Beweis für diese Art von Multiversum. Ein direkter Beweis kann ebenfalls möglich sein, indem man nach Signaturen von Kollisionen unserer Blase mit anderen Blasen und nach „gescheiterten Blasen" in Form von Schwarzen Löchern mit einer besonderen Massenverteilung sucht.

Möglicherweise werden wir nie in der Lage sein, die Existenz des Multiversums der Ebene 3 durch Beobachtung zu überprüfen. Dennoch kann es für die Vollständigkeit und Konsistenz unserer Weltsicht notwendig sein.

Das mathematische Multiversum und Ockhams Rasiermesser

Das Standardmodell der Teilchenphysik, kombiniert mit der Allgemeinen Relativitätstheorie, kann als eine einzige mathematische Gleichung ausgedrückt werden (Abb. 24.2). Diese Gleichung kodiert den physikalischen Charakter unseres Blasenuniversums. In einem sich ewig ausdehnenden Multiversum kann der physikalische Charakter der Blasenuniversen von einer Blase zur anderen stark variieren, sodass auch die Gleichungen variieren, die *lokale* physikalische Gesetze ausdrücken. Die Physiker

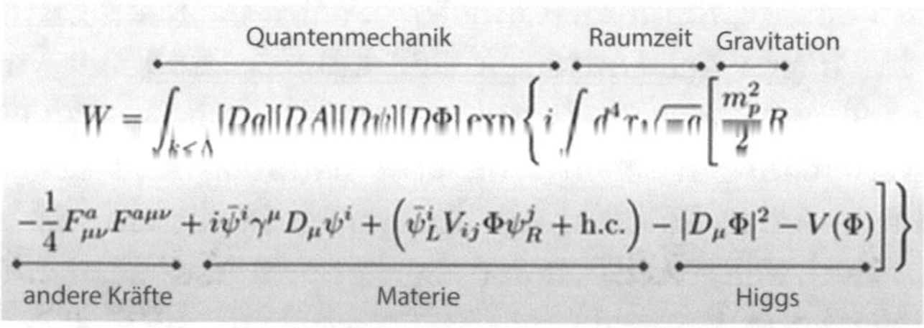

$$W = \int_{k < \Lambda} [Dg][DA][D\psi][D\Phi] \exp\left\{ i \int d^4x \sqrt{-g}\left[\frac{m_p^2}{2} R \right.\right.$$

$$\left.\left. -\frac{1}{4}F^a_{\mu\nu}F^{a\mu\nu} + i\bar{\psi}^i\gamma^\mu D_\mu\psi^i + \left(\bar{\psi}^i_L V_{ij}\Phi\psi^j_R + \text{h.c.}\right) - |D_\mu\Phi|^2 - V(\Phi)\right]\right\}$$

Quantenmechanik — Raumzeit Gravitation — andere Kräfte — Materie — Higgs

Abb. 24.2 Die unserem Alltag zugrunde liegende Physik/Mathematik. Dieses „Bild" ist eine einzige Gleichung, die die Macht hat, fast alles über unsere physikalische Welt zu erklären. Sie verkörpert die Quantenmechanik, die Allgemeine Relativitätstheorie und das Standardmodell der Teilchenphysik. Diese verkürzte Mathematik kodiert eine große Menge an Informationen und verwandelt sich leicht in Seiten und Seiten voll mit Gleichungen, wenn Physiker sie für bestimmte Probleme verwenden. Die Gleichung ist im Einklang mit fast jedem Experiment, das wir jemals auf der Erde durchgeführt haben. *Hinweis:* Wir haben immer noch keine einheitliche Theorie der Schwerkraft und der Quantenmechanik, und Neutrinomassen und dunkle Materie werden nicht berücksichtigt. (*Quelle:* S. Carroll, *The Big Picture: On the Origins of Life, Meaning, and the Universe Itself* (Dutton 2016))

erwarten jedoch, dass sie hinter dieser Vielfalt eine einzige fundamentale Theorie der Natur finden werden – eine Gleichung oder einen Satz von Gleichungen, die das gesamte Multiversum beschreiben. Dieselben Gleichungen sollten auch die Nukleation von sich aus dem Nichts ausdehnenden Multiversen beschreiben. Dies könnten die Gleichungen der Stringtheorie oder einer noch unentdeckten fundamentalen Theorie sein. Diese „Theorie von Allem" zu finden, ist der heilige Gral der theoretischen Physik. Aber was auch immer es ist, die eine Frage kommt einem natürlich in den Sinn: Warum diese Theorie? Wer oder was hat sie aus der Unendlichkeit aller möglichen mathematischen Gesetze ausgewählt?

Max Tegmark, jetzt am Massachusetts Institute of Technology, formulierte eine mögliche Antwort, die ebenso einfach wie radikal ist: Es gibt ein physikalisches Universum, das jeder einzelnen mathematischen Struktur entspricht[5]. Dies läuft darauf hinaus, dem Multiversum eine weitere Ebene hinzuzufügen.

Ebene 4: Das Multiversum der mathematischen Strukturen. Dazu gehört zum Beispiel ein Newton'sches Universum, das den Gesetzen der klassischen Mechanik unterliegt, ohne Quantentheorie und Relativitätstheorie, sowie ein „Universum", das durch die natürliche Menge der Zahlen 1, 2, 3, … beschrieben wird, ergänzt durch die Regeln der Addition und Multiplikation

---

[5]Tegmark geht sogar noch weiter und behauptet, dass das Universum eine mathematische Struktur ist.

oder durch einen fünfdimensionalen Würfel. Die mathematischen Strukturen in einigen der Universen sind kompliziert genug, um die Entstehung von selbstbewussten Substrukturen wie Sie und uns zu ermöglichen. Solche Universen mögen selten sein, aber natürlich sind sie die einzigen, die beobachtet werden können. Alle Universen in diesem mathematischen Multiversum sind völlig voneinander abgekoppelt, aber Tegmark behauptet, dass sie alle gleichermaßen real sind (Abb. 24.3).

Gegen eine derart dramatische Ausdehnung der physischen Realität ließe sich der Einwand erheben, dass sie gegen eines der am höchsten gehaltenen Prinzipien der Wissenschaft verstößt – „Ockhams Rasiermesser". Wie vom englischen Philosophen William von Ockham im 14. Jahrhundert formuliert, besagt dieses Prinzip: „Entitäten sollten nicht über die Notwendigkeit hinaus vermehrt werden." In unserem Zusammenhang lässt sich dies so interpretieren: Wenn man alle Beobachtungen sowohl mit einer einfachen Theorie als auch mit einer komplexeren Theorie erklären kann, so ist die einfache Theorie vorzuziehen. Warum sollte man dann ein unendliches Ensemble von mathematischen Strukturen hinzufügen, wenn unsere Beobachtungen durch eine einzige Gleichung wie in Abb. 24.2 erklärt werden können? Ähnliche Einwände können gegen die Multiversen der

Abb. 24.3 Das mathematische Multiversum von Max Tegmark umfasst Universen, die durch alle möglichen mathematischen Gesetze beschrieben werden. Abgesehen von einigen seiner seltsameren Ideen hat Tegmark wichtige Beiträge zur Untersuchung der CMB-Strahlung und der großräumigen Verteilung von Galaxien geleistet. Gegenwärtig konzentriert sich seine Forschung auf die Physik des Gehirns. Foto mit freundlicher Genehmigung von Max Tegmark

Ebenen 1, 2 und 3 erhoben werden: Sie scheinen sehr verschwenderisch mit Raum, Materie und Universen umzugehen.

Aber in der Mathematik ist es oft einfacher, ein ganzes Ensemble zu beschreiben, als einzelne Mitglieder dieses Ensembles zu spezifizieren. Zum Beispiel kann die natürliche Menge der ganzen Zahlen 1, 2, 3, … durch ein kurzes Computerprogramm erzeugt werden, während die Angabe einer einzigen großen ganzen Zahl viel mehr Informationsbits erfordern kann. Ebenso ist es viel einfacher, die Gleichungen für die ewige Inflation aufzuschreiben, als alle genauen Anfangsbedingungen zu spezifizieren, die zur Beschreibung eines bestimmten Blasenuniversums erforderlich wären. Der Prozess der ewigen Inflation ist einfach und ökonomisch; er erzeugt mühelos eine große Vielfalt mit sehr wenig Input, ähnlich wie die Zellteilung und die natürliche Selektion. In diesem Sinne ist es das Gegenteil von „verschwenderisch" und scheint in Einklang mit Ockhams Rasiermesser zu stehen. Wie Alan Guth vorhersagt: „Angesichts der Plausibilität der ewigen Inflation glaube ich, dass bald jede kosmologische Theorie, die nicht zur ewigen Reproduktion von Universen führt, als so unvorstellbar angesehen werden wird wie eine Bakterienart, die sich nicht fortpflanzen kann."

Tegmarks Idee vom mathematischen Multiversum ist nicht unproblematisch. Es gibt eine unendliche Anzahl von mathematischen Strukturen. Wenn sie alle gleich wahrscheinlich sind, dann ist die Wahrscheinlichkeit für jede einzelne von ihnen genau null. (Beachten Sie, dass im Gegensatz dazu die Anzahl der möglichen Blasentypen endlich ist, auch wenn sie extrem groß sein kann). Außerdem nimmt die Anzahl der mathematischen Strukturen mit zunehmender Komplexität zu. Nach dem Prinzip der Mittelmäßigkeit sollten wir dann erwarten, dass wir uns in einer überwältigend großen und schwerfälligen mathematischen Struktur wiederfinden. Aber wir neigen dazu, festzustellen, dass die Natur die Einfachheit vorzieht.

Bis jetzt hat die Idee des mathematischen Multiversums in der Physikgemeinde nicht viel Anklang gefunden. Das Multiversum der Ebene 2 der ewigen Inflation war in den 1980er und 90er Jahren sehr umstritten, aber das Blatt hat sich allmählich gewendet, und es wird heute von den etablierten Kosmologen weitgehend akzeptiert (mit einigen bemerkenswerten Ausnahmen). Das Multiversum der Ebene 3 der Quantenkosmologie wird als eine interessante Möglichkeit angesehen, aber für Fortschritte in diesem Bereich ist die Entwicklung der Theorie der Quantengravitation abzuwarten.

24.3 Antworten auf die „Großen Fragen"

Wir haben dieses Buch mit einigen grundlegenden Fragen eröffnet: Ist das Universum endlich oder unendlich? Existiert es schon ewig? Wenn nicht, wann und wie ist es entstanden? Wird es jemals enden? Philosophen und Theologen streiten sich seit Jahrtausenden über diese Fragen, und man könnte erwarten, dass alle möglichen Antworten bereits geäußert worden sind. Das von der modernen Kosmologie postulierte Weltbild ist jedoch nicht das, was man erwartet hat. Es gibt darin keine „Ja"- oder „Nein"-Antworten auf die großen Fragen, sondern es wird vielmehr behauptet, dass jede der gegensätzlichen Optionen ein Wahrheitselement enthält.

Jedes Blasenuniversum ist unendlich, wenn man es von innen betrachtet. Und doch ist das gesamte sich ausdehnende Multiversum räumlich geschlossen und endlich. Aufgrund der nichttrivialen Raumzeitgeometrie kann dieses Multiversum eine unbegrenzte Anzahl von Blasenuniversen enthalten.

Das Multiversum der ewigen Inflation ist nur in der Zukunft ewig: Es hatte einen Anfang, wird aber kein Ende haben. Es begann als winziger geschlossener Raum, indem es spontan aus dem „Nichts" auftauchte. Unsere lokale Region wird jedoch zu einem Ende kommen. Sie wird in einem „Endknall" enden, nachdem sie von einer Blase mit negativer Energiedichte verschlungen wurde.

24.4 Unser Platz im Universum

Seit Kopernikus haben Fortschritte in der Wissenschaft die naive Ansicht in Frage gestellt, dass unser Planet und unsere Zivilisation eine besondere Rolle im Kosmos spielen. Wir haben nicht nur entdeckt, dass die Erde nicht das Zentrum des Sonnensystems ist, sondern dass die Sonne selbst ein unscheinbarer Stern am Rande einer recht typischen Galaxie ist. Nun enthält unser Blasenuniversum nach dem neuen Weltbild eine unendliche Anzahl von Galaxien, die eine Unendlichkeit von Erden beherbergen, die mit unserer eigenen identisch sind. Angesichts dieser Weltanschauung ist es schwer, sich als etwas Besonderes zu fühlen! Welchen Sinn können wir dann unserem Leben und unserer Zivilisation geben?

Das Universum wird von mathematischen Gesetzen regiert, die keinen Bezug zu einer Bedeutung haben. Der Begriff der Bedeutung wird von Menschen geschaffen, und es liegt an uns, dem Universum einen Sinn zu geben. Wir mögen im großen kosmischen Maßstab unbedeutend sein, aber wir könnten unsere Bedeutung weit über unseren Planeten Erde hinaus ausdehnen. Wir wissen nicht, wie weit intelligentes Leben verbreitet ist, aber die Chancen stehen gut, dass wir die einzige intelligente Zivilisation in der gesamten beobachtbaren Region sind. Wenn dem so ist, sind wir die Hüter eines riesigen Grundstücks von 80 Mrd. Lichtjahren Durchmesser. Wir haben jetzt den Punkt erreicht, an dem wir uns entweder selbst zerstören oder unsere Galaxie besiedeln und sogar darüber hinaus gehen können. Das macht uns nichts anderes als bedeutend. Es wäre ein enormer Durchbruch, wenn wir die Schwelle zu einer den Weltraum kolonisierenden Zivilisation überschreiten würden. Es würde den Unterschied ausmachen zwischen einer „Flacker"-Zivilisation, deren Existenz aufleuchtet und wieder verlischt, und einer Zivilisation, die sich über einen großen Teil des beobachtbaren Universums ausbreitet und es möglicherweise transformiert.

25

Anhang

Dieser Anhang behandelt einige mathematische Details der relativistischen Kosmologie und ist für Leser gedacht, die mit der Analysis vertraut sind.

Die Friedmann-Gleichung

In Kap. 7 haben wir das Konzept eines Skalenfaktors $a(t)$ eingeführt, der definiert ist als der Faktor, um den sich die Entfernungen zwischen den sich bewegenden Objekten in einem homogenen und isotropen Universum zur kosmischen Zeit t von ihren Entfernungen zur gegenwärtigen Zeit (t_0) unterscheiden, per Definition gilt $a(t_0) = 1$. Wir haben auch gezeigt, dass die Expansionsrate des Universums, wie sie durch den Hubble-Parameter charakterisiert wird, mit dem Skalenfaktor folgendermaßen zusammenhängt:

$$H = \frac{\dot{a}(t)}{a(t)}, \tag{25.1}$$

wobei der hochgestellte Punkt die Änderungsrate oder die Ableitung nach der Zeit bezeichnet, $\dot{a} = \frac{da}{dt}$.

Die Größe von H hängt mit der Energiedichte durch die Friedmann-Gleichung zusammen, die wir nun herleiten werden.

© Springer Nature Switzerland AG 2021
D. Perlov und A. Vilenkin, *Kosmologie für alle, die mehr wissen wollen*,
https://doi.org/10.1007/978-3-030-63359-2_25

Betrachten wir eine sich ausdehnende kugelförmige Region mit dem Radius $R = a(t)R_0$ (Kap. 8). Die Gesamtenergie eines Testteilchens, das auf dem Rand der Kugel liegt, ist gegeben durch Gl. 8.1:

$$\frac{1}{2}mv^2 - \frac{GMm}{R} = \frac{1}{2}mR^2\left(H^2 - \frac{8\pi}{3}G\rho\right). \tag{25.2}$$

Hier ist $v = HR$ die Geschwindigkeit des Teilchens, $M = \frac{4\pi}{3}R^3\rho$ ist die Masse der von der Kugel eingeschlossenen Materie, und ρ ist die Massendichte. Wir gehen davon aus, dass das Universum von der Materie dominiert wird, sodass die Kraft durch Druck vernachlässigbar ist und M sich im Verlauf der Expansion nicht ändert.

Da die Energie erhalten bleibt, ist die Größe auf der rechten Seite von Gl. 25.2 zu jeder Zeit die gleiche wie zur heutigen Zeit; daher können wir schreiben

$$R^2\left(H^2 - \frac{8\pi}{3}G\rho\right) = R_0^2\left(H_0^2 - \frac{8\pi}{3}G\rho_0\right),$$

wobei sich der Index null auf Größen bezieht, die zum gegenwärtigen Zeitpunkt gelten. Mit Division durch R^2 (wobei $R = a(t)R_0$) und Ausklammern von H_0^2 auf der rechten Seite können wir diese Gleichung wie folgt umschreiben:

$$H^2 - \frac{8\pi G\rho}{3} = \frac{H_0^2}{a^2}(1 - \Omega_0). \tag{25.3}$$

Hier ist $\Omega_0 = \frac{\rho_0}{\rho_{c_0}}$ der aktuelle Wert des Dichteparameters $\Omega = \rho/\rho_c$, wobei

$$\rho_c = \frac{3H^2}{8\pi G} \tag{25.4}$$

die kritische Dichte ist.

Gl. 25.3 ist die berühmte Friedmann-Gleichung, die eine Aussage über die Energieerhaltung ist. Beachten Sie, dass sie allgemeingültig ist, obwohl wir sie hier unter der Annahme hergeleitet haben, dass der Druck vernachlässigbar ist (was zu frühen und späten Zeitphasen nicht der Fall ist). Eine weitere nützliche Form der Friedmann-Gleichung erhält man durch Multiplikation von Gl. 25.3 mit a^2. Dies ergibt

$$\dot{a}^2 = \frac{8\pi G\rho}{3} a^2 + H_0^2(1 - \Omega_0). \tag{25.5}$$

Lösungen in verschiedenen kosmischen Phasen
Die beobachtete Dichte des Universums ist sehr nahe an der kritischen Dichte. Daher können wir mit guter Näherung $\Omega_0 = 1$ setzen. Dann vereinfacht sich die Friedmann-Gleichung zu

$$\dot{a}^2 = \frac{8\pi G}{3} \rho a^2. \tag{25.6}$$

Im Allgemeinen umfasst die Massendichte ρ Beiträge aus Materie (atomare und dunkle Materie), Strahlung und Vakuum; daher

$$\rho = \rho_m + \rho_r + \rho_v. \tag{25.7}$$

Die drei Beiträge zeigen eine unterschiedliche Abhängigkeit von a[1]

$$\rho_m = \frac{\rho_{m0}}{a^3}, \rho_r = \frac{\rho_{r0}}{a^4}, \rho_v = \text{const}, \tag{25.8}$$

und sie dominieren das Universum in verschiedenen Phasen (Abschn. 11.7). Ihre gegenwärtigen Größenordnungen sind

$$\rho_{m0} = 2.7 \times 10^{-27} \text{kg/m}^3, \rho_{r0} = 7.9 \times 10^{-31} \text{kg/m}^3,$$
$$\rho_v = 6.0 \times 10^{-27} \text{kg/m}^3.$$

Wir können Gl. 25.8 verwenden, um die Rotverschiebung z_{eq} am Ende der Strahlungsphase abzuschätzen, wenn Strahlungs- und Materiedichte gleich sind:

$$\rho_m(t_{eq}) = \rho_r(t_{eq}) \Rightarrow \frac{\rho_{m0}}{a^3(t_{eq})} = \frac{\rho_{r0}}{a^4(t_{eq})}. \tag{25.9}$$

Vereinfacht

$$\frac{\rho_{m0}}{\rho_{r0}} = \frac{1}{a(t_{eq})} = z_{eq} + 1, \tag{25.10}$$

---

[1]Neutrinos sind nahezu masselose Teilchen, und für ihre Dichte gilt wie für die Dichte der Photonen $\rho \propto a^{-4}$. Die Neutrinodichte ist daher in der Strahlungsdichte ρ_r enthalten.

wobei wir $\frac{1}{a(t)} = z + 1$ verwendet haben (Gl. 7.8). Anhand der gemessenen Werte von ρ_{m0} und ρ_{r0} erhalten wir $z_{eq} \approx 3400$.

Wir können auch Gl. 25.8 verwenden, um die Rotverschiebung z_v am Ende der Materiephase zu berechnen, wenn die Energiedichte des Vakuums $\rho_v = \rho_m$ zu dominieren beginnt. Mit Gl. 25.8 und 7.8 können wir schreiben

$$\rho_v = \rho_{m0}(1 + z_v)^3. \tag{25.11}$$

Wenn wir dies nach z_v auflösen, erhalten wir $z_v = 0.30$.

Strahlungsphase

Wenn das Universum von der Strahlung dominiert wird, nimmt die Friedmann-Gl. (25.6) die Form

$$\dot{a}^2 = \frac{8\pi G \rho_{r0}}{3a^2} \tag{25.12}$$

an, wobei wir $\rho \approx \rho_r$ aus Gl. 25.8 verwendet haben. Durch Ziehen der Quadratwurzel erhalten wir

$$a\frac{da}{dt} = \left(\frac{8\pi G \rho_{r0}}{3}\right)^{1/2}. \tag{25.13}$$

Dies hat die Lösung

$$a(t) = C_r t^{1/2}, \tag{25.14}$$

wobei der konstante Koeffizient C_r gegeben ist durch

$$C_r = \left(\frac{32\pi G \rho_{r0}}{3}\right)^{1/4}. \tag{25.15}$$

Setzt man diese Lösung in Gl. 25.1 ein, so erhält man den Hubble-Parameter

$$H = \frac{1}{2t}. \tag{25.16}$$

Die Dichte erhält man dann so:

$$\rho = \frac{3H^2}{8\pi G} = \frac{3}{32\pi G t^2}.$$ (25.17)

Die Temperatur zur Zeit t beträgt

$$T = \frac{T_0}{a(t)} = \frac{T_0}{C_r t^{1/2}},$$ (25.18)

wobei $T_0 = 2.7$ K die gegenwärtige CMB-Temperatur ist (der erste Teil von Gl. 25.18 ist Gl. 11.8).

Mit den Gl. 25.17 und 25.18 können Sie nun die Massendichte und die Temperatur des Universums zu jedem Zeitpunkt der Strahlungsphase berechnen. Wenn t in Sekunden angegeben wird, dann gilt

$$\rho = \frac{4.5 \times 10^8}{t^2} \text{kg/m}^3$$ (25.19)

$$T = \frac{10^{10}}{t^{1/2}} \text{K}.$$ (25.20)

Diese Gleichungen wurden ohne Herleitung in Kap. 14 eingeführt. (Bei der Herleitung der letzten Beziehung haben wir ρ_{r0} in Gl. 25.15 eingesetzt, um $C_r \approx 2 \times 10^{-10}$ zu erhalten).

Wir können die Zeit t_{eq} des Gleichgewichts von Materie und Strahlung angenähert bestimmen, indem wir die Gl. 25.14 und 25.15 in Gl. 25.10 einsetzen, und erhalten

$$t_{eq} = \left(\frac{\rho_{r0}}{\rho_{m0}}\right)^2 \frac{1}{C_r^2} \approx 68.000 \text{ Jahre.}$$ (25.21)

Diese Schätzung ist nicht sehr genau, da wir den Ausdruck für $a(t)$ hergeleitet haben, indem wir annahmen, dass die Strahlungsdichte viel größer ist als die Materiedichte (und alle anderen Dichten). Aber zum Zeitpunkt des Gleichgewichts t_{eq} sind die beiden Dichten gleich, sodass das tatsächliche Verhalten von $a(t)$ während der „Übergangszeit" komplexer ist. Eine genauere numerische Berechnung ergibt $t_{eq} \approx 51.000$ Jahre.

Materiephase

Wenn das Universum von der Materie dominiert wird, lautet die Friedmann-Gleichung

$$\dot{a}^2 = \frac{8\pi G \rho_{m0}}{3a}.$$ (25.22)

Mit den gleichen Schritten wie oben erhalten wir die Lösung

$$a(t) = C_m t^{2/3},$$ (25.23)

wobei gilt

$$C_m = (6\pi G \rho_{m0})^{1/3}.$$ (25.24)

Der Hubble-Parameter und die Massendichte sind nun gegeben durch

$$H = \frac{2}{3t}$$ (25.25)

und

$$\rho = \frac{1}{6\pi G t^2}.$$ (25.26)

Durch Einsetzen der Lösungen von Gl. 25.23 und 25.24 in Gl. 25.11 können wir die Zeit des dominierenden Vakuums mit $t_v \approx 11{,}5$ Mrd. Jahren annähernd bestimmen. Auch hier ist die Schätzung nicht sehr genau, weil unser Ausdruck $a(t)$ für in der Nähe von t_v nicht genau genug ist. Eine detailliertere Berechnung ergibt $t_v \approx 11{,}5$ Mrd. Jahre.

Anmerkung: Hier haben wir definiert, dass die Dominanz des Vakuums zu dem Zeitpunkt beginnt, als die Energiedichte der Materie gleich der Energiedichte des Vakuums wird. Wir haben jedoch gezeigt (Frage 14 in Kap. 9), dass $\rho_v > \rho_m/2$ die Bedingung für den Beginn einer beschleunigten Expansion ist. Das bedeutet, dass die beschleunigte Expansion tatsächlich früher beginnt als zur Zeit t_v, die wir hier berechnet haben. Aus diesem Grund haben wir in dem Buch mehrfach erwähnt, dass die Beschleunigung vor etwa 5 Mrd. Jahren begann.

Vakuumphase

Während der durch das Vakuum dominierten Phase, die erst vor Kurzem begonnen hat, ist die Energiedichte gegeben durch $\rho_v = $ const, und die Friedmann-Gleichung lautet

$$\dot{a}^2 = \frac{8\pi G \rho_v}{3} a^2. \tag{25.27}$$

Wenn man die Quadratwurzel zieht, erhält man

$$\dot{a} = H_v a, \tag{25.28}$$

wobei

$$H_v = \sqrt{\frac{8\pi G \rho_v}{3}}. \tag{25.29}$$

Die Lösung lautet

$$a(t) = C_v e^{H_1 t}, \tag{25.30}$$

wobei $e \approx 2.72$ die Basis der natürlichen Logarithmen ist, und $C_v = $ const.

Inflation

Auch während der Inflation wird das Universum von Vakuumenergie dominiert. Die Friedmann-Gleichung ist also wie Gl. 25.27, außer dass die Energiedichte des inflationären Vakuums ρ_v viel größer ist als jetzt. Der Skalenfaktor ist immer noch gegeben durch Gl. 25.30. Dies sagt uns, dass sich das Universum in einem Zeitintervall Δt um einen Faktor $e^{H_1 \Delta t}$ ausdehnt.

In Kap. 16 haben wir die Verdopplungszeit t_D als die Zeit definiert, die das Universum braucht, um seine Größe zu verdoppeln. Wir erhalten dies aus

$$e^{H_v t_D} = 2. \tag{25.31}$$

Das ergibt

$$t_D = H_v^{-1} \ln 2 = 0.69 H_v^{-1}. \tag{25.32}$$

Problem der Flachheit

In einem Universum, das mit gewöhnlicher Materie oder Strahlung gefüllt ist, entfernt sich die Dichte ρ schnell vom kritischen Wert ρ_c, sodass das Universum zu einem frühen Zeitpunkt mit einer Dichte von Ω extrem nahe bei 1 begonnen haben muss, um gegenwärtig mit $\Omega = \frac{\rho}{\rho_c} \approx 1$ einen kritischen Wert zu aufzuweisen. Wir haben diese Tatsache, die als Flachheitsproblem bekannt ist, in Kap. 15 besprochen; nun werden wir zeigen, wie sich dieses aus der Friedmann-Gleichung (Gl. 4.3) ergibt.

Dividiert man die beiden Seiten von Gl. 25.3 durch H^2 und verwendet die Definition der kritischen Dichte in Gl. 25.4, so erhält man

$$1 - \Omega = \frac{H_0^2}{H^2 a^2}(1 - \Omega_0). \tag{25.33}$$

Aus Gl. 25.1 folgt nun $Ha = \dot{a}$ und somit

$$1 - \Omega \propto \frac{1}{\dot{a}^2}, \tag{25.34}$$

wobei $\propto$ „proportional zu" bedeutet.

In einem Universum, das mit gewöhnlicher Materie oder Strahlung gefüllt ist, nimmt die Expansionsgeschwindigkeit $\dot{a}$ aufgrund der anziehenden Gravitationskraft mit der Zeit ab. Dann folgt aus Gl. 25.34, dass $|1 - \Omega|$ mit der Zeit zunimmt. Mit anderen Worten, das Universum entfernt sich mehr und mehr von der kritischen Dichte. Mit Hilfe der Lösungen von Gl. 25.14 und 25.23 erhalten wir, dass in der Strahlungsphase $(1 - \Omega) \propto t$ und in der Materiephase $(1 - \Omega) \propto t^{2/3}$ gilt. Zum Beispiel nahm $(1 - \Omega)$ von der kosmischen Zeit $t = 1s$ bis zum Ende der Strahlungsphase bei $t_{eq} \approx 2 \times 10^{12}$ s um einen Faktor von 2×10^{12} zu, und von t_{eq} bis zur heutigen Zeit t_0 nahm $(1 - \Omega)$ ungefähr um einen Faktor von $\left(\frac{t_0}{t_{eq}}\right)^{\frac{2}{3}} \approx 2 \times 10^3$ zu. Insgesamt nahm $(1 - \Omega)$ von $t = 1$ s bis heute um den Faktor 4×10^{15} zu[22]. Dies bedeutet, dass wir jetzt für $|1 - \Omega| < 0.1$ eine Feinabstimmung vornehmen müssen, damit $|1 - \Omega|$ bei $t = 1$ s kleiner ist als 2×10^{-17}.

---

[2] Hier vernachlässigen wir die relativ geringe Veränderung von $(1 - \Omega)$ während der vakuumdominierten Phase, die erst vor Kurzem begonnen hat.

Gl. 25.34 erklärt auch, wie das Flachheitsproblem durch die kosmische Inflation gelöst wird. Während der Inflation beschleunigt sich die Expansion des Universums, sodass $\dot{a}$ zunimmt und $|1 - \Omega|$ also mit der Zeit abnimmt. Aus Gl. 25.30 und $\dot{a} \propto e^{H_v t}$ folgt

$$(1 - \Omega) \propto e^{-2H_v t} \propto a^{-2}. \tag{25.35}$$

Dies zeigt, dass sich die Dichte exponentiell schnell der kritischen Dichte nähert. Wenn z. B. die Inflation das Universum um einen Faktor von 10^{50} ausgedehnt hat, dann wurde Ω um einen Faktor von 10^{100} an 1 angenähert.

Anmerkung: Durch die Definition der Verdopplungszeit n (hier bezeichnen wir die Verdopplungszeit mit „n", um uns auf Abb. 16.4 zu beziehen), können wir den Skalenfaktor schreiben als

$$a(t) \propto 2^n, \tag{25.36}$$

was uns erlaubt, Gl. 25.35 in Bezug auf die Verdopplungszeit neu zu formulieren als

$$(1 - \Omega) \propto 2^{-2n}. \tag{25.37}$$

26

Weiterführende Literatur

Hier findet sich eine Liste von Büchern, die für die weitere Beschäftigung mit einigen der von uns behandelten Themen hilfreich sein können. Wir haben sie nach ihrem jeweiligen inhaltlichen Schwerpunkt gruppiert, wobei die meisten dieser Bücher auch andere Themen abdecken. In die letzte Gruppe haben wir einige Bücher aufgenommen, die sich kritisch mit den Ideen der Inflation, der Stringtheorie und des Multiversums auseinandersetzen. Die Liste „Weitere Ausblicke" enthält einige ausgezeichnete Web-Kurse zu verschiedenen Aspekten der Kosmologie.

Relativitätstheorie und Quantenphysik

Deutsch, David. *The Fabric of Reality.* New York: Viking Adult, 1997.

Einstein, Albert. *The Meaning of Relativity (5 th edition).* Princeton University Press, 2004.

Greene, Brian. *The Fabric of the Cosmos.* New York: Knopf, 2004.

Thorne, Kip S. *Black Holes and Time Warps: Einstein's outrageous legacy.* New York: W. W. Norton & Company, 1995.

Vereinheitlichung der Kräfte

Greene, Brian. *The Elegant Universe: Superstrings, Hidden Dimensions, and the Quest for the Ultimate Theory.* New York: W. W. Norton and Company, 1999.

© Springer Nature Switzerland AG 2021
D. Perlov und A. Vilenkin, *Kosmologie für alle, die mehr wissen wollen,*
https://doi.org/10.1007/978-3-030-63359-2_26

Randall, Lisa. *Warped Passages: Unraveling the Mysteries of the Universe's Hidden Dimensions.* Harper Perennial, 2006.

Weinberg, Steven. *Dreams of a Final Theory: The Scientist's Search for the Ultimate Laws of Nature.* Pantheon, 1992.

Wilczek, Frank. *The Lightness of Being: Mass, Ether, and the Unification of Forces.* Basic Books, 2008.

Zee, Anthony. *Fearful Symmetry: The search for Beauty in Modern Physics.* Macmillian, 1986.

Kosmologie des Urknalls

Coles, Peter. *Cosmology: A Very Short Introduction.* Oxford University Press, 2001.

Harrison, Edward. *Cosmology: The Science of the Universe.* Cambridge University Press, 2000.

Kirshner, Robert P. *The Extravagant Universe: Exploding Stars, Dark Energy, and the Accelerating Cosmos.* Princeton University Press, 2002.

Livio, Mario. *The Accelerating Universe: Infinite Expansion, the Cosmological Constant, and the Beauty of the Cosmos.* Wiley, 2000.

Rees, Martin. *Just Six Numbers: The Deep Forces That Shape the Universe.* Basic Books, 2001.

Silk, Joseph. *The Big Bang.* W. H Freeman & Co., 1988.

Weinberg, Steven. *The First Three Minutes: A Modern View of the Origin of the Universe.* New York: Basic Books, 1993.

Kosmische Inflation

Guth, Alan. *The inflationary Universe.* New York: Perseus Books Group, 1997.

Das Multiversum

Davies, Paul. *Cosmic Jackpot.*

Greene, Brian. *The Hidden Reality.* New York: Knopf, 2011.

Kaku, Michio. *Parallel Worlds.*

Susskind, Leonard. *The Cosmic Landscape: String Theory and the Illusion of Intelligent Design.* New York: Little, Brown and Company, 2005.

Vilenkin, Alex. *Many Worlds in One: The Search for Other Universes.* New York Hill and Wang, 2006.

Quantenursprung des Universums

Krauss, Lawrence. *A Universe from Nothing: Why there is something rather than nothing.* New York: Free Press 2012.

Hawking, Stephen. *A Brief History of Time* (10 [th] anniversary edition). Bantam, 1998.

Leben im Universum

Davies, Paul. *The Eerie Silence: Renewing Our Search for Alien Intelligence (2 [nd] edition).* Houghton Mifflin, 2010.

Gribbin, John. *Alone in the Universe: Why Our Planet is Unique.* Wiley, 2011.

Das Gesamtbild

Carroll, Sean. *The Big Picture: On the Origins of Life, Meaning, and the Universe Itself.* Dutton, 2016.

Hawking, Stephen and Mlodinov, Leonard. *The Grand Design.* Random House Publishing Group, 2012.

Tegmark, Max. *Our Mathematical Universe: My Quest for the Ultimate Nature of Reality.* New York: Knopf, 2014.

Alternative Sichtweisen zu Inflation, Stringtheorie und Multiversum

Smolin, Lee. *The Trouble with Physics: The Rise of String Theory, The Fall of a Science, and What Comes Next.* Houghton Mifflin Harcourt, 2007.

Steinhardt, Paul and Turok, Neil. *Endless Universe.* Doubleday (5th or Later Edition), 2007.

Weitere Ausblicke

Whittle, Mark. *Cosmology: The History and Nature of Our Universe.* Virginia: The Teaching Company, 2008.

Carroll, Sean. *Dark Matter, Dark Energy: The Dark Side of the Universe.* Virginia: The Teaching Company, 2007.

Alex Filippenko. Understanding the Universe: An Introduction to Astronomy, 2nd Edition. Virginia, The Teaching Company, 2007.

Stichwortverzeichnis

© Springer Nature Switzerland AG 2021
D. Perlov und A. Vilenkin, *Kosmologie für alle, die mehr wissen wollen*,
https://doi.org/10.1007/978-3-030-63359-2

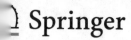

Printed in the United States
by Baker & Taylor Publisher Services